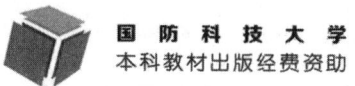

冲击波物理教程

汤文辉　编著

国防科技大学出版社
·长沙·

内容简介

本书系统介绍了冲击波物理的基本理论与应用. 全书共分四章, 包括可压缩流体力学基础知识、简单波、气体中的冲击波和固体中的冲击波等内容. 本书取材经典、物理概念严谨清晰、物理图像鲜明直观、数学推导简明扼要, 体现了冲击波与简单波在物理与力学两大学科领域交叉融合的特点, 展现了基本理论的灵活运用, 实现了基础、简明、经典和实用的有机结合. 在内容编排上由浅入深、循序渐进、条理清晰、重点突出, 遵从了认知规律和教学规律.

本书可作为高等院校相关专业课程的教材, 也可供相关专业研究生、大学教师、科研人员和工程技术人员参考.

图书在版编目（CIP）数据

冲击波物理教程/汤文辉编著 .—长沙：国防科技大学出版社，2016.10
（2022.7 重印）
ISBN 978-7-5673-0462-8

Ⅰ.①冲… Ⅱ.①汤… Ⅲ.①冲击波—物理学—高等学校—教材 Ⅳ.①O347.5

中国版本图书馆 CIP 数据核字（2016）第 242250 号

国防科技大学出版社出版发行
电话：(0731) 87027729　邮政编码：410073
责任编辑：刘璟珺　责任校对：周　蓉
新华书店总店北京发行所经销
国防科技大学印刷厂印装
*
开本：710×1000　1/16　印张：20　字数：379 千字
2016 年 10 月第 1 版 2022 年 7 月第 2 次印刷　印数：801-1300 册
ISBN 978-7-5673-0462-8
定价：56.00 元

前　　言

　　冲击波是在物质（气体、液体和固体等）中以高于声速的速度传播并对物质产生压缩作用的强间断波．冲击波物理是研究冲击波在物质中的传播规律和物质在冲击波压缩下的高温高压状态及其性质变化规律的一个学科分支．

　　冲击波既可伴随雷电、地震、火山喷发等自然现象产生，也可由碰撞、超声速运动、化学爆炸、核爆炸等手段产生．当冲击波在物质中传播时，可使物质的各种性质（包括力学的、热学的、电学的、光学的、化学的等）发生变化．利用强冲击波可以在物质中产生百万甚至千万个大气压，从而为极端高压物性研究提供条件．此外，冲击波还具有强大的做功能力，冲击波作用可导致材料损伤与破坏．因此，冲击波是人类改造自然界的一种强有力工具，冲击波物理在认识自然世界和改造自然世界两个方面都有重要价值，在国防工程和国民经济建设中具有广泛应用．

　　本书是作者在国防科学技术大学为应用物理专业本科生讲授"冲击波物理"课程的讲稿基础上修改、整理而成的．由于冲击波物理所涉及的内容十分广泛，与物理、化学、材料等许多学科高度交叉，所以冲击波物理教学体系的基本框架并不十分成熟，本书内容仅仅反映了作者的教学经验和体会，因而只是一种探索和尝试．作者认为，作为应用物理专业本科生的一本教材，既要考虑他们在流体力学知识方面的不足，也要充分发挥他们在物理基础上的优势．本着循序渐进、夯实基础、突出重点的原则，本书所确定的体系结构及主要内容如下：

　　第 1 章为可压缩流体力学基础，主要包括流体质点和连续介质模型、流体的热力学性质、流体运动的描述方法、流体运动基本方程的推导等内容．对于没有系统学习过流体力学知识的读者，这一章的内容是非常重要的，通过学习可以建立流体力学的基本概念，同时掌握最基本的守恒定律在流体运动中的表现形式．

　　如果一个扰动在可压缩流体中传播，且熵保持不变，这个扰动就是简单波，在流体运动方程基础上可得到平面一维简单波解及其传播图像，因此第 2 章介绍简单波，主要包括波动方程的导出、小扰动的传播、特征线分析方法、简单波及其求解、简单波的图像与性质、简单波波形变化的机理和准则、简单波的相互作用等内容．

　　正常流体中的压缩波一定会发展为冲击波，而冲击波伴随熵的增加，因而不属于简单波，所以第 3 章介绍气体中的冲击波，主要包括冲击波基本关系式的推导、理想气体的冲击压缩线、冲击波的基本性质、冲击波的相互作用、击波管等内容.

固体材料的应用非常广泛,如装甲、导弹壳体以及各种防护工程等大多是由多层固体材料构成的,因此,研究固体中的冲击波具有重要意义. 由于固体的性质与理想气体有很大差别,所以第 4 章主要包括固体的物态方程、固体冲击压缩状态的描述、碰撞冲击波、冲击波卸载、冲击波与界面的相互作用、冲击相变以及固体的弹塑性性质与应力波的初步知识等内容.

本书内容属于连续介质范畴,但为了阐明一些宏观现象的内在机理,某些内容涉及原子分子的观点,从而突破了宏观连续介质模型. 需要说明的是,物质基于原子分子的离散结构与基于质点的连续介质模型是完全不同的观点,前者属于微观描述,后者属于宏观描述,二者的目的不同、着眼点不同,所采用的方法也不同. 对于初学者来说,一开始就要把握好连续介质模型与原子分子离散结构之间的相互关系.

作者编写本书的指导思想是:在取材方面,力求经典;在基本规律分析方面,力图尽可能突出物理本质和物理图像,重视物理和力学概念的交叉融合;在数学推导方面,力求简明扼要,注重基础理论的灵活运用;在写作方面,力求由浅入深、条理清晰,遵循了基础、简明、经典和实用相结合的原则. 为了保证教学效果,书中精选了适当例题和习题. 读者在学习过程中,除独立完成习题外,最好还能自编一些小程序来求解有关问题. 作为冲击波物理的初学者,既要注意掌握其基本概念和基本理论,也要注意掌握分析问题的基本方法以及基本理论的初步应用. 希望初学者在学习本书后能形成开放的思维体系,从而为将来更加深入的学习或者创新研究与工作打下良好基础.

为了满足广大初学者在深入理解、学以致用、开拓创新等方面的需要,作者在编写本书时,在提高可读性、加强启发性、突出实践性等方面作了最大努力.

本书所涉知识面较宽,对于一门本科专业课来说,内容明显偏多,教师在授课过程中可根据实际情况进行增减,未讲授的内容可供学生自由阅读.

作者在编写本书过程中阅读了大量相关文献,受益匪浅,而且有不少片段参考了相关文献的写法. 但作为教材,绝大多数内容都是成熟的,所以并没有将所有参考文献罗列出来,在此向相关文献的作者表示诚挚的感谢!

作者衷心感谢张若棋教授,他不仅是引导作者进入冲击波物理之门的导师,而且总是给人以榜样的力量;感谢经福谦院士,作者在与其交流的过程中增长了冲击波物理知识;感谢冉宪文博士,他参与了若干内容的讨论,并提出了很多宝贵意见.

虽然作者尽了最大努力,但由于水平有限,书中难免存在不足之处,恳请各位专家和读者批评指正!

汤文辉
2016 年 10 月

目 录

第1章 可压缩流体力学基础 …………………………………… 1
   1.1 连续介质模型 ………………………………………… 1
   1.2 流体的基本性质 ……………………………………… 4
   1.3 流体运动的热力学基础 ……………………………… 13
   1.4 流体运动的描述 ……………………………………… 29
   1.5 流体运动基本方程 …………………………………… 48
   习题1 ……………………………………………………… 68

第2章 简单波 …………………………………………………… 72
   2.1 平面一维等熵流动模型 ……………………………… 72
   2.2 声波与小扰动 ………………………………………… 73
   2.3 特征线方法 …………………………………………… 85
   2.4 简单波的基本概念与基本性质 ……………………… 96
   2.5 稀疏波 ………………………………………………… 107
   2.6 压缩波 ………………………………………………… 118
   2.7 波形变化的物理机制 ………………………………… 121
   2.8 简单波的反射与相交 ………………………………… 128
   习题2 ……………………………………………………… 134

第3章 气体中的冲击波 ………………………………………… 137
   3.1 概 述 ………………………………………………… 137
   3.2 冲击波基本关系式 …………………………………… 139
   3.3 理想气体中的冲击波 ………………………………… 144
   3.4 斜冲击波 ……………………………………………… 157
   3.5 冲击波的基本性质 …………………………………… 162
   3.6 弱冲击波的声学近似 ………………………………… 174
   3.7 冲击波厚度 …………………………………………… 183
   3.8 冲击波的相互作用 …………………………………… 186
   3.9 击波管 ………………………………………………… 195

习题 3 ·· 202

第 4 章　固体中的冲击波·· 206

4.1　固体的物态方程 ·· 206
4.2　冲击压缩状态的描述 ·· 228
4.3　碰撞冲击波 ··· 239
4.4　冲击波卸载 ··· 243
4.5　冲击波的传播与反射 ·· 251
4.6　冲击相变 ·· 266
4.7　固体的弹塑性性质 ··· 274
4.8　一维应力弹性波 ··· 295
4.9　一维应变波 ··· 301
习题 4 ·· 310

人名译名对照表··· 313

第 1 章 可压缩流体力学基础

从现象上看,流体是一种变形体,在外力的作用下发生变形与运动.研究流体的机械运动和力的作用规律的科学就是流体力学.

流体力学是一门既经典又现代的学科,具有很强的渗透力.从传统角度看,流体力学是力学与物理学广泛且高度交叉的一个学科,它既是力学中的一个学科分支,同时也是物理学的一个组成部分,所以常常有流体物理一说.虽然流体力学关心的是流体的机械运动规律,但流体的机械运动总是服从物理学基本规律(如三大守恒定律),并且往往与其他形式的运动紧密耦合在一起,从而使流体力学与其他物理学分支相互依存.例如,流体的运动常常伴随有流体热力学状态的变化,从而出现了流体力学与热力学的交叉共存.如果电离气体在电磁场中运动,则流动过程与电磁场发生耦合,这就形成了电磁流体力学.随着现代科学技术的不断发展,流体力学介入的学科领域越来越广泛,如化学、地球物理、大气物理、天体物理、核物理、航天航空、工业与环保、全球环境、生命科学等等.例如,当流体在流动过程中伴有化学反应(如燃烧、爆轰等)时,则存在机械运动、热运动和化学反应的耦合,这就形成了化学流体力学.如果流动发生在生物体内,则存在流动过程与生物运动过程的交叉,这就形成了生物流体力学.由此可见,流体力学具有显著而广泛的多学科交叉特征.

冲击波以及与其密切相关的简单波都是可压缩流体流动中所产生的宏观现象,并伴随有热力学状态的显著变化,属于可压缩流体力学问题.

本章主要介绍可压缩流体力学基础知识,包括连续介质模型、流体的基本性质与热力学基础、流体运动的描述方法和流体运动基本方程的推导等内容,这些知识是学习冲击波物理的重要基础.

1.1 连续介质模型

1.1.1 流体与固体

在常态条件下,物质有三种聚集状态,即固态、液态和气态,处于这三种状态的物质分别称为固体、液体和气体.不同物质之所以有不同的状态,是由组成物质的原子或分子之间的相互作用所决定的.固体中原子(或离子、分子等)之间的相互作用非常强烈,内部粒子按照确定的规则排列,它们只在平衡位置附近作微小振动,在宏观上表现为具有确定的形状和刚度.气体分子(或原子)之间的相互作用较弱,分子间距较大,没有固定的位置,在宏观上表现为没有确定的形状和体积(气体的体积决定于其压强和温度,它们之间的关系由物态方程给出).液体是介于固体和气体之间的一种"中间状态",它与气体一样没有确定的形状,但却与固体一样有确定的体积.液体和气体具有易于变形和流动的性质,所以被统称为流体;液体与固体则具有难以压缩的特点,被统称为凝聚介质.

从力学分析的角度来看,流体与固体的主要差别在于它们对外力的抵抗能力.固体能承受拉力、压力和剪切力,在这些外力的作用下,固体内部相应产生拉应力、压应力和切应力以抵抗变形,外力或应力不达到一定数值,固体形状不会被破坏.流体不能承受拉力,因而流体内部永远不存在抵抗拉伸变形的拉应力.在宏观平衡状态下,流体也不能承受剪切力,任何微小的剪切力都会导致流体连续变形,平衡被破坏,产生流动,即使外力撤除,流体也不能恢复到原来的形状.

因此,从力学上对流体的定义可表述为:在任何微小剪切力的持续作用下能够连续不断变形的物质称为流体.

1.1.2 流体质点与连续介质模型

从统计物理学可知,物质都是由大量分子或原子组成的,这些微观粒子处于永不停息的运动状态.从微观层次来看,分子有一定的形状,分子之间存在着不同形式的相互作用,因而分子与分子之间必然存在着一定的间隙.根据阿伏加德罗定律推算,在标准状态($T=0°C$, $p=101325\text{Pa}$)下,每立方厘米体积中的气体分子数约为2.7×10^{19}个,液体分子排列更加紧密,每立方厘米体积中液体分子数目约为3×10^{24}个.由此可见,物质是由离散的分子组成的,分子间的间隙虽然很小,但总是客观存在的,这是分子物理学研究物质属性及流体物理性质的出发点,同时也是产生体积压缩等许多物理现象的基本原因.

如果从原子分子运动出发来获得流体的运动规律,这是一种微观分析方法.如果把每一个分子当作一个质点,建立一个运动方程,那么,作为一个系统,运动方程数目巨大,是无法求解的,因而也不可能获得流体系统的宏观运动规律.然而,对于研究宏观规律的流体力学来说,一般并不需要探讨分子的微观运动,因而需要对流体的物理实体加以模型化,使之适合于研究大量分子的统计平均特性,有利于找出流体运动或平衡的宏观规律.流体质点和连续介质的概念就是基于这样一种思想而引入的流体力学基本理论模型.

所谓流体质点,就是流体中宏观尺寸非常小而微观尺寸足够大的任意一个物理实体,它是组成流体的最小单位,具有下述四层含义:

(1)流体质点的宏观尺寸非常小.将流体质点的宏观尺寸设定为非常小,是希望能够严格描述流体的各种物理量(如密度、压强、能量、速度、温度等)随空间或时间的分布.用数学语言来说,流体质点的宏观尺寸非常小是指质点所占据的宏观体积极限为零,简记为 $\lim \Delta V \to 0$.应该注意,虽然流体质点的宏观体积极限为零但并不等于零,它是物理意义上的无限小体积.

那么到底多小才是宏观尺度的"非常小"? 这在各种不同的具体问题中是可以不同的.例如,在一些问题中,流体质点取 1 cm^3 就可以了,而在另一些问题中,流体质点的大小必须控制在 1 mm^3 量级.在一些特殊的问题中,流体质点甚至可以小到肉眼无法观察、工程仪器无法测量的程度.而对于大气的研究,流体质点的尺度甚至可达数百米以上.常用的参考标准是,流体质点的大小与问题的特征尺度相比要充分小.

(2)流体质点的微观尺寸足够大.所谓微观尺寸足够大,是指流体质点的体积必须大于流体分子尺寸的数量级,以保证在流体质点内包含有足够多的流体分子,从而个别分子的行为不会影响质点总体的统计平均特性.例如,在标准状态下,将气体质点的体积取为 10^{-9} cm^3,其中分子数约为 3×10^{10} 个,所以个别分子的涨落不足以影响质点的宏观性质,虽然这个体积在宏观上足够小,但在微观上看来却是足够大的.

(3)流体质点是包含有足够多分子在内的一个物理实体,因而在任何时刻都具有一定的宏观物理量.例如:流体质点具有质量,其质量就是所包含的分子质量之和;流体质点具有内能,其内能就是所包含分子的热运动能和分子相互作用能之和;流体质点具有压强,其大小同样取决于分子热运动和分子间相互作用.此外,流体质点还具有位移、速度、加速度等运动学量.因此,流体质点的运动既服从运动学规律,也服从热力学规律.

(4)流体质点的形状可以任意划定,因而质点和质点之间可以完全没有间隙.

虽然物质是由分子组成的,而分子是一种离散结构,但在引出流体质点模型后,就意味着流体是由流体质点而不是流体分子组成.进一步假定,流体是由无穷多个无穷小但又不呈现具体结构的、紧密毗邻、连绵不断、没有间隙的流体质点所组成的一种连续系统,它们的物理性质和状态同样具有连续分布.这样一种模型化的介质称为连续介质.

连续介质模型是流体力学的理论基础,因而十分重要.另一方面,连续介质是一种宏观概念,因而其应用范围必然是有限制的.可以预期,当所关心的流体区域的大小与流体分子结构的特征长度的数量级相同时,连续介质模型就会失效.适用于各种气体的特征长度就是分子平均自由程 l. 对于标准状态下的空气,其平均自由程是 10^{-7} m 数量级.对于液体,目前还难以对分子特征长度给出明确定义,一般取分子间距的若干倍作为其特征长度(水分子的间距为 10^{-10} m 数量级).如果考虑直径 d 很小($d \sim l$)的尘埃或烟尘微粒在空气中的运动,或者波长为 λ 的高频声波($\lambda \sim l$)在空气中的传播这样一些极端情况,连续介质模型就不再适用了.显然,对于压强很低的气体,例如地球高空或真空室内,连续介质模型必然也是不适用的.

从连续介质的观点看,流体力学和固体力学的处理方法有很多共同点,因此它们合称为连续介质力学.在连续介质力学中,通常把流体中任意小的一个微元部分叫作流体微团.当流体微团的体积无限缩小并以某一坐标点为极限时,流体微团就成为处在这个坐标点上的一个流体质点,它在任何瞬时都应该具有一定的物理量,如质量、密度、压强、流速等等,除了在运动发生间断的地方外,流体质点的一切物理量必然都是空间坐标与时间的单值、连续、可微函数.流动空间中,各种物理量在不同时刻的分布称为流场.显然,流场包括标量场和矢量场.在此基础上,我们可以方便地运用连续函数和场论等数学工具描述流体的属性,从而对流体的运动和平衡问题进行研究,这就是连续介质模型的重要作用.

1.2 流体的基本性质

1.2.1 密度、比体积、比重、容重

密度、比体积、比重、容重都是流体的最基本的物理量,而且它们之间存在一定的相互关系.

流体的密度 ρ 是单位体积的平均质量,即

$$\rho = \lim_{\Delta V \to \Delta V_0} \frac{\Delta m}{\Delta V} \tag{1.2.1}$$

式中,Δm 为微小体积 ΔV 内的质量,ΔV_0 是宏观上足够小、微观上足够大的体积.为了数学表示的方便,通常将式(1.2.1)表示为

$$\rho(x, y, z, t) = \lim_{\Delta V \to 0} \frac{\Delta m}{\Delta V} = \frac{\mathrm{d}m}{\mathrm{d}V} \tag{1.2.2}$$

式中, x, y, z 为直角坐标系中的空间坐标, t 为时间坐标.

比体积(又称为比容)v是单位质量的流体所具有的体积, 所以等于密度的倒数

$$v = \frac{1}{\rho} \tag{1.2.3}$$

流体的比重 ξ 是流体的重量与标准状态下相同体积的水的重量之比, 通常表示为所指流体的密度与标准状态下水的密度之比

$$\xi = \frac{\rho}{\rho_{标准状态水}} \tag{1.2.4}$$

显然, 比重是一个无量纲量.

容重 ζ 是单位体积流体的重量, 因此等于密度与所处位置的重力加速度 g 的乘积

$$\zeta = \rho g \tag{1.2.5}$$

1.2.2 作用在流体上的力

流体的各种运动都离不开力的作用, 流体处于静止状态反映了力的平衡, 因此, 认识作用在流体上的力是研究流体运动的基础.

按照作用方式, 作用在流体上的力可以分为两种类型, 即质量力和表面力.

1. 质量力

质量力是作用在每一个流体质点上的力, 其大小与质点的质量或体积成正比, 因而也称为体积力, 如重力、惯性力、电磁力等.

设作用在单位质量流体上的力为 $\boldsymbol{f}$, 则 $\boldsymbol{f}$ 在直角坐标系中可表示为

$$\boldsymbol{f} = f_x \boldsymbol{i} + f_y \boldsymbol{j} + f_z \boldsymbol{k} \tag{1.2.6}$$

式中, f_x, f_y, f_z 分别为单位质量力 $\boldsymbol{f}$ 在 x, y, z 轴上的投影, $\boldsymbol{i}, \boldsymbol{j}, \boldsymbol{k}$ 分别为 x, y, z 轴上的单位矢量. 作用在微元体积 $\mathrm{d}\tau$ 上的质量力为

$$\mathrm{d}\boldsymbol{F} = \rho \boldsymbol{f} \mathrm{d}\tau$$

作用在流体体积 V 上的质量力为

$$\boldsymbol{F} = \int_V \rho \boldsymbol{f} \mathrm{d}\tau \tag{1.2.7}$$

在多数流体力学问题中, 质量力都是已知的. 如果只考虑重力的作用, 则有 $\boldsymbol{f} = \boldsymbol{g}$ ($\boldsymbol{g}$ 为重力加速度矢量). 在大多数实际问题中, 质量力可以不考虑, 因此可令 $\boldsymbol{F} = \boldsymbol{0}$.

2. 表面力

对于所考察的流体系统, 总是存在一个表面, 作用在流体表面上的力称

为表面力. 从整个系统看, 这个表面可以是流体与流体的接触面, 也可以是流体与固体的接触面. 根据连续介质的概念, 这个力连续分布在所取流体表面上.

表面力按其作用方向分为两种, 一种是沿表面内法线方向的压力, 另一种是沿表面的切向力.

在流体中任取一部分, 如图1.1所示, 它是一个封闭系统, 记为 Ω, 系统 Ω 的表面是它与周围物质的分界面, 通常为曲面, 记为 A. 在表面 A 上任取一块小面元 ΔA, 若该面元上受到的力为 ΔF, 则该面元上的平均应力为 $\Delta F/\Delta A$. 如果让面元 ΔA 收缩为一点 P, 即 $\Delta A \to 0$, 这时的比值 $\Delta F/\Delta A$ 趋于一个确定的值 p, 即

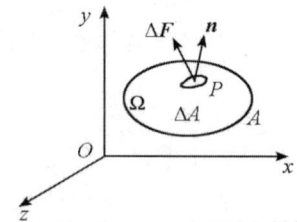

图1.1 表面力与压强

$$p = \lim_{\Delta A \to 0} \frac{\Delta F}{\Delta A} = \frac{dF}{dA} \qquad (1.2.8)$$

称 p 为 A 面上 P 点处的表面应力矢量.

3. 流体静压强

如果流体处于平衡状态, 流体质点与质点之间或流体质点与容器之间没有相对运动, 则流体内部不存在切向力, 只有沿表面内法线的压力, 称为流体静压力. 在这种条件下, 式(1.2.8)中的 p 就是单位面积的法应力, 在流体力学中通常称为流体静压强, 或简称压强. 由于流体静压力定义为沿内表面法线方向的压力, 所以微元表面上的流体静压力可表示为

$$dF = -pn dA \qquad (1.2.9)$$

式中 p 为矢量 p 的大小, 即压强的数值, n 为面元法向上的单位矢量. 因此, 作用在面积为 A 的某个有限表面上的流体静压力为

$$F = -\int_A pn dA \qquad (1.2.10)$$

流体静压强(即单位面积上的流体静压力)具有以下两个基本特性:

(1) 压强的方向永远沿着作用面的内法线方向, 或者说压强的方向永远指向作用面.

(2) 在静止流体内的任意一点处, 压强的大小与所取作用面在空间的方位无关.

由此可见, 在静止的流体中, 任意一点处的压强沿各个方向都是相同的, 因此它是一个标量, 可表示为空间坐标和时间的函数, 即 $p = p(x, y, z, t)$.

1.2.3 流体的压缩性与热膨胀

既然流体内部分子之间存在间隙,当压强增大时,分子间距必然减小,因而体积压缩. 若温度升高,则分子间距增大,体积膨胀. 因此,流体的体积(或密度)是随压强和温度而变化的,流体都具有这种能压缩、可膨胀的性质,但气体的压缩性和膨胀性比液体更显著.

1. 体积模量

当流体受到的压强增大时,体积将减小,这种性质称为流体的压缩性,常用体积模量来表征.

设流体的温度为 T,压强为 p,相应的体积为 V. 保持温度不变,当压强变化为 $p+\Delta p$ 时,流体体积改变为 $V+\Delta V$. 压强的变化量 Δp 与体积相对变化量 $-\Delta V/V$ 之比值的极限称为流体的体积模量(也称体积压缩模量或等温压缩模量),用符号 B 表示,即

$$B = \lim_{\Delta V \to 0}\left(\frac{\Delta p}{-\Delta V/V}\right)_T = \lim_{\Delta V \to 0}\left(-V\frac{\Delta p}{\Delta V}\right)_T = -V\left(\frac{\partial p}{\partial V}\right)_T \quad (1.2.11)$$

有时也用 B_T 表示等温体积模量,但在习惯上,对于等温过程常常不加下标"T".

体积模量的物理意义是,当温度不变时,每产生一个单位体积相对变化率所需要的压强变化量. 体积模量值越大,表明流体越难压缩.

体积模量的倒数称为体积压缩系数(也称等温压缩系数或等温压缩率),用 κ 表示,因此

$$\kappa = \frac{1}{B} = -\frac{1}{V}\left(\frac{\partial V}{\partial p}\right)_T \quad (1.2.12)$$

体积压缩系数的物理意义是,当温度不变时,每增加单位压强所产生的流体体积相对变化率.

对于等熵过程,可类似地定义等熵体积模量 B_S 和等熵压缩系数 κ_S 如下

$$B_S = \frac{1}{\kappa_S} = -V\left(\frac{\partial p}{\partial V}\right)_S \quad (1.2.13)$$

2. 膨胀系数

如果压强保持不变,给流体加热使其温度升高,从而流体中的体积发生变化,这种性质就是热膨胀,用热膨胀系数来表示.

设流体在压强 p、温度 T 时的初始体积为 V. 当压强不变,温度增加到 $T+\Delta T$ 时,流体体积膨胀到 $V+\Delta V$. 体积相对变化量 $\Delta V/V$ 与温度变化量 ΔT 之比值的极限称为流体的体积膨胀系数,或简称为体膨胀系数,用 α_v 表示,即

$$\alpha_v = \lim_{\Delta T \to 0}\left(\frac{\Delta V/V}{\Delta T}\right)_p = \lim_{\Delta T \to 0}\left(\frac{\Delta V}{\Delta T \cdot V}\right)_p = \frac{1}{V}\left(\frac{\partial V}{\partial T}\right)_p \qquad (1.2.14)$$

体积膨胀系数的物理意义是,当压强不变时,每增加单位温度所产生的流体体积相对变化率.

对于固体材料,各不同方向上的热膨胀可以不同,这样的材料称为各向异性材料. 对于各向异性材料,可定义线膨胀系数如下:

$$\alpha_l = \frac{1}{l}\left(\frac{\partial l}{\partial T}\right)_p \qquad (1.2.15)$$

式中 l 为固体长度. 对于各向同性固体,体膨胀系数为线膨胀系数的 3 倍,即

$$a_V = 3a_l \qquad (1.2.16)$$

3. 可压缩流体与不可压缩流体

为了研究问题的方便,规定体积压缩系数和体积膨胀系数完全为零的流体叫作不可压缩流体. 这种流体受压时体积不减小,受热时体积不膨胀,因而其密度为恒定常数,即

$$\rho = 常数 \qquad (1.2.17)$$

显然,讨论这种流体的平衡和运动规律时要简单得多. 但是,绝对不可压缩的流体实际上并不存在,因此不可压缩只是一个理想模型.

液体的可压缩性较小,所以在通常条件下可忽略其可压缩性,而直接用不可压缩流体理论进行分析,所得结果与实际情况往往是非常接近的. 气体的可压缩性比较大,所以气体平衡和运动的大多数问题需要采用可压缩流体理论来处理. 但在一定条件下(例如低温、低压、低速等),考虑或不考虑气体的压缩性,所得结果有时相差并不大,因此作为近似分析,也可以采用不可压缩流体理论来处理这种问题,这样既可简化计算,又能得到较准确的结果.

应该明确,可压缩与不可压缩是两个截然不同的概念. 虽然有关液体平衡和运动的很多问题都可用不可压缩流体理论来解决,但可压缩流动的应用仍然非常广泛,在诸如高速飞机、导弹及其动力装置的设计等问题中,都必须考虑可压缩流动的影响.

本书主要讨论简单波和冲击波,属于可压缩流体力学问题,所涉及的流体都是可压缩的.

1.2.4 流体的黏性

已知流体在平衡时不能承受剪切力,或者说,静止流体在任何剪切力的持续作用下都会发生连续变形,从而产生流动. 流体处于运动状态时,流体内部对于相邻两层流体间的相对运动(或剪切变形)具有抵抗作用,相应的抵抗力称

为黏性力或黏性应力. 流体抵抗剪切变形的性质就是黏性. 黏性引起摩擦,是流体抵抗剪切变形的一种属性,而固体没有这种属性.

1. 牛顿内摩擦定律

早在1687年,牛顿就进行了剪切流动实验研究. 如图1.2所示,在互相平行且间隙δ很小的两块平板之间充满液体,令下板固定不动,对上板施加力F,使其以匀速度u_0沿x方向运动. 由于流体与固体分子间存在一定的附着力,紧贴上板的一层流体将与上板一起以速度u_0运动,紧贴下板的一层流体则固定不动. 在液体内部,由于液体分子间存在相互作用力,上层流体必然带动下层流体运动,而下层流体必然阻滞上层流体运动,于是在液流横截面上形成一速度分布. 当间隙δ很小时,流体的速度沿y方向的分布近似为直线,即$u=ky$,其中k为常数.

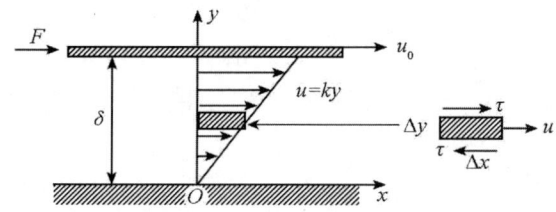

图1.2 流体的黏性

由于不同速度的流体层之间存在相对运动,所以在层与层之间产生内部摩擦力或切应力τ. 如果在液体内部取出与x轴平行的一个薄层作为分离体,则上面比它运动速度大的液层作用在其上的切应力向右,下面比它运动速度小的液层作用在其上的切应力向左. 这种切应力作为流体内力,总是大小相等方向相反地成对出现,并分别作用在紧邻的两层流体上. 如果取液体外边界的上、下平板作为分离体,则液体的切应力表现为阻止上板运动的摩擦力或拖动下面固定平板的摩擦力. 如果取整个流体作为分离体,运动平板拉动顶部液层向右,而固定平板阻止底部液层运动.

实验研究结果表明,推动上板的外力F与上板运动速度u_0及摩擦面积A成正比,与两板之间的距离δ成反比,于是,流体受到的摩擦力为

$$F = \mu \frac{u_0}{\delta} A \tag{1.2.18}$$

式中,μ为比例常数,它与流体的性质及其温度、压强等状态参量有关. 可以看出,流体的摩擦与固体的摩擦规律不同,外力F的大小,也就是流体对上板的摩擦力与上板的正压力没有任何关系.

显然,流体上表面受到的切应力为

$$\tau = \frac{F}{A} = \mu \frac{u_0}{\delta} \qquad (1.2.19)$$

式中，$\frac{u_0}{\delta}$ 就是沿速度的垂直方向每单位长度上的平均速度变化率，称为平均速度梯度. 当两平板间的速度分布 $u = u(y)$ 为直线时，流体横截面上各点的速度梯度是一个常数，即 $\frac{u_0}{\delta}$，因而流体横截面上各点的切应力也是一个常数，并与上表面切应力相等.

在一般情况下，流体截面上的速度分布并不是直线，而是 y 坐标的函数，即 $u = u(y)$，如图 1.3 所示，此时流体截面上一点的速度梯度 $\lim_{\Delta y \to 0} \frac{\Delta u}{\Delta y} = \frac{du}{dy}$ 同样是 y 坐标的函数，因而流体中切应力必然也是 y 坐标的函数，其大小为

$$\tau(y) = \mu \left| \frac{du}{dy} \right| \qquad (1.2.20)$$

式(1.2.20)就是著名的牛顿黏性定律，也称为牛顿内摩擦定律，其物理意义是流体中的切应力与当地速度梯度成正比.

牛顿黏性定律适用于空气、水、石油等绝大多数机械工业中常用的流体. 但是，并不是所有的流体都满足牛顿黏性定律，例如化工、轻工、食品等工业中所用到的流体大都不满足牛顿黏性定律. 符合牛顿黏性定律的流体称为牛顿流体，否则称为非牛顿流体. 非牛顿流体包括塑性流体(如牙膏、凝胶等)、假塑性流体(如高分子溶液、泥浆等)和胀塑性流体(如油漆、油墨等)等类型.

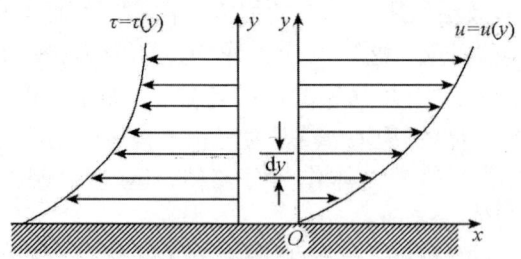

图 1.3 流体截面上速度非线性分布时的切应力

2. 黏性系数

对于牛顿流体，利用式(1.2.20)得到代表黏性大小的比例常数为

$$\mu = \frac{\tau}{|du/dy|} \qquad (1.2.21)$$

比例常数 μ 通常称为流体的(动力)黏性系数，其物理意义是单位速度梯度下的

切应力,所以从 μ 的大小可以直接判断出流体黏性的大小. 动力黏性系数的常用单位为 Pa·s.

在流体力学中,除使用动力黏性系数外,还经常使用运动黏性系数,它定义为动力黏性系数 μ 与流体密度 ρ 的比值,即

$$\nu = \frac{\mu}{\rho} \tag{1.2.22}$$

运动黏性系数 ν 的物理意义是动力黏性系数与密度之比,其常用单位为 m^2/s.

3. 黏性的机理

从宏观看,黏性是流体抵抗剪切变形的一种属性. 流体处于平衡状态时,其黏性无从表现,只有当流体运动时,流体的黏性才能显示出来. 它不仅影响流体运动的形态和性质,而且也影响流体运动中许多物理量的数值. 但是,不同流体在同样的剪切力作用下,会具有不同的变形速度,这反映了不同流体在抵抗剪切变形能力上的差别,具体来说,就是不同流体的黏性系数值不同.

从微观看,黏性是分子间相互作用和分子动量输运性质的宏观体现(分子运动有三个输运性质,除动量输运外,还有能量输运和质量输运,前者的宏观表现为热传导,后者的宏观表现为扩散). 也就是说,流体对切应力的阻抗取决于流体内聚力(内部分子之间的相互作用力)及分子动量的传递. 一般来说,气体的黏性随温度的增加而增加,而液体的黏性则随温度的增加而减小. 这是因为,对于气体,内聚力很小,分子动量输运是其产生黏性的主要原因,而动量随温度的升高而增加. 对于液体,密度较高,内聚力是其产生黏性的主要原因,而内聚力随温度增加而减小.

例 1.1 一块 1mm 厚的薄板在两块固定的平板中间拉过,平板间的间隔为 2mm. 移动薄板的面积为 $0.2m \times 0.2m$,且与固定板是等间距的. 两平板间充满 90℃ 的某润滑油,其动力黏性系数为 1.48×10^{-2} Pa·s,求以 1m/s 速度拉动这块板所需要的力.

解 显然,在动板的上下两个面上均产生切应力,所以动板的摩擦面积为
$$A = 2 \times 0.2m \times 0.2m = 0.08m^2$$

根据题意,动板与两块平板间的间隙 δ 均为 0.5mm,所以可假定薄板运动时两板间油的速度为线性分布,于是速度梯度为

$$\frac{du}{dy} = \frac{u}{\delta} = \frac{1m/s}{0.0005m} = 2000 \ s^{-1}$$

最后得到拉动平板以 1m/s 的速度运动所需要的力为

$$F = \mu A \frac{u}{\delta} = 1.48 \times 10^{-2} \ Pa \cdot s \times 0.08 \ m^2 \times 2000 \ s^{-1} = 2.37N$$

4. 理想流体

不存在黏性,即黏性系数为零($\mu = \nu = 0$)的流体称为理想流体或无黏性流体,更确切地说,这时的流动称为理想流动.这种流体在运动时没有内摩擦,也就是说没有内耗散或损失,而且在它与固体接触的边界上也不存在摩擦力.

理想流体虽然事实上并不存在,但这种理论模型却有重要的理论价值和实际价值.在很多实际问题中,或者至少在特定的流动区域中,黏性并不起重要作用,因而非常接近于理想流动.忽略黏性比较容易分析其力学关系,而所得结果与实际情况并无太大差别.流体黏性虽然在有些问题中不可忽视,但作为由浅入深的一种手段,完全可以先讨论理想流体的运动规律,然后再考虑有黏性影响时的修正方法,这样对于问题的解决会带来很大的方便.

总而言之,理想流体虽然不存在,但理想流体运动学和动力学定论严谨,适用的范围广泛,因而对于很多实际问题的解决具有重要作用,所以是流体力学中十分重要的一个理论模型.

本书在以后的分析中一般都假定流体为理想流体,即不考虑黏性的作用.同时也应注意到,不考虑黏性效应往往是因为黏性系数很小,可以忽略不计.但是,当速度梯度很大甚至为无穷大时,即使黏性系数非常小也会有显著的黏性应力,从而对流动产生重要影响.例如,如果一个扰动的波阵面上的速度梯度非常大,黏性总是客观存在的,从而对波的特性产生重要影响.这个问题在本书第2章和第3章将会被多次提到.

1.2.5 流体运动的分类

就一般来说,流体运动内容丰富,形式多样,特点迥异,从而分析方法也各有不同,所以在进行具体研究之前将流体运动分类具有实际意义.然而,也正是由于连续介质流体运动特点的多样性,分类方式也是多种多样的.

如果按运动过程中是否产生黏性的性质分类,可分为有黏流动(实际流动)和无黏流动(理想流动).所谓有黏流动就是指在流动过程中黏性系数不为零的流动,否则称为无黏流动.在客观上,所有的流体都具有黏性,因此在一般连续介质流体力学中,黏性流动是最重要的,它又可分为层流和湍流两种情况.在层流状态,流动结构的特点是以层状体或以分层运动的形式出现;在湍流状态,流动的结构特点是以随机的、叠加在平均运动的流体质点上的三维运动形式出现的.例如,一根燃着的香烟,当烟迹离香烟不远、呈直线型时是层流;当烟迹继续升高,分裂为随机的不规则状态时,就是湍流.

按密度是否变化可分为可压缩流动和不可压缩流动.如果在流动过程中,流体密度始终不变,称为不可压缩流动,否则称为可压缩流动.

按流动参量与时间的依赖关系可分为定常流动和非定常流动.所谓定常流动就是指流体的物理量不随时间而改变的流动,非定常流动又称为不定常流动,其流动参量则随时间而变化.

按物理量在空间的分布情况可分为均匀流动和非均匀流动.如果某时刻的流动参量没有空间梯度,称为均匀流动,否则称为非均匀流动.

按流动参量与空间坐标的依赖关系,可分为一维流动、二维流动和三维流动.如果流动参量只依赖于一个空间坐标,称为一维流动.依此类推,二维流动与两个空间坐标相关,三维流动则与三个空间坐标相关.

此外,按流动速度矢量的旋度是否为零可分为有旋流动和无旋流动.

如此等等,不一而足.比较常见的分类方法是先按流体运动的物理背景进行分类,即将流动分为无黏性流动和黏性流动,然后再按是否可压缩进行分类,如图 1.4 所示.在此基础上,可进一步按定常或非定常以及几何维度等特征进行分类.

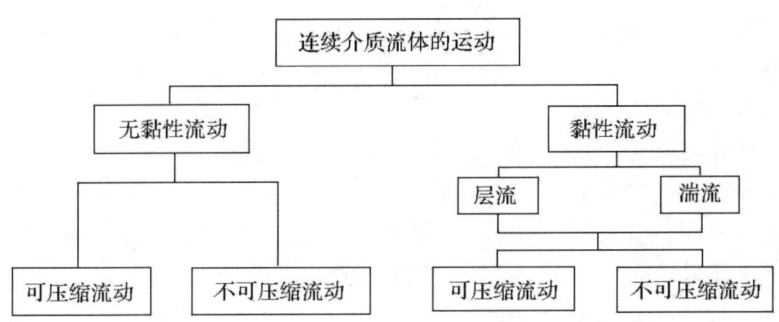

图 1.4　流体运动的分类

1.3　流体运动的热力学基础

在研究流体动力学问题时,需要确定流体的各种物理量随空间和时间的变化.流体的运动形式虽然复杂,但总是要受基本物理规律的约束.支配可压缩流体运动最重要的四条物理基本定律是:质量守恒定律、动量守恒定律(牛顿第二定律)、能量守恒定律(热力学第一定律)和热力学第二定律(熵增加原理).因此,在分析可压缩流体运动规律和冲击波的性质时,热力学知识有着非常重要的作用,是不可缺少的基础知识.基于这一原因,本节在冲击波物理所涉及的热力学范围内,说明其一般观点和处理方法,并列出必要的公式,但并不是完整地叙述热力学理论.

1.3.1　热力学基本概念

状态：即热力学系统的状态，是指热力学系统所处的状况. 处于一定状况下的热力学系统具有一定的宏观物理性质，因此热力学系统的状态是由表征系统宏观物理性质的参量(如压强、温度、体积等)来确定或反映的.

平衡态：对于一定的热力学系统，在外界对它既不做功，也不传热的条件下，无论其初始状况如何，经过一定时间后，必将达到其宏观物理性质不随时间变化的状态，这种状态称为热力学平衡状态，简称为平衡态. 所谓平衡，就是指没有各种量的空间梯度，例如压强梯度、温度梯度等，因而各种宏观量都不会随时间变化. 显然，系统处于平衡态时具有确定的状态参量.

在流体动力学中，按照连续介质假设，所研究的是大量流体质点的运动规律. 而每一个流体质点相对于整个系统来说是一个宏观小(但微观大)的局部区域，为了能够描述各物理量随空间和时间的连续变化，首先必须假设每一个流体质点在每一时刻都处于热力学平衡状态，这就是局部热动平衡假设.

热力学过程：简称过程，是热力学系统从一个状态向另一个状态的过渡，或者说热力学状态随时间的变化. 按照过程所经历的中间状态的性质，可以把热力学过程分为准静态过程和非静态过程；按照过程的逆过程性质，可以把热力学过程分为可逆过程和不可逆过程.

准静态过程：也叫平衡过程，在状态转变过程中，所经历的所有中间状态都接近于平衡状态，或者说在转变过程中的每一瞬间，系统都处于平衡状态，这样的过程称为准静态过程. 假如在无摩擦、无阻力的条件下，过程进行得无限缓慢，即在每一个中间状态都停留足够长的时间，使其达到平衡状态，那么这样的过程可以认为是准静态过程. 而实际上，任何实际过程总是在有限时间内完成的，不可能是无限缓慢的，所以都不可能是严格的准静态过程，但在许多情况下，可近似地把实际过程当作准静态过程来处理.

可逆过程：在一个过程中，系统发生了变化，外界也要发生变化，如果系统从状态 A 变化到状态 B 的过程具有这样的性质，即当系统再从状态 B 回到状态 A 时，在原过程中外界所产生的一切变化也同时被消除，而没有留下任何痕迹，那么这个过程就称为可逆过程. 不存在任何耗散性效应(如摩擦、阻尼、黏滞等)的准静态过程，是可逆过程. 显然，一切实际过程都不可能是可逆过程，而只能接近于可逆过程. 可逆过程的概念，是对实际过程的理想化抽象.

不可逆过程：系统和外界经某过程而发生变化之后，若不能同时回复到初始状态，这样的过程称为不可逆过程.

绝热过程：是指系统与外界不发生热传递的情况下进行的过程. 在绝热过

程中，若外界对系统做功，则系统的内能增大；若系统对外界做功，则系统的内能减小．

态函数：系统处于平衡态时有确定的状态参量，或者说，其状态可由一组独立的状态参量来描述．如果一个参量是状态参量的单值函数而与过程无关，则这个参量就是态函数．

内能：系统的内能是系统所具有的由其状态决定的能量，因此是一个态函数，常用符号 E 表示．从微观上看，内能是系统中所有分子热运动动能和分子间相互作用势能之和．单位质量物质的内能称为比内能，常用符号 e 表示．

焓：也称为热焓，也是表示系统能量的一个态函数，定义为系统的内能与压强和体积的乘积之和，常用符号 H 表示．单位质量物质的焓称为比焓，常用符号 h 表示，它与比内能、压强及比体积之间的关系为

$$h = e + pv \qquad (1.3.1)$$

熵：是一个重要的态函数，常用符号 S 表示．单位质量物质的熵称为比熵，常用符号 s 表示．如果取某一状态 A 为基准态，一个既定的热力学系统处于此状态时的比熵为 s_A，则该系统处于任意平衡态 B 的比熵 s_B 满足不等式

$$s_B - s_A \geqslant \int_A^B \frac{\delta q}{T} \qquad (1.3.2)$$

式中，δq 为系统发生一个小的状态变化时，单位质量物质从热源获得的热量．式中等号对应可逆过程，大于号对应不可逆过程．此外，由于熵值越大的状态，系统内粒子热运动越剧烈，粒子的排列越无序，因此，熵值可看作是热力学系统状态无序程度的度量．

热量和功不属于态函数．在热力学中，常常对态函数和非态函数加以区别，非态函数的小量用符号 δ 表示，而态函数的小量用微分号 d 表示．

熵不仅是热力学中非常重要的一个态函数，而且也是流体动力学中非常重要的一个参量．在很多实际流动中，熵是保持不变的，或者说是近似不变的，因而可当作常数处理．人们将熵保持不变的流动概括为等熵流动和均熵流动两种流动模式．

等熵流动模式：若任意一个流体质点的比熵都不随时间变化，即

$$\frac{ds}{dt} = 0 \qquad (1.3.3)$$

这样的流动称为等熵流动．

均熵流动模式：如果流体质点的熵不随时间而变化，且所有流体质点的熵都相同，这样的流动称为均熵流动．因此，均熵流动表示为

$$\begin{cases} \dfrac{\mathrm{d}s}{\mathrm{d}t} = 0 \\ \nabla s = \boldsymbol{i}\dfrac{\partial s}{\partial x} + \boldsymbol{j}\dfrac{\partial s}{\partial y} + \boldsymbol{k}\dfrac{\partial s}{\partial z} = 0 \end{cases} \quad (1.3.4)$$

绝热流动：在流动过程中，若流体质点之间以及流体质点与外界之间没有热量的交换，这样的流动称为绝热流动。绝热与等熵有时被误认为是完全可互换的术语，其实二者是不同的，只有当流体内部没有耗散时，绝热流动才是等熵流动。

自由能：是个态函数，常用符号 F 表示。系统的内能减去温度与熵的乘积就是自由能。单位质量物质的自由能称为比自由能，常用符号 f 表示，因此

$$f = e - Ts \quad (1.3.5)$$

吉布斯函数：也称为吉布斯自由能、自由焓或热力势，是一个态函数，常用符号 G 表示，它等于焓减去温度与熵的乘积。单位质量物质的吉布斯函数称为比吉布斯函数，常用符号 g 表示。因此，比吉布斯函数 g 表示为

$$g = h - Ts = e + pv - Ts \quad (1.3.6)$$

1.3.2 热力学第一定律和第二定律

热力学第一定律：外界传给系统的热量等于系统内能的增加与系统对外界所做的功之和。热力学第一定律表明，能量是守恒的，且能量的形式可以转化。对于一个无限小的过程，热力学第一定律可表示为

$$\delta Q = \mathrm{d}E + \delta W \quad (1.3.7)$$

式中，δQ 是系统从外界吸收的热量，$\mathrm{d}E$ 是系统内能的增加，δW 是系统对外界所做的功。

在某一过程中，如果系统从外界吸收热量 ΔQ，温度升高 ΔT，则系统的热容量定义为

$$C = \lim_{\Delta T \to 0} \frac{\Delta Q}{\Delta T} \quad (1.3.8)$$

它表示系统升高单位温度时所吸收的热量。

单位质量物质的热容量称为比热容。当系统的体积不变时，单位质量的物质改变单位温度所吸收或放出的热量称为定体比热容。由于体积不变，系统不对外做功，所吸收的热量全部用来提高内能，所以

$$(\Delta Q)_v = \Delta E$$

于是定体比热容表示为

$$C_v = \lim_{\Delta T \to 0} \frac{(\Delta Q)_v}{m \Delta T} = \lim_{\Delta T \to 0} \frac{(\Delta e)_v}{\Delta T} = \left(\frac{\partial e}{\partial T} \right)_v \quad (1.3.9)$$

式中，m 为系统中物质的质量．

在等压过程中，单位质量物质升高或降低单位温度所吸收或放出的热量称为定压比热容．压强不变时，系统从外界吸收的能量等于系统焓的增加，所以定压比热容可表示为

$$C_p = \lim_{\Delta T \to 0} \frac{(\Delta Q)_p}{m \Delta T} = \lim_{\Delta T \to 0} \frac{(\Delta H)_p}{m \Delta T} = \lim_{\Delta T \to 0} \frac{(\Delta h)_p}{\Delta T} = \left(\frac{\partial h}{\partial T}\right)_p \quad (1.3.10)$$

热力学第二定律是关于在有限空间和时间内，一切与热运动有关的物理、化学过程的发展都具有不可逆性这一事实的总结，指明了所有与热运动有关的过程的发展方向．它有以下三种表述方式：

(1) 克劳修斯表述：热量不可能自动地由低温物体向高温物体传递．

(2) 开尔文表述：不存在这样一种循环过程，系统从单一热源吸收热量并全部转变为对外做功，也就是说，第二类永动机是不可能造成的．

(3) 熵增加原理：在孤立系统中所发生的一切实际过程，总是使整个系统的熵值增大．

事实上，在引入熵的概念后，式(1.3.2)就是热力学第二定律的积分形式，其微分形式为

$$ds \geq \frac{\delta q}{T} \quad (1.3.11)$$

1.3.3 热力学基本关系式

热力学中有四个特性函数，即比内能 $e(v, s)$、比焓 $h(p, s)$、比自由能 $f(v, T)$ 和比吉布斯函数 $g(p, T)$，它们之间有关系

$$\begin{cases} e = e(v, s) = h - pv \\ h = h(p, s) = g + Ts \\ f = f(v, T) = e - Ts \\ g = g(p, T) = f + pv \end{cases} \quad (1.3.12)$$

利用热力学第一和第二定律，四个特性函数可分别写成如下微分形式

$$de = Tds - pdv \quad (1.3.13)$$

$$dh = Tds + vdp \quad (1.3.14)$$

$$df = -sdT - pdv \quad (1.3.15)$$

$$dg = -sdT + vdp \quad (1.3.16)$$

根据马休定理[①]，只需要一个热力学特性函数就可将系统在平衡态的所有

---

① 苏汝铿. 统计物理学[M]. 第2版. 北京：高等教育出版社，2004：74.

热力学性质完全决定,因此特性函数具有重要作用,通常被称为热力学基本关系式,也称为完全物态方程. 例如,利用比自由能 $f(v, T)$,从式(1.3.15)出发,可得到各种常用热力学量如下

$$p = -\left(\frac{\partial f}{\partial v}\right)_T$$

$$e = f - T\left(\frac{\partial f}{\partial T}\right)_v = -T^2 \frac{\partial}{\partial T}\left(\frac{f}{T}\right)_v$$

$$s = -\left(\frac{\partial f}{\partial T}\right)_v$$

$$h = e + pv = -T^2 \frac{\partial}{\partial T}\left(\frac{f}{T}\right)_v - v\left(\frac{\partial f}{\partial v}\right)_T$$

$$g = f + pv = f - v\left(\frac{\partial f}{\partial v}\right)_T$$

$$\kappa = -\frac{1}{v}\left(\frac{\partial v}{\partial p}\right)_T = -\frac{1}{v}\frac{1}{(\partial p/\partial v)_T} = \frac{1}{v}\frac{1}{(\partial^2 f/\partial v^2)_T}$$

$$\alpha = \frac{1}{v}\left(\frac{\partial v}{\partial T}\right)_p = -\frac{1}{v}\left(\frac{\partial v}{\partial p}\right)_T\left(\frac{\partial p}{\partial T}\right)_v = -\left(\frac{\partial^2 f}{\partial T \partial v}\right)\bigg/\left[v\left(\frac{\partial^2 f}{\partial v^2}\right)_T\right]$$

$$C_v = \left(\frac{\partial e}{\partial T}\right)_v = -T\left(\frac{\partial^2 f}{\partial T^2}\right)_v$$

$$C_p = C_v + \frac{vT\alpha^2}{\kappa} = C_v + T\left(\frac{\partial^2 f}{\partial T \partial v}\right)^2 \bigg/ \left(\frac{\partial^2 f}{\partial v^2}\right)_T$$

需要注意的是,特性函数中的自变量是不能任意选取的,如果不按特性函数的要求选取自变量,就不可能只用微商的方法求得全部热力学量.

从特性函数微分方程出发,还可得到常用的麦克斯韦方程. 利用式(1.3.13)有

$$T = \left(\frac{\partial e}{\partial s}\right)_v, \quad p = -\left(\frac{\partial e}{\partial v}\right)_s$$

将上面两式分别对比体积和比熵求偏导有

$$\left(\frac{\partial T}{\partial v}\right)_s = \frac{\partial^2 e}{\partial s \partial v}, \quad \left(\frac{\partial p}{\partial s}\right)_v = -\frac{\partial^2 e}{\partial s \partial v}$$

所以

$$\left(\frac{\partial T}{\partial v}\right)_s = -\left(\frac{\partial p}{\partial s}\right)_v \tag{1.3.17}$$

采用同样方法,由关系式(1.3.14)~式(1.3.16)可得到下面三个方程

$$\left(\frac{\partial T}{\partial p}\right)_s = \left(\frac{\partial v}{\partial s}\right)_p \tag{1.3.18}$$

$$\left(\frac{\partial s}{\partial v}\right)_T = \left(\frac{\partial p}{\partial T}\right)_v \qquad (1.3.19)$$

$$\left(\frac{\partial s}{\partial p}\right)_T = -\left(\frac{\partial v}{\partial T}\right)_p \qquad (1.3.20)$$

关系式(1.3.17)~式(1.3.20)称为麦克斯韦方程，它们在热力学函数的计算与分析中应用广泛，可在需要时直接使用.

例 1.2 证明流体物质的等温压缩系数与等熵压缩系数之比等于定压比热容与定体比热容之比.

证 由热力学基本微分方程 $\mathrm{d}e = T\mathrm{d}s - p\mathrm{d}v$ 有

$$C_v = \left(\frac{\partial e}{\partial T}\right)_v = T\left(\frac{\partial s}{\partial T}\right)_v$$

由另一个基本微分方程 $\mathrm{d}h = T\mathrm{d}s + v\mathrm{d}p$ 有

$$C_p = \left(\frac{\partial h}{\partial T}\right)_p = T\left(\frac{\partial s}{\partial T}\right)_p$$

设熵 s 是 p 和 v 的函数，即 $s = s(p, v)$，则有

$$\mathrm{d}s = \left(\frac{\partial s}{\partial p}\right)_v \mathrm{d}p + \left(\frac{\partial s}{\partial v}\right)_p \mathrm{d}v$$

因此

$$\begin{aligned}
T\mathrm{d}s &= T\left(\frac{\partial s}{\partial p}\right)_v \mathrm{d}p + T\left(\frac{\partial s}{\partial v}\right)_p \mathrm{d}v \\
&= T\left(\frac{\partial s}{\partial T}\right)_v \left(\frac{\partial T}{\partial p}\right)_v \mathrm{d}p + T\left(\frac{\partial s}{\partial T}\right)_p \left(\frac{\partial T}{\partial v}\right)_p \mathrm{d}v \\
&= C_v \left(\frac{\partial T}{\partial p}\right)_v \mathrm{d}p + C_p \left(\frac{\partial T}{\partial v}\right)_p \mathrm{d}v
\end{aligned}$$

将上式用于等熵过程，令 $\mathrm{d}s = 0$，于是

$$C_v \left(\frac{\partial T}{\partial p}\right)_v \mathrm{d}p + C_p \left(\frac{\partial T}{\partial v}\right)_p \mathrm{d}v = 0$$

$$\left(\frac{\partial p}{\partial v}\right)_s = -\frac{C_p}{C_v} \frac{(\partial T/\partial v)_p}{(\partial T/\partial p)_v} = -\gamma \left(\frac{\partial T}{\partial v}\right)_p \left(\frac{\partial p}{\partial T}\right)_v$$

式中 $\gamma = C_p/C_v$ 称为比热容比. 利用循环关系

$$\left(\frac{\partial T}{\partial v}\right)_p \left(\frac{\partial p}{\partial T}\right)_v \left(\frac{\partial v}{\partial p}\right)_T = -1$$

有

$$\left(\frac{\partial T}{\partial v}\right)_p \left(\frac{\partial p}{\partial T}\right)_v = -\frac{1}{(\partial v/\partial p)_T}$$

于是

$$\left(\frac{\partial p}{\partial v}\right)_s = \frac{\gamma}{(\partial v/\partial p)_T}$$

所以

$$\frac{\kappa_T}{\kappa_s} = \frac{(\partial v/\partial p)_T}{(\partial v/\partial p)_s} = \gamma = \frac{C_p}{C_v}$$

1.3.4 物态方程

物态方程通常是指热力学系统处于平衡态时,压强、温度和体积等宏观热力学参量之间的函数关系. 从热力学知,每一个平衡态都可用一组独立的状态参量进行描述. 因此,严格地说,物态方程是指描述平衡态的独立状态参量与其他状态参量之间的函数关系. 对于简单系统,独立参量通常为两个,所以物态方程通常表示为 $p = p(v, T)$. 由于独立参量是任取的,所以物态方程当然也可表示为 $p = p(v, e)$,$s = s(p, v)$ 等其他形式,一般根据问题的需要进行合理选择. 从广义上说,物态方程泛指物质系统的热力学性质.

要解决可压缩流体力学问题,也就是在一定的初始条件与边界条件下,给出压强、比体积、温度以及运动速度等物理量与空间坐标和时间的函数关系. 然而,物理学三大守恒定律以及热力学第二定律是反映自然规律的普遍理论,而这些普遍理论并不能描述一种流体与另一种流体相区别的独特性质. 很显然,即使初始条件和边界条件一样,不同流体的动力学行为也是有差别的,因此,要反映出不同流体运动规律的差别,必须引入反映流体独特热力学性质的物态方程.

对于理想气体,其物态方程为

$$pv = \frac{R}{M}T \qquad (1.3.21)$$

式中,$R = 8.314\text{J}/(\text{mol}\cdot\text{K})$ 为普适气体常量,M 为气体的摩尔质量.

对于实际气体,必须考虑分子间的相互作用及分子所占体积的影响,常用的物态方程是范德瓦尔斯(van der Waals)方程

$$\left(p + \frac{a}{v^2}\right)(v - b) = \frac{R}{M}T \qquad (1.3.22)$$

式中,a 和 b 为常数,分别与分子间吸引力和分子体积相关. 虽然范德瓦尔斯方程描述的仍然是较稀薄的气体,但稠密气体往往可以在此基础上通过适当修正而得到较满意的结果.

对于液体,其物态方程尚没有严格的理论,所以人们常常采用经验方程. 例如,泰特(Tait)方程就是较常用的一种

$$\frac{p+B}{B} = \left(\frac{\rho}{\rho_0}\right)^n \quad (1.3.23)$$

式中，ρ_0 为液体的初态密度，B 和 n 为材料常数.

对于固体，如果压强不是很高，可采用默纳汉（Murnaghan）方程描写密度与压强之间的关系

$$p = A\left[\left(\frac{\rho}{\rho_0}\right)^n - 1\right] \quad (1.3.24)$$

式中，A 和 n 为材料常数.

其实，液体的泰特方程与固体的默纳汉方程是一致的. 事实上，液体和固体属于凝聚介质，具有相近的热力学性质，所以可采用统一的物态方程形式. 在冲击波物理领域，人们常用格林艾森物态方程描述凝聚介质在高压下的热力学性质. 关于格林艾森方程，本书第 4 章有详细介绍，这里只写出其函数形式为

$$p = p(\rho, e) \quad (1.3.25)$$

如果把温度考虑进来，固体的物态方程在形式上也可表示为

$$\begin{cases} p = p(\rho, T) \\ e = e(\rho, T) \end{cases} \quad (1.3.26)$$

可以看出，密度是物态方程中的一个基本自变量，这一特点反映出，可压缩流体动力学是离不开物态方程的.

自然界的物质都具有独特性. 物态方程描述物质的热力学性质，反映一种物质区别于其他物质的独特性质，是守恒方程不能代替的. 另一方面，自然界的实际物质也有一定的共性特征，称为正常物质的基本性质，但有一些基本性质往往无法严格证明，因而通常被当作基本假定看待. 正常物质的基本性质可归纳如下：

（1）在熵保持不变的情况下，压强随比体积的减小（或密度的增加）而增加，即

$$\left(\frac{\partial p}{\partial v}\right)_s < 0 \quad (1.3.27)$$

（2）在 $p-v$ 平面上，等熵压缩线是上凹的（或下凸的）曲线，因而有

$$\left(\frac{\partial^2 p}{\partial v^2}\right)_s > 0 \quad (1.3.28)$$

（3）比体积不变时，压强随熵的增加而增加，即

$$\left(\frac{\partial p}{\partial s}\right)_v > 0 \quad (1.3.29)$$

（4）理想气体的密度可趋于零，为了便于对气体的状态变化进行统一描述，对 $\rho \to 0$ 的极限状态作出如下假定

$$当 \rho \rightarrow 0 \text{ 时}, \begin{cases} e \rightarrow 0 \\ pv \rightarrow 0 \\ c \rightarrow 0 \\ T \rightarrow 0 \end{cases} \quad (1.3.30)$$

式中 c 为声速.

不难看出,式(1.3.27)~式(1.3.29)中的导数项均可通过物态方程 $p = p(v,s)$ 进行具体计算. 因此,只要有了 $p = p(v,s)$ 形式的物态方程,就可对物质的基本性质进行分析和判断.

1.3.5 理想气体

若不考虑分子之间的相互作用并忽略分子所具有的体积,就得到理想气体模型. 很多实际气体都可近似为理想气体,这是气体动力学中最常用的一个模型.

从热力学知,理想气体的比内能只是温度的函数. 根据热力学关系式,比焓也只依赖于温度,因此

$$e = e(T), \quad h = h(T) \quad (1.3.31)$$

一般而言,理想气体的定体比热容和定压比热容都是温度的函数,但是,如果不考虑内部自由度(分子的转动和振动)的激发,定压比热容 C_p 和定体比热容 C_v 均为常数,比热容比 γ 也为常数,即

$$\begin{cases} C_p = \text{const} \\ C_v = \text{const} \\ \gamma = \dfrac{C_p}{C_v} = \text{const} \end{cases} \quad (1.3.32)$$

在气体动力学中,人们通常把 γ 为常数的理想气体称为完全气体.

利用热力学关系式及理想气体的物态方程,可得到理想气体的定压比热容和定体比热容之间有如下简单关系

$$C_p - C_v = T\left(\frac{\partial p}{\partial T}\right)_v \left(\frac{\partial v}{\partial T}\right)_p = \frac{R}{M} \quad (1.3.33)$$

于是有

$$C_p = \frac{\gamma}{\gamma - 1} \frac{R}{M} \quad (1.3.34)$$

$$C_v = \frac{1}{\gamma - 1} \frac{R}{M} \quad (1.3.35)$$

从统计物理学可知,气体的定体比热容和比热容比可用分子内部自由度 q

表示如下

$$C_v = \frac{q}{2}\frac{R}{M} \tag{1.3.36}$$

$$\gamma = \frac{q+2}{q} \tag{1.3.37}$$

对于单原子分子,仅有平动运动,$q=3$,$\gamma=5/3$.对于双原子分子,当温度很低时,内部振动和转动自由度都不激发,$q=3$,$\gamma=5/3$;当温度很高时,内部振动和转动自由度都激发,$q=7$,$\gamma=9/7$;当温度适中时,振动自由度不激发,而转动自由度激发,$q=5$,$\gamma=7/5$[①].

引入比热容比后,理想气体的物态方程可表示为

$$e = \frac{1}{\gamma-1}pv \tag{1.3.38}$$

对于等熵过程,若 γ 为常数,则有

$$p = A\rho^\gamma \tag{1.3.39}$$

式中,A 为与熵有关的常数.式(1.3.39)称为理想气体的等熵方程或等熵线.

1.3.6 内能对温度的依赖关系

某些流体的内能只依赖于温度,下面对这种情况的一般条件进行分析.不失一般性,首先假定比内能是压强和温度的函数,即 $e=e(p,T)$,从而有

$$de = \left(\frac{\partial e}{\partial p}\right)_T dp + \left(\frac{\partial e}{\partial T}\right)_p dT \tag{1.3.40}$$

可以看出,如果能给出 $(\partial e/\partial p)_T=0$ 的条件,就得到了关系式 $e=e(T)$,这时流体的内能只依赖于温度.

从式(1.3.13)有

$$\left(\frac{\partial e}{\partial p}\right)_T = T\left(\frac{\partial s}{\partial p}\right)_T - p\left(\frac{\partial v}{\partial p}\right)_T$$

利用麦克斯韦方程(1.3.20),上式可改写为

$$\left(\frac{\partial e}{\partial p}\right)_T = -T\left(\frac{\partial v}{\partial T}\right)_p - p\left(\frac{\partial v}{\partial p}\right)_T \tag{1.3.41}$$

式(1.3.41)给出了内能对压强的依赖关系,但在下面两种情况下均有 $(\partial e/\partial p)_T=0$.

(1) 不可压缩流体.这时 $v=$ 常数,$(\partial v/\partial T)_p=0$,$(\partial v/\partial p)_T=0$,于是式(1.3.41)给出 $(\partial e/\partial p)_T=0$,从而式(1.3.40)给出 $e=e(T)$.这一结果说明,不

[①] 汤文辉,张若棋.物态方程理论及计算概论[M].第 2 版.北京:高等教育出版社,2008:40.

可压缩流体的内能不可能依赖于压强,因而只是温度的函数.

(2) v 仅依赖于 p/T 的流体. 因为 $v=f(p/T)$,利用微分法则有

$$\left(\frac{\partial v}{\partial T}\right)_p = -\frac{p}{T^2} f'\left(\frac{p}{T}\right)$$

$$\left(\frac{\partial v}{\partial p}\right)_T = \frac{1}{T} f'\left(\frac{p}{T}\right)$$

这里 f' 表示函数 f 对自变量 p/T 的导数. 将上两式代入式(1.3.41)得 $(\partial e/\partial p)_T = 0$,于是内能仅依赖于温度. 我们注意到,满足"$v$ 仅依赖于 p/T"的一个重要实例就是理想气体,所以理想气体的内能只是温度的函数.

1.3.7 理想气体的体积模量与膨胀系数

在体积模量的定义式中,将体积改为比体积(参见习题1.3),并将物态方程(1.3.21)代入,得到理想气体的体积模量为

$$B = -v\left(\frac{\partial p}{\partial v}\right)_T = -v\frac{\partial}{\partial v}\left(\frac{RT}{Mv}\right)_T = p \qquad (1.3.42)$$

可见,理想气体的体积模量恰好等于压强. 这说明理想气体在压强较低时,体积模量小,气体容易被压缩. 反之,随着压强的提高,体积模量增大,对气体的压缩越来越困难.

采用同样的方法,求出理想气体的膨胀系数为

$$\alpha_v = \frac{1}{v}\left(\frac{\partial v}{\partial T}\right)_p = \frac{1}{v}\frac{\partial}{\partial T}\left(\frac{RT}{Mp}\right)_p = \frac{1}{T} \qquad (1.3.43)$$

可见,理想气体的体膨胀系数等于温度的倒数. 在 $T=0°C=273K$ 时,$\alpha_v=\frac{1}{273}$ K^{-1}. 实验测量表明,$T=0°C$ 时,所有气体的 α_v 都近似地等于 $1/273$,这就是盖-吕萨克(Gay-Lussac)定律: 当压强不变时,温度每升高 $1°C$,一定质量气体的体积增加在 $0°C$ 时体积的 $1/273$. 当然,这个定律只对理想气体才严格成立.

例1.3 ①计算水从 $p=10^5$Pa 等温压缩到 10^7Pa 时密度的变化率,已知水的平均体积模量为 $B=2\times10^9$Pa. ②计算理想气体从 $p=10^5$Pa 等温压缩到 $p=2\times10^5$Pa 时密度的变化率.

解 ①因为

$$B = -v\frac{dp}{dv} = \rho\frac{dp}{d\rho}$$

所以

$$\int_{\rho_1}^{\rho_2}\frac{d\rho}{\rho} = \int_{p_1}^{p_2}\frac{dp}{B} = \frac{p_2-p_1}{B} = \frac{10^7-10^5}{2\times10^9} = 0.495\times10^{-2}$$

$$\ln\left(\frac{\rho_2}{\rho_1}\right) = 0.495 \times 10^{-2}$$

$$\frac{\rho_2}{\rho_1} = 1.00496$$

最后有

$$\frac{\rho_2 - \rho_1}{\rho_1} = 0.00496 \approx 0.5\%$$

② 因为

$$\frac{p}{\rho} = \frac{\boldsymbol{R}}{\boldsymbol{M}}T = \text{const}$$

所以

$$\frac{p_1}{\rho_1} = \frac{p_2}{\rho_2}$$

$$\frac{\rho_2}{\rho_1} = \frac{p_2}{p_1} = 2$$

$$\frac{\rho_2 - \rho_1}{\rho_1} = 2 - 1 = 100\%$$

1.3.8 声速、马赫数、雷诺数

1. 声速

声速又称为音速，也就是声波在介质中的传播速度，但声速并不是固定不变的，它与介质所处的热力学状态有关，其定义式为

$$c^2 = \left(\frac{\partial p}{\partial \rho}\right)_s = -v^2 \left(\frac{\partial p}{\partial v}\right)_s \tag{1.3.44}$$

声速也可用等熵体积弹性模量 B_s 来表示，即

$$c = \sqrt{\left(\frac{\partial p}{\partial \rho}\right)_s} = \sqrt{\frac{B_s}{\rho}} \tag{1.3.45}$$

因此有

$$B_s = \rho c^2 \tag{1.3.46}$$

可以看出，声速是一个热力学变量，并与物质的压缩性相关. 结合物质的基本性质，由式(1.3.27)可知，声速是一个恒为正的物理量.

对于理想气体，利用等熵方程(1.3.39)可得到其声速的表达式为

$$c = \sqrt{\frac{\gamma p}{\rho}} = \sqrt{\frac{\gamma \boldsymbol{R} T}{\boldsymbol{M}}} \tag{1.3.47}$$

从式(1.3.47)可以看出,理想气体的声速与绝对温度的平方根成正比.对于空气,其声速可近似表示为

$$c = \sqrt{1.402 \times \frac{8314}{28.98}T} = 20.055\sqrt{T} \text{ m/s} \qquad (1.3.48)$$

对于0℃的空气,其声速可求出为

$$c = \sqrt{1.402 \times \frac{8314}{28.98} \times 273.15} = 331.46 \text{m/s}$$

这一计算结果与实验测量结果331.45m/s几乎完全一致.

根据分子运动论,从麦克斯韦速度分布出发,可得到理想气体的三种特征分子速度(即平均速度$\bar{c}$、均方根速度$\sqrt{\bar{c}^2}$、最概然速度c_p)如下

$$\begin{cases} \bar{c} = \sqrt{\dfrac{8}{\pi}\dfrac{\boldsymbol{R}T}{\boldsymbol{M}}} \\ \sqrt{\bar{c}^2} = \sqrt{3\dfrac{\boldsymbol{R}T}{\boldsymbol{M}}} \\ c_p = \sqrt{2\dfrac{\boldsymbol{R}T}{\boldsymbol{M}}} \end{cases} \qquad (1.3.49)$$

可以看出,它们都是数量级为1的系数乘以因子$\sqrt{\dfrac{\boldsymbol{R}T}{\boldsymbol{M}}}$.考察式(1.3.47),其中$\sqrt{\gamma}$也是数量级为1的数,因此声速在规律上和数值上都十分接近分子速度,也就是说,声波是以分子速度在气体中传播的.事实上,在稀薄气体中,只有通过分子本身的运动才能输运能量和动量,所以声波的传播速度完全决定于分子速度.

然而,固体介质中的情况是完全不同的,由于组成固体的原子之间存在着较强烈的相互作用,每个原子都只能在其平衡位置附近振动,声波便是通过原子的振动进行传播的,其传播速度与原子之间的相互作用力和原子的质量相关,在宏观上则与固体的模量和密度相关.在数值上,固体中的声速比气体中的声速大一个数量级.

2. 马赫数

马赫数定义为流体运动速度u与声速c之比,即

$$M = \frac{u}{c} \qquad (1.3.50)$$

显然,马赫数是一个无量纲量.应该注意,式(1.3.50)中的声速是当地声速,它在流体运动过程中可能是随空间和时间而变化的,所以一般不是常数.虽然M总是随u而单调增加,但并不能认为M与u成正比,因为c也是随u而变

化的.

人们常用马赫数表示流体中运动物体的速度, 例如, 飞机的飞行速度通常是用马赫数表示的. 另一方面, 流动问题常常根据马赫数进行分类: 当 $M<1$ 时, 流动速度小于当地声速, 称为亚声速流动; 当 $M>1$ 时, 称为超声速流动; 当 $M=1$ 时, 称为声速流动.

对于理想气体中的流动, 利用式(1.3.47), 式(1.3.50)可化为

$$M^2 = \frac{u^2}{\gamma RT/M} = \frac{2}{\gamma(\gamma-1)}\frac{u^2/2}{C_v T} = \frac{2}{\gamma(\gamma-1)}\frac{u^2/2}{e} \tag{1.3.51}$$

可见, 理想气体的马赫数的平方正比于气体的动能与内能之比. 这说明, 马赫数的平方是气体宏观流动动能与分子热运动能量之比的一个度量, 这就是气体中马赫数的物理意义.

3. 雷诺数

雷诺数的定义: 雷诺数是定常不可压缩黏性流动中非常重要的一个无量纲量, 定义为

$$R_e = \frac{\rho u L}{\mu} = \frac{uL}{\nu} \tag{1.3.52}$$

式中, u 为流体的平均速度, L 为系统特征长度, 它们是关于流体运动快慢和体系大小的具有典型意义的数量, μ 和 ν 分别为动力黏性系数和运动黏性系数.

雷诺数的物理意义: 雷诺数的本质为惯性力与黏性力之比

$$R_e = \frac{\text{惯性力}}{\text{黏性力}} \tag{1.3.53}$$

因此, 雷诺数反映了流动过程中两种动力效应的相对重要性. 当 $R_e \ll 1$ 时, 黏性力大大超过惯性力, 说明惯性力可以忽略不计; 反之, 当 $R_e \gg 1$ 时, 黏性力与惯性力相比非常小, 黏性力可以忽略不计.

雷诺数的重要价值: 如果两种流动的雷诺数相等, 则这两种流动具有形式上完全相同的描述, 人们称这两种流动是动力相似的. 这个结论具有较大的实际意义: 在理论上, 某一类相似的流动具有统一的数学解; 在实验上, 人们可以采用小尺度的模型去验证大尺度真实系统的流动特性.

1.3.9 空气、大气结构与国际标准大气

1. 空气

空气是一种混合气体, 但各种成分的比例有一定的波动范围. 空气的主要成分为氮气和氧气, 其质量百分比分别为 75% 和 23%, 其余成分为氩气、水汽和 CO_2 等, 其中氩气的质量百分比约为 1%, 而水汽和 CO_2 等的份额则漂浮不

定,水汽的范围为 0.01%~3%,CO_2 的平均含量约 0.05%,这两种成分虽然所占比例很小,但对天气和气候的影响非常大.

在一般情况下,空气可当作理想气体看待,其摩尔质量为 28.98g/mol,密度为 1.225kg/m^3,比热容比为 $\gamma = 1.402 \approx 1.4$.

2. 大气结构

围绕在地球表面的空气称为大气或大气层. 由于重力场的作用,大气层中空气的密度分布随高度而变化,靠近地面的空气较稠密,随着离开地面高度的增加,空气越来越稀薄,最终过渡到宇宙空间的真空状态. 由于大气层的内部状态随高度而变化,所以通常对其进行分层描述.

(1) 对流层. 从地面到约 11km 高度之间的大气层称为对流层,这一层受地面温度和起伏不平的影响,存在频繁的对流运动,有风、云、雨、雾、雪、雷电等自然现象,空气的密度、温度、压强等参量波动明显,但其平均值随高度增加而减小. 这一层大气的质量约占地球大气层总质量的 75%.

(2) 平流层. 在距地面高度 11~24km 之间的大气层称为平流层. 这一层中的空气只有水平方向的流动,而没有垂直方向的流动,所以称为平流层. 这一层的温度几乎不变,平均约为 216.5K(-56.5℃),所以这一层也称为同温层. 这一层大气的质量约占大气层总质量的 25%.

(3) 中间层. 在距地面高度 24~85km 之间的大气层称为中间层. 在这一层中,温度先随高度的增大而升高(从 24km 至 53km 高度),然后又随高度的增大而降低. 由于下层温度高于上层温度,所以这一层存在垂直对流,因而也称为高空对流层. 这一层大气的质量约占大气层总质量的 1/3000.

(4) 电离层. 在距离地面高度 85~800km 之间,空气处于电离状态,所以称为电离层. 这一层由于发生了电离,具有明显的导电性,对无线电波具有反射作用. 这一层非常稀薄,由于受太阳辐射作用,其温度随高度的增大而迅速升高.

(5) 外大气层. 距地面超过 800km 以上的高度称为外大气层,并逐步过渡到宇宙空间,空气十分稀薄.

大气结构与飞行器的运行密切相关. 根据不同飞行器运行的空间范围,通常将飞行空间分为航空空间、临近空间和航天空间三个区域. 航空空间是指约 20km 以下的空间区域,包括对流层和平流层两个大气区域. 20~100km 之间的区域称为临近空间. 约 100km 以上的区域称为航天空间,飞行器采用轨道运行方式进行飞行.

3. 国际标准大气

由于大气的温度、压强和密度等物理参量是随经纬度、季节、气候而变化的,这给飞机发动机工作性能的分析和比较带来不便. 为了便于进行航空装备的设计、试验和学术交流,国际航空界共同规定了一套大气参数,以此作为各国设计、试验航空产品的统一标准,因而称为国际标准大气. 国际标准大气包括以下 5 条约定:

(1) 空气是理想气体.

(2) 大气的相对湿度为零.

(3) 以海平面作为高度计算的起点($H=0$),空气在该起点的参数为:$T_0 = 288.15\text{K}$, $p_0 = 1.01325 \times 10^5 \text{Pa}$, $\rho_0 = 1.225 \text{kg/m}^3$.

(4) 在高度 $H = 11\text{km}$ 以下,气温随高度增加而线性减小,高度每升高 1m,气温下降 0.0065K.

(5) 在高度 $H = 11 \sim 24\text{km}$ 之间,气温保持不变:$T = 216.5\text{K}$.

1.4 流体运动的描述

1.4.1 描述流体运动的两种方法

表征运动流体的物理量,诸如流体质点的位移、速度、加速度、密度、压强、动量、动能等统称为流体的流动参数. 描述流体运动也就是要表达这些流动参数在各个不同空间位置上随时间连续变化的规律. 对流动参数的描述通常有两种方法,即拉格朗日方法和欧拉方法.

1. 拉格朗日描述法

拉格朗日描述着眼于流体质点,将流动参数看作是随流体质点及时间变化的函数,所以又称随体描述. 已知,流体是由大量流体质点组成的,因此,拉格朗日法是通过对各个流体质点运动的描述来研究整个流体的运动. 由于流体质点系在运动中很容易变形,为了识别运动流体中的某个质点,首先需要采用数学方法将不同流体质点加以区别,否则在流体运动中就无法跟踪所要研究的那一个流体质点.

考察一个流体系统,它由若干流体质点组成,如图 1.5 所示. 在 $Oxyz$ 直角坐标系(若无特别说明,后面提到的坐标系均指直角坐标系)中看,在 $t=0$ 的初始时刻,系统占据一定的空间区域 L_0,在某个 $t(t>0)$ 时刻,由于各流体质点的运动,系统所占据的空间区域变为 L_1,各物理量也发生了相应变化,这就是流体系统的运动. 虽然每个质点的位置和相应物理量都变化了,但系统仍然由那些质点组成. 显然,在 $t=0$ 时刻,系统中每一个流体质点都有一组唯一的空间坐标.例如质点A,其初始坐标为$x_0=a_A$,$y_0=b_A$,$z_0=c_A$.虽然质点A随时间而运动,但其初始坐标并不改变.由于所有流体质点的初始坐标均具有唯一性,且并不随质点的运动而改变,因此可作为识别质点的标志.如果将系统的物理量表示为质点和时间的函数,就可对系统的运动规律进行描述.

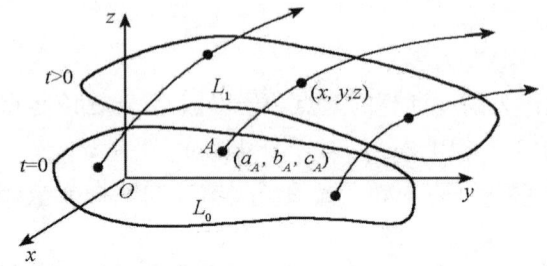

图 1.5 拉格朗日坐标

设流体质点的初始空间坐标为(a,b,c),则任意流动参量f可表示为

$$f=f(a,b,c,t) \tag{1.4.1}$$

式中,表示质点的初始空间坐标(a,b,c)称为拉格朗日坐标,也称为随体坐标,而拉格朗日坐标与时间t一起又统称为拉格朗日变量.这种用拉格朗日变量描述流体运动参量的方法称为拉格朗日描述法,简称拉氏法.

根据式(1.4.1),压强、密度、温度等热力学量的拉格朗日描述分别为

$$\begin{cases} p=p(a,b,c,t) \\ \rho=\rho(a,b,c,t) \\ T=T(a,b,c,t) \end{cases}$$

拉氏法是一种基于流体质点的方法,因此对流体运动特性最直接的描述就是给出各流体质点(a,b,c)的运动坐标$\boldsymbol{r}$,即

$$\boldsymbol{r}=\boldsymbol{r}(a,b,c,t) \tag{1.4.2a}$$

在直角坐标系中有

$$\begin{cases} x=x(a,b,c,t) \\ y=y(a,b,c,t) \\ z=z(a,b,c,t) \end{cases} \tag{1.4.2b}$$

式中,(x,y,z)表示拉格朗日坐标为(a,b,c)的质点在时刻t所处位置的坐标分量.

将流体质点的运动坐标$\boldsymbol{r}$对时间t求导,得到流体质点的速度为

$$\boldsymbol{u}=\frac{\partial \boldsymbol{r}(a,b,c,t)}{\partial t}=\boldsymbol{u}(a,b,c,t) \tag{1.4.3a}$$

或用分量表示为

$$\begin{cases} u_x = \dfrac{\partial x(a,b,c,t)}{\partial t} = u_x(a,b,c,t) \\ u_y = \dfrac{\partial y(a,b,c,t)}{\partial t} = u_y(a,b,c,t) \\ u_z = \dfrac{\partial z(a,b,c,t)}{\partial t} = u_z(a,b,c,t) \end{cases} \quad (1.4.3b)$$

将流体质点的运动速度对时间 t 求导,得到流体质点的加速度为

$$\boldsymbol{a} = \frac{\partial \boldsymbol{u}(a,b,c,t)}{\partial t} = \frac{\partial^2 \boldsymbol{r}(a,b,c,t)}{\partial t^2} = \boldsymbol{a}(a,b,c,t) \quad (1.4.4a)$$

或用分量表示为

$$\begin{cases} a_x = \dfrac{\partial u_x(a,b,c,t)}{\partial t} = \dfrac{\partial^2 x}{\partial t^2} = a_x(a,b,c,t) \\ a_y = \dfrac{\partial u_y(a,b,c,t)}{\partial t} = \dfrac{\partial^2 y}{\partial t^2} = a_y(a,b,c,t) \\ a_z = \dfrac{\partial u_z(a,b,c,t)}{\partial t} = \dfrac{\partial^2 z}{\partial t^2} = a_z(a,b,c,t) \end{cases} \quad (1.4.4b)$$

如果流体系统是由有限的质点组成,那么就可给每一个流体质点按一定规则编号,这个编号也就是拉氏序号. 固定某个序号,可得到某个流体质点的运动规律;若固定 t,则可得到 t 时刻所有流体质点流动参量的空间分布.

需要注意的是,拉格朗日变量 (a,b,c,t) 是各自独立的,流体质点的初始坐标 (a,b,c) 与时间 t 无关,因为时间 t 只影响流体质点的运动坐标和它所携带的流动参量,而不会改变流体质点的初始坐标.

对于流体的运动,在 $t=0$ 时刻,可将流体看成是紧密毗邻的、具有不同初始坐标 (a,b,c) 的若干流体质点组成的一个有确定形状和确定流动参量的质点系. 在运动过程中,由于质点系内各个流体质点的位移、速度、加速度可以不同,因而在经过时间 t 之后,质点系的位置和形状都可能发生变化,但这个由原来许多质点所组成的质点系,在流动过程中仍然是一个具有一定流动参量的物质实体,所以可用拉格朗日法来描述整个流体的运动规律. 拉格朗日法不仅适用于观察初始坐标 (a,b,c) 不变的某一个流体质点,也适用于观察拉氏坐标连续变化的整个质点系.

拉格朗日描述法的优点是:可得到每个流体质点的物理量随时间的变化情况及其空间位置,因而可明确定义并跟踪自由表面及不同物质的交界面. 其缺点是对大变形问题进行描述时往往会遇到困难.

2. 欧拉描述法

从数学分析的角度看，若在某个时刻，一个物理量的空间分布是确定的，就称这个物理量在空间形成一个场. 因为流动空间中充满连续不断的流体质点，而每个质点都具有一定的物理量，所以流体流动空间必然形成速度、压强、密度等各种流动参量的连续分布. 也就是说，在流动空间存在速度场、压强场、密度场等，它们统称为流场. 这种从流动参量在场中的分布着手来描述流体运动规律的方法称为欧拉描述法，又称空间描述法.

由于欧拉法并不针对流体质点，所以无法直接描述质点的位置坐标，但可以描述空间各点的速度，因此，欧拉法对流体运动的直接描述就是给出速度场

$$\boldsymbol{u} = \boldsymbol{u}(\boldsymbol{r}, t) \tag{1.4.5}$$

式中 r 表示空间位置坐标. 在直角坐标系中，式(1.4.5)常用分量表式为

$$\begin{cases} u_x = u_x(x, y, z, t) \\ u_y = u_y(x, y, z, t) \\ u_z = u_z(x, y, z, t) \end{cases} \tag{1.4.6}$$

式(1.4.6)描述了空间点(x, y, z)在时刻t的流动速度. 需要注意，这个速度实际上是在时刻t运动到空间点(x, y, z)处的那个流体质点的速度，但是，这里并没有显示出这是哪个流体质点.

要全面描述流体的运动状态，还需要给出压强、密度和比内能等热力学量，显然，它们同样可表示为空间坐标和时间的函数

$$\begin{cases} p = p(x, y, z, t) \\ \rho = \rho(x, y, z, t) \\ e = e(x, y, z, t) \end{cases} \tag{1.4.7}$$

事实上，任意流动参量 f 都是空间坐标和时间的函数，因此有

$$f = f(x, y, z, t) \tag{1.4.8}$$

在式(1.4.6)~式(1.4.8)中，(x, y, z)表示空间位置，称为欧拉坐标，x, y, z，t一起称为欧拉变量.

欧拉法的优点是：可利用场论知识对流体运动进行分析，因而数学处理比较方便，而且适合于大变形问题. 其缺点是无法跟踪流体质点，因而不能给出指定质点的物理量随时间的变化过程，这也直接导致了界面处理的困难.

总之，拉氏法和欧拉法是描述流体运动的两种不同方法，它们各有千秋. 在一般流动问题中，欧拉描述法比拉氏描述法优越，因为欧拉描述法得到的是场，可运用数学场论这个工具，而拉氏法则没有这个优点. 另一方面，如果要确定加速度，拉氏法中要求二阶导数$\partial r^2/\partial t^2$，运动方程是二阶偏微分方程组；而

欧拉法中只要求一阶导数 $d\boldsymbol{u}/dt$，运动方程是一阶偏微分方程组，求解要容易得多. 然而，在求解具体的实际问题时，往往需要根据实际情况和要求选择一种合适的方法进行分析.

3. 拉格朗日描述与欧拉描述之间的关系

拉格朗日描述着眼于流体质点，将物理量表示为随体坐标与时间的函数；欧拉描述着眼于空间点，将物理量表示为空间坐标与时间的函数. 虽然着眼点不同，但对于同一个流体运动问题，所得到的结果应该相同. 也就是说，它们对于同一个物理量的描述，最终结果应该是一样的，所以二者之间必定有相互联系.

用 $f=f(a,b,c,t)$ 表示流体质点 (a,b,c) 在 t 时刻的某物理量，用 $f=F(x,y,z,t)$ 表示空间点 (x,y,z) 在 t 时刻的同一物理量. 如果流体质点 (a,b,c) 在 t 时刻恰好运动到空间点 (x,y,z) 上，则有式(1.4.2b)，即

$$\begin{cases} x = x(a,b,c,t) \\ y = y(a,b,c,t) \\ z = z(a,b,c,t) \end{cases}$$

$$F(x,y,z,t) = f(a,b,c,t) \tag{1.4.9}$$

对于方程组(1.4.2b)，如果行列式

$$D = \frac{\partial(x,y,z)}{\partial(a,b,c)} = \begin{vmatrix} \frac{\partial x}{\partial a} & \frac{\partial y}{\partial a} & \frac{\partial z}{\partial a} \\ \frac{\partial x}{\partial b} & \frac{\partial y}{\partial b} & \frac{\partial z}{\partial b} \\ \frac{\partial x}{\partial c} & \frac{\partial y}{\partial c} & \frac{\partial z}{\partial c} \end{vmatrix} \tag{1.4.10}$$

既不为零也不为无穷大，则可反解式(1.4.2b)得到

$$\begin{cases} a = a(x,y,z,t) \\ b = b(x,y,z,t) \\ c = c(x,y,z,t) \end{cases} \tag{1.4.11}$$

将式(1.4.11)代入以拉格朗日变量表示的物理量 f 有

$$f = f(a,b,c,t) = f[a(x,y,z,t), b(x,y,z,t), c(x,y,z,t), t] \tag{1.4.12}$$

这样，用拉格朗日坐标表示的物理量 f 就转换成了用欧拉坐标表示的同一个物理量.

同理，欧拉变量也可转换为拉格朗日变量. 将欧拉法中的速度表示为质点运动坐标对时间的微商

$$\begin{cases} u_x = u_x(x, y, z, t) = \dfrac{dx}{dt} \\ u_y = u_y(x, y, z, t) = \dfrac{dy}{dt} \\ u_z = u_z(x, y, z, t) = \dfrac{dz}{dt} \end{cases} \quad (1.4.13)$$

积分得

$$\begin{cases} x = x(d_1, d_2, d_3, t) \\ y = y(d_1, d_2, d_3, t) \\ z = z(d_1, d_2, d_3, t) \end{cases} \quad (1.4.14)$$

式中,d_1,d_2,d_3 为积分常数. 利用初始条件, 可得到积分常数 d_1,d_2,d_3 与质点初始坐标 a,b,c 之间的关系, 于是式(1.4.14)可表示为

$$\begin{cases} x = x(a, b, c, t) \\ y = y(a, b, c, t) \\ z = z(a, b, c, t) \end{cases} \quad (1.4.15)$$

将式(1.4.15)代入用欧拉变量表示的物理量 F, 就得到了用拉格朗日变量表示的同一个物理量, 即

$$f = F(x, y, z, t) = F[x(a, b, c, t), y(a, b, c, t), z(a, b, c, t), t] \quad (1.4.16)$$

例 1.4 已知速度场的欧拉描述为

$$u_x = x, \quad u_y = -y$$

初始条件为 $t = 0$ 时, $x = a$, $y = b$. 求速度和加速度的拉格朗日描述.

解 由已知条件得到流体质点运动坐标所满足的关系式为

$$\frac{dx}{dt} = u_x = x, \quad \frac{dy}{dt} = u_y = -y$$

积分得

$$x = d_1 e^t, \quad y = d_2 e^{-t}$$

再利用初始条件得到两个积分常数分别为

$$d_1 = a, \quad d_2 = b$$

于是流体质点的运动坐标为

$$x = a e^t, \quad y = b e^{-t}$$

由此得到拉格朗日速度(即流体质点的速度)为

$$u_x = x = a e^t, \quad u_y = -y = -b e^{-t}$$

拉格朗日加速度(即流体质点的加速度)为

$$a_x = \frac{\partial u_x}{\partial t} = a\mathrm{e}^t, \quad a_y = \frac{\partial u_y}{\partial t} = b\mathrm{e}^{-t}$$

1.4.2 描述流体运动的几个基本概念

1. 物理量的随体导数

在求解流体运动规律时，往往需要计算流体质点的物理量随时间的变化率，例如流体质点的速度，它是流体质点的位置矢量对时间的变化率；又如流体质点的加速度，它是流体质点速度对时间的变化率. 这种流体质点所携带的物理量随时间的变化率就称为随体导数，也叫物质导数或质点导数.

在欧拉描述中，任意物理量表示为 $f = f(x, y, z, t)$，这个量虽然属于 t 时刻处于位置 (x, y, z) 的那个流体质点，但它是基于空间坐标而不是基于流体质点给出的，所以 $\partial f(x, y, z, t)/\partial t$ 并不表示流体质点的物理量 f 随时间的变化率.

当时间发生 Δt 的变化后，流体质点的物理量 f 必然要发生相应的变化，设其变化量为 Δf，根据定义，f 的随体导数是 Δf 与 Δt 之比值在 Δt 趋于 0 时的极限，表示为

$$\frac{\mathrm{d}f}{\mathrm{d}t} = \lim_{\Delta t \to 0} \frac{\Delta f}{\Delta t} \tag{1.4.17}$$

下面确定随体导数的运算表达式.

如图 1.6 所示，流体质点 M 在 t 时刻位于一空间点 $A(x, y, z)$，经过 Δt 时间后，质点 M 携带物理量 $f(x, y, z)$ 以速度 $\boldsymbol{u}(x, y, z, t)$ 到达 $B(x', y', z')$ 点，于是物理量 f 的随体导数为

$$\frac{\mathrm{d}f}{\mathrm{d}t} = \lim_{\Delta t \to 0} \frac{f(x', y', z', t + \Delta t) - f(x, y, z, t)}{\Delta t}$$

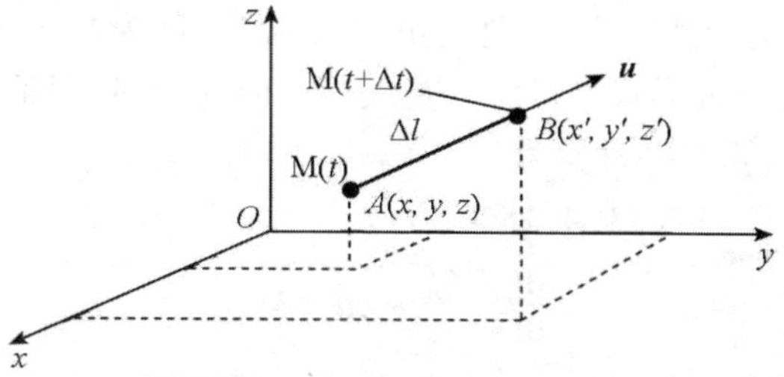

图 1.6 流体质点的随体导数

就一般而言，物理量 f 的变化主要有两方面原因，一方面是经历了时间 Δt 的变化，另一方面是经历了空间路径 Δl 的变化. 时间变化对物理量的影响反映

了流场的非定常性,空间变化对物理量的影响反映了流场的非均匀性.根据这样的考虑,上式可表示成如下两部分之和

$$\frac{\mathrm{d}f}{\mathrm{d}t} = \lim_{\Delta t \to 0}\frac{f(x', y', z', t+\Delta t) - f(x', y', z', t)}{\Delta t} +$$
$$\lim_{\Delta t \to 0}\frac{f(x', y', z', t) - f(x, y, z, t)}{\Delta t}$$

将上式右边第二项进行改写后有

$$\frac{\mathrm{d}f}{\mathrm{d}t} = \lim_{\Delta t \to 0}\frac{f(x', y', z', t+\Delta t) - f(x', y', z', t)}{\Delta t} +$$
$$\lim_{\Delta t \to 0}\frac{\Delta l}{\Delta t}\lim_{\Delta l \to 0}\frac{f(x', y', z', t) - f(x, y, z, t)}{\Delta l} \quad (1.4.18)$$

式(1.4.18)右边第一项表示空间位置不变时 f 随 t 的变化,因此有

$$\lim_{\Delta t \to 0}\frac{f(x', y', z', t+\Delta t) - f(x', y', z', t)}{\Delta t} = \frac{\partial f}{\partial t}$$

式(1.4.18)右边第二项中 Δl 为质点 M 在 Δt 时间内移动的距离,所以

$$\lim_{\Delta t \to 0}\frac{\Delta l}{\Delta t} = u \quad (1.4.19)$$

项 $\lim_{\Delta l \to 0}\dfrac{f(x', y', z', t) - f(x, y, z, t)}{\Delta l}$ 表示物理量 f 沿 Δl 方向的导数,利用场论知识有[①]

$$\frac{\partial f}{\partial l} = \lim_{\Delta l \to 0}\frac{f(x', y', z', t) - f(x, y, z, t)}{\Delta l}$$
$$= \boldsymbol{l}_0 \cdot \mathrm{grad} f = \boldsymbol{l}_0 \cdot \nabla f \quad (1.4.20)$$

其中

$$\nabla = \boldsymbol{i}\frac{\partial}{\partial x} + \boldsymbol{j}\frac{\partial}{\partial y} + \boldsymbol{k}\frac{\partial}{\partial z} \quad (1.4.21)$$

式(1.4.20)中, $\boldsymbol{l}_0$ 为质点位移方向的单位矢量, ∇ 称为哈密顿算子或矢量微分算子,它虽然具有矢量形式,但并不是矢量,而是对其后面所列函数进行如式(1.4.21)的微分运算的一种符号.

由于 $\boldsymbol{l}_0 u = \boldsymbol{u}$,于是式(1.4.18)化为

$$\frac{\mathrm{d}f}{\mathrm{d}t} = \frac{\partial f}{\partial t} + (\boldsymbol{u} \cdot \nabla)f \quad (1.4.22)$$

这就是欧拉描述中物理量 f 的随体导数的表达式.

随体导数表达式(1.4.22)是从流体质点运动的几何图像分析出发得到的,

---

① 吴望一. 流体力学: 上册[M]. 第一版. 北京: 北京大学出版社, 1982: 4-6.

非常直观,便于理解. 如果考虑欧拉坐标与拉氏坐标的相互关系,也可直接通过微分方式得到.

设流体质点 M 的运动轨迹为
$$x = x(t), \quad y = y(t), \quad z = z(t)$$
与此同时,设流体质点 M 在 t 时刻经过空间点 (x, y, z),则物理量 f 可看成是在 t 时刻经过该空间点的流体质点的函数,因此有
$$f = f(x(t), y(t), z(t), t) \tag{1.4.23}$$
式(1.4.23)与式(1.4.16)具有同样的含义. 利用式(1.4.23)对 f 求复合微分 df/dt,并考虑到
$$\frac{dx}{dt} = u_x, \quad \frac{dy}{dt} = u_y, \quad \frac{dz}{dt} = u_z$$
最后有
$$\begin{aligned}\frac{df}{dt} &= \frac{\partial f}{\partial t} + \frac{\partial f}{\partial x}\frac{dx}{dt} + \frac{\partial f}{\partial y}\frac{dy}{dt} + \frac{\partial f}{\partial z}\frac{dz}{dt} \\ &= \frac{\partial f}{\partial t} + u_x \frac{\partial f}{\partial x} + u_y \frac{\partial f}{\partial y} + u_z \frac{\partial f}{\partial z} \\ &= \frac{\partial f}{\partial t} + (\boldsymbol{u} \cdot \nabla)f\end{aligned}$$
显然,这个表达式完全等同于式(1.4.22).

应该指出,任意物理量 f 既可以是矢量,也可以是标量,所以随体导数的计算公式对任何矢量和标量都是成立的. 由于数学上没有给这种导数赋予专有名称,联系流体力学的物理内容,这种导数就被称为随体导数或物质导数. 只要是采用欧拉描述,任何物理量(包括矢量和标量)的随体导数都采用式(1.4.22)进行计算,因此这是流体运动分析中的一个非常重要的基本表达式.

从式(1.4.22)可看出,物理量 f 的随体导数 $\frac{df}{dt}$ 包括两部分,其含义如下:

(1)一部分是 $\frac{\partial f}{\partial t}$,表示空间固定点上的物理量 f 随时间的变化率,反映流场的非定常性,称为当地导数或局部导数,也称为时变导数,是非定常项. 显然,定常流动时一切物理量的当地导数均为零,即 $\frac{\partial f}{\partial t} = 0$.

(2)另一部分是 $u_x \frac{\partial f}{\partial x} + u_y \frac{\partial f}{\partial y} + u_z \frac{\partial f}{\partial z}$ 或表示为 $(\boldsymbol{u} \cdot \nabla)f$. 流体质点经过 dt 时间后将到达一个新的位置,由于空间发生了变化,在这个新的位置的 f 值不同于原位置上的 f 值. 由于空间变化的原因所引起的物理量 f 对时间的变化率就是

$(\boldsymbol{u}\cdot\nabla)f$，这一项反映了流场的非均匀性，称为迁移导数或位变导数. 显然，在均匀流动时，一切物理量的迁移导数均为零.

特别地，速度的随体导数就是加速度，因此加速度表达式为

$$\boldsymbol{a} = \frac{\mathrm{d}\boldsymbol{u}}{\mathrm{d}t} = \frac{\partial \boldsymbol{u}}{\partial t} + (\boldsymbol{u}\cdot\nabla)\boldsymbol{u} \tag{1.4.24}$$

可见，加速度包括当地加速度和迁移加速度两部分，它在直角坐标系中的形式为

$$\begin{cases} a_x = \dfrac{\mathrm{d}u_x}{\mathrm{d}t} = \dfrac{\partial u_x}{\partial t} + u_x\dfrac{\partial u_x}{\partial x} + u_y\dfrac{\partial u_x}{\partial y} + u_z\dfrac{\partial u_x}{\partial z} \\ \quad = \dfrac{\partial u_x}{\partial t} + (\boldsymbol{u}\cdot\nabla)u_x \\ a_y = \dfrac{\mathrm{d}u_y}{\mathrm{d}t} = \dfrac{\partial u_y}{\partial t} + u_x\dfrac{\partial u_y}{\partial x} + u_y\dfrac{\partial u_y}{\partial y} + u_z\dfrac{\partial u_y}{\partial z} \\ \quad = \dfrac{\partial u_y}{\partial t} + (\boldsymbol{u}\cdot\nabla)u_y \\ a_z = \dfrac{\mathrm{d}u_z}{\mathrm{d}t} = \dfrac{\partial u_z}{\partial t} + u_x\dfrac{\partial u_z}{\partial x} + u_y\dfrac{\partial u_z}{\partial y} + u_z\dfrac{\partial u_z}{\partial z} \\ \quad = \dfrac{\partial u_z}{\partial t} + (\boldsymbol{u}\cdot\nabla)u_z \end{cases} \tag{1.4.25}$$

对于均匀流场(没有迁移加速度)中的非定常流动，其流动速度是时间的函数，因而每一点的速度都是随时间而变化的，其变化率就是当地加速度或局部加速度. 迁移加速度的概念可通过流体在收缩管道中的流动来理解. 如图1.7所示，A点处的截面积大于B点处的截面积，在定常流动情况下(没有当地加速度)，B点处的流速比A点处的流速大，即在流体质点从A运动到B的过程中，由于面积的变化而产生了加速度，这就是非均匀流动所引起的迁移加速度或位变加速度.

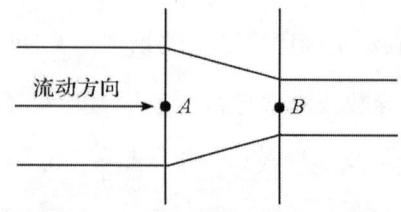

图1.7 流体在收缩管道中的流动

应该注意到，在欧拉描述中，空间坐标$\boldsymbol{r}(x,y,z)$表示的是空间位置，因而对t的导数是没有意义的，但表达式$\boldsymbol{u} = \dot{\boldsymbol{r}}(x,y,z,t)$及$\mathrm{d}\boldsymbol{u}/\mathrm{d}t = \ddot{\boldsymbol{r}}(x,y,z,t)$中

的 $r(x, y, z, t)$ 是指 t 时刻处于位置 (x, y, z) 的那个流体质点的运动坐标矢量，而 d/dt 就是随体导数算子.

还应该注意到，随体导数是针对运动流体质点而建立的一个概念，因此，如果流体质点处于静止状态，则不存在随体导数，或者认为随体导数的值为零.

最后指出，随体导数概念是针对欧拉描述法提出来的，但也可用于拉格朗日描述. 在拉格朗日描述中，物理量 $f(a, b, c, t)$ 的随体导数就是 f 对时间的偏导数，即

$$\frac{\partial f(a, b, c, t)}{\partial t}$$

例如，流体质点的速度是质点位置矢量对时间的偏导数，因此

$$\boldsymbol{u}(a, b, c, t) = \frac{\partial \boldsymbol{r}(a, b, c, t)}{\partial t}$$

这就是式(1.4.3a)．

2. 迹线与流线

（Ⅰ）迹线

所谓迹线是指流体质点的迹线，也就是流体质点的运动轨迹. 因此，迹线的概念直接与拉格朗日描述相联系，它实际上是拉格朗日描述的几何基础. 事实上，在拉氏描述法中，描写流体质点运动坐标随时间而变化的方程 $\boldsymbol{r} = \boldsymbol{r}(a, b, c, t)$ 就是迹线的参数式方程，消去参数 t，便可得到流体质点的迹线. 例如，在例 1.4 中，流体质点 (a, b) 的运动坐标随时间的变化为

$$x = ae^t, \quad y = be^{-t}$$

这就是质点 (a, b) 的迹线的参数式方程，消去 t，得到迹线方程为

$$xy = ab$$

显然，这条迹线是一条平面双曲线，它是初始时刻位于点 (a, b) 处的质点的轨迹线.

在欧拉描述中，迹线可利用运动学理论得到. 例如，若已知速度场 $\boldsymbol{u} = \boldsymbol{u}(x, y, z, t)$，则 t 时刻在空间点 (x, y, z) 处的质点在 dt 时间内的位移等于速度与 dt 的乘积，即

$$\begin{cases} dx = u_x dt \\ dy = u_y dt \\ dz = u_z dt \end{cases} \tag{1.4.26}$$

于是有

$$\frac{\mathrm{d}x}{u_x(x,y,z,t)} = \frac{\mathrm{d}y}{u_y(x,y,z,t)} = \frac{\mathrm{d}z}{u_z(x,y,z,t)} = \mathrm{d}t \quad (1.4.27)$$

这就是求解迹线的微分方程,积分常数可由质点在某时刻的位置确定.

例 1.5 已知欧拉描述的速度场为

$$u_x = x - 2y, \quad u_y = x - y, \quad u_z = 0$$

且 $t=0$ 时, $(x,y,z)=(a,b,c)$,求质点 (a,b,c) 的迹线方程.

解 直接利用公式(1.4.27)有

$$\frac{\mathrm{d}x}{\mathrm{d}t} = u_x = x - 2y$$

$$\frac{\mathrm{d}y}{\mathrm{d}t} = u_y = x - y$$

于是有

$$\frac{\mathrm{d}^2 x}{\mathrm{d}t^2} = \frac{\mathrm{d}x}{\mathrm{d}t} - 2\frac{\mathrm{d}y}{\mathrm{d}t} = (x-2y) - 2(x-y) = -x$$

积分得

$$x = d_1 \cos t + d_2 \sin t$$

式中,d_1 和 d_2 是积分常数.利用 $\mathrm{d}x/\mathrm{d}t = u_x = x - 2y$ 有

$$y = \frac{1}{2}\left(x - \frac{\mathrm{d}x}{\mathrm{d}t}\right) = \frac{1}{2}(d_1 - d_2)\cos t + \frac{1}{2}(d_1 + d_2)\sin t$$

再利用 $\mathrm{d}z/\mathrm{d}t = u_z = 0$ 有 $z = d_3$,d_3 为常数.利用条件 $t=0$ 时, $(x,y,z)=(a,b,c)$,求得积分常数为

$$d_1 = a, \quad d_2 = a - 2b, \quad d_3 = c$$

最后得到质点 (a,b,c) 的迹线为

$$\begin{cases} x = a\cos t + (a-2b)\sin t \\ y = b\cos t + (a-b)\sin t \\ z = c \end{cases}$$

(Ⅱ) 流线

如图 1.8 所示,在 $\boldsymbol{u} = \boldsymbol{u}(x,y,z,t)$ 的流场中,任取一点 1,绘出 t 时刻 1 点速度矢量 $\boldsymbol{u}_1$,在 $\boldsymbol{u}_1$ 矢量线上取与 1 点相距极近的 2 点,绘出同一时刻 2 点速度矢量 $\boldsymbol{u}_2$,再在 $\boldsymbol{u}_2$ 矢量线上取与 2 点相距极近的 3 点,绘出同一时刻 3 点的速度矢量 $\boldsymbol{u}_3$,依此类推,就可以得到 1-2-3-4…… 这样一条折线,如果所取各点之间的距离无限缩短,则这条折线就变成一条光滑曲线,这就是 t 时刻从 1 点出发的一条流线.因此流线可以定义为:流线是流场中某时刻的一条光滑曲线,曲线上各点的切线方向与该点上流体质点的速度方向一致.由于流场是可以随时间变化的,所以流线也是可以随时间而变化的.

第1章 可压缩流体力学基础

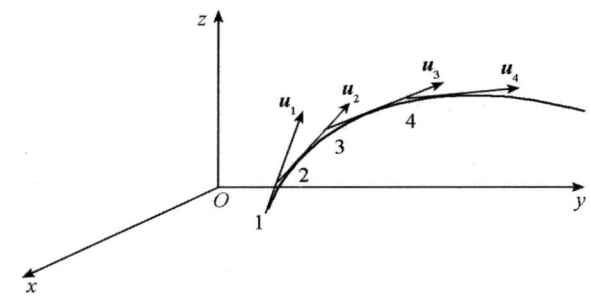

图 1.8 流线

流线的概念是与欧拉描述相联系的,它是欧拉法描述流体运动的几何基础.应特别注意的是,迹线是针对某一流体质点的,反映流体质点的运动轨迹;而流线是针对某一时刻的,反映同一时刻不同流体质点的运动方向.一般情况下,流线不会相交,也不会有流体质点穿过流线.

相对于迹线而言,流线的概念比较抽象,但是通过一定的手段可将流线显示出来.如果在流水中均匀投入适量的轻金属粉末,同时采用适当曝光时间拍摄照片,则许多依次首尾相连的短线就组成流场中流线谱,由此可以清楚地看到流场中各点的瞬时速度方向.不断发展的"流场可视化"技术为研究流体运动提供了科学的实验手段,所以流线并不是看不见摸不着的抽象概念.

(1) 流线的微分方程

在欧拉描述中,流场某一点处的瞬时速度可表示为

$$\boldsymbol{u} = u_x \boldsymbol{i} + u_y \boldsymbol{j} + u_z \boldsymbol{k} \tag{1.4.28}$$

经过该点的流线上的微元线段矢量 d$\boldsymbol{l}$ 可表示为

$$\mathrm{d}\boldsymbol{l} = \mathrm{d}x \boldsymbol{i} + \mathrm{d}y \boldsymbol{j} + \mathrm{d}z \boldsymbol{k} \tag{1.4.29}$$

根据流线的定义,流线上任意一点处流体质点的速度矢量与流线在该点的切线重合,也就是说,速度矢量与流线矢量方向一致,因此二者的矢量积为零,于是得到流线矢量应满足的条件为

$$\boldsymbol{u} \times \mathrm{d}\boldsymbol{l} = 0 \tag{1.4.30}$$

写成投影形式则有

$$\frac{\mathrm{d}x}{u_x(x,y,z,t)} = \frac{\mathrm{d}y}{u_y(x,y,z,t)} = \frac{\mathrm{d}z}{u_z(x,y,z,t)} \tag{1.4.31}$$

这就是欧拉描述中从速度场获得的流线的微分方程.

(2) 流线的性质

① 定常流动中流线形状不随时间变化,而且流体质点的轨迹与流线重合.

因为定常流动中速度分布与时间无关,所以代表速度方向的流线形状必定

也是与时间无关的. 如果有一个流体质点从图1.8所示的定常流线1点处开始运动,经过一段微小时间,它只能沿流线行走一段微小距离而到达与1点紧密相邻的2点,依此类推. 由于定常流线不随时间变化,因而所观察的流体质点始终不会离开这条流线,所以迹线与流线重合. 另外, 从迹线和流线的微分方程看,在定常流动中,速度场不显含时间t,所以二者变成完全相同的微分方程. 因此,只要有一个共同点,这两条曲线必定重合.

② 实际流场中除驻点或奇点外,流线不能相交,不能突然转折.

因为实际存在的流场中除驻点或奇点外,任何一点处的质点速度只可能有一个唯一的方向和大小. 如果流线相交或者突然折转,则在交点或折转点上必然出现不同方向和大小的瞬时速度,也就是说存在两个速度,这是不可能的.

驻点和奇点是两种例外. 例如,气流绕尖头直尾的物体流动时,其流线谱如图1.9(a)所示,物体的前缘点A就是一个实际存在的驻点,驻点上流线是相交的,这是因为驻点速度为零的缘故.

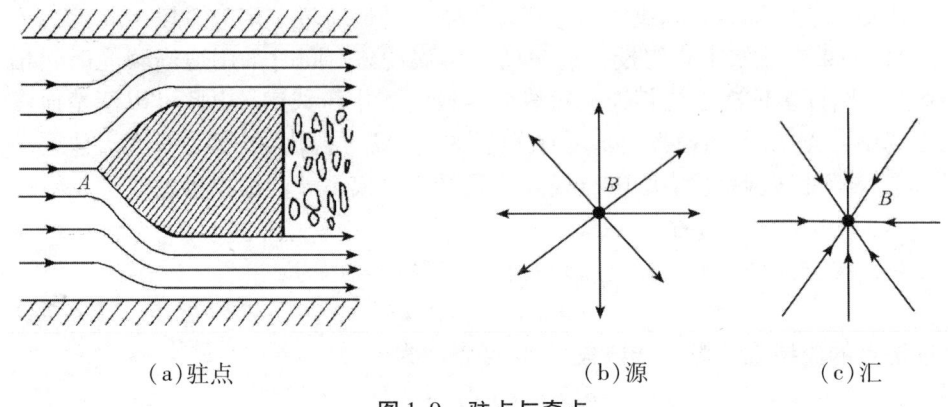

(a)驻点　　　　　　　　(b)源　　　　　　(c)汇

图1.9　驻点与奇点

如果流体从B点沿射线流出,则B点称为源,如图1.9(b)所示. 如果流体沿射线向B点流入,则B点称为汇,如图1.9(c)所示. 无论是源还是汇,都是速度趋于无穷大的奇点,所以奇点处流线也是相交的. 事实上,在实际流动中不可能出现无穷大的速度,因而奇点(即源与汇)只是一种抽象的理论模型.

流线不能突然折转,因而在图1.9(a)中物体的尾部,必然有一部分流体不能参与主流方向的运动,而被主流带动产生涡旋,这样就消耗了主流的能量,或者说增大了运动物体的阻力. 如果将物体平值的尾部改成圆滑的"流线型"形状,则可以减小尾部的涡旋,改善运动物体的动力性能,所谓"流线型"就是适应流线不能突然折转而采取的减少阻力的措施. 众所周知,流线的这一性质在各种运载工具的设计中得到了广泛应用.

例 1.6 已知流体运动的速度场为
$$u = (x+t)i - (y-t)j$$
① 求 $t=0$ 时经过 $P(-1, -1)$ 点的迹线和流线.
② 如果速度场为
$$u = xi - yj$$
求 $t=0$ 时经过 $P(-1, -1)$ 点的迹线和流线.
③ 对于②中的速度场,求加速度表达式,并求 $(x, y) = (0.5, 2), (1, 1), (2, 0.5)$ 三个空间点处的加速度.

解 ①利用式(1.4.27),迹线方程为
$$\begin{cases} \dfrac{\mathrm{d}x}{\mathrm{d}t} = x + t \\ \dfrac{\mathrm{d}y}{\mathrm{d}t} = -y + t \end{cases}$$
因此有
$$\begin{cases} x = d_1 \mathrm{e}^t - t - 1 \\ y = d_2 \mathrm{e}^{-t} + t - 1 \end{cases}$$
将初始条件代入得,$d_1 = d_2 = 0$,故 $t=0$ 时经过 $P(-1, -1)$ 点的迹线方程为
$$x + y = -2$$
利用式(1.4.31),流线方程为
$$\frac{\mathrm{d}x}{x+t} = \frac{\mathrm{d}y}{-y+t}$$
积分有
$$(x+t)(-y+t) = C = \mathrm{const}$$
利用初始条件得 $C = -1$,因此 $t=0$ 时经过 $P(-1, -1)$ 点的流线方程为 $xy = 1$.
可以看出,虽然迹线和流线经过空间的同一点,但它们并不重合.

② 因为速度与时间无关,所以是定常流动.迹线为
$$\frac{\mathrm{d}x}{\mathrm{d}t} = x, \quad \frac{\mathrm{d}y}{\mathrm{d}t} = -y$$
积分后有
$$x = C_1 \mathrm{e}^t, \quad y = -C_2 \mathrm{e}^{-t}$$
利用初始条件得 $C_1 = -1, C_2 = 1$. 消去 t,得到 $t=0$ 时经过 $P(-1, -1)$ 点的迹线为 $xy = 1$.

利用式(1.4.31),可得 $t=0$ 时经过 $P(-1, -1)$ 点的流线为 $xy=1$.可见,定常流动的迹线与流线重合.

③ 利用加速度计算公式(1.4.25)有

$$a_x = u_x \frac{\partial u_x}{\partial x} + u_y \frac{\partial u_x}{\partial y} = x$$

$$a_y = u_x \frac{\partial u_y}{\partial x} + u_y \frac{\partial u_y}{\partial y} = y$$

所以

$$a(0.5, 2) = 0.5i + 2j$$
$$a(1, 1) = 1i + 1j$$
$$a(2, 0.5) = 2i + 0.5j$$

这一结果表明，定常流动中是允许存在加速度的，这个加速度是由流场的非均匀性所引起的迁移加速度.

3. 系统与控制体

(Ⅰ) 系统

所谓系统是指流体系统，是由若干流体质点组成的一个总体，系统以外的其他物质称为外界或环境. 系统与外界的界面称为系统的边界，因此系统的全部边界一定是一个封闭的表面. 系统作为流体力学的研究对象，它具有以下三个特点：

(1) 系统可以只包含无限小的流体质量，但不能没有质量；系统也可包含很多的流体质量，但必须是有限多，而不能是无限多.

(2) 因为流体质点是运动的，所以系统随质点的运动而运动，系统内的质点始终包含在该系统内，但系统边界的形状及其所包围的空间的大小，可随系统的运动而变化.

(3) 系统与外界没有质量交换，但允许有能量交换和力的相互作用.

(Ⅱ) 控制体

欧拉法关心的是不同瞬时的各物理量在空间上的分布，而不关心个别质点的运动历程，通俗地说就是在不同空间点上来观察流体的运动规律. 为了方便，常常需要将孤立点上的"观察站"扩大为一个有适当规模的区域，这种借以观察流体运动的空间区域称为控制体.

所谓控制体，实际上就是一个空间区域，相对于确定的坐标系而言是固定不动的. 控制体的边界称为控制面. 控制体的大小和形状是任意的，控制面可以是真实的边界面，也可以是虚拟的. 控制体虽然可任意设定，但一旦取定，就不能改变. 流体质点系可以按照自身运动规律穿越控制面. 流体质点系相对于坐标系不但可以有位移，而且也可以有变形(包括压缩或者膨胀)，但控制体相对于坐标系的位置与形状都是固定不变的.

为简化起见，通常将控制面的一部分取为流体与固体的边界，而其他部分与流线垂直. 控制体主要有以下两个特点：

（1）控制体的形状与大小保持不变，且相对于某坐标系是固定不动的，但控制体内流体质点的组成是可以变化的.

（2）控制体可通过控制面与外界发生质量和能量交换以及力的相互作用.

4. 流管与流束

在速度场中任意取出一个有流体从中通过的封闭曲线，如图 1.10 中的 l，过封闭曲线上的每个点作适当长度的流线，这无数流线围成一个通常称为流管的管状假想表面，流管内的全部流体叫作流束.

流束可大可小，如果封闭曲线取在管道内壁周线上，则流束就是充满管道内部的全部流体，这种情况通常称为总流. 如果封闭曲线取得极小，甚至缩为一点，得到极限近于一条流线的流束，叫作微元流束. 流束不论大小，总是由流体组成的，因而它有体积、有质量、有动量、有动能. 而流管和流线则只是一种几何上的面和线，它们只有几何形状而没有任何体积和质量.

流管连同两侧的端面所构成的区域称为流管控制体，而流束则是流体质点系. 一般来说，流束的端面可以任意截取，如图 1.10 中的 A_2. 为了使计算简化，所截取的端面最好与流束上各点的速度方向互相垂直，这种与速度方向互相垂直的端面称为过流断面，如图 1.10 中的 A_1. 流束中的流线互相平行时，过流断面是平面，否则为曲面.

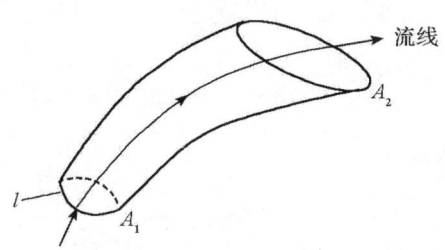

图 1.10　流管与流束

讨论流经流管控制体的流体运动有许多方便：①因为流管是由无数流线组成的，流线不能相交，所以不会有流体穿越流管表面. 流束与其他流体的质量交换只能通过流管或流束的两个端面 A_1 和 A_2 进行. ②设微元流束的过流断面面积为 ΔA，取极限 $\lim\limits_{\Delta A \to 0} \Delta A = \mathrm{d}A$ 时，过流断面缩为一点，从而沿微元流束的流动参量（如速度、压强、密度等）是沿流束设置的自然坐标的一元函数. 由此可带来一个好处，即把有限大过流断面的总流看作是由无数并列的微元流束所组成的，因而可以在总流中取出微元流束作为流体的基本单元，然后利用一元函数进行分析，就能很容易得到流动参量沿流束的变化规律，最后再通过在过流断面的积分，将结果扩展到总流上. 这种一元流的分析方法在工程问题中有很大实用价值.

5. 流量与净流量

（Ⅰ）流量

单位时间内流过某一控制面的流体体积称为该控制面的流量 q_V. 流量是标量，它的基本单位是 m^3/s.

在一般情况下，某个控制面上的流动速度分布是不均匀的，但在微元断面 dA 上的流速可认为是均匀分布的. 如果控制面是过流断面（不论平面或曲面），其速度方向与断面垂直，则微元断面上的流量为

$$dq_V = udA \quad (1.4.32)$$

如果控制面上的速度分布已知，积分式(1.4.32)便得到控制面上（无论是平面还是曲面）的流量为

$$q_V = \int_A udA \quad (1.4.33)$$

式中，积分域 A 为控制面的面积.

如果控制面（可以是平面或曲面）不是过流断面，可采用速度矢量 $\boldsymbol{u}$ 与控制面上的微元面积矢量 $d\boldsymbol{A}$ 的数量积来表达流量. 如图 1.11 所示，如果控制面的微元面积矢量 $d\boldsymbol{A}(=\boldsymbol{n}dA)$ 与流经该微元的速度 $\boldsymbol{u}$ 之间的夹角为 α，则 $dA\cos\alpha$ 为微元过流断面面积，或者把 $u\cos\alpha$ 作为与控制面相垂直的速度. 于是，在微元断面上的流量为

$$dq_V = udA\cos\alpha = \boldsymbol{u} \cdot d\boldsymbol{A} = \boldsymbol{u} \cdot \boldsymbol{n}dA \quad (1.4.34)$$

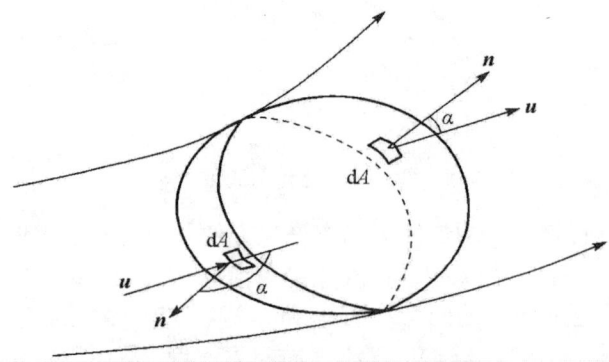

1.11 任意控制面和封闭曲面的流量

积分式(1.4.34)，得控制面上的流量为

$$q_V = \int_A u\,\mathrm{d}A\cos\alpha = \int_A \boldsymbol{u}\cdot\mathrm{d}\boldsymbol{A} = \int_A \boldsymbol{u}\cdot\boldsymbol{n}\,\mathrm{d}A \qquad (1.4.35)$$

(Ⅱ)净流量

在流场中取整个封闭曲面作为控制面,如图 1.11 所示,封闭曲面内的空间就是控制体,流体经一部分控制面流入控制体,同时也有流体经另一部分控制面从控制体中流出.在这种情况下,流过全部封闭控制面 A 的流量称为净流量,仍用 q_V 表示,因此有

$$q_V = \oint_A u\,\mathrm{d}A\cos\langle \boldsymbol{u},\boldsymbol{n}\rangle = \oint_A \boldsymbol{u}\cdot\mathrm{d}\boldsymbol{A} = \oint_A \boldsymbol{u}\cdot\boldsymbol{n}\,\mathrm{d}A \qquad (1.4.36)$$

式(1.4.35)与式(1.4.36)的区别在于:前者是在非封闭曲面域上的曲面积分,而后者是在封闭曲面域上的曲面积分,二者的积分域虽然都用符号 A 表示,但其含义是不同的.

流量和净流量都是两个矢量的数量积,因而都是没有方向性的标量,标量既有大小也有正负.从图 1.11 所示的封闭曲面可看出,流体经控制面流入控制体时,速度矢量与微元面积外法线矢量之间的夹角恒为钝角,从而 $\cos\langle \boldsymbol{u},\boldsymbol{n}\rangle<0$,所以流入控制体的流量恒为负值.流体经控制面从控制体流出时,速度矢量与微元面积外法线矢量之间的夹角恒为锐角,$\cos\langle \boldsymbol{u},\boldsymbol{n}\rangle>0$,因而从控制体流出的流量恒为正值.

对于某控制面而言,若按式(1.4.35)算出的流量 q_V 大于零,则 q_V 的绝对值就是从控制面流出的流量;如果 q_V 小于零,则 q_V 的绝对值就是流入控制面的流量.

如果按式(1.4.36)算出的净流量 q_V 大于零,则流量的流出部分大于流入部分,此时 q_V 的绝对值就是控制体的净流出流量.如果 q_V 小于零,则流入部分大于流出部分,q_V 的绝对值就是控制体的净流入流量.如果 q_V 等于零,则经某一部分控制面流入控制体的流量恰好等于从另一部分控制面向外流出的流量,因而封闭曲面的净流量为零.

(Ⅲ)流量概念的推广

除体积流量外,"流量"还可扩展到其他各种物理量,例如质量流量、动量流量、能量流量等.

将体积流量乘以流体的密度,便得到质量流量,因此,流过某控制面的质量流量为

$$q_m = \int_A \rho \boldsymbol{u}\cdot\mathrm{d}\boldsymbol{A} \qquad (1.4.37)$$

将质量流量乘以流体的速度,便得到动量流量,因此,流过控制面上的动量流量为

$$q_M = \int_A \rho \boldsymbol{u}(\boldsymbol{u} \cdot \mathrm{d}\boldsymbol{A}) \tag{1.4.38}$$

将质量流量乘以单位质量流体的能量(包括内能和动能),便得到能量流量,因此,流过控制面上的能量流量为

$$q_E = \int_A \rho(e + \frac{1}{2}u^2)\boldsymbol{u} \cdot \mathrm{d}\boldsymbol{A} \tag{1.4.39}$$

1.5 流体运动基本方程

从理论上分析、解决流体力学问题,首先应提出物理模型,建立数学方程组,然后根据具体问题的初始条件和边界条件求解方程组,最后得到各物理量随空间和时间的变化规律. 也就是说,采用理论方法求解流体力学问题的第一个步骤就是建立完整的流体运动方程组. 流体作为一种连续介质,其运动必须遵从的基本规律就是具有普遍意义的质量守恒定律、动量守恒定律和能量守恒定律,由此建立起来的数学关系式就称为流体运动基本方程(组). 对于可压缩流体力学问题,除流体运动基本方程外,还需要包括描述流体热力学性质的物态方程. 流体运动基本方程与物态方程一起统称为流体动力学基本方程. 本节主要介绍流体运动基本方程(组)的数学推导.

力学的基本定律大都是建立在质点或质点系上的,因此可直接使用相应力学定律的基本数学形式来描述流体质点的运动,这就是拉格朗日方法. 这种方法虽然直观,但在建立描述大量流体质点运动规律的基本方程时非常不方便,因此,人们总是采用可利用场论方法的欧拉描述法来建立流体运动基本方程. 由于欧拉法并不着眼于流体质点,所以基于质点的力学定律的数学形式不再适用,解决这个问题的基本方法是借助控制体来考察流体的运动规律,进而得到流体运动基本方程组. 下面采用从一般到个别的方法导出三大守恒定律在欧拉描述方法中的数学形式.

1.5.1 雷诺输运方程

如图 1.12 所示,对于某一般流动情形,系统在时刻 t 的边界用图 1.12(a)中的虚线表示,实线为所选取的控制体,在 t 时刻与系统完全重合. 在 $t + \delta t$ 时刻,因流体质点的运动,系统与控制体有一定的偏离,如图 1.12(b)所示.

设 f_t 是 t 时刻系统内某物理量(例如质量、动量或能量等)的总数量,η 是单位质量流体的同一物理量的数量;控制体在 t 时刻的体积为 V(等于系统在该时刻的体积),在 $t + \delta t$ 时刻,控制体中系统所占据的体积为 V_2,系统外的其

他流体所占据的体积为 V_1，系统在控制体外所占据的体积为 V_3，因此，$V = V_1 + V_2$. 于是，在经过时间间隔 δt 后，系统内物理量 f 的增量可表示为

$$f_{t+\delta t} - f_t = \left(\int_{V_2} \eta\rho \mathrm{d}\tau + \int_{V_3} \eta\rho \mathrm{d}\tau\right)_{t+\delta t} - \left(\int_V \eta\rho \mathrm{d}\tau\right)_t$$

式中，$\mathrm{d}\tau$ 是微元体积. 上式可改写为

$$\frac{f_{t+\delta t} - f_t}{\delta t} = \frac{\left(\int_{V_2} \eta\rho \mathrm{d}\tau + \int_{V_1} \eta\rho \mathrm{d}\tau\right)_{t+\delta t} - \left(\int_V \eta\rho \mathrm{d}\tau\right)_t}{\delta t} +$$

$$\frac{\left(\int_{V_3} \eta\rho \mathrm{d}\tau\right)_{t+\delta t}}{\delta t} - \frac{\left(\int_{V_1} \eta\rho \mathrm{d}\tau\right)_{t+\delta t}}{\delta t} \tag{1.5.1}$$

式 (1.5.1) 等号左边是在 δt 时间内系统的物理量 f 对时间的平均变化率，当 $\delta t \to 0$ 时，该项就是随体导数 $\dfrac{\mathrm{d}f}{\mathrm{d}t}$.

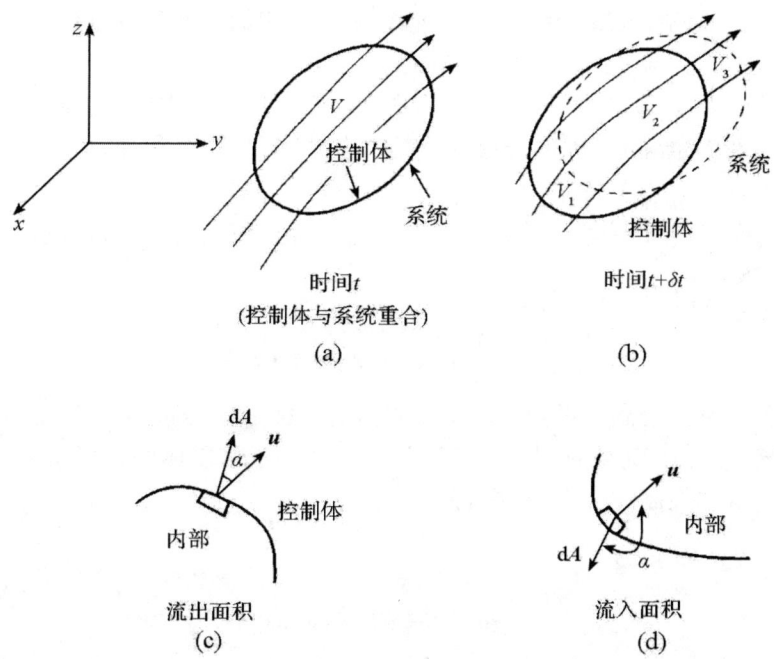

图 1.12　系统与控制体

考察式 (1.5.1) 等号右边第一项：前两个积分是控制体中 f 在 $t + \delta t$ 时刻的数值，第三个积分是控制体中 f 在 t 时刻的数值，因控制体的体积不变，所以在 $\delta t \to 0$ 时，这一项为偏微分

$$\frac{\partial}{\partial t}\int_V \eta\rho\mathrm{d}\tau$$

显然，这个偏微分表示的是控制体内物理量 f 对时间的变化率.

式(1.5.1)等号右边第二项是流出控制体的 f 对时间的变化率，其极限为

$$\lim_{\delta t\to 0}\frac{\left(\int_{V_3}\eta\rho\mathrm{d}\tau\right)_{t+\delta t}}{\delta t} = \int_{\text{流出面积}}\eta\rho\boldsymbol{u}\cdot\mathrm{d}\boldsymbol{A} = \int_{\text{流出面积}}\eta\rho u\cos\alpha\mathrm{d}A \quad (1.5.2)$$

式中，$\mathrm{d}\boldsymbol{A}$ 为流出面积的微元面积矢量，向外为正，α 是速度矢量与微元面积矢量的夹角，如图 1.12(c) 所示.

同理，式(1.5.1)等号右边第三项是流入控制体的 f 对时间的变化率，其极限为

$$\lim_{\delta t\to 0}\frac{\left(\int_{V_1}\eta\rho\mathrm{d}\tau\right)_{t+\delta t}}{\delta t} = \int_{\text{流入面积}}\eta\rho\boldsymbol{u}\cdot\mathrm{d}\boldsymbol{A} = \int_{\text{流入面积}}\eta\rho u\cos\alpha\mathrm{d}A \quad (1.5.3)$$

注意：式中 $\mathrm{d}\boldsymbol{A}$ 的法线方向是指向速度方向一侧的，对于控制体属于内法线方向.

显然，式(1.5.2)和(1.5.3)可合并成一项，这就是物理量 f 经过控制体的全部控制面的净流量，因而是控制体封闭表面(A)的一个积分，于是有

$$\frac{\left(\int_{V_3}\eta\rho\mathrm{d}\tau\right)_{t+\delta t}}{\delta t} - \frac{\left(\int_{V_1}\eta\rho\mathrm{d}\tau\right)_{t+\delta t}}{\delta t} = \oint_A \rho\boldsymbol{u}\cdot\mathrm{d}\boldsymbol{A} = \oint_A \eta\rho u\cos\alpha\mathrm{d}A$$

最后，式(1.5.1)可表示为

$$\frac{\mathrm{d}f}{\mathrm{d}t} = \frac{\partial}{\partial t}\int_V \eta\rho\mathrm{d}\tau + \oint_A \eta\rho\boldsymbol{u}\cdot\mathrm{d}\boldsymbol{A} \quad (1.5.4)$$

这就是利用控制体得到的一个基本方程，称为雷诺输运方程. 这个方程表明，系统内某种广延物理量 f 对时间的变化率等于控制体内物理量 f 对时间的变化率与穿越控制体边界的 f 的净流量之和.

1.5.2 连续性方程

设系统的质量为 m，因系统的质量不随时间变化，所以

$$\frac{\mathrm{d}m}{\mathrm{d}t} = 0$$

在雷诺输运方程(1.5.4)中，设 f 为系统的质量 m，则 η 是单位质量的质量，即 $\eta=1$，于是式(1.5.4)化为

$$\frac{\partial}{\partial t}\int_V \rho\mathrm{d}\tau + \oint_A \rho\boldsymbol{u}\cdot\mathrm{d}\boldsymbol{A} = 0 \quad (1.5.5)$$

这就是用欧拉变量表示的积分形式的质量守恒方程,在流体力学中通常称为连续性方程,它是所有流体运动必须遵循的普遍原则之一.控制体的连续性方程表明,控制体内的质量增量对时间的变化率等于流入控制体的净质量流量.

连续性方程(1.5.5)也可根据质量守恒原理按如下方法分析得到.在流场中取任意形状的一个控制体,如图1.13所示,设其体积为V,其表面积为A.在任意时刻,连续充满于控制体内的流体质量可以用微元质量$\rho d\tau$在控制体范围内的体积积分表示为$\int_V \rho d\tau$.

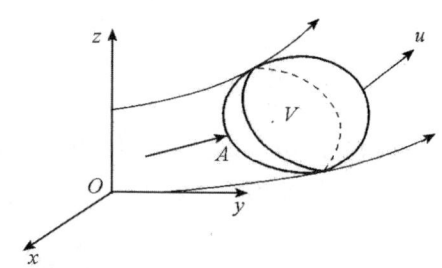

图1.13 任意控制体与质量守恒

在流体穿越控制面的流动过程中,经过单位时间后,假如控制体内的流体质量发生了变化,则其对时间的变化率,或者说单位时间内的质量变化率应当记为$\frac{\partial}{\partial t}\int_V \rho d\tau$(由于控制体位置和形状相对于坐标系是固定不变的,所以应该采用偏微分来表示这个变化率).

根据质量守恒定律,控制体内的质量不能无缘无故地增加或减少,因此控制体内质量的变化一定有其原因.对于流体运动,影响控制体内质量变化的唯一原因就是经过控制面的流动.在单位时间内,如果流入控制体的质量大于从控制体流出的质量,净质量流量是流入的,满足$\oint_A \rho \boldsymbol{u} \cdot d\boldsymbol{A} < 0$,则控制体内的质量必然增加,从而有$\frac{\partial}{\partial t}\int_V \rho d\tau > 0$,且质量的增加量与净质量流入量相等,因而满足式(1.5.5).相反,如果流入的质量流量小于流出的质量流量,净质量流量是流出的,则有$\oint_A \rho \boldsymbol{u} \cdot d\boldsymbol{A} > 0$,而控制体内的质量必然减少,即$\frac{\partial}{\partial t}\int_V \rho d\tau < 0$,与此同时,二者的数值相等,满足式(1.5.5).

通过上述分析可知,在流动过程中,控制体中的质量之所以发生变化,是由于控制体通过控制面与外界发生了质量交换.如果控制体中的质量减小,说明经过所有控制面的净质量流量是流出的;反之,如果控制体中质量增加了,说明经过所有控制面的净质量流量是流入的.如果控制体中质量不变,则在同一时间内流入与流出的质量相等.因此在流体运动过程中,要保持控制体中的流体呈连续状态而不出现任何间隙,控制体中的质量增量必须与同一时间内流入与流出的质量差相等,因而有式(1.5.5)成立. 可见,质量守恒定律不仅可以定性地说明控制体内质量变化的原因,而且能够定量地表示控制体中质量变化的大小.

利用高斯公式,并注意到控制体体积与时间无关,积分形式的连续性方程(1.5.5)可化为

$$\int_V \frac{\partial}{\partial t}\rho \mathrm{d}\tau + \int_V \nabla \cdot (\rho \boldsymbol{u}) \mathrm{d}\tau = \int_V \left[\frac{\partial \rho}{\partial t} + \nabla \cdot (\rho \boldsymbol{u})\right] \mathrm{d}\tau = 0$$

因积分区域 V 即控制体体积在流场中是任取的,积分为零,则被积函数在流场中必然处处为零,因此有

$$\frac{\partial \rho}{\partial t} + \nabla \cdot (\rho \boldsymbol{u}) = 0 \qquad (1.5.6)$$

式(1.5.6)可改写为随体导数形式,即

$$\frac{\mathrm{d}\rho}{\mathrm{d}t} + \rho \nabla \cdot \boldsymbol{u} = 0 \qquad (1.5.7)$$

式(1.5.6)或式(1.5.7)就是连续性方程的微分形式.

下面进一步讨论两种特殊情况下的连续性方程.

1. 定常流动

在定常流动中,流场内任何空间点处的密度均不随时间变化,因而整个控制体中的质量也不随时间变化,于是有 $\frac{\partial}{\partial t}\int_V \rho \mathrm{d}\tau = 0$,所以式(1.5.5)简化为

$$\oint_A \rho \boldsymbol{u} \cdot \mathrm{d}\boldsymbol{A} = 0 \qquad (1.5.8)$$

这就是定常流动的连续性方程(积分形式),它既适用于可压缩的定常流动,也适用于不可压缩的定常流动. 该方程说明,在定常流动中,从控制体流出的质量流量总是等于流入控制体的质量流量.

利用高斯公式,式(1.5.8)可化为

$$\int_V \nabla \cdot (\rho \boldsymbol{u}) \mathrm{d}\tau = 0$$

由此得到定常流动的连续性方程的微分形式为

$$\nabla \cdot (\rho \boldsymbol{u}) = 0 \qquad (1.5.9)$$

利用式(1.5.6),式(1.5.9)可等价地表示为密度的当地导数等于0,即

$$\frac{\partial \rho}{\partial t} = 0 \qquad (1.5.10)$$

2. 不可压缩流动

不可压缩流体的密度不随时间变化,于是连续性方程的积分形式化为

第 1 章 可压缩流体力学基础

$$\rho \left[\oint_A \boldsymbol{u} \cdot \mathrm{d}\boldsymbol{A} + \frac{\partial}{\partial t} \int_V \mathrm{d}\tau \right] = 0$$

因 $\int_V \mathrm{d}\tau = V$，而控制体的位置、形状和体积在流动过程中相对于坐标系不变，故 $\frac{\partial V}{\partial t} = 0$. 又 $\rho \neq 0$，于是必有

$$\oint_A \boldsymbol{u} \cdot \mathrm{d}\boldsymbol{A} = 0 \tag{1.5.11}$$

这就是不可压缩流动的积分形式的连续性方程. 利用高斯公式有

$$\int_V \nabla \cdot \boldsymbol{u} \, \mathrm{d}\tau = 0$$

由此得到不可压缩流动连续性方程的微分形式为

$$\nabla \cdot \boldsymbol{u} = 0 \tag{1.5.12}$$

利用式(1.5.7)，式(1.5.12)可等价地表示为密度的随体导数为 0，即

$$\frac{\mathrm{d}\rho}{\mathrm{d}t} = 0 \tag{1.5.13}$$

例 1.7 图 1.14 为变截面一维定常流管，①和②分别为进出口截面，其面积、流动速度和密度分别为 A_1，u_1，ρ_1 和 A_2，u_2，ρ_2. 试给出该流动在截面①和②处满足的连续性方程.

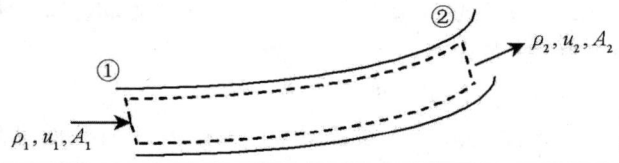

图 1.14 一维流管中的定常流动

解 由于流体只从进口流进，出口流出，且流动是定常的，因此直接利用式(1.5.8)有

$$\rho_1 u_1 A_1 = \rho_2 u_2 A_2 = \text{const} \tag{1.5.14}$$

式(1.5.14)说明，一维流管中定常流动的质量流量处处相等. 如果流体是不可压缩的，进一步有

$$u_1 A_1 = u_2 A_2 = \text{const} \tag{1.5.15}$$

式(1.5.15)说明，对于一维流管中的定常不可压缩流动，体积流量是一个常数，从而流速与截面积成反比.

例 1.8 对于变截面一维定常流动，试给出其微分形式的连续性方程.

解 由例 1.7 知，连续性方程为 $\rho u A = \text{const}$，对其进行微分有

$$\mathrm{d}(\rho u A) = 0$$

于是
$$\frac{d\rho}{\rho} + \frac{du}{u} + \frac{dA}{A} = 0 \tag{1.5.16}$$

例 1.9 验证具有下列速度分布的流体是否是不可压缩的.

① $u_x = -(2xy + x)$, $u_y = y^2 + y - x^2$;

② $u_x = x$, $u_y = y$, $u_z = z$;

③ $u_x = 2x^2 + y$, $u_y = 2y^2 + z$, $u_z = -4(x+y)z + xy$;

④ $u_x = yzt$, $u_y = xzt$, $u_z = xyt + 2z$.

解 ① $\dfrac{\partial u_x}{\partial x} = -(2y + 1)$, $\dfrac{\partial u_y}{\partial y} = 2y + 1$,

$\nabla \cdot \boldsymbol{u} = \dfrac{\partial u_x}{\partial x} + \dfrac{\partial u_y}{\partial y} = 0$, 不可压缩.

② $\nabla \cdot \boldsymbol{u} = \dfrac{\partial u_x}{\partial x} + \dfrac{\partial u_y}{\partial y} + \dfrac{\partial u_z}{\partial z} = 1 + 1 + 1 = 3 \neq 0$, 可压缩.

③ $\nabla \cdot \boldsymbol{u} = \dfrac{\partial u_x}{\partial x} + \dfrac{\partial u_y}{\partial y} + \dfrac{\partial u_z}{\partial z} = 0$, 不可压缩.

④ $\nabla \cdot \boldsymbol{u} = \dfrac{\partial u_x}{\partial x} + \dfrac{\partial u_y}{\partial y} + \dfrac{\partial u_z}{\partial z} = 2$, 可压缩.

例 1.10 沿变深度矩形截面河道水面上有波动运动,如图 1.15 所示,求此波动应满足的连续性方程.

解 如图 1.15 所示,设 x 轴取在河道方向静止水面上,自静止水面算起的深度为 $h(x)$,自由表面离静止水面距离为 $\zeta(x,t)$,河截面平均水流速度为 $u(x,t)$,河宽 b 不变,水的密度为常数 ρ.

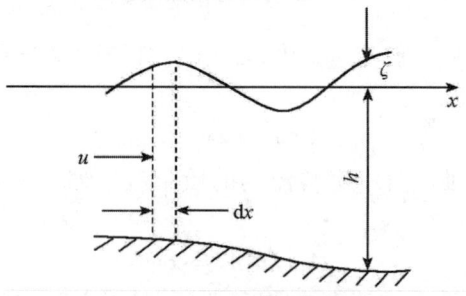

图 1.15 河面的波动

取一长为 dx 的控制体,控制体体积为 $(h+\zeta)bdx$,设从控制体左侧面单位时间流入质量为 $\rho(h+\zeta)bu$,则从右侧面单位时间流出质量为

$$\rho(h+\zeta)bu + \frac{\partial}{\partial x}[\rho(h+\zeta)bu]\mathrm{d}x$$

于是,单位时间内控制体的净流出质量为

$$\rho b \frac{\partial}{\partial x}[(h+\zeta)u]\mathrm{d}x$$

又单位时间控制体质量减少为

$$-\frac{\partial}{\partial t}[\rho(h+\zeta)b\mathrm{d}x]$$

由质量守恒有

$$-\rho b \frac{\partial}{\partial t}(h+\zeta)\mathrm{d}x = \rho b \frac{\partial}{\partial x}[(h+\zeta)u]\mathrm{d}x$$

两端约去相同因子 $\rho b\mathrm{d}x$,考虑到 h 不随 t 变化,得到连续性方程为

$$\frac{\partial \zeta}{\partial t} + \frac{\partial}{\partial x}[(h+\zeta)u] = 0 \tag{1.5.17}$$

1.5.3 运动方程

流体质点的运动与刚体质点一样服从牛顿第二定律,在此基础上可以得到流体运动和它所受到的作用力之间的关系,这个关系就称为运动方程.

对于质点系的运动,牛顿第二定律可表示为

$$\sum \boldsymbol{F} = \sum(m\boldsymbol{a}) = \frac{\mathrm{d}(\sum m\boldsymbol{u})}{\mathrm{d}t} \tag{1.5.18}$$

式中,$\sum \boldsymbol{F}$ 为作用在质点系上的所有外力的矢量和,m 为质点质量.

式(1.5.18)也称为动量定理,所以运动方程又称为动量守恒方程. 它表明,作用在质点系上的总外力可以通过质点系总动量的时间变化率求得. 这一规律也称为动量平衡律,所以运动方程也称为动量平衡方程.

在雷诺输运方程(1.5.4)中,设 f 是系统的线性动量 $m\boldsymbol{u}$,η 是单位质量的线性动量,即 $\eta = \rho\boldsymbol{u}/\rho = \boldsymbol{u}$,于是有

$$\sum \boldsymbol{F} = \frac{\partial}{\partial t}\int_V \rho\boldsymbol{u}\mathrm{d}\tau + \oint_A \rho\boldsymbol{u}(\boldsymbol{u}\cdot\mathrm{d}\boldsymbol{A}) \tag{1.5.19}$$

这就是用欧拉描述方法表示的动量守恒方程. 方程(1.5.19)所表示的动量转换与守恒关系的意义是:系统所受到的总外力等于控制体中动量对时间的变化率与穿越控制体边界的动量的净流量之和.

为进一步理解运动方程,可利用控制体中动量的变化进行分析.

图 1.16 给出了一个任意的控制体以及系统在时刻 t 和 $t+\delta t$ 时的位置,系统定义为在 t 时刻占据着控制体的流体.

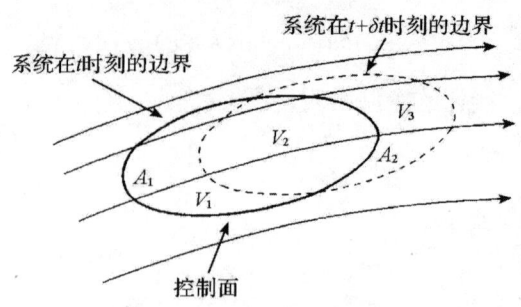

图 1.16　任意控制体与动量守恒

在某时刻 t，控制体内所包含的流体就是我们要讨论的质点系统，设这时控制体 V 内任意位置上的质点速度为 $\boldsymbol{u}$、密度为 ρ，则系统在 t 时刻的动量为 $\left(\int_V \rho \boldsymbol{u} \mathrm{d}\tau\right)_t$。经过 δt 时刻，系统运动到虚线所示位置，这时的动量可按如下方法确定：在 $t + \delta t$ 时刻，控制体中所有流体（包括系统中留在控制体中的部分（占据体积 V_2）及新流入控制体中的部分（占据体积 V_1））总的动量为 $\left(\int_V \rho \boldsymbol{u} \mathrm{d}\tau\right)_{t+\delta t}$，其中新流入控制体的流体（占据 V_1 体积的非原系统质点）的动量为 $\delta t \int_{A_1} \rho \boldsymbol{u}(\boldsymbol{u} \cdot \mathrm{d}\boldsymbol{A})$，系统中流出控制体（占据体积 V_3 部分）的流体的动量为 $\delta t \int_{A_2} \rho \boldsymbol{u}(\boldsymbol{u} \cdot \mathrm{d}\boldsymbol{A})$，所以系统在 $t + \delta t$ 时刻的动量表示为

$$\left(\int_V \rho \boldsymbol{u} \mathrm{d}\tau\right)_{t+\delta t} - \delta t \int_{A_1} \rho \boldsymbol{u}(\boldsymbol{u} \cdot \mathrm{d}\boldsymbol{A}) + \delta t \int_{A_2} \rho \boldsymbol{u}(\boldsymbol{u} \cdot \mathrm{d}\boldsymbol{A})$$
$$= \left(\int_V \rho \boldsymbol{u} \mathrm{d}\tau\right)_{t+\delta t} + \delta t \oint_A \rho \boldsymbol{u}(\boldsymbol{u} \cdot \mathrm{d}\boldsymbol{A})$$

式中，A_1 为控制体的流入表面，A_2 为控制体的流出表面，$A(=A_1 + A_2)$ 为控制体的全部控制面，于是

$$\sum \boldsymbol{F} = \frac{\mathrm{d}(\sum m\boldsymbol{u})}{\mathrm{d}t}$$
$$= \lim_{\delta t \to 0} \frac{1}{\delta t}\left[\left(\int_V \rho \boldsymbol{u} \mathrm{d}\tau\right)_{t+\delta t} - \left(\int_V \rho \boldsymbol{u} \mathrm{d}\tau\right)_t + \delta t \oint_A \rho \boldsymbol{u}(\boldsymbol{u} \cdot \mathrm{d}\boldsymbol{A})\right]$$
$$= \frac{\partial}{\partial t}\int_V \rho \boldsymbol{u} \mathrm{d}\tau + \oint_A \rho \boldsymbol{u}(\boldsymbol{u} \cdot \mathrm{d}\boldsymbol{A})$$

这就是式(1.5.19)。

下面再对式(1.5.19)中各项的含义分别作些说明。

$\sum \boldsymbol{F}$ 是作用在控制体内系统上所有外力的矢量和，包括质量力和表面力

第1章　可压缩流体力学基础

两类. 在常见的简单流动问题中, 可不考虑力场的影响, 这时质量力为零. 表面力包括作用在控制面上的法应力(压强)所引起的力, 作用在控制面上的剪应力(黏性应力)所引起的力, 以及在不同物相之间的表面张力. 对于理想流体, 只需考虑压强所引起的表面力.

$\frac{\partial}{\partial t}\int_V \rho \boldsymbol{u} \mathrm{d}\tau$ 是控制体内流体动量对时间的变化率, 它反映流体运动的非定常性. 这一项是由于控制体内流体动量随时间变化而产生的一种力. 因为控制体固定不变, 当流动属于定常流动时, 这一项必然为零.

$\oint_A \rho \boldsymbol{u}(\boldsymbol{u} \cdot \mathrm{d}\boldsymbol{A})$ 是单位时间内流过所有控制表面的动量的代数和, 即动量净流量. 因为从控制体流出的动量为正, 流入控制体的动量为负, 所以这一项也就是单位时间内从控制体流出动量与流入动量之差. 这一项具有力的量纲, 是由于从控制体流出动量与流入动量不等而产生的一种力.

根据不同情况, 运动方程可改写为不同形式, 此外, 运动方程对于火箭运动分析具有重要价值. 下面对不同情况的运动方程及其应用进行简要介绍.

1. 不考虑质量力和黏性力时的运动方程

现在考虑一种较简单的常见情况, 既不考虑质量力也不考虑黏性力的作用. 设作用在控制体表面的压强为 p, 则外力矢量和为

$$\sum \boldsymbol{F} = -\oint_A p\mathrm{d}\boldsymbol{A} \tag{1.5.20}$$

代入动量方程式(1.5.19)有

$$-\oint_A p\mathrm{d}\boldsymbol{A} = \frac{\partial}{\partial t}\int_V \rho \boldsymbol{u} \mathrm{d}\tau + \oint_A \rho \boldsymbol{u}(\boldsymbol{u} \cdot \mathrm{d}\boldsymbol{A})$$

$$= \frac{\partial}{\partial t}\int_V \rho \boldsymbol{u} \mathrm{d}\tau + \oint_A \rho \boldsymbol{u}(\boldsymbol{u} \cdot \boldsymbol{n})\mathrm{d}A \tag{1.5.21}$$

式中, $\boldsymbol{n}$ 为面积元法向的单位矢量. 利用矢量积分公式[①]

$$\int_V \nabla \varphi \mathrm{d}\tau = \oint_A \varphi \mathrm{d}\boldsymbol{A} \tag{1.5.22}$$

$$\oint_A \boldsymbol{b}(\boldsymbol{a} \cdot \boldsymbol{n})\mathrm{d}A = \int_V [(\boldsymbol{a} \cdot \nabla)\boldsymbol{b} + \boldsymbol{b}(\nabla \cdot \boldsymbol{a})]\mathrm{d}\tau \tag{1.5.23}$$

有

$$\oint_A p\mathrm{d}\boldsymbol{A} = \int_V \nabla p \mathrm{d}\tau$$

---

① 梁昌洪. 矢算场论札记[M]. 北京: 科学出版社, 2007: 170–171.

$$\oint_A \rho \boldsymbol{u}(\boldsymbol{u} \cdot \boldsymbol{n}) \mathrm{d}A = \int_V [(\boldsymbol{u} \cdot \nabla)(\rho \boldsymbol{u}) + \rho \boldsymbol{u}(\nabla \cdot \boldsymbol{u})] \mathrm{d}\tau$$

于是式(1.5.21)可改写为

$$-\int_V \nabla p \mathrm{d}\tau = \frac{\partial}{\partial t}\int_V \rho \boldsymbol{u} \mathrm{d}\tau + \int_V [(\boldsymbol{u} \cdot \nabla)(\rho \boldsymbol{u}) + \rho \boldsymbol{u}(\nabla \cdot \boldsymbol{u})] \mathrm{d}\tau$$

所以

$$\int_V \left[\frac{\partial}{\partial t}(\rho \boldsymbol{u}) + (\boldsymbol{u} \cdot \nabla)(\rho \boldsymbol{u}) + \rho \boldsymbol{u}(\nabla \cdot \boldsymbol{u}) + \nabla p\right] \mathrm{d}\tau = 0$$

考虑到积分区域的任意性,上式中的被积函数必然为0,所以

$$\frac{\partial}{\partial t}(\rho \boldsymbol{u}) + (\boldsymbol{u} \cdot \nabla)(\rho \boldsymbol{u}) + \rho \boldsymbol{u}(\nabla \cdot \boldsymbol{u}) + \nabla p = 0 \tag{1.5.24}$$

对式(1.5.24)进行改写有

$$\rho \frac{\partial \boldsymbol{u}}{\partial t} + \boldsymbol{u}\frac{\partial \rho}{\partial t} + \boldsymbol{u}\nabla \cdot (\rho \boldsymbol{u}) + \rho(\boldsymbol{u} \cdot \nabla)\boldsymbol{u} + \nabla p = 0$$

将连续性方程(1.5.6)代入得

$$\frac{\partial \boldsymbol{u}}{\partial t} + (\boldsymbol{u} \cdot \nabla)\boldsymbol{u} + \frac{1}{\rho}\nabla p = 0 \tag{1.5.25}$$

写成随体导数形式有

$$\frac{\mathrm{d}\boldsymbol{u}}{\mathrm{d}t} + \frac{1}{\rho}\nabla p = 0 \tag{1.5.26}$$

式(1.5.25)或式(1.5.26)就是不考虑质量力和黏性力时运动方程的微分形式.

2. 欧拉方程

设作用在单位质量的流体上的质量力的合力为 $\boldsymbol{f}_m$,则总的质量力为

$$\sum \boldsymbol{F}_m = \int_V \boldsymbol{f}_m \mathrm{d}m = \int_V \rho \boldsymbol{f}_m \mathrm{d}\tau \tag{1.5.27}$$

于是运动方程可表示为

$$\frac{\mathrm{d}\boldsymbol{u}}{\mathrm{d}t} = -\frac{1}{\rho}\nabla p + \boldsymbol{f}_m \tag{1.5.28}$$

式(1.5.28)称为欧拉方程.

若流体处于静止状态,则欧拉方程简化为

$$-\frac{1}{\rho}\nabla p + \boldsymbol{f}_m = 0 \tag{1.5.29}$$

式(1.5.29)称为欧拉平衡方程. 现在进一步假设质量力只有重力,并取 z 轴向上为正,向下为负,因此有 $\boldsymbol{f}_m = -\boldsymbol{g}$,代入式(1.5.29)有

$$\frac{\mathrm{d}p}{\mathrm{d}z} = -\rho g \tag{1.5.30}$$

取 $z=0$ 时 $p=p_0$，则有

$$p - p_0 = -\rho g z \tag{1.5.31}$$

即压强的变化与高度的变化成正比，这是大家所熟悉的一个结果．

3. 伯努利方程

对于大多数流体运动，质量力可以不考虑．如果流动是一维等截面管道中的定常流动，式(1.5.25)可写成

$$u\frac{\mathrm{d}u}{\mathrm{d}x} + \frac{1}{\rho}\frac{\mathrm{d}p}{\mathrm{d}x} = 0$$

即

$$\frac{\mathrm{d}p}{\rho} + u\mathrm{d}u = 0 \tag{1.5.32}$$

对于不可压缩流体，积分式(1.5.32)得到伯努利方程为

$$p + \frac{1}{2}\rho u^2 = p + p_\mathrm{d} = \mathrm{const} \tag{1.5.33}$$

式中，$p_\mathrm{d} = \frac{1}{2}\rho u^2$ 称为运动流体的动压．伯努利方程(1.5.33)表明，在定常流动中，如果流体的速度减小，则压强增加，反之，如果速度增加，压强一定会减小．应该注意的是，伯努利方程是在欧拉描述下得到的，反映的是同一条流线上各物理量之间的关系．

现在考虑理想气体的等熵流动．已知

$$p = A\rho^\gamma$$

式中，A 为常数，γ 为比热容比．将上式代入式(1.5.32)，积分后有

$$\frac{u^2}{2} + \frac{\gamma p}{(\gamma-1)\rho} = \frac{u^2}{2} + \frac{c^2}{\gamma-1} = \frac{u^2}{2} + h = C \tag{1.5.34}$$

式中，h 为焓，C 为常数．式(1.5.34)就是理想气体在定常流动时的伯努利方程．对于不同流线，式中的常数 C 不同，可由流线上的三个参考状态点之一来确定．

（1）利用滞止参数确定常数 C

气体的速度经过等熵流动下降到 0 的状态称为滞止状态．速度为 0 的点也称为驻点．将滞止状态参量用下标 0 标识（p_0、ρ_0、c_0、h_0 等），伯努利方程可表示为

$$\frac{u^2}{2} + h = C = h_0 \tag{1.5.35}$$

或者表示为

$$\frac{u^2}{2} + \frac{\gamma p}{(\gamma-1)\rho} = C = \frac{\gamma}{\gamma-1}\frac{p_0}{\rho_0} \tag{1.5.36}$$

式(1.5.36)也可表示为

$$\frac{u^2}{2} + \frac{c^2}{\gamma-1} = C = \frac{c_0^2}{\gamma-1} \tag{1.5.37}$$

(2) 利用极限速度确定常数 C

气体经过等熵流动所能达到的最大速度称为极限速度,设为 $u_{\max}$. 此时,气体的声速、压强、密度等量均为0,于是伯努利方程可表示为

$$\frac{u^2}{2} + \frac{c^2}{\gamma-1} = C = \frac{u_{\max}^2}{2} \tag{1.5.38}$$

由此得到极限速度与滞止状态参量的关系为

$$u_{\max} = \sqrt{2h_0} = \sqrt{\frac{2}{\gamma-1}}c_0 \tag{1.5.39}$$

(3) 利用临界参数确定常数 C

气体等熵流动时,其速度在从0增加到最大值 $u_{\max}$ 的过程中,必然存在气流速度恰好等于当地声速的状态,该状态称为临界状态. 设临界状态的声速为 c_*,流动速度为 u_*,且 $u_* = c_*$,这时伯努利方程可表示为

$$\frac{u^2}{2} + \frac{c^2}{\gamma-1} = C = \frac{u_*^2}{2} + \frac{c_*^2}{\gamma-1} = \frac{\gamma+1}{2(\gamma-1)}c_*^2 \tag{1.5.40}$$

例1.11 消防水枪喷头如图1.17(a)所示,直管部分的直径为0.1m,喷口直径为0.03m. 若喷口以 $1.2\text{m}^3/\text{min}$ 的流量喷水,假定流动为定常的,试求水枪基座所受的力.

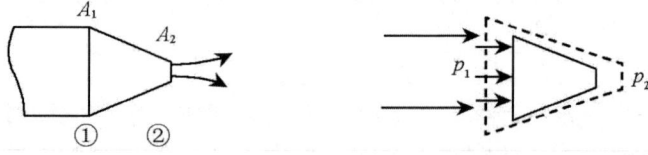

(a) 喷头结构　　　　　　(b) 喷头控制体

图1.17　消防水枪喷头受力分析

解　取喷头为控制体,如图1.17(b)所示,水从截面①流进,从截面②流出. 根据定常伯努利方程有

$$p_1 = p_2 + \frac{1}{2}\rho(u_2^2 - u_1^2)$$

已知流量为 $q_V = 1.2\text{m}^3/\text{min} = 0.02\text{m}^3/\text{s}$,所以

进口流速为：$u_1 = \dfrac{q_V}{A_1} = \dfrac{0.02}{(\pi/4) \times 0.1^2} = 2.55\text{m/s}$

出口流速为：$u_2 = \dfrac{q_V}{A_2} = \dfrac{0.02}{(\pi/4) \times 0.03^2} = 28.3\text{m/s}$

环境压强为 1 个大气压，作用在控制体所有表面，所以不需考虑. 取 $p_2 = 0$，得到进口处压强增量 p_1 为

$$p_1 = 0.5 \times 1000 \times (28.3^2 - 2.55^2) = 3.97 \times 10^5 \text{Pa}$$

设基座所受的力为 F，该力反作用在喷头上，于是喷头所受合力为 $-(F + p_1 A_1)$，根据运动方程，合力等于动量净流量，所以

$$-(F + p_1 A_1) = q_V \rho (u_2 - u_1)$$

$$\begin{aligned} -F &= 0.02 \times 1000 \times (28.3 - 2.55) + 3.97 \times 10^5 \times 7.85 \times 10^{-3} \\ &= 515 + 3116 = 3631\text{N} \end{aligned}$$

可见，水枪喷水时基座所受的力是很大的.

4. 一元流动与自由射流

设有一元流的流管如图 1.18 所示，虚线为所取控制体，只有过流断面 A_1，A_2 上有动量交换. 如果流动是定常不可压缩的，运动方程的积分形式化为

$$\begin{aligned} \sum \boldsymbol{F} &= \oint_A \rho \boldsymbol{u}(\boldsymbol{u} \cdot \text{d}\boldsymbol{A}) = \int_{A_2} \rho u_2 u_2 \text{d}A - \int_{A_1} \rho u_1 u_1 \text{d}A \\ &= \rho q_V (u_2 - u_1) \end{aligned} \quad (1.5.41)$$

作用在流体上的合力在三个坐标轴上的投影为

$$\begin{cases} \sum F_x = \rho q_V (u_{2x} - u_{1x}) \\ \sum F_y = \rho q_V (u_{2y} - u_{1y}) \\ \sum F_z = \rho q_V (u_{2z} - u_{1z}) \end{cases} \quad (1.5.42)$$

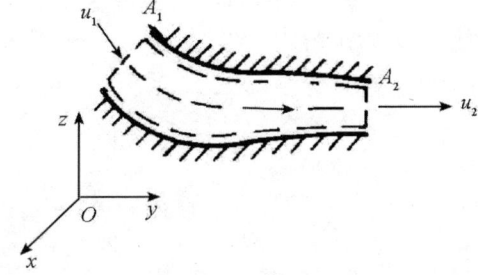

图 1.18　一元流管

式 (1.5.42) 的应用非常广泛，在使用时需要特别注意以下两点：

(1) 动量方程中的受力对象是流体,也就是说,式(1.5.42)中的力是外界作用在流体上的力.如果要求作用在管道上的力,根据作用力与反作用力大小相等、方向相反的原则,要加负号.

(2) 力和速度都是有方向的,通常取与坐标方向相同为正,相反为负.式(1.5.42)中的"—"为运算符号,与速度的正负无关.将各速度值代入式(1.5.42)进行计算时,需要携带反映流动方向的符号.

从喷头射入大气的一股流束称为自由射流,例如,消防战士灭火时用水枪喷出来的水柱.自由射流的特点是流束上所有流体的压强均为大气压.若射流速度为 u,流体密度为 ρ,设喷口面积为 A,则自由射流垂直入射到平面挡板(固定不动)上的冲击力可从式(1.5.42)得到(设流动沿 x 轴方向,取 $u_{2x}=0$,$u_{1x}=u$)

$$F = -F_x = -\rho q_V(0-u) = \rho A u^2 \quad (1.5.43)$$

例 1.12 直径为 40mm 的水射流,速度为 25m/s.当此射流垂直撞击一块固定大平板时,试求此平板所受的合力.

解 利用公式(1.5.43),平板所受的合力为
$$F = \rho A u^2 = 1000 \times 3.14 \times 0.02^2 \times 25^2 = 785\text{N}$$

例 1.13 在例 1.12 中,假设射流中心与一块圆板中心重合.试求:①驻点压强;②平板上的平均压强.假设平板面积是射流截面积的 25 倍.

解 ①根据伯努利方程,驻点压强即动压,因此有
$$p = \frac{1}{2}\rho u^2 = 0.5 \times 1000 \times 25^2 = 313\text{kN}$$

② 利用例 1.12 的结果,平板的面积为 A,则平板的平均压强 p_A 为
$$p_A = \frac{F}{A} = \frac{785}{3.14 \times 0.02^2 \times 25} = 2.5 \times 10^4 \text{Pa}$$

5. 运动方程的应用——火箭运动

设火箭速度为 b,燃料燃烧后流体的运动速度为 u.将控制体取在火箭上,如图 1.19 所示,同时假定 b 在整个控制表面 A 上是均匀的,这意味着火箭处于直线运动状态,即无滚动和转动.于是,位于火箭上的观察者看到的流体速度是

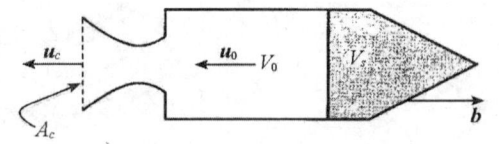

图 1.19 火箭运动示意图

$$u_b = u - b$$

燃烧后的流体仅在出口平面以相对速度 u_e 排出.由于火箭的瞬时总质量为 $m = \int \rho dV$,于是积分形式的连续性方程正好给出质量的变化率

$$\dot{m} = -\int_A \rho \boldsymbol{u}_e \cdot \boldsymbol{n} \mathrm{d}A \tag{1.5.44}$$

以 $\boldsymbol{F}$ 表示总的外表面力(阻力、升力等),对于穿过真空的火箭而言,外表面力只是出口平面上的压强,所以 $\boldsymbol{F}$ 简化为 $-p_e A_e \boldsymbol{n}_e$. 由于单位质量上所受的质量力仅是重力加速度 $\boldsymbol{g}$,于是,动量守恒方程化为

$$\frac{\mathrm{d}}{\mathrm{d}t}(m\boldsymbol{b}) + \frac{\mathrm{d}}{\mathrm{d}t}\int_V \rho \boldsymbol{u}_b \mathrm{d}\tau + \int_A \rho_e \boldsymbol{u}_e \boldsymbol{u}_e \cdot \boldsymbol{n} \mathrm{d}A - \boldsymbol{b}\dot{m} = m\boldsymbol{g} + \boldsymbol{F}$$

假定 $\boldsymbol{u}_e$ 在整个出口截面上均匀,将式(1.5.44)代入上式有

$$m\dot{\boldsymbol{b}} + \frac{\mathrm{d}}{\mathrm{d}t}\int_V \rho \boldsymbol{u}_b \mathrm{d}\tau - \dot{m}\boldsymbol{u}_e = m\boldsymbol{g} + \boldsymbol{F} \tag{1.5.45}$$

在大多数具有实际意义的场合,式(1.5.45)左端第二项可以忽略. 为了估计此项的大小,对推进流体的产生过程采用简化模型. 假定推进剂是某种相对于火箭为静止的物质,例如固体燃料,其体积为 V_s,密度为 ρ_s,推进剂燃烧后转变为气体,在火箭容器区 V_0(即通常的燃烧室)内具有密度 ρ_0,且以很小的速度 $\boldsymbol{u}_0$ 流向火箭喷管. 假定喷管中的流动状态在火箭坐标系中完全是定常的,于是,火箭总质量的变化率为

$$\dot{m} = \frac{\mathrm{d}}{\mathrm{d}t}(\rho_0 V_0 + \rho_s V_s)$$

由于 $(V_0 + V_s)$ 是常量,此式给出

$$\dot{m} = -(\rho_s - \rho_0)\frac{\mathrm{d}V_0}{\mathrm{d}t}, \quad 即 \quad \frac{\mathrm{d}V_0}{\mathrm{d}t} = -\frac{\dot{m}}{\rho_s - \rho_0} \tag{1.5.46}$$

因固体燃料的速度为 0,利用式(1.5.46),式(1.5.45)左端第二项变为

$$\frac{\mathrm{d}}{\mathrm{d}t}\int_V \rho \boldsymbol{u}_b \mathrm{d}\tau = \frac{\mathrm{d}}{\mathrm{d}t}(\rho_0 \boldsymbol{u}_0 V_0) = -\dot{m}\frac{\rho_0}{\rho_s - \rho_0}\boldsymbol{u}_0 \tag{1.5.47}$$

因为 $\boldsymbol{u}_e \gg \boldsymbol{u}_0$(相差几个数量级),而 $\rho_0/(\rho_s - \rho_0)$ 与 1 相比是小量,所以这一项比 $\dot{m}\boldsymbol{u}_e$ 小得多,于是,式(1.5.45)可近似为

$$m\dot{\boldsymbol{b}} = \dot{m}\boldsymbol{u}_e + m\boldsymbol{g} + \boldsymbol{F} \tag{1.5.48}$$

这就是常用的火箭运动方程. 只要把 $\dot{m}\boldsymbol{u}_e$ 当作力,此式正是适用于不变质量物体的牛顿第二定律的形式,即 $m\boldsymbol{a} = \sum \boldsymbol{F}$. 实际上,$\dot{m}\boldsymbol{u}_e$ 这一项就是火箭术语中的推力,即

$$\boldsymbol{F}_t = \dot{m}\boldsymbol{u}_e \tag{1.5.49}$$

在火箭推进技术中,一个决定性的技术指标是比冲,即单位质量的推进剂消耗率所产生的推力. 由式(1.5.49)知,标量比冲的大小恰好是排气速度 u_e

$$I_s = u_e \tag{1.5.50}$$

人们希望比冲尽可能大，以减小为保持一定的推力水平所需要的推进剂消耗率，从而减少必须携带的推进剂总量。

直观地看，比冲的基本单位就是 m/s。然而，以单位 s 来表示比冲数值的大小已成为共同的习惯，例如，$I_s = 400\mathrm{s}$，这实际上是用质量变化率的单位 kg/s 去除力的单位 kg 而得到的。为了得到具有合理单位的数值，必须将以 s 为单位的数值乘以标准的重力加速度 g_0（一般取 $g_0 = 9.80\mathrm{m/s^2}$）。因此，$I_s = 400\mathrm{s}$ 所表示的比冲实际为 $3920\mathrm{m/s}$。

火箭是一种效率很低的运载装置。考虑一枚垂直上升火箭，它仅有能支持本身重量的推力，于是，从式(1.5.49)有

$$-\dot{m}I_s = mg$$

积分此式得

$$\frac{m}{m_0} = \mathrm{e}^{-gt/I_s}$$

当指数较小时近似有

$$\frac{m}{m_0} \approx 1 - \frac{gt}{I_s} \tag{1.5.51}$$

对某个具有代表性的比冲，取 $I_s = (300\mathrm{s})g_0$，并取 $g = g_0$，则火箭质量在 1s 内减少 1/300。例如，对一枚初始质量为 $m_0 = 3 \times 10^5 \mathrm{kg}$ 的火箭，在第一秒内必须消耗 10^3 kg 的推进剂才能支持自身的重量。

1.5.4 能量守恒方程

如果只考虑机械能和热能间的能量转换和守恒，这时的能量守恒定律也就是热力学第一定律，它可表示为

$$E = Q - W \tag{1.5.52}$$

式中，E 是单位时间内系统能量（包括内能和动能）的增加，W 是单位时间内系统对外界所做的功，Q 是单位时间从外界进入系统内的热量或热能。

将单位质量物质的能量表示为

$$\eta = e + \frac{1}{2}u^2$$

式中，e 为单位质量的内能。利用雷诺输运方程(1.5.4)有

$$\frac{\mathrm{d}E}{\mathrm{d}t} = \frac{\partial}{\partial t}\int_V \rho\left(e + \frac{1}{2}u^2\right)\mathrm{d}\tau + \oint_A \rho\left(e + \frac{1}{2}u^2\right)\boldsymbol{u} \cdot \mathrm{d}\boldsymbol{A}$$

因此

$$\frac{\delta Q}{\delta t} - \frac{\delta W}{\delta t} = \frac{\partial}{\partial t}\int_V \rho\left(e + \frac{1}{2}u^2\right)\mathrm{d}\tau + \oint_A \rho\left(e + \frac{1}{2}u^2\right)\boldsymbol{u} \cdot \mathrm{d}\boldsymbol{A} \tag{1.5.53}$$

这就是能量守恒方程的积分表达式。

对于一个一般的系统,可能有热传导、热输运、吸热和放热,以及多种外力做功等情况出现,这些过程都将体现在 Q 和 W 中,因此能量方程往往具有非常复杂的形式. 现在只考虑简单系统,如只考虑放热或吸热,而不考虑其他能量交换形式,同时假定只有表面力做功,这时的能量守恒方程可简化为

$$\dot{Q} - \oint_A p\boldsymbol{u}\cdot\mathrm{d}\boldsymbol{A} = \int_V \frac{\partial}{\partial t}\left[\rho\left(e+\frac{1}{2}u^2\right)\right]\mathrm{d}\tau + \oint_A \rho\left(e+\frac{1}{2}u^2\right)\boldsymbol{u}\cdot\mathrm{d}\boldsymbol{A}$$

利用矢量运算规则,上式可改写为

$$\int_V \rho\dot{q}_m\mathrm{d}\tau - \int_V \nabla\cdot(p\boldsymbol{u})\mathrm{d}\tau = \int_V \frac{\partial}{\partial t}\left[\rho\left(e+\frac{1}{2}u^2\right)\right]\mathrm{d}\tau + \int_V \nabla\cdot\left[\rho\left(e+\frac{1}{2}u^2\right)\boldsymbol{u}\right]\mathrm{d}\tau$$

式中,$\dot{q}_m$ 为系统单位质量物质吸收的能量. 因为控制体是任取的,于是有

$$\frac{\partial}{\partial t}\left[\rho\left(e+\frac{1}{2}u^2\right)\right] + \nabla\cdot\left[\rho\left(e+\frac{1}{2}u^2\right)\boldsymbol{u}\right] + \nabla\cdot(p\boldsymbol{u}) = \rho\dot{q}_m \quad (1.5.54)$$

经过进一步运算,式(1.5.54)可化为

$$\frac{\partial}{\partial t}\left(e+\frac{1}{2}u^2\right) + (\boldsymbol{u}\cdot\nabla)\left(e+\frac{1}{2}u^2\right) = -\frac{1}{\rho}\nabla\cdot(p\boldsymbol{u}) + \dot{q}_m \quad (1.5.55)$$

式(1.5.54)或式(1.5.55)就是能量守恒方程的微分形式.

能量方程还可改写为更简洁的形式. 用速度 $\boldsymbol{u}$ 点乘运动方程式(1.5.25),然后再与式(1.5.55)相减,化简后可得

$$\frac{\partial e}{\partial t} + (\boldsymbol{u}\cdot\nabla)e + \frac{p}{\rho}\nabla\cdot\boldsymbol{u} = \dot{q}_m \quad (1.5.56)$$

再利用连续性方程(1.5.7),式(1.5.56)可进一步改写为随体导数形式

$$\frac{\mathrm{d}e}{\mathrm{d}t} - \frac{p}{\rho^2}\frac{\mathrm{d}\rho}{\mathrm{d}t} = \dot{q}_m \quad (1.5.57)$$

式(1.5.56)或式(1.5.57)就是能量守恒方程的常用微分形式(含热源).

由热力学基本方程(1.3.13)有

$$T\mathrm{d}s = \mathrm{d}e + p\mathrm{d}v = \mathrm{d}e - \frac{p}{\rho^2}\mathrm{d}\rho$$

再与方程(1.5.57)对比可知,无热源($\dot{q}_m = 0$)条件下的能量守恒方程等价于等熵方程

$$\frac{\mathrm{d}s}{\mathrm{d}t} = 0 \quad \text{或} \quad \frac{\partial s}{\partial t} + (\boldsymbol{u}\cdot\nabla)s = 0 \quad (1.5.58)$$

1.5.5 流体动力学基本方程组

1. 欧拉坐标下的方程组

对于可压缩理想流体(即不考虑黏性)的流动,将流体运动基本方程(守恒方程)与物态方程联立起来,再加上初始条件和边界条件就可定解. 归纳起来,

在欧拉坐标下，流体动力学基本方程组（不考虑质量力和热源）为

$$\begin{cases} \dfrac{\partial \rho}{\partial t} + \nabla \cdot (\rho \boldsymbol{u}) = 0 \\ \dfrac{\partial \boldsymbol{u}}{\partial t} + (\boldsymbol{u} \cdot \nabla)\boldsymbol{u} = -\dfrac{1}{\rho}\nabla p \\ \dfrac{\partial e}{\partial t} + (\boldsymbol{u} \cdot \nabla)e + \dfrac{p}{\rho}\nabla \cdot \boldsymbol{u} = 0 \\ p = p(\rho, e) \end{cases} \qquad (1.5.59)$$

式中 $p = p(\rho, e)$ 为物态方程. 不难看出，方程中共有 6 个未知数，即 u_x, u_y, u_z, ρ, p, e, 而标量方程恰好为 6 个，所以构成封闭方程组，可以定解. 同时还可看出，对于可压缩流动问题，物态方程是必不可少的.

把方程组(1.5.59)写成随体导数形式，则有

$$\begin{cases} \dfrac{d\rho}{dt} + \rho \nabla \cdot \boldsymbol{u} = 0 \\ \dfrac{d\boldsymbol{u}}{dt} + \dfrac{1}{\rho}\nabla p = 0 \\ \dfrac{de}{dt} + p\dfrac{d}{dt}\left(\dfrac{1}{\rho}\right) = 0 \\ p = p(\rho, e) \end{cases} \qquad (1.5.60)$$

如果流体的物理量除依赖于时间 t 外，只依赖一个空间坐标，这样的流动称为一维流动. 因此，平面一维流体动力学方程组可表示为

$$\begin{cases} \dfrac{\partial \rho}{\partial t} + \dfrac{\partial}{\partial x}(\rho u) = 0 \\ \dfrac{\partial u}{\partial t} + u\dfrac{\partial u}{\partial x} = -\dfrac{1}{\rho}\dfrac{\partial p}{\partial x} \\ \dfrac{\partial e}{\partial t} + u\dfrac{\partial e}{\partial x} - \dfrac{p}{\rho^2}\left(\dfrac{\partial \rho}{\partial t} + u\dfrac{\partial \rho}{\partial x}\right) = 0 \\ p = p(\rho, e) \end{cases} \qquad (1.5.61)$$

写成随体导数形式有

$$\begin{cases} \dfrac{d\rho}{dt} + \rho\dfrac{\partial u}{\partial x} = 0 \\ \dfrac{du}{dt} + \dfrac{1}{\rho}\dfrac{\partial p}{\partial x} = 0 \\ \dfrac{de}{dt} - \dfrac{p}{\rho^2}\dfrac{d\rho}{dt} = 0 \\ p = p(\rho, e) \end{cases} \qquad (1.5.62)$$

2. 拉氏坐标下的方程组

前面所给出的流体运动基本方程的积分形式和微分形式都是以欧拉变量给出的,它们当然也可用拉格朗日变量给出. 本章 1.4.1 节介绍了拉格朗日变量与欧拉变量之间的转换原理,现在以平面一维流动为例,利用一个简明的转换关系将平面一维欧拉方程组(1.5.62)变换为拉格朗日坐标下的方程组.

将某流体质点从 x_1 处(x_1 可以是坐标原点,即 $x_1=0$)算起的初始坐标取为拉格朗日坐标,记为 r. 假设初始时刻的流体处于静止状态,其密度为常数: $\rho(0,x)=\rho_0$,则 r 可表示为

$$r = \int_{x_1}^{x} \frac{\rho}{\rho_0} dx \tag{1.5.63}$$

因此有

$$dr = \frac{\rho}{\rho_0} dx \tag{1.5.64}$$

式(1.5.64)就是在给定条件下拉格朗日坐标与欧拉坐标之间的转换关系.

根据关系式(1.5.64),拉格朗日坐标系中的任意函数 $f(r,t)$ 可通过坐标变换表示为 $f(r(x),t)$,于是函数 $f(r,t)$ 对时间的微商可表示为

$$\begin{aligned} \frac{\partial}{\partial t} f(r,t) &= \frac{\partial}{\partial t} f(x,t) + \frac{\partial}{\partial x} f(x,t) \frac{\partial x}{\partial t} \\ &= \frac{\partial f}{\partial t} + u \frac{\partial f}{\partial x} = \frac{d}{dt} f(x,t) \end{aligned} \tag{1.5.65}$$

可见,欧拉描述下任意函数的随体导数,在形式上可直接改写为拉格朗日描述下相应函数对时间的微商.

另一方面,任意函数 $f(r(x),t)$ 对空间变量的偏导数为

$$\frac{\partial f}{\partial x} = \frac{\partial f}{\partial r} \frac{\partial r}{\partial x} = \frac{\rho}{\rho_0} \frac{\partial f}{\partial r} \tag{1.5.66}$$

将式(1.5.65)和式(1.5.66)代入欧拉坐标下的连续性方程,得到拉氏坐标下的连续性方程为

$$\frac{\partial \rho}{\partial t} + \frac{\rho^2}{\rho_0} \frac{\partial u}{\partial r} = 0 \tag{1.5.67}$$

采用同样的方法,得到拉氏坐标下的运动方程和无热源的能量方程分别为

$$\frac{\partial u}{\partial t} + \frac{1}{\rho_0} \frac{\partial p}{\partial r} = 0 \tag{1.5.68}$$

$$\frac{\partial e}{\partial t} - \frac{p}{\rho^2} \frac{\partial \rho}{\partial t} = 0 \tag{1.5.69}$$

可以看出,能量方程形式在两种坐标系中是相同的. 另外,物态方程与坐标无关,因而在不同坐标系下形式不变.

由于拉氏坐标下的方程中不显含流体质点的欧拉坐标 x，所以还应补充一个关系式来确定流体质点的运动坐标 x. 利用质点速度关系式有

$$\frac{\partial x}{\partial t} = u(r, t) \tag{1.5.70}$$

对上式积分，就得到流体质点的空间坐标 $x(r, t)$.

综上所述，平面一维可压缩流动的欧拉方程组(1.5.62)可转换为下面形式的拉格朗日方程组

$$\begin{cases} \dfrac{\partial x}{\partial t} = u \\ \dfrac{\partial \rho}{\partial t} + \dfrac{\rho^2}{\rho_0} \dfrac{\partial u}{\partial r} = 0 \\ \dfrac{\partial u}{\partial t} + \dfrac{1}{\rho_0} \dfrac{\partial p}{\partial r} = 0 \\ \dfrac{\partial e}{\partial t} - \dfrac{p}{\rho^2} \dfrac{\partial \rho}{\partial t} = 0 \\ p = p(\rho, e) \end{cases} \tag{1.5.71}$$

此外，流体质量也可作为拉格朗日坐标. 与前面一样，流体质点的欧拉坐标仍用 x 表示，选取参考坐标 x_1，于是所考察的流体质点与参考质点之间单位截面积的体积内的质量等于

$$m = \int_{x_1}^{x} \rho \mathrm{d}x \tag{1.5.72}$$

当从一个流体质点过渡到其相邻质点时，质量的变化为

$$\mathrm{d}m = \rho \mathrm{d}x \tag{1.5.73}$$

这样，不同的 m 值就代表了不同的流体质点，所以 m 可作为拉氏坐标. 按式(1.5.73)进行坐标变换，可将欧拉坐标下平面一维流动的连续性方程和运动方程转换为质量拉氏坐标下的方程如下

$$\frac{\partial \rho}{\partial t} + \rho^2 \frac{\partial u}{\partial m} = 0 \tag{1.5.74}$$

$$\frac{\partial u}{\partial t} + \frac{\partial p}{\partial m} = 0 \tag{1.5.75}$$

而能量方程形式仍不变.

习 题 1

1.1 一种液体，初始压强为 1MPa，体积为 $1000\mathrm{cm}^3$. 若将其压缩在一个圆

筒内，在压强为 2MPa 时，体积为 995cm³，求它的体积模量．

1.2 为了检查液压油缸的密封性，需要进行水压试验，试验前先将高度 $h=1.5\text{m}$，直径 $d=0.2\text{m}$ 的油缸用水全部充满，然后开动试压泵向油缸再供水加压，直到压强增加 200 个大气压且不出故障为止．假定水的体积压缩系数的平均值为 $\kappa=0.5\times10^{-9}\text{Pa}^{-1}$，忽略油缸变形，试求试验过程中，通过试压泵向液压缸又供应了多少水？

1.3 试证明流体的体积模量和体积膨胀系数可用比体积 v 或密度 ρ 分别表达为下面形式：

$$B = -v\left(\frac{\partial p}{\partial v}\right)_T = \rho\left(\frac{\partial p}{\partial \rho}\right)_T$$

$$\alpha_v = \frac{1}{v}\left(\frac{\partial v}{\partial T}\right)_p = -\frac{1}{\rho}\left(\frac{\partial \rho}{\partial T}\right)_p$$

1.4 发动机冷却水系统(包括水箱、水泵、管道、汽缸水套等)的总容量为 200L．20℃冷却水经过发动机后升温到 80℃，假如没有风扇降温，试问水箱上部需要空出多大容积才能保证水不外溢？已知水的热膨胀系数的平均值为 $\alpha_v=5\times10^{-4}℃^{-1}$．

1.5 已知标准大气压下海平面处的海水密度为 1025kg/m³，海水体积模量的平均值为 2.34×10^9Pa，海底绝对压强为 8.17×10^7Pa，试求海底处海水的密度．

1.6 底面积为 1.5m² 的薄板在液面上水平移动速度为 16m/s，液层厚度为 4mm，假定垂直于液层的水平速度为直线分布规律，如果

① 液体为 20℃的水($\mu=0.001\text{Pa}\cdot\text{s}$)；

② 液体为 20℃、比重为 0.921 的原油($\mu=0.07\text{Pa}\cdot\text{s}$)．

分别求出移动平板所需要的力．

1.7 已知空气的密度为 $\rho=1.206\text{kg/m}^3$，黏性系数为 $\mu=0.0183\times10^{-3}\text{Pa}\cdot\text{s}$. 求它的运动黏性系数 ν．

1.8 已知水的密度为 $\rho=997\text{kg/m}^3$，运动黏性系数为 $\nu=0.893\times10^{-6}\text{m}^2/\text{s}$，求它的黏性系数 μ．

1.9 已知某理想气体的压强为 1.013×10^5Pa，温度为 293K，$\mu=2\times10^{-5}$Pa·s，$\nu=15\text{mm}^2/\text{s}$，试计算其摩尔质量 M．

1.10 假定膨胀系数大于 0，试证明表达式(1.3.29)．

1.11 推导理想气体的物态方程式(1.3.38)．

1.12 分别计算空气在温度为 -40℃，-10℃，10℃，40℃时的声速．

1.13 试估算地球大气的总质量．

1.14 已知流体质点的运动坐标为

$$x = -t - 1 + c_1 e^t, \quad y = t - 1 + c_2 e^{-t}$$

且在 $t=0$ 时刻，对应流体质点的坐标为 $x=a$，$y=b$。试分别用拉格朗日法和欧拉法求流体质点的速度和加速度。

1.15 已知二维不可压缩的定常流场中有

$$u_x = 5x^3, \quad u_y = -15x^2 y$$

试求点 $(x=1\text{m}, y=2\text{m})$ 处的速度和加速度。

1.16 流体质点速度沿 x 方向按线性规律变化，已知相距 $l=50\text{cm}$ 两点的速度为 $u_A=2\text{m/s}$，$u_B=6\text{m/s}$(图 1.20)。流动是定常的，试求 A，B 两点处的加速度。

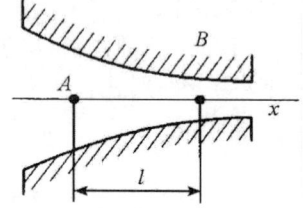

图 1.20 习题 1.16 图

1.17 已知流体质点的坐标为

$$\begin{cases} x = a e^t \\ y = b e^{-t} \end{cases}$$

试分别求出拉格朗日描述和欧拉描述的速度和加速度。

1.18 已知流动速度的拉格朗日表示为

$$u_x = 1 + b, \quad u_y = 2ct, \quad u_z = a - b$$

求：① $t=1$ 时流体质点的分布规律；

② $(a, b, c) = (1, 1, 1)$ 这一流体质点的运动规律（即流体质点运动坐标随时间的变化）；

③ 流体质点的加速度及其分布。

1.19 假定一速度场由下式给出

$$u_x = 2t + 2x + 2y, \quad u_y = t - y + z, \quad u_z = t + x - z$$

其单位均为 m/s。求在点 $x=2\text{m}$，$y=2\text{m}$，$z=1\text{m}$ 处的流体质点在 $t=3\text{s}$ 时的速度和加速度。

1.20 已知流场的速度为 $u_x=2kx$，$u_y=2ky$，$u_z=-4kz$，式中 k 为常数，试求通过点 $(1,0,1)$ 的流线方程。

1.21 已知流场的速度为 $u_x=1+At$，$u_y=2x$，试确定 $t=t_0$ 时通过点 (x_0, y_0) 的流线方程，其中 A 为常数。

1.22 假设某流动的速度分量为

$$u_x = 0, \quad u_y = -y^3 - 4z, \quad u_z = 3y^2 z$$

试确定：① 该流动是一维、二维还是三维？

② 该流动是可压缩流动还是不可压缩流动？

③ 推导该流动的流线方程。

1.23 试判断具有下列速度分布的流动是否是不可压缩流动：

① $u_x = x + y + z^2$, $u_y = x - y + z$, $u_z = 2xy + y^2 + 4$;

② $u_x = xyzt$, $u_y = -xyzt^2$, $u_z = \dfrac{z^2}{2}(xt^2 - yt)$;

③ $u_x = y^2 + 2xz$, $u_y = -2yz + x^2yz$, $u_z = \dfrac{1}{2}x^2z^2 + x^3y^4$.

1.24 假定可压缩流体作非定常径向流动,其速度分布为 $\boldsymbol{u} = u_r(r,t)\boldsymbol{e}_r$,其中 $\boldsymbol{e}_r$ 为径向方向单位矢量. 试证明其连续性方程为

$$\frac{\partial \rho}{\partial t} + \frac{\partial(\rho u_r)}{\partial r} + \frac{2\rho u_r}{r} = 0$$

1.25 假设可压缩流体在变截面小管道中做非定常流动.
① 试证明其连续性方程为

$$\frac{\partial \rho}{\partial t} + \frac{1}{A}\frac{\partial(\rho u A)}{\partial x} = 0$$

式中,A 为截面积,x 是沿管道轴线的坐标.
② 推导出运动方程表达式.

1.26 有一艘潜艇在水下 30m 航行,航速为 6m/s,海水的密度为 1.006g/cm^3,试求潜艇头部的总压强.

1.27 有一体积为 $1m^3$ 的空气容器,初始压强为 606.95kPa,初始温度为 25℃. 空气以 $0.1m^3/s$ 的流出率从容器等温排出. 假设排气的密度和容器中空气的密度相等. 试写出容器中空气密度随时间变化率的表达式,并计算 5s 后容器中压强的下降率.

1.28 证明平面一维流动的运动方程和能量方程可分别改写为如下形式:

运动方程:$\dfrac{\partial}{\partial t}(\rho u) = -\dfrac{\partial}{\partial x}(p + \rho u^2)$.

能量方程:$\dfrac{\partial}{\partial t}\left(\rho e + \dfrac{\rho u^2}{2}\right) = -\dfrac{\partial}{\partial x}\left[\rho u\left(e + \dfrac{u^2}{2} + \dfrac{p}{\rho}\right)\right]$.

1.29 设气体的运动为平面(等截面)一维等熵流动,证明其连续性方程和不考虑质量力的运动方程可分别表示为

$$\frac{\partial c}{\partial t} + u\frac{\partial c}{\partial x} + \frac{\gamma - 1}{2}c\frac{\partial u}{\partial x} = 0,$$

$$\frac{\partial u}{\partial t} + u\frac{\partial u}{\partial x} + \frac{2c}{\gamma - 1}\frac{\partial c}{\partial x} = 0,$$

式中,c 为声速,γ 为比热容比.

1.30 推导质量拉氏坐标下的连续性方程和运动方程式(1.5.74)和式(1.5.75).

第 2 章 简单波

如果在可压缩流体中突然引入一个扰动,这个扰动就要向四面八方运动,这就是波的传播.如果波只向一个方向传播,就称为简单波.波的传播同时引起流体的流动,因此可压缩流动与波的传播是紧密联系在一起的.

研究简单波的基础是流体运动基本方程,而流体运动基本方程是非线性的偏微分方程.如果波的强度(或流体质点的振幅)非常微小,这时的波就是小扰动声波,流体运动基本方程退化为线性的波动方程,求解相对简单.如果波的强度不是很小,就需要采用特征线方法进行理论分析.

本章主要讨论平面一维等熵可压缩流动中的简单波问题,主要包括小扰动、特征线方法、简单波的基本性质、简单波的物理图像与传播规律、简单波的相互作用等内容.

2.1 平面一维等熵流动模型

为了分析可压缩流体的运动规律,首先要作出一个非常重要的简化假设,即假定流体为理想流体,在流动开始时,流体介质的熵是均匀的,并且在流动过程中始终保持不变,这种流动称为均熵流动,但人们在习惯上总是称为等熵流动.如果流体的运动状态只依赖于时间和一个空间坐标,可压缩流体的等熵流动可以获得十分完善的数学处理和非常直观的图像表达.

为便于分析并理解流体的运动规律,首先建立一个装置模型来实现平面一维等熵流动.如图 2.1 所示,在一个等截面半无限长管道中充满均匀的、静止的、无黏性的理想气体,一端用活塞封闭,这样,活塞的运动将引起管道中气体的平面一维流动,如果气体的流动是连续的,熵就不会发生变化.活塞只有两个运动方向,从而对气体产生压缩或膨胀作用.

活塞的运动可任意假定,如加速运动或常速运动等,其轨迹通常表示为 $X(t)$ (图 2.1).显然,活塞运动的轨迹就是气体运动的边界条件,因而对气体的运动规律及其求解具有重要影响.活塞运动时,扰动在气体中向右方传播,如果气体的运动是连续的,这个扰动就称为右行简单波.简单波包括稀疏波和

第 2 章 简单波

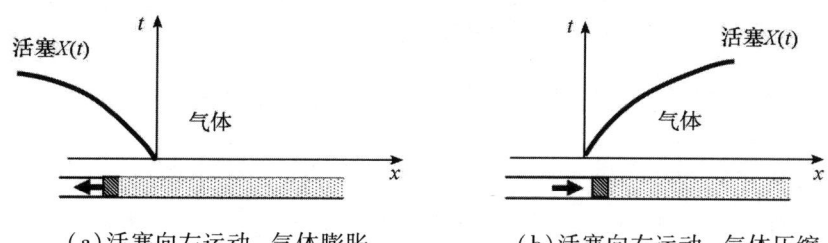

（a）活塞向左运动，气体膨胀　　　　　（b）活塞向右运动，气体压缩

图 2.1 气体的平面一维等熵流动模型

压缩波两种类型. 当活塞向外运动时，气体膨胀，密度和压强均下降，所产生的扰动为右行稀疏波（图 2.1(a)）；当活塞向气体推进时，气体被压缩，密度和压强均增大，这时的扰动为右行压缩波（图 2.1(b)）.

同理，如果活塞在气体右边，则活塞运动所引起的气体的连续流动称为左行简单波.

2.2 声波与小扰动

声波就是可压缩流体中小振幅振动的传播. 小振幅扰动通常称为小扰动，下面就来研究小扰动（即声波）的传播规律.

2.2.1 波动方程

假定流体介质在没有受到扰动时处于均匀的静止状态（通常称为初态），其密度和压强分别为 ρ_0 和 p_0，速度可表示为 $u_0 = 0$. 如果在某时刻突然引入一个扰动，该扰动在传播过程中必将引起流体的密度和压强等物理量发生变化. 进一步假定：密度和压强的变化量 $\Delta \rho$ 和 Δp 与密度和压强的初态值 ρ_0 和 p_0 相比为小量，而质点运动速度 $u(u = u_0 + \Delta u = \Delta u$，即质点速度是从静止状态 $u_0 = 0$ 开始的一个扰动）与初态声速 c_0 相比也为小量，即

$$\begin{cases} \rho = \rho_0 + \Delta \rho, & \Delta \rho \ll \rho_0 \\ p = p_0 + \Delta p, & \Delta p \ll p_0 \\ u = u_0 + \Delta u = \Delta u, & \Delta u \ll c_0 \end{cases} \quad (2.2.1)$$

满足条件式（2.2.1）的扰动就称为小扰动，即声波.

将式（2.2.1）代入欧拉描述下的平面一维连续性方程和运动方程，略去二阶小量，有

$$\frac{\partial \Delta \rho}{\partial t} = -\rho_0 \frac{\partial \Delta u}{\partial x} \quad (2.2.2)$$

$$\rho_0 \frac{\partial \Delta u}{\partial t} = -\frac{\partial \Delta p}{\partial x} \qquad (2.2.3)$$

这就是线性化了的连续性方程和运动方程,因为方程中未知数相乘的项已被去掉.

在式(2.2.2)和式(2.2.3)中存在 $\Delta \rho$,Δu,Δp 三个未知量,所以不能定解. 然而,由于一开始就作出了均熵流动假设,所以在小扰动传播时,压强的扰动量与密度的扰动量之间满足关系

$$\frac{\Delta p}{\Delta \rho} = \left(\frac{\partial p}{\partial \rho}\right)_{\rho_0, s} = c_0^2 \qquad (2.2.4)$$

式中,c_0 为初态声速. 这样,我们就有了三个方程,因而可以求解. 将式(2.2.4)代入连续性方程(2.2.2)消去 $\Delta \rho$ 有

$$\frac{1}{c_0^2} \frac{\partial \Delta p}{\partial t} = -\rho_0 \frac{\partial \Delta u}{\partial x} \qquad (2.2.5)$$

进一步,将运动方程(2.2.3)对空间坐标微分,将式(2.2.5)对时间微分,消去混合导数 $\partial^2 \Delta u/(\partial t \partial x)$,得到关于压强变化的波动方程为

$$\frac{\partial^2 \Delta p}{\partial t^2} = c_0^2 \frac{\partial^2 \Delta p}{\partial x^2} \qquad (2.2.6)$$

将式(2.2.4)代入式(2.2.6),就得到密度变化的波动方程. 事实上,运动速度以及其他相应物理量(如比内能等)都满足类似的方程,因此它们可一般地表示为

$$\frac{\partial^2 \phi}{\partial t^2} = c_0^2 \frac{\partial^2 \phi}{\partial x^2} \qquad (2.2.7)$$

式中 c_0 为小扰动的传播速度,即小扰动以初态声速传播. 由于 c_0 是常数,这个波动方程是线性的.

从以上推导过程可以看出,线性波动方程是以两个重要近似为前提而得到的:一个近似是把流动看成是无黏性的理想流动,因为所用连续性方程和运动方程都是在理想流体的前提下获得的;另一个近似是忽略了迁移导数. 我们在获得式(2.2.2)和式(2.2.3)的过程中忽略了二阶小量,这个二阶小量就是迁移导数. 可见,在小扰动中,反映流场非均匀性的迁移导数与反映流场非定常性的当地导数相比是个小量.

2.2.2 波动方程的解及其物理意义

1. 波动方程的解

波动方程(2.2.7)具有如下形式的通解

第 2 章 简单波

$$\phi = f_1(x - c_0 t) + f_2(x + c_0 t) \tag{2.2.8}$$

式中，f_1 和 f_2 是任意函数. 通解中包含两项，就是两个特解，它们是具有物理意义的行波解.

令 $f_2 = 0$，第一个特解为

$$\phi = f_1(x - c_0 t) \tag{2.2.9}$$

对于小扰动有

$$\Delta\rho = \Delta\rho(x - c_0 t), \quad \Delta p = \Delta p(x - c_0 t), \quad \Delta u = \Delta u(x - c_0 t) \tag{2.2.10}$$

这组解所描写的是沿 x 轴的正方向传播的扰动，称为右行波，其波速就是 c_0.

令 $f_1 = 0$，第二个特解为

$$\phi = f_2(x + c_0 t) \tag{2.2.11}$$

即

$$\Delta\rho = \Delta\rho(x + c_0 t), \quad \Delta p = \Delta p(x + c_0 t), \quad \Delta u = \Delta u(x + c_0 t) \tag{2.2.12}$$

这组解所描写的是沿 x 轴负方向传播的扰动，称为左行波，其波速仍然是 c_0.

我们注意到，解函数式(2.2.10)或式(2.2.12)只是反映了各扰动量随空间和时间的变化，但没有反映出扰动量之间的相互关系，其实它们并不是独立的，下面就来确定它们之间的相互关系.

将热力学关系式(2.2.4)代入运动方程(2.2.3)，有

$$\rho_0 \frac{\partial \Delta u}{\partial t} = -c_0^2 \frac{\partial \Delta \rho}{\partial x}$$

将上式与连续性方程(2.2.2)相乘，并消去 $\partial x \partial t$ 得到

$$(\partial \Delta u)^2 = \frac{c_0^2}{\rho_0^2}(\partial \Delta \rho)^2$$

即

$$\partial \Delta u = \pm \frac{c_0}{\rho_0} \partial \Delta \rho$$

将上式在扰动附近积分，并注意到在波前未扰动的流体中 $\Delta u = 0$，$\Delta \rho = 0$，于是得到流体的质点速度 Δu 随密度或压强的变化为

$$\Delta u = \pm \frac{c_0}{\rho_0} \Delta \rho = \pm \frac{\Delta p}{\rho_0 c_0} \tag{2.2.13a}$$

或者表示为

$$\Delta p = c_0^2 \Delta \rho = \pm \rho_0 c_0 \Delta u \tag{2.2.13b}$$

式中，上面的符号对应右行波，下面的符号则对应左行波.

从式(2.2.13)可以看出，压强扰动量的幅值 $|\Delta p|$ 与速度扰动量的幅值 $|\Delta u|$ 成正比，其比例系数为密度与声速的乘积 $\rho_0 c_0$，这个乘积是一个热力学

量,通常称为声阻抗或波阻抗,是传播介质所特有的属性,也是介质刚性的一种量度.

式(2.2.13)还表明,如果确定了一个扰动量随空间和时间而变化的函数关系,其他扰动量随空间和时间的变化关系就自动确定了. 不失一般性,设密度的通解为

$$\Delta\rho = f_1(x-c_0 t) + f_2(x+c_0 t) \tag{2.2.14}$$

则压强的通解为

$$\Delta p = c_0^2 f_1(x-c_0 t) + c_0^2 f_2(x+c_0 t) \tag{2.2.15}$$

而速度的通解则为

$$\Delta u = \frac{c_0}{\rho_0} f_1(x-c_0 t) - \frac{c_0}{\rho_0} f_2(x+c_0 t) \tag{2.2.16}$$

如果密度和速度的初始分布已知,则可由式(2.2.14)和式(2.2.16)确定出函数 f_1 和 f_2

$$\begin{cases} f_1 = \frac{1}{2}\left[\Delta\rho(x,0) + \frac{\rho_0}{c_0}\Delta u(x,0)\right] \\ f_2 = \frac{1}{2}\left[\Delta\rho(x,0) - \frac{\rho_0}{c_0}\Delta u(x,0)\right] \end{cases} \tag{2.2.17}$$

2. 单向行波

对于式(2.2.14)~式(2.2.16),令 $f_2=0$,得到右行波解,各扰动量随空间和时间的变化为

$$\begin{cases} \Delta\rho = f_1(x-c_0 t) \\ \Delta u = \dfrac{c_0}{\rho_0} f_1(x-c_0 t) \\ \Delta p = c_0^2 f_1(x-c_0 t) \end{cases} \tag{2.2.18}$$

显然,扰动在 $t=0$ 时刻的分布为

$$\begin{cases} \Delta\rho = f_1(x) \\ \Delta u = \dfrac{c_0}{\rho_0} f_1(x) \\ \Delta p = c_0^2 f_1(x) \end{cases} \tag{2.2.19}$$

从式(2.2.18)和式(2.2.19)可以看出:①只要给定了一个波动量的初始分布,例如给定 $\Delta\rho = f_1(x)$,其他量的初始分布及其随空间和时间的变化函数都是确定的;②在不同时刻,密度、压强、速度三者的分布或波形是完全相似的;③随着时间的推移,密度、压强、速度分布的波形不会发生任何变化,只是 t_2 时刻的

波形比 $t_1(<t_2)$ 时刻的波形向右移动了 $c_0(t_2-t_1)$ 的距离而已. 如果有一位观察者以 c_0 速度向右方运动, 他将观察不到波形的任何变化.

现在假设, 在静止的气体中有一初始密度分布如图 2.2(a) 所示的矩形脉冲小扰动, 且扰动只向右方前进. 由式(2.2.18) 知, 相应的速度脉冲波形如图 2.2(b) 所示, 而压强波形与图 2.2(a) 相似. 从上述分析可知, 此矩形脉冲在传播过程中将保持其形状不变. 这样的扰动可利用长直管中活塞的运动来产生. 例如, 在图 2.1(b) 中, 令活塞从初始时刻开始以常速度 $u(=\Delta u)$ 向静止的气体中推进, 在经过一段时间之后再"突然"地停止运动, 就会产生如图 2.2 所示的右行矩形扰动. 如果矩形脉冲的长度取为 L, 那么活塞的推进时间为 $\Delta t = L/c_0$.

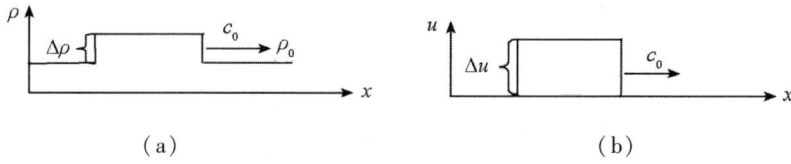

（a） （b）

图 2.2 矩形密度和速度脉冲的单向传播

同样的道理, 在式(2.2.14)~式(2.2.16) 中令 $f_1=0$, 便得到左行波解, 各扰动量随空间和时间的变化为

$$\begin{cases} \Delta \rho = f_2(x+c_0 t) \\ \Delta u = -\dfrac{c_0}{\rho_0} f_2(x+c_0 t) \\ \Delta p = c_0^2 f_2(x+c_0 t) \end{cases} \quad (2.2.20)$$

不难看出, 密度波形和压强波形是相似的, 而速度波形则是"相反"的, 因此左行波图像与右行波图像是有差异的, 但波形在传播过程中同样不发生变化.

3. 任意小扰动的传播

在处处静止不动的流体中, 设其密度在初始时刻有一个矩形扰动 $\Delta \rho$, 那么矩形扰动必然向左右两边传播, 如图 2.3 所示.

对于向右沿 x 轴正方向传播的扰动, 根据式(2.2.18), 各种量的微小变化满足下面关系

$$\Delta u_1 = \dfrac{c_0}{\rho_0} \Delta \rho_1 = \dfrac{c_0}{\rho_0} f_1(x-c_0 t) = \dfrac{\Delta p_1}{\rho_0 c_0}$$

对于向左传播的扰动, 根据式(2.2.20), 各种量的变化满足

$$\Delta u_2 = -\dfrac{c_0}{\rho_0} \Delta \rho_2 = -\dfrac{c_0}{\rho_0} f_2(x+c_0 t) = -\dfrac{\Delta p_2}{\rho_0 c_0}$$

对于初始时刻所产生的任意小扰动 $\Delta\rho$，一般并不满足上面所述扰动量之间的关系. 但是，它总可以分解成两个分别满足上述关系的分量，即 $\Delta\rho = \Delta\rho_1 + \Delta\rho_2$，因此在一般情况下，任意初始扰动是以两个波的形式向两个不同方向传播的.

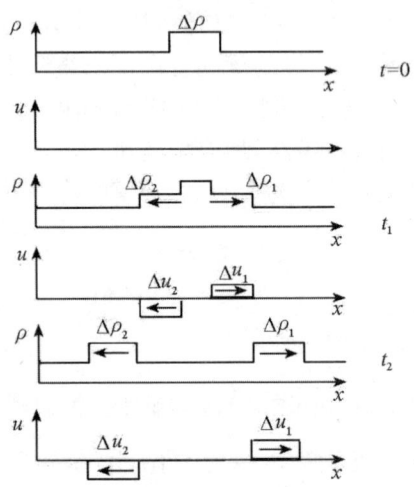

图 2.3　静止流体中任意小扰动向两个方向的传播

4. 压缩波与稀疏波

对于空间某点处的质点，如果扰动使其密度增大，压强必然也同步增大，这样的扰动称为压缩波. 反之，如果扰动使质点密度减小，压强必然也同步减小，这样的扰动称为稀疏波（也称为膨胀波）. 另一方面，如果密度的增量 $\Delta\rho$ 大于零，压强的增量 Δp 必然也大于零，这样的扰动区域就是压缩区. 反之，如果密度的增量 $\Delta\rho$ 小于零，压强的增量 Δp 必然也小于零，这样的扰动区域就是膨胀区（也称为稀疏区）.

5. 质点运动方向与波传播方向的关系

先看右行波，式（2.2.18）反映了右行波波后的质点速度、密度和压强随空间和时间的变化. 可以看出，对于压缩区，密度的增量大于零，即 $f_1 > 0$，此时压强的增量和速度的增量也大于零，即质点速度为正（$u = \Delta u > 0$），这说明波后质点速度与波的传播方向（右行）一致. 对于膨胀区，密度的增量和压强的增量小于零（$f_1 < 0$），速度增量也小于零，说明这时的质点速度为负，从而波后质点速度与波的传播方向相反.

再看左行波，各扰动量之间的关系由式（2.2.20）描述. 对于压缩区，密度的增量和压强的增量大于零，这时的质点速度为负，说明质点运动方向与波的传播方向相同. 对于膨胀区, 密度的增量和压强的增量小于零, 速度增量却大于零, 说明波后质点速度与波的传播方向相反.

综上所述, 无论是右行波还是左行波, 都有: 当物质被压缩时, 质点运动方向与波的传播方向一致; 当物质处于膨胀态时, 质点运动方向与波的传播方向相反.

6. 特征线

根据右行波解, 对于某个固定的空间位置, 即坐标 x 值不变, 扰动量随时间变化; 若固定某个时刻 t, 扰动量在不同空间位置有不同的值. 然而, 在满足关系式

$$x - c_0 t = \text{const} \quad \text{或} \quad \frac{\mathrm{d}x}{\mathrm{d}t} = c_0 \qquad (2.2.21)$$

的条件下, 各扰动量的值保持不变. 例如, 假设在某时刻 t_0 和某个空间点 x_0, $\Delta \rho$ 有某个确定值 $\Delta \tilde{\rho} = \Delta \rho(x_0, t_0) = f_1(x_0 - c_0 t_0)$. 在一段时间 Δt 后, 在与 x_0 相距为 $c_0 \Delta t$ 的位置上, $\Delta \rho(x, t)$ 必然具有相同的值 $\Delta \tilde{\rho}$, 因为

$$x - c_0 t = (x_0 + c_0 \Delta t) - c_0 (t_0 + \Delta t) = x_0 - c_0 t_0$$

所以

$$\Delta \rho(x, t) = f_1(x - c_0 t) = f_1(x_0 - c_0 t_0) = \Delta \rho(x_0, t_0) = \Delta \tilde{\rho}$$

显然, 所有的扰动量都有这个性质. $x - c_0 t = \text{const}$ 在 $x - t$ 平面上为一族平行直线, 其斜率就是扰动的传播速度. 这一族直线称为波动方程的 C_+ 族特征线, 反映右行波的传播特征, 因此也称为右行波的特征线.

同理, 对于左行波, 各扰动量沿直线族

$$x + c_0 t = \text{const} \quad \text{或} \quad \frac{\mathrm{d}x}{\mathrm{d}t} = -c_0 \qquad (2.2.22)$$

也是不变的, 且直线的斜率同样为扰动的传播速度, 这一族平行直线称为波动方程的 C_- 族特征线或左行波的特征线, 反映左行波的传播特征.

有了特征线的概念后, 我们可以说, 小扰动是沿特征线传播的, 因此特征线也称为波的迹线.

如图 2.4(a)所示, ABC 为一小扰动的初始密度分布, 为分段线性函数, 设扰动以速度 c_0 向右方传播, 其中 A, B, C 为 3 个代表点, 其密度依次为 ρ_0, ρ_m, ρ_0, 且 $\rho_m > \rho_0$. 那么, 这个小扰动是怎么传播的呢? 下面就用特征线来进行分析.

由于扰动沿特征线传播, 因此可在 $x - t$ 平面上以 A, B, C 的空间坐标(分别为 x_A, x_B, x_C)为起点画出三条 C_+ 族特征线, 它们是斜率为 c_0 的平行直线, 如图 2.4(b)所示. 根据特征线的含义, 各扰动量沿特征线保持不变, 因此密度沿特征线当然也是不变的, 即沿从 x_A 点出发的特征线, 密度保持 ρ_0 不变, 沿从

x_B 点出发的特征线，保持最大密度 ρ_m 不变，沿从 x_C 点出发的特征线，密度保持 ρ_0 不变.

考虑 t_1 时刻，扰动向右传播了一段距离 $c_0 t_1$，A 点从 x_A 传播到了 $x_{A'}$，即 $x_{A'} - x_A = c_0 t_1$，同理，B 点从 x_B 传播到了 $x_{B'}$，C 点从 x_C 传播到了 $x_{C'}$，即扰动 ABC 到达了新的位置. 由于特征线上各点的密度不变，且特征线是平行直线，所以 t_1 时刻的密度分布与 t_0 时刻的密度分布完全相同，也就是波形不变.

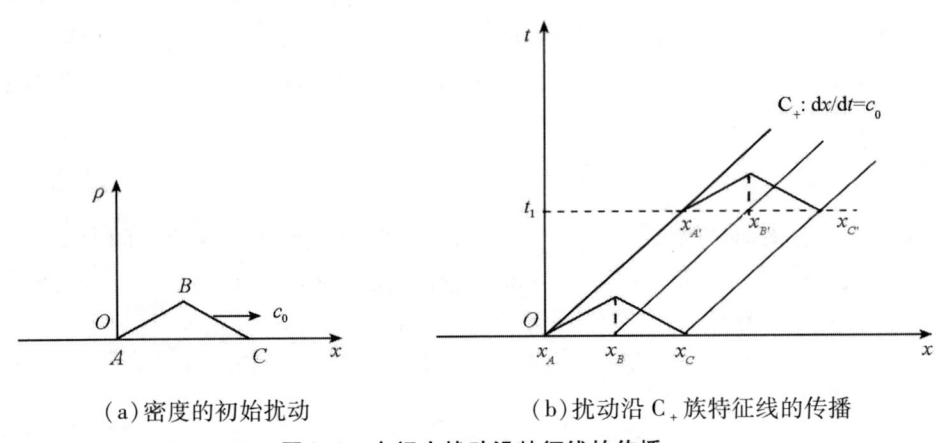

(a) 密度的初始扰动　　(b) 扰动沿 C_+ 族特征线的传播

图 2.4　右行小扰动沿特征线的传播

可见，图 2.4(b) 反映了图 2.4(a) 所示的小扰动沿特征线的传播图像. 这种用 $x-t$ 平面上的特征线表示波传播的图形称为 $x-t$ 波系图，或简称为波系图.

以上讨论的是扰动在静止流体中传播的情况. 如果流体不是静止的，而是整体地以常速度 u_0 运动，这时的扰动传播图像并不会改变，但扰动要被流体所携带，也就是说扰动是叠加在流体运动之上的，其传播速度相对于静止的观察者来说，等于 $u_0 + c_0$（向右的）和 $u_0 - c_0$（"向左的"）（把"向左的"一词加上引号，是因为若 $u_0 > c_0$，那么波也是向右进行的，但传播速度比前一种情况慢）.

根据以上分析，当小扰动在运动流体中传播时，其特征线方程可一般地表示为

$$\text{右行波：} \frac{\mathrm{d}x}{\mathrm{d}t} = u_0 + c_0 \tag{2.2.23}$$

$$\text{左行波：} \frac{\mathrm{d}x}{\mathrm{d}t} = u_0 - c_0 \tag{2.2.24}$$

这两族特征线仍然被分别称为 C_+ 族和 C_- 族特征线，而且它们都是直线.

小扰动沿着 $x-t$ 平面上的特征直线进行传播，这是特征线的物理意义之一. 特征线本是偏微分方程所具有的概念，但它与波的传播规律密切相关，因此也可看成是一个独立的物理概念.

2.2.3 平面声波

1. 单色声波

对于声波来说,单色声波具有重要意义. 单色声波的各种物理量都是时间的周期函数,通常可用余弦(或正弦)函数表示为

$$f = A\cos\left[\frac{2\pi}{\lambda}(x - c_0 t)\right] \tag{2.2.25}$$

或者用复数表示为

$$f = A\exp\left[\mathrm{i}\frac{2\pi}{\lambda}(x - c_0 t)\right] \tag{2.2.26}$$

式中,λ 是波长,A 是振幅.

能被人耳感觉到的声音,其频率范围约为 20~20000Hz,与空气中声速相对应的波长为从 15m 到 1.5cm. 然而,很多实际的声音并不是具有严格周期性的单色声波,不过它们都可以被分解为傅里叶积分,也就是可以表示为对不同波长的单色波求和的形式.

2. 声波的传播图像

考虑一个周期的右行单色声波(设为正弦函数),设初始时刻的密度分布和速度分布如图 2.5(a)所示,其中密度分布可表示为

$$\Delta\rho = \rho_m \sin\left(\frac{2\pi}{\lambda}x\right) = f_1(x), \quad x \geq 0$$

显然,波形中的 DE 区和 AB 区为稀疏波,BCD 区为压缩波,CDE 区域为膨胀区,ABC 区为压缩区. 由于声波既包含压缩波也包含稀疏波,因而在传播过程中,介质将受到交替的压缩和稀疏作用. 但是,波的传播速度不变,其特征线为平行直线,因此,沿任意特征线,各扰动量保持其初值不变,即

$$\Delta\rho(x, t) = \rho_m \sin\left[\frac{2\pi}{\lambda}(x - c_0 t)\right] = f_1(x - c_0 t) = \Delta\rho(x_0), \quad x - c_0 t \geq 0$$

其传播图像如波系图 2.6(a)所示.

同样道理,对于左行波,设初始时刻的扰动波形如图 2.5(b)所示,波形中的 DE 区和 AB 区为压缩波,BCD 区为稀疏波,CDE 区域为膨胀区,ABC 区为压缩区,其传播图像如波系图 2.6(b)所示.

现在讨论质点的位移. 对于右行波的传播,如图 2.6(a)所示,考察位于 x_0 处的质点 $P(x_0)$ 的运动. 在扰动还没有达到其位置时,该质点静止不动. 在 t_0 时刻,扰动到达该质点,它获得一速度. 对于正弦分布的初始扰动,质点速度可表示为

$$\Delta u = u_m \sin\left[\frac{2\pi}{\lambda}(x - c_0 t)\right], \quad x - c_0 t > 0 \qquad (2.2.27)$$

式中，u_m 为峰值质点速度. 对式(2.2.27)积分，得到 x_0 处质点的位移为

$$X(t) = u_m \int_{t_0}^{t} \sin\left[\frac{2\pi}{\lambda}(x_0 - c_0 \tau)\right] d\tau$$

因为 $t_0 = x_0/c_0$，所以有

$$X(t) = \frac{u_m \lambda}{2\pi c_0}\left\{\cos\left[\frac{2\pi}{\lambda}(x_0 - c_0 t)\right] - 1\right\}, \quad t \geq t_0 \qquad (2.2.28)$$

由此得到质点 P 的迹线如图 2.6(a) 中的虚线 PP 所示. 可以看出，质点将在初始位置 x_0 附近振动，而其位移的振幅是与质点峰值速度与波长的乘积成正比的.

对于正弦分布的左行扰动，可以类似地得到质点迹线如图 2.6(b) 中的虚线 PP 所示.

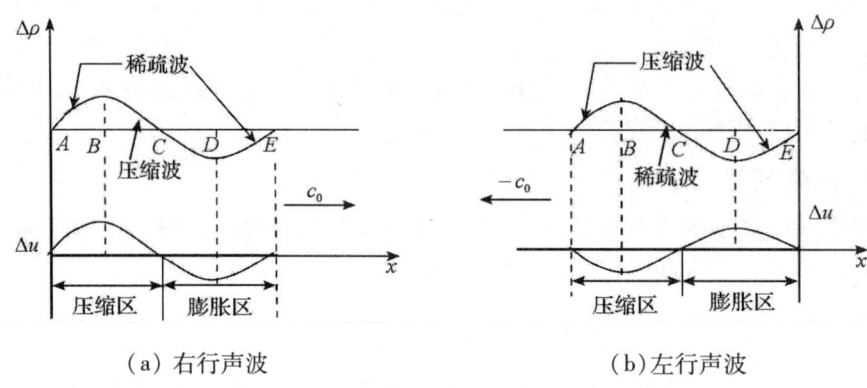

(a) 右行声波　　　　　　　　(b) 左行声波

图 2.5　声波的波形

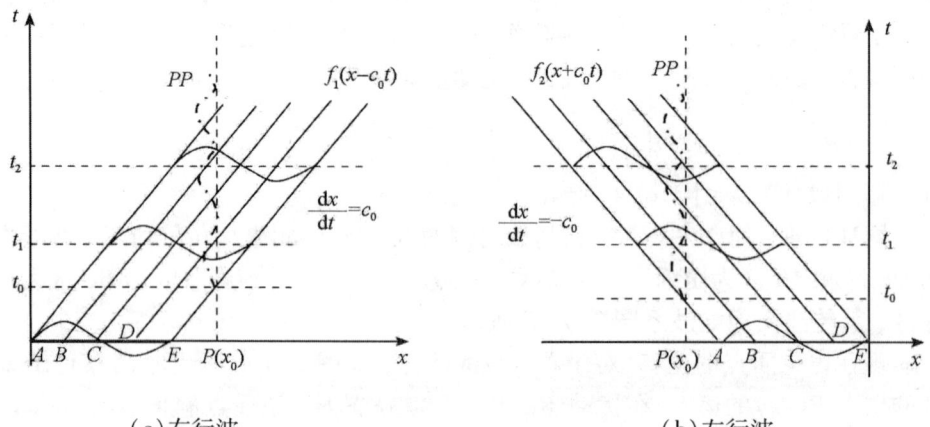

(a) 右行波　　　　　　　　(b) 左行波

图 2.6　声波沿特征线的传播

3. 声波的能量

对于声波的传播,介质的比内能只是密度的单值函数,且密度的变化为小量. 如果精确到 $\Delta\rho$ 的二阶小量,扰动介质的比内能的增量为

$$e - e_0 = \left(\frac{\partial e}{\partial \rho}\right)_0 \Delta\rho + \frac{1}{2}\left(\frac{\partial^2 e}{\partial \rho^2}\right)_0 (\Delta\rho)^2 \tag{2.2.29}$$

由于声波扰动是等熵过程,由热力学关系有

$$de = -p dv = \frac{p}{\rho^2} d\rho$$

代入式(2.2.29)有

$$e - e_0 = \frac{p_0}{\rho_0^2}\Delta\rho + \frac{c_0^2}{2\rho_0^2}(\Delta\rho)^2 - \frac{p_0}{\rho_0^3}(\Delta\rho)^2$$

单位体积的内能(即内能密度)的增量为

$$\begin{aligned}E_i &= \rho e - \rho_0 e_0 = (\rho_0 + \Delta\rho)(e - e_0) + e_0 \Delta\rho \\ &= \left(e_0 + \frac{p_0}{\rho_0}\right)\Delta\rho + \frac{c_0^2}{2\rho_0}(\Delta\rho)^2 = h_0 \Delta\rho + \frac{c_0^2}{2\rho_0}(\Delta\rho)^2\end{aligned} \tag{2.2.30}$$

这里 h_0 为初始状态的比焓.

单位体积的动能为

$$E_k = \frac{1}{2}\rho (\Delta u)^2 \approx \frac{1}{2}\rho_0 (\Delta u)^2 = \frac{c_0^2}{2\rho_0}(\Delta\rho)^2 \tag{2.2.31}$$

可见,内能密度的二阶项与动能密度相等,且扰动的总能量可表示为

$$E = h_0 \Delta\rho + \rho_0 (\Delta u)^2 \tag{2.2.32}$$

2.2.4 球面声波

球面波具有与平面波明显不同的特点. 掌握球面波的概念与传播图像对于理解并分析大气中的爆炸冲击波具有重要作用.

对于小扰动球面波,线性化的连续性方程为[①]

$$\frac{\partial \Delta\rho}{\partial t} = -\frac{\rho_0}{r^2}\frac{\partial (r^2 \Delta u)}{\partial r} \tag{2.2.33}$$

式中 r 为球面半径. 球面波的线性化的运动方程与平面波的运动方程形式相同,仍然为

---

① 泽尔道维奇 Я Б, 莱依捷尔 Ю П. 激波和高温流体动力学现象物理学:上册[M]. 张树材译. 北京:科学出版社, 1980:13.

$$\frac{\partial \Delta u}{\partial t} = -\frac{1}{\rho_0}\frac{\partial \Delta p}{\partial r} \tag{2.2.34}$$

联立式(2.2.33)、式(2.2.34)及等熵条件式(2.2.4),可得到关于密度的波动方程为

$$\frac{\partial^2 (r\Delta\rho)}{\partial t^2} = c_0^2 \frac{\partial^2 (r\Delta\rho)}{\partial r^2} \tag{2.2.35}$$

这就是球面一维波动方程. 不难看出,它相当于是用 $r\Delta\rho$ 表示的平面一维波动方程. 令 $f(r-c_0 t)$ 表示平面波密度的变化,对于从中心向外发散的球面波,其密度变化为

$$\Delta\rho = \frac{f(r-c_0 t)}{r} \tag{2.2.36}$$

由于函数 $f(r-c_0 t)$ 表示的是平面波的密度变化,如果不考虑黏性和热传导效应,其形状、幅度以及能量密度均保持不变. 但对于球面波,式(2.2.36)表明,密度变化的幅度与传播距离成反比. 根据式(2.2.4),球面波中压强的变化与密度的变化总是成正比,从而也是与传播距离成反比的. 然而,速度的变化却表现出明显的不同. 将式(2.2.36)代入运动方程有

$$\frac{\partial \Delta u}{\partial t} = -\frac{c_0^2}{\rho_0}\left[\frac{f'(r-c_0 t)}{r} - \frac{f(r-c_0 t)}{r^2}\right]$$

对时间积分有

$$\Delta u = \frac{c_0}{\rho_0}\left[\frac{f(r-c_0 t)}{r} - \frac{\int_0^{r-c_0 t} f(\xi)\mathrm{d}\xi}{r^2}\right] = \frac{c_0}{\rho_0}\left[\frac{f(r-c_0 t)}{r} - \frac{\varphi(r-c_0 t)}{r^2}\right]$$

$$= \frac{c_0}{\rho_0}\left[\Delta\rho - \frac{\varphi(r-c_0 t)}{r^2}\right] \tag{2.2.37}$$

式中

$$\varphi(r-c_0 t) = \int_0^{r-c_0 t} f(\xi)\mathrm{d}\xi \tag{2.2.38}$$

可以看出,球面波的速度存在一个与 r^2 成反比的附加项,尽管这一项在较远处可以忽略,但球面波速度的确具有与平面波不同的特点.

应该注意到,一个扰动的影响范围总是有限的,所以在扰动过后,Δu 和 $\Delta\rho$ 等扰动量都要变为零,这可看作是扰动的一个基本条件. 在平面波情况下,由于 Δu 正比于 $\Delta\rho$,如果 $\Delta\rho$ 回到零,Δu 必然同时回到零. 因此,对于一个平面压缩波,扰动区域的物质总是被压缩,而稀疏波波后的区域总是处于膨胀状态,直到扰动量回到零.

现在考虑一球面压缩波,设其密度和速度的初始空间分布均为矩形波

($\Delta \rho > 0$), 如图 2.7(a) 所示. 在传播过程中, 当 $\Delta \rho$ 回到零, Δu 也应同时回到零, 但根据式(2.2.37), 要满足这个条件, 必须要求在扰动区域之后满足 $\varphi(r - c_0 t) = 0$. 将式(2.2.36)代入式(2.2.38)有

$$\varphi(r - c_0 t) = \int f(\xi) \mathrm{d}\xi = \int r \Delta \rho \mathrm{d}r = 0 \qquad (2.2.39)$$

显然, 要满足式(2.2.39), 球面波后的 $\Delta \rho$ 必须从正值变为负值. 这说明在一个球面波压缩区域之后, 必然跟随一个稀疏区域, 如图 2.7(b) 所示.

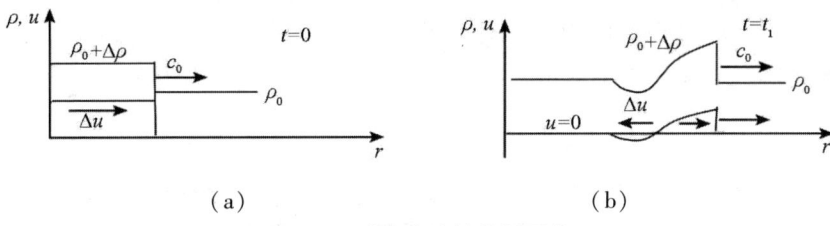

图 2.7 球面声波的传播图像

球面波的这一性质也可从物理上进行理解: 对于压缩波, 受压介质的质量增量为 $\Delta m = \int \Delta \rho 4\pi r^2 \mathrm{d}r$. 由式(2.2.36), $\Delta \rho$ 与 r 成反比, 所以 Δm 将随 r 增大而增加. 由于质量守恒, 压缩区的质量增加后, 在其后面某个区域的质量必然减小, 所以在压缩区后必然紧跟一密度下降的稀疏区.

2.3 特征线方法

本章 2.2 节简要讨论了小扰动的情况, 现在取消小扰动这个限制, 进一步讨论一般有限扰动. 由于扰动量不再设定为小量, 流体运动基本方程是非线性的偏微分方程, 线性的声学波动方程将不再适用, 且波速也不再是常数.

众所周知, 非线性偏微分方程的求解十分困难, 可用的方法大致有以下四种: ①数值求解; ②在另一个方便的物理系统上进行模拟实验; ③作为自相似(自模拟)问题求解(但通常是不可能的); ④采用特征线法求解. 其中, 数值求解是将偏微分方程离散, 利用计算机进行求解. 这种方法目前应用非常普遍, 但不属于本书范围. 在数值方法广泛应用的今天, 第二种方法几乎无人再用了. 第三种方法具有非常苛刻的条件, 通常情况下是无法满足的, 因而不具有一般性. 特征线方法则是分析可压缩流体运动规律的一种基本理论手段, 所以十分重要.

2.2 节关于小扰动的分析表明, 特征线对于小扰动传播图像的分析和理解

具有重要意义.虽然小扰动的结果不能被直接推广到一般扰动,但利用特征线分析扰动性质的方法是可以推广的.我们将看到,非线性的流体运动基本方程可以改写为一种特殊形式,即与特征线相对应的常微分方程,在此基础上,可以获得简单波解,并建立简单波的传播图像,从而对简单波的性质进行分析.

2.3.1 特征线与特征方程

由高等数学知识可知,两个变量的函数 $f(x,y)$ 可沿 $x-y$ 平面上的确定曲线 $x=\varphi(y)$ 来对变量 y 求微分.在给定点处,函数 $f(x,y)$ 沿任意一条曲线 $x=\varphi(y)$ 对 y 的导数是由曲线在该点的切线的斜率 $dx/dy=\varphi'$ 所决定的,即

$$\left(\frac{df}{dy}\right)_\varphi = \frac{\partial f}{\partial y} + \frac{\partial f}{\partial x}\frac{dx}{dy} = \frac{\partial f}{\partial y} + \frac{\partial f}{\partial x}\varphi' \tag{2.3.1}$$

这里,曲线 $x=\varphi(y)$ 就称为特征线,它当然也可表示为 $dx/dy=\varphi'$.

事实上,我们已经遇到过两个沿曲线微分的特殊情况:其一是对时间的偏导数 $\frac{\partial}{\partial t}$,相当于沿着直线 $x=$ 常数的微分,因此其特征线就是 $x=$ 常数或 $dx/dt=\varphi'=0$;其二是随体导数(物质导数)$\frac{d}{dt}=\frac{\partial}{\partial t}+u\frac{\partial}{\partial x}$,这是沿质点运动轨迹的微分,因此其特征线为质点的迹线,即 $dx/dt=\varphi'=u$.

下面举例说明特征线在偏微分方程求解中的应用.设有二元函数 $u(x,t)$ 的一阶偏微分方程及其定解条件为

$$\begin{cases} \frac{\partial u}{\partial t} + c_0 \frac{\partial u}{\partial x} = 0 \\ u|_{t=0} = u_0(x) \end{cases} \tag{2.3.2}$$

式中,c_0 为常数.与式(2.3.1)比较可知,该偏微分方程的特征线为

$$\frac{dx}{dt} = c_0 \tag{2.3.3}$$

沿特征线,原偏微分方程化为下面常微分方程

$$\frac{du}{dt} = 0 \tag{2.3.4}$$

这个方程称为特征方程.显然,特征方程满足其定解条件的解为

$$u(x,t) = u(x,0) = u_0(x_0) \tag{2.3.5}$$

式中,x_0 是 $t=0$ 时 x 的值.由式(2.3.3)有

$$x = c_0 t + x_0 \tag{2.3.6}$$

由于 x_0 可取不同值,c_0 为常数,所以式(2.3.6)表示一族直线.

将式(2.3.6)代入式(2.3.5)得到特征方程的解为

$$u(x, t) = u_0(x_0) = u_0(x - c_0 t) \tag{2.3.7}$$

以上结果说明,偏微分方程(2.3.2)存在一族特征线,即式(2.3.6)表示的直线. 沿着该族特征线,偏微分方程化为常微分方程,即特征方程(2.3.4). 常微分方程的解(2.3.7)就是偏微分方程沿特征线的解,它说明,沿特征线,待求函数$u(x, t)$的值保持其初值不变.

事实上,方程(2.3.2)是一个一维一阶波动方程(也称为一维对流方程),其解(2.3.7)说明,扰动量的初值随波的传播沿特征线不变,这就是特征线的物理意义. 应该注意到,如果方程(2.3.2)中的c_0不是常数,则特征线为曲线,但扰动沿特征线传播的性质仍然成立.

下面利用特征线改写平面一维均熵流动基本方程.

流体的密度与压强和熵之间的关系可用物态方程表示为$\rho = \rho(p, s)$,由于流动是等熵的,即$ds/dt = 0$,因此有

$$\frac{d\rho}{dt} = \left(\frac{\partial \rho}{\partial p}\right)_s \frac{dp}{dt} + \left(\frac{\partial \rho}{\partial s}\right)_p \frac{ds}{dt} = \frac{1}{c^2}\frac{dp}{dt}$$

$$= \frac{1}{c^2}\left(\frac{\partial p}{\partial t} + u\frac{\partial p}{\partial x}\right)$$

将这个表达式代入平面一维连续性方程的微分形式,并乘以c/ρ,有

$$\frac{1}{\rho c}\frac{\partial p}{\partial t} + \frac{u}{\rho c}\frac{\partial p}{\partial x} + c\frac{\partial u}{\partial x} = 0 \tag{2.3.8}$$

将式(2.3.8)与平面一维运动方程

$$\frac{\partial u}{\partial t} + u\frac{\partial u}{\partial x} + \frac{1}{\rho}\frac{\partial p}{\partial x} = 0 \tag{2.3.9}$$

相加得到

$$\left[\frac{\partial u}{\partial t} + (u + c)\frac{\partial u}{\partial x}\right] + \frac{1}{\rho c}\left[\frac{\partial p}{\partial t} + (u + c)\frac{\partial p}{\partial x}\right] = 0 \tag{2.3.10}$$

类似地,将式(2.3.9)减去式(2.3.8)得到

$$\left[\frac{\partial u}{\partial t} + (u - c)\frac{\partial u}{\partial x}\right] - \frac{1}{\rho c}\left[\frac{\partial p}{\partial t} + (u - c)\frac{\partial p}{\partial x}\right] = 0 \tag{2.3.11}$$

与式(2.3.1)比较可知,当沿着曲线族$dx/dt = u + c$时,偏微分方程(2.3.10)可以写成常微分方程

$$\frac{du}{dt} + \frac{1}{\rho c}\frac{dp}{dt} = 0, \quad 即 \quad du + \frac{1}{\rho c}dp = 0 \tag{2.3.12}$$

同理,当沿曲线族$dx/dt = u - c$时,偏微分方程(2.3.11)可改写为下面常微分方程

$$\frac{du}{dt} - \frac{1}{\rho c}\frac{dp}{dt} = 0, \quad 即 \quad du - \frac{1}{\rho c}dp = 0 \tag{2.3.13}$$

可见，曲线族 $dx/dt = u+c$ 和 $dx/dt = u-c$ 就是平面一维均熵流动基本方程的特征线，而相应的常微分方程(2.3.12)和(2.3.13)称为特征方程. 特征方程与时间无关，说明非定常流动可以化为沿特征线的定常流动. 与小扰动一样，仍将这两族特征线分别称为 C_+ 族特征线和 C_- 族特征线. 这样一来，连续性方程和运动方程可以表示为

$$\text{沿 } C_+: \frac{dx}{dt} = u+c, \ du + \frac{1}{\rho c} dp = 0 \tag{2.3.14}$$

$$\text{沿 } C_-: \frac{dx}{dt} = u-c, \ du - \frac{1}{\rho c} dp = 0 \tag{2.3.15}$$

特征线的斜率就是扰动的传播速度，分别为 $u+c$(向右)或 $u-c$(向左). 由于 u 和 c 一般是随 x 和 t 而变化的，所以这两个特征线方程所代表的是 $x-t$ 平面上的两族曲线，也就是说，一般扰动在 $x-t$ 平面上的传播路径是弯曲的. 显然，经过 $x-t$ 平面上的每一点可以引出两条特征线，即 C_+ 和 C_- 族特征线，如图2.8(a)所示.

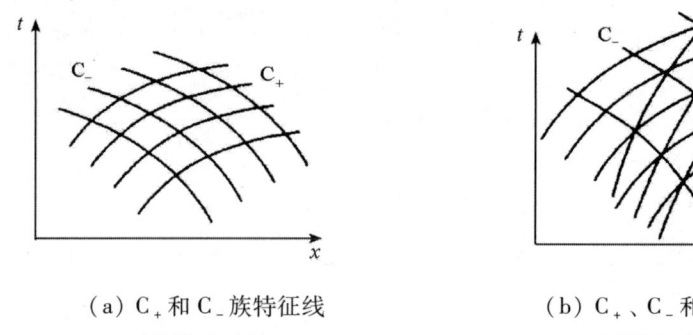

(a) C_+ 和 C_- 族特征线
(均熵流动)

(b) C_+、C_- 和 C_0 族特征线
(非均熵的等熵流动)

图2.8 $x-t$ 平面上的特征线

对于非均熵的等熵流动，各流体质点的(比)熵都不随时间而改变，但允许不同质点的熵不同. 如果流体一开始具有不均匀的熵，就会出现非均熵的等熵流动. 对于这样的流动，其基本方程组包括连续性方程、运动方程和等熵方程，其中等熵方程可表示为

$$\frac{ds}{dt} = 0 \ \text{或} \ \frac{\partial s}{\partial t} + u \frac{\partial s}{\partial x} = 0 \tag{2.3.16}$$

显然，该方程的特征线为质点迹线，即

$$\frac{dx}{dt} = u \tag{2.3.17}$$

这一族特征线称为 C_0 族特征线，相应的特征方程为

$$ds = 0 \tag{2.3.18}$$

其解就是 $s|_{dx/dt=u} = s_0$,即熵沿着流体质点的迹线保持不变,所以方程 $ds/dt = 0$ 实际应理解为 $(ds/dt)_{dx/dt=u} = 0$,其含义就是每个流体质点的熵都不随时间变化.

根据以上分析,非均熵的等熵流动可用下面方程描述

沿 C_+: $\dfrac{dx}{dt} = u + c$, $du + \dfrac{1}{\rho c} dp = 0$

沿 C_-: $\dfrac{dx}{dt} = u - c$, $du - \dfrac{1}{\rho c} dp = 0$

沿 C_0: $\dfrac{dx}{dt} = u$, $ds = 0$

可以看出,在 $x-t$ 平面上的每一点有三条特征线经过,所以 $x-t$ 平面被三族特征线 C_+,C_-,C_0 的网格所覆盖,如图2.8(b)所示.

2.3.2 扰动传播的简化物理分析

考察等截面直管道中压强扰动的传播,设扰动的传播速度为 W,如图2.9(a)所示,扰动面(通常称为波阵面)前方的密度、压强和速度分别为 ρ, p, u,波阵面后方的密度、压强和速度分别为 $\rho + d\rho, p + dp, u + du$.这是一个平面一维非定常流动问题.为了使问题简化,将坐标系取在波阵面上,并在波阵面附近取一控制体,如图2.9(b)中虚线所示,于是,波阵面前方速度为 $u - W$,波阵面后方速度为 $u + du - W$.

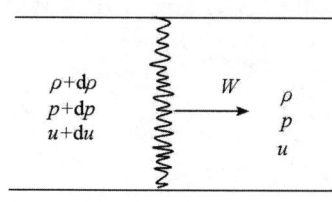
(a)实验室参考系中的流动

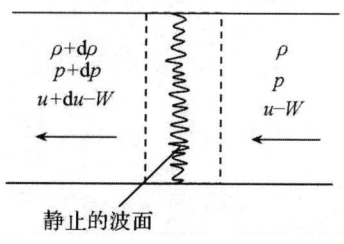
(b)随扰动波面运动的坐标系中的流动

图2.9 压强扰动的传播

连续性方程:根据质量守恒,单位时间内,流进控制体的流体质量与流出控制体的质量相等,所以有

$$\rho(u - W) = (\rho + d\rho)(u + du - W)$$

忽略二阶小量得

$$\rho du + (u - W) d\rho = 0$$

运动方程：作用在控制面上的合力等于流入控制体的净动量流量，即
$$dp = -\rho(u-W)[(u+du-W)-(u-W)]$$
所以
$$dp = -\rho(u-W)du$$
把连续性方程与运动方程联立起来，消去 du 得
$$(u-W)^2 = \frac{dp}{d\rho} = c^2$$
因此扰动传播速度为
$$W = u \pm c$$
式中，"$+$"表示右行扰动，"$-$"表示左行扰动. 将上式代入运动方程有
$$du \pm \frac{1}{\rho c}dp = 0$$

与特征线的含义对照可知：(1)扰动的传播速度就是特征线的斜率，因此扰动是沿特征线传播的，或者说特征线是波的迹线；(2)将坐标系固定在波阵面上，流动参量满足的是与时间无关的常微分方程，且与沿特征线的特征方程相同，说明流动是定常的，也就是说，在波阵面上看到的流动是定常的，而且，沿特征线的流动等价于在波阵面上看到的流动. 可见，扰动的物理分析为等熵流动的特征线分析提供了一种直观图像.

2.3.3 黎曼不变量

考虑均熵流动问题. 从 2.3.1 节知，特征线和相应的特征方程为

$$\text{沿 } C_+: \frac{dx}{dt} = u+c, \quad du + \frac{1}{\rho c}dp = 0$$

$$\text{沿 } C_-: \frac{dx}{dt} = u-c, \quad du - \frac{1}{\rho c}dp = 0$$

现在引入两个新的变量 J_+ 和 J_- 如下

$$\begin{cases} J_+ = u + \int \dfrac{dp}{\rho c} \\ J_- = u - \int \dfrac{dp}{\rho c} \end{cases} \quad (2.3.19)$$

于是特征方程中的微分表达式 $du + \dfrac{dp}{\rho c}$ 和 $du - \dfrac{dp}{\rho c}$ 可分别表示为变量 J_+ 和 J_- 的全微分，因此特征方程可表示为

$$\text{沿 } C_+: \frac{dx}{dt} = u+c, \quad dJ_+ = du + \frac{1}{\rho c}dp = 0, \ J_+ = \text{const} \quad (2.3.20)$$

$$\text{沿 } C_- : \frac{dx}{dt} = u - c, \quad dJ_- = du - \frac{1}{\rho c} dp = 0, \quad J_- = \text{const} \quad (2.3.21)$$

这说明 J_+ 和 J_- 沿相应特征线保持不变,它们称为黎曼不变量.

在均熵流动条件下,$\rho(x,t)$,$p(x,t)$,$c(x,t)$ 等热力学量之间有单值联系,即 $\rho = \rho(p)$,$c = c(p)$,或者 $p = p(\rho)$,$c = c(\rho)$,且 $c^2 = dp/d\rho$. 因此,积分项 $\int \frac{dp}{\rho c} = \int \frac{c}{\rho} d\rho$ 原则上可用某一个热力学变量来表示,实际上通常是用声速 c 来表示的,因此可令

$$l(c) = \int \frac{dp}{\rho c} = \int c \frac{d\rho}{\rho} \quad (2.3.22)$$

于是黎曼不变量可进一步表示为

$$\begin{cases} \text{沿 } C_+ : J_+ = u + l(c) = \text{const} \\ \text{沿 } C_- : J_- = u - l(c) = \text{const} \end{cases} \quad (2.3.23)$$

对关系式(2.3.23)进行分析可得到以下几点认识:

(1) 黎曼不变量实际上是速度 u 和一个热力学量的组合,通常表示为 u 和 c 的组合,当然也可以表示为 u 和 ρ 或其他热力学量的组合.

(2) 虽然沿着某条指定的特征线,例如 C_+^i,相应的黎曼不变量 J_+^i 不变,但就一般而言,沿不同的特征线,其黎曼不变量的值是不同的,即当 $i \neq j$ 时,有 $J_+^i \neq J_+^j$.

(3) 对于每一个黎曼不变量 J_+,在 $u-c$ 平面上必有一条相应的曲线与之对应,这条曲线就称为 $u-c$ 平面上的特征线,记为 Γ_+;同理,每一个黎曼不变量 J_- 可用 $u-c$ 平面上的一条特征线 Γ_- 表示. 因此,$x-t$ 平面上的 C_+ 族特征线与 $u-c$ 平面上的 Γ_+ 族特征线相对应,而 C_- 族特征线对应着 Γ_- 族特征线,如图 2.10 所示.

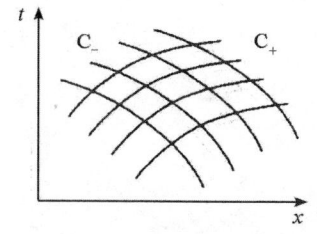 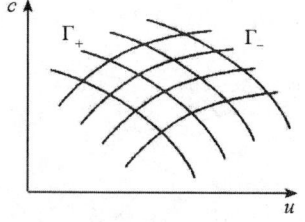

(a) C_+ 和 C_- 族特征线 (b) Γ_+ 和 Γ_- 曲线

图 2.10 $C_\pm$ 特征线与 $\Gamma_\pm$ 曲线的对应关系

(4) 黎曼不变量与常用流动参量 u 和 c 之间具有单值函数关系,因此,黎曼不变量 J_+ 和 J_- 也可以看成是描写流体运动的新的函数,它们可用于代替老的变

量,即流体的速度 u 和一个热力学量,比如声速 c. 例如,利用式(2.3.23),特征线方程可表示为

$$沿 C_+: \frac{dx}{dt} = u + c = F_+(J_+, J_-) \tag{2.3.24}$$

$$沿 C_-: \frac{dx}{dt} = u - c = F_-(J_+, J_-) \tag{2.3.25}$$

于是有

$$\begin{cases} u = \dfrac{F_+(J_+, J_-) + F_-(J_+, J_-)}{2} \\ c = \dfrac{F_+(J_+, J_-) - F_-(J_+, J_-)}{2} \end{cases} \tag{2.3.26}$$

这个关系式十分明确地表达了描述流体运动的常用变量 u 和 c 与黎曼不变量 J_+ 和 J_- 之间的一一对应关系,其中 F_+ 和 F_- 是已知函数,它们的形式只取决于物质的热力学性质,即物态方程. 因此,流体运动规律既可用常规变量 u 和 c 来表示,也可用黎曼不变量 J_+ 和 J_- 来表示.

(5) 从式(2.3.24)来看,特征线 C_+ 的斜率取决于两个黎曼不变量,但是,根据黎曼不变量的性质,沿 C_+ 特征线,黎曼不变量 J_+ 为常数,因此,特征线 C_+ 的斜率实际上只决定于另一个黎曼不变量 J_-. 同理,从式(2.3.25)可知,沿一条确定的 C_- 特征线,J_- 是常数,其斜率的变化只决定于黎曼不变量 J_+.

对于理想气体,等熵方程为

$$p = A\rho^\gamma \tag{2.3.27}$$

声速为

$$c^2 = \gamma A \rho^{\gamma-1} \tag{2.3.28}$$

所以黎曼不变量为

$$J_\pm = u \pm \frac{2}{\gamma-1} c \tag{2.3.29}$$

因此 u-c 平面上的特征线 Γ_+ 和 Γ_- 为直线,如图 2.11 所示.

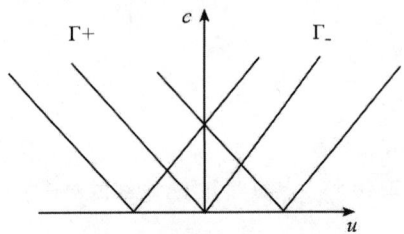

图 2.11 理想气体的特征线 $\Gamma_\pm$

用 J_+ 和 J_- 表示 u 和 c 得到

$$\begin{cases} u = \dfrac{J_+ + J_-}{2} \\ c = \dfrac{\gamma - 1}{4}(J_+ - J_-) \end{cases} \tag{2.3.30}$$

所以变量 u,c 与黎曼不变量 J_+,J_- 具有一一对应关系,因而可以互相表示.

将式(2.3.30)代入式(2.3.24)和式(2.3.25),得到特征线方程为

$$\begin{cases} C_+: \dfrac{\mathrm{d}x}{\mathrm{d}t} = u + c = F_+(J_+, J_-) = \dfrac{\gamma+1}{4}J_+ + \dfrac{3-\gamma}{4}J_- \\ C_-: \dfrac{\mathrm{d}x}{\mathrm{d}t} = u - c = F_-(J_+, J_-) = \dfrac{3-\gamma}{4}J_+ + \dfrac{\gamma+1}{4}J_- \end{cases} \tag{2.3.31}$$

从式(2.3.31)可以看出,$x-t$ 平面上的特征线一般为曲线,但对于 $\gamma = 3$ 的多方气体的均熵流动,其两族特征线均为直线.此外,函数 F_+ 和 F_- 确实是已知函数,它们在实际上决定于等熵方程.

2.3.4 依赖区与影响区

在一个具有物理意义的典型流动问题中,如果给定初始条件,那么流动状态是如何随着时间的变化而变化的呢?现在就以一个处于无限空间中的任意平面均熵流动为例来进行说明.

假定在 $t=0$ 的初始时刻,给定流动参量沿坐标 x 的分布为 $u(x,0)$ 和 $c(x,0)$,或者等价地给定黎曼不变量的分布为 $J_+(x,0)$ 和 $J_-(x,0)$.根据特征线理论,在 $x-t$ 平面上存在着从 x 轴上的不同点所发出的 C_+ 族和 C_- 族特征线所组成的网格,如图 2.12 所示.在初始点 $A(x_1,0)$ 必发出一条特征线 C_+,在初始点 $B(x_2,0)$ 必发出一条特征线 C_-,这两条特征线的交点设为 $D(x,t)$.根据特征线的性质,每一条特征线携带一个不变量,所以 D 点处的黎曼不变量满足

$$\begin{cases} J_+(x,t) = u + l(c) = J_+(x_1, 0) \\ J_-(x,t) = u - l(c) = J_-(x_2, 0) \end{cases} \tag{2.3.32}$$

对于理想气体有

$$J_+(x,t) = J_+(x_1, 0) = u_1 + \dfrac{2}{\gamma-1}c_1 = \mathrm{const} = u + \dfrac{2}{\gamma-1}c \tag{2.3.33}$$

$$J_-(x,t) = J_-(x_2, 0) = u_2 - \dfrac{2}{\gamma-1}c_2 = \mathrm{const} = u - \dfrac{2}{\gamma-1}c \tag{2.3.34}$$

式中,u_1 和 c_1 是点 $A(x_1,0)$ 处的初值,u_2 和 c_2 是点 $B(x_2,0)$ 处的初值.由式(2.3.33)和式(2.3.34)得到 $D(x,t)$ 点处的物理量 u 和 c 为

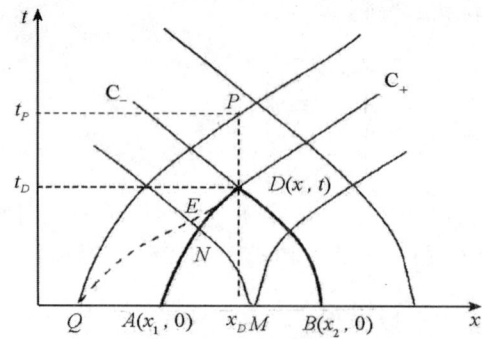

图 2.12 $x-t$ 平面上的依赖区

$$\begin{cases} u(x,t) = \dfrac{1}{2}(J_+ + J_-) = \dfrac{u_1+u_2}{2} + \dfrac{2}{\gamma-1}\dfrac{c_1-c_2}{2} \\ c(x,t) = \dfrac{\gamma-1}{4}(J_+ - J_-) = \dfrac{c_1+c_2}{2} + \dfrac{\gamma-1}{2}\dfrac{u_1-u_2}{2} \end{cases} \quad (2.3.35)$$

在求得 u 和 c 的值后,利用式(2.3.27)和式(2.3.28),可得到 $D(x,t)$ 点处的密度为

$$\rho(x,t) = \left(\dfrac{1}{A\gamma}\right)^{\frac{1}{\gamma-1}} [c(x,t)]^{\frac{2}{\gamma-1}} \quad (2.3.36)$$

压强为

$$p(x,t) = A\rho^\gamma = A\left(\dfrac{1}{A\gamma}\right)^{\frac{\gamma}{\gamma-1}} [c(x,t)]^{\frac{2\gamma}{\gamma-1}} \quad (2.3.37)$$

式(2.3.35)似乎表明,点 D 处的物理量只是取决于点 A 和点 B 处的初值,但实际上并不是这样. 因为作为从点 A 和点 B 所发出的 C_+ 和 C_- 两条特征线的交点, D 的位置是与这两条特征线的路径有关的,而这两条特征线的路径是由在 x 轴上整个 AB 段内给定的初始条件所决定的. 例如,在 C_+ 特征线 AD 上任取一点 N(见图 2.12),该点处的斜率为

$$\dfrac{dx}{dt} = u + c = F_+(J_{+A}, J_{-M}) \quad (2.3.38)$$

它不仅取决于发自 A 点的黎曼不变量 J_{+A},而且还取决于从 AB 段之间的点 M 所发出的黎曼不变量 J_{-M},而 N 点处的物理量的值又要影响到 D 点处物理量的值,所以 D 点的值也受到了 M 点的影响. 依此类推, AB 之间任意一点的初值都会影响到 D 点的状态.

另一方面,虽然 AB 之间任意一点的初值都会影响到 D 点的状态,但 AB 之外的初值对 D 点状态没有任何影响. 例如,在 AB 段之外取一点 Q,该点所产生

的扰动在时刻 t_D 时还没有到达 D 点的位置. 当 Q 点的扰动到达 D 点的位置时, 相应的时间 t_p 已明显大于 t_D. 因此, Q 点的扰动无论如何都影响不了 D 点的状态.

由此得出结论: D 点的物理量只依赖于 AB 之间的初值, 所以 AB 段称为 D 点的依赖区. 另一方面, 按照上述分析方法, 如果给定了初始条件 AB, 曲边三角形 ABD 区域之内的状态是完全确定的, 因而称其为确定区.

在一般情况下, 对于 x-t 平面上的任意一点 $D(x,t)$, 如果有任意一条曲线与经过这一点的两条特征线分别相交于 A', B' 两点, 如图 2.13 所示, 且 $A'B'$ 线段上的物理量已知, 则 D 点的物理量可由 $A'B'$ 线段上的物理量确定.

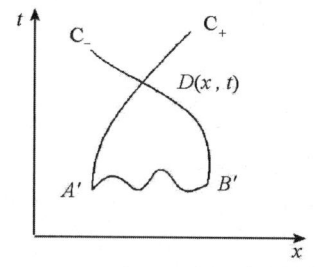

图 2.13 任意一点的依赖区　　　　图 2.14 x-t 平面上初始条件的影响区域

另一方面, x 轴上 AB 段内的流体的初始状态只能影响到一个确定的区域, 如图 2.14 所示, 这个区域由 C_- 特征线 AP 和 C_+ 特征线 BR 所限定. 在这个区域之外的任意一点 M, AB 段内的初始值是影响不到的, 因为 AB 段内初始条件的"信号"在时刻 t_M 时还来不及到达 M 的坐标点 x_M 处; 当 AB 段内的"信号"到达 x_M 时, 时间却已经超过 M 点的时刻 t_M 了. 因此, C_- 特征线 AP 和 C_+ 特征线 BR 之间的区域就是初始条件 AB 段的影响区.

由此可见, 采用特征线方法进行分析, 可使流体动力学中一些现象的因果关系变得非常清楚.

应该指出, 上述关于流动现象因果关系的一些分析, 只在同族特征线不相交的条件下才有效. 例如在图 2.12 中, 如果起始于 Q 点的 C_+ 特征线是沿虚线路径 QE 前进的, 那么 Q 点的流动状态就要影响到 D 点的状态. 当然, 在连续流动区域内, 同族特征线实际上是不可能相交的. 因为在 x-t 平面内的每一点, J_+ 和 J_- 都只能有一个值, 它们是该点的流体速度和声速的单值函数. 如果同族特征线相交, 则在两条 C_+ 特征线的交点 (x,t) 处, 黎曼不变量 J_+ 要有两个值分别与两条特征线相对应, 这就导致了流动参量的非单值性. 后面将会说明, 同族特征线的相交必然导致连续流动的破坏及流动参量的间断, 而这时的流动不再属于等熵流动.

前面已经说明,从初始点 A 和 B 所发出的 C_+ 和 C_- 两条特征线的交点 D 的位置与这两条特征线的路径有关,这说明只有在已知流体力学问题的解之后,才有可能在整个 $x-t$ 平面上画出特征线. 如果解是未知的,那么就不可能在图 2.12 上确定发自点 A 和点 B 的两条特征线的交点 D 的精确位置. 然而,当点 A 与点 B 相距很近时,可用与点 A 和点 B 的初值 (u_1,c_1) 及 (u_2,c_2) 或 (J_{+A},J_{-B}) 相联系的直线来代替真实的曲线路径 AD 和 BD,如图 2.15 所示,所以有

$$\begin{cases} x-x_1=(u_1+c_1)t \\ x-x_2=(u_2-c_2)t \end{cases} \quad (2.3.39)$$

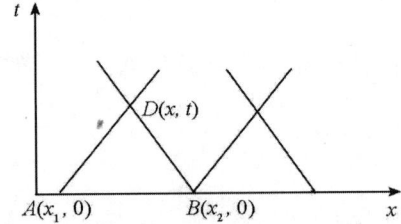

图 2.15　在小区间上,特征线近似为直线

于是 D 点的 (x,t) 值可近似求出为

$$\begin{cases} t=\dfrac{x_2-x_1}{(u_1+c_1)-(u_2-c_2)} \\ x=x_1+\dfrac{(u_1+c_1)(x_2-x_1)}{(u_1+c_1)-(u_2-c_2)} \end{cases} \quad (2.3.40)$$

而 u 和 c 在交点 (x,t) 处的值仍由式 (2.3.35) 来确定. 用类似于图 2.15 中的三角形网格 ADB 来覆盖 $x-t$ 平面,便可以从初始条件 $u(x,0)$,$c(x,0)$ 或 $J_+(x,0)$,$J_-(x,0)$ 出发,连续地一步一步地将方程的解随着时间向前推进,进而描写出流体运动过程. 这一计算过程,实质上就是利用特征线方法求解流体动力学问题的数值分析方法.

2.4　简单波的基本概念与基本性质

2.4.1　基本概念

从物理上说,简单波是指只沿一个方向在均匀流动区域里传播的扰动.

如果用特征线来定义,称与某一族特征线对应的黎曼不变量为同一常数的

流动为简单波. 如果一个流动有若干区域, 则称满足这个条件的区域为简单波区.

从本章2.3.3节可知, 对于平面一维均熵流动, $x-t$ 平面上有两族特征线, 每一条特征线对应一个黎曼不变量, 而每一个黎曼不变量又与 $u-c$ 平面上的一条 Γ 曲线相对应, 因此 $x-t$ 平面上的两族特征线 $C_\pm$ 与 $u-c$ 平面上的两族特征线 $\Gamma_\pm$ 具有一一对应关系. 根据简单波的定义, 不失一般性, 假设与 C_- 族特征线所对应的黎曼不变量为同一个常数, 即

$$J_- = u - \int \frac{\mathrm{d}p}{\rho c} = u - \int c \frac{\mathrm{d}\rho}{\rho} = u - l(c) = J_-^0 \tag{2.4.1}$$

这时的等熵流动就是 J_- 为同一常数条件下的简单波, 并且是个右行波.

考察 $u-c$ 平面上的特征线 $\Gamma_\pm$ 可知, 原本在 $u-c$ 平面上与黎曼不变量 J_- 对应的一族特征线 Γ_- 重合为一条曲线, 如图 2.16(a) 所示. 由于特征线 $C_\pm$ 与 $\Gamma_\pm$ 的一一对应关系已不存在, 这种情况实际上是平面等熵流动方程的一个特解, 这个特解所对应的流动就是简单波.

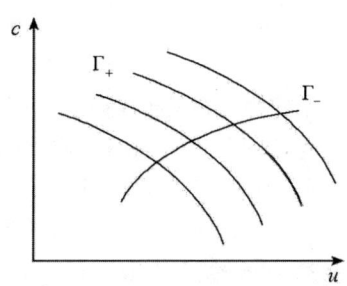
（a）右行波的特征线 $\Gamma_\pm$

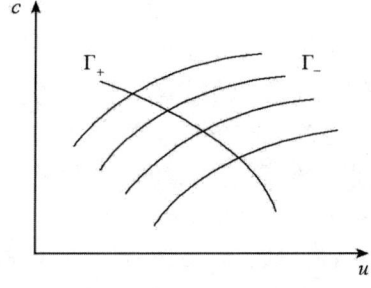
（b）左行波的特征线 $\Gamma_\pm$

图 2.16 简单波在 $u-c$ 平面上的特征线 $\Gamma_\pm$

由于在整个流动区域内有 $J_-(x, t) = J_-^0$, 所以 C_+ 族特征线的斜率为

$$\frac{\mathrm{d}x}{\mathrm{d}t} = u + c = F_+(J_+, J_-) = F_+(J_+, J_-^0) \tag{2.4.2}$$

显然, 它只是 J_+ 的函数. 又因为沿每一条 C_+ 特征线, J_+ 分别为常数, 所以 C_+ 族特征线必然是一族直线, 其方程可表示为

$$x = F_+(J_+, J_-^0) t + \varphi(J_+) \tag{2.4.3}$$

式中, $\varphi(J_+)$ 为积分常数, 对不同的 C_+ 特征线, 它一般有不同的值, 所以可看成是 J_+ 的函数, 通常由问题的边界条件确定.

C_- 族特征线的斜率为

$$\frac{\mathrm{d}x}{\mathrm{d}t} = u - c = F_-(J_+, J_-^0) \tag{2.4.4}$$

它也只是 J_+ 的函数. 然而, 由于每一条 C_- 族特征线都要穿过不同的 C_+ 族特征线, 而 J_+ 的值是允许不断变化的, 所以 C_- 族特征线一般不是直线.

同理, 如果黎曼不变量 J_+ 为同一个常数, 则 u-c 平面上的特征线 Γ_+ 重合为一条曲线, 如图 2.16(b) 所示, 这时的简单波是个左行波. 与此同时, 其 C_- 族特征线为直线, 而 C_+ 族特征线一般不是直线.

由此可见, 简单波必有一族特征线为直线, 这是简单波的基本性质之一. 结合特征线的物理意义可知, 简单波就是沿对应的直线特征线传播的, 所以人们通常利用直线特征线族表示与其相对应的简单波. 直线特征线的斜率就是简单波的传播速度, 因此, 简单波的传播速度为 $u+c$, 或者为 $u-c$, 前者对应右行波, 后者对应左行波.

对于右行简单波, 由于黎曼不变量 J_- 为同一常数, 即 $u - l(c) = J_-^0$, 所以有

$$c = c(u) \tag{2.4.5}$$

即 c 是 u 的单值函数. 又知, 沿每一条 C_+ 族直线特征线, J_+ 为常数, 即

$$J_+ = u + l(c) = u + l[c(u)] = \mathrm{const} \tag{2.4.6}$$

显然, 沿每一条 C_+ 族特征线, 流动速度 u 必为常数. 由式 (2.4.5) 知, 声速 c 也是常数, 因此扰动沿着 x 轴以常速度 $u+c(u)$ 向右传播. 在均熵流动中, 各热力学量之间具有单值联系, 所以压强和密度等流动参量沿每一条 C_+ 族特征线也都是常数. 需要注意的是, 沿不同的 C_+ 族特征线, 它们的值是不同的.

对于左行简单波可以得到类似的结果. 由此得到一个重要结论: 沿任意一条直线特征线, 所有流动参量均保持不变. 这也是简单波的基本性质之一. 与此同时, 沿不同的直线特征线, 各流动参量是不同的, 这说明简单波中的流动参量既是时间相关的, 也是空间相关的, 也就是说, 简单波所引起的流动既是非定常的, 也是非均匀的.

另一方面, 一个实际的简单波总是在一个有限的区域中传播, 为了便于分析, 需要根据不同的流动特点对反映流动规律的 x-t 平面进行区域划分. 如果某个区域中的所有流动参量都是常数, 这个区域就称为常态区或常流区. 如果某个区域中的流动符合简单波条件, 这个区域就称为简单波区. 研究表明, 与常态(流)区相毗邻的等熵流动一定是简单波, 反之, 只有简单波才能与常态(流)区相毗邻. 这是简单波的基本性质之一.

对于简单波的传播, 在某个时刻看, 扰动的前端称为波头, 扰动的后端称为波尾. 显然, 波头和波尾都是沿直线特征线传播的, 这也是简单波的一个基本性质, 相应的特征线分别称为波头特征线和波尾特征线. 对于右行波, 波头位于扰动的最右端, 波尾位于扰动的最左端, 波头与波尾之间就是简单波

区域. 根据简单波的基本性质，与波头和波尾相邻的区域必然是常态(流)区. 因此，右行波的流动区域与波系图如图 2.17(a)所示. 同样道理，对于左行波，波头位于扰动的最左端，波尾位于扰动的最右端，其波系图如图 2.17(b)所示.

关于简单波区与常态(流)区相毗邻的性质是很好理解的. 以右行波为例，如图 2.17(a)所示. 在常态(流)区中，所有流动参量都是常数，两个黎曼不变量 J_+ 和 J_- 必然也是常数，因此两族特征线都是平行直线. 两个区域之间的分界线是一条 C_+ 族特征线，显然，一个区域的 C_+ 族特征线不会进入另一个区域，而 C_- 族特征线却从常态(流)区进入简单波区，且常态(流)区的 C_- 族特征线完全覆盖简单波区域，因此，右行简单波区的 J_- 为同一个常数.

利用图 2.1 所示装置，令活塞做加速运动就可以在管道内的气体中产生简单波，具体情况将在 2.5 节和 2.6 节进行介绍.

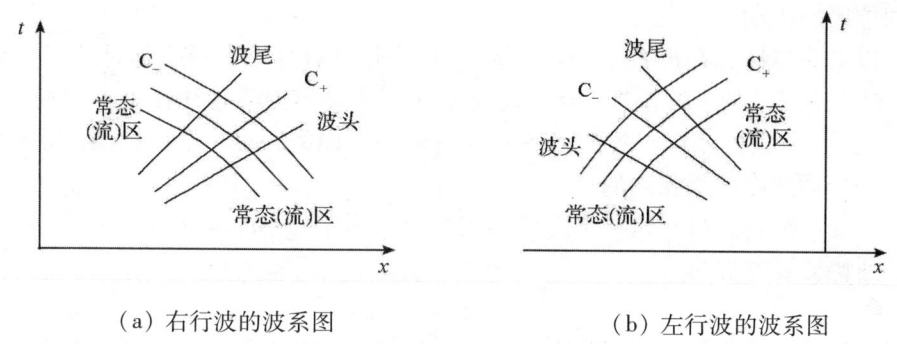

（a）右行波的波系图　　　　　　　（b）左行波的波系图

图 2.17　简单波的波系图与流动分区

2.4.2　简单波解的一般形式

以右行简单波为例. 利用式(2.4.5)，C_+ 族特征线方程为

$$\frac{dx}{dt} = u + c = u + c(u) \tag{2.4.7}$$

对式(2.4.7)积分有

$$x = [u + c(u)]t + \varphi(u) \tag{2.4.8}$$

式中 $\varphi(u)$ 为积分常数，原则上可由问题的边界条件确定.

式(2.4.8)就是简单波的隐式解，因为只要确定了积分常数，就可得到解函数 $u = u(x, t)$，即得到流动速度随空间和时间的变化关系. 从式(2.4.8)和式(2.4.5)可知，右行简单波的隐式解可一般地表示为

$$u(x, t) = f\{x - [u + c(u)]t\} \tag{2.4.9}$$

$$c(x,t) = g\{x - [u+c(u)]t\} \tag{2.4.10}$$

由于热力学量之间为单值函数，所以利用热力学关系可由 $c(x,t)$ 求得 $p=p(x,t)$，$\rho=\rho(x,t)$ 等其他物理量.

已知右行波的 C_+ 族特征线为直线，在每一条直线特征线上，u 和 c 的值均不变，因此简单波中每一点的扰动沿着 x 轴以常速度 $u+c(u)$ 向右传播.

同样的道理，对于 $J_+(x,t) = J_+^0$ 的左行简单波，其隐式解为

$$x = [u - c(u)]t + \varphi(u) \tag{2.4.11}$$

或者

$$u(x,t) = f'\{x - [u-c(u)]t\} \tag{2.4.12}$$

$$c(x,t) = g'\{x - [u-c(u)]t\} \tag{2.4.13}$$

这时，简单波中每一点的扰动以常速度 $u-c(u)$ 向左传播.

由此得到简单波的一个基本性质，即简单波是单向行波，也就是只向一个方向传播的扰动.

以上简单波解在形式上与小扰动解似乎并没有什么不同，但是应该注意到，对于简单波的不同位置，其流动速度和声速等热力学量往往是不同的，也就是说，简单波的不同位置的传播速度通常是不同的，而对于小扰动，所有位置上的传播速度都是相同的.

在简单波解式(2.4.8)或式(2.4.11)中，若有 $\varphi(u) = \mathrm{const}$（或 $\varphi'(u) = 0$），则特征线方程为

$$x = (u \pm c)t + x_0 \tag{2.4.14}$$

这说明简单波的直线特征线族有一个公共的起点，即 $t=0$，$x=x_0$，这样的简单波称为中心简单波. 右行中心简单波的波系图如图 2.18 所示.

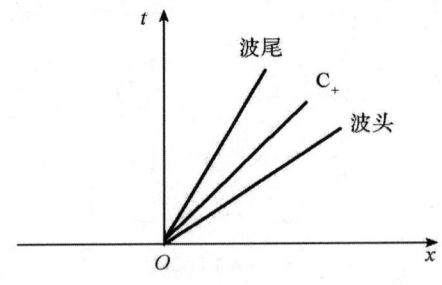

图 2.18 右行中心简单波波系图

例 2.1 给出理想气体中的右行简单波解.

解 对于理想气体中的右行简单波有

$$J_- = u - \frac{2}{\gamma-1}c = -\frac{2}{\gamma-1}c_0$$

即
$$c = c_0 + \frac{\gamma-1}{2}u \tag{2.4.15}$$

设气体的初始状态为 $u=0$, $c=c_0$, 于是右行简单波的解为
$$x = [u+c(u)]t + \varphi(u)$$

改写后为
$$x = \left(c_0 + \frac{\gamma+1}{2}u\right)t + \varphi(u) \tag{2.4.16}$$

如果给定边界条件, 就可确定积分常数 $\varphi(u)$, 从而得到 $u=u(x,t)$, 代入式(2.4.15)可得到 $c=c(x,t)$. 进一步利用理想气体的物态方程, 可得到压强和密度如下

$$\begin{cases} p = p_0 \left(\dfrac{c}{c_0}\right)^{\frac{2\gamma}{\gamma-1}} = p_0 \left(1 + \dfrac{\gamma-1}{2}\dfrac{u}{c_0}\right)^{\frac{2\gamma}{\gamma-1}} \\ \rho = \rho_0 \left(\dfrac{c}{c_0}\right)^{\frac{2}{\gamma-1}} = \rho_0 \left(1 + \dfrac{\gamma-1}{2}\dfrac{u}{c_0}\right)^{\frac{2}{\gamma-1}} \end{cases} \tag{2.4.17}$$

2.4.3 简单波的基本类型与特点

1. 简单波的基本类型

从物理量的变化趋势来说, 简单波有稀疏波与压缩波两种类型. 在穿过简单波时, 如果流体的密度和压强减小, 这个简单波称为稀疏波. 若流体的密度和压强增大, 这个简单波就称为压缩波. 这与小扰动中稀疏波和压缩波的定义完全相同.

简单波是单向行波. 按简单波的传播方向又可分为两种, 即右行波和左行波, 也称为向前简单波和向后简单波.

因此, 简单波共有四种基本类型, 即右行稀疏波、右行压缩波、左行稀疏波和左行压缩波.

2. 右行简单波的特点

已知右行波的传播速度为 $u+c$, 由于 $u+c>u$, 所以右行波的传播速度总是大于质点运动速度. 因此, 如果波的速度大于质点速度, 就一定是右行简单波.

对于右行简单波, $J_-(x,t)$ 为同一个常数, 根据黎曼不变量的定义, 各扰动量之间有关系
$$\mathrm{d}u = \frac{\mathrm{d}p}{\rho c} = \frac{c\mathrm{d}\rho}{\rho}$$

从而有

$$\frac{\mathrm{d}u}{\mathrm{d}\rho} = \frac{c}{\rho} > 0, \qquad \frac{\mathrm{d}u}{\mathrm{d}p} = \frac{1}{\rho c} > 0 \qquad (2.4.18)$$

因此，穿过右行波时，流体速度的变化与密度和压强的变化同号，即 u 增大时，ρ 和 p 也增大；而 u 减小时，ρ 和 p 也减小.

利用式(2.4.18)还可得到

$$\frac{\mathrm{d}(u+c)}{\mathrm{d}u} = 1 + \frac{\mathrm{d}c}{\mathrm{d}u} = 1 + \frac{\rho}{c}\frac{\mathrm{d}c}{\mathrm{d}\rho} \qquad (2.4.19)$$

因为

$$c^2 = \frac{\mathrm{d}p}{\mathrm{d}\rho} \qquad (2.4.20)$$

将式(2.4.20)对 ρ 微分，得

$$2c\frac{\mathrm{d}c}{\mathrm{d}\rho} = \frac{\mathrm{d}^2 p}{\mathrm{d}\rho^2} \qquad (2.4.21)$$

由于 $\rho = 1/v$，所以

$$\frac{\mathrm{d}}{\mathrm{d}\rho} = \frac{\mathrm{d}v}{\mathrm{d}\rho}\frac{\mathrm{d}}{\mathrm{d}v} = -\frac{1}{\rho^2}\frac{\mathrm{d}}{\mathrm{d}v} = -v^2\frac{\mathrm{d}}{\mathrm{d}v} \qquad (2.4.22)$$

将式(2.4.22)代入式(2.4.21)，并利用式(2.4.20)，式(2.4.19)可化为

$$\frac{\mathrm{d}(u+c)}{\mathrm{d}u} = 1 + \frac{\rho}{2c^2}\frac{\mathrm{d}^2 p}{\mathrm{d}\rho^2} = 1 + \frac{\rho}{2}\frac{\mathrm{d}^2 p/\mathrm{d}\rho^2}{\mathrm{d}p/\mathrm{d}\rho} = -\frac{v}{2}\frac{\mathrm{d}^2 p/\mathrm{d}v^2}{\mathrm{d}p/\mathrm{d}v}$$

对于正常流体，在等熵条件下必有 $\mathrm{d}p/\mathrm{d}v < 0$，$\mathrm{d}^2 p/\mathrm{d}v^2 > 0$，所以

$$\frac{\mathrm{d}(u+c)}{\mathrm{d}u} = -\frac{v}{2}\frac{\mathrm{d}^2 p/\mathrm{d}v^2}{\mathrm{d}p/\mathrm{d}v} > 0 \qquad (2.4.23)$$

因此，当质点穿过右行波时，波的传播速度随质点速度的增加而增加，随质点速度的减小而减小.

3. 左行简单波的特点

左行波的传播速度为 $u-c$，由于 $u-c < u$，所以左行波速度总是小于质点速度. 因此，如果波的速度小于质点速度，就一定是左行简单波.

对于左行简单波，$J_+(x,t)$ 为同一个常数，所以各扰动量之间有关系

$$\mathrm{d}u = -\frac{\mathrm{d}p}{\rho c} = -\frac{c\mathrm{d}\rho}{\rho}$$

从而有

$$\frac{\mathrm{d}u}{\mathrm{d}\rho} = -\frac{c}{\rho} < 0, \qquad \frac{\mathrm{d}u}{\mathrm{d}p} = -\frac{1}{\rho c} < 0 \qquad (2.4.24)$$

$$\frac{\mathrm{d}(u-c)}{\mathrm{d}u} = 1 - \frac{\mathrm{d}c}{\mathrm{d}u} = 1 + \frac{\rho}{c}\frac{\mathrm{d}c}{\mathrm{d}\rho} > 0 \qquad (2.4.25)$$

所以穿过左行波时，u 的变化与 ρ 和 p 的变化反号，但波的传播速度与质点速度的变化同号. 当 u 增大时，ρ 和 p 减小，c 也减小，波速却是增加的；当 u 减小时，ρ 和 p 增大，c 也增大，波速却是减小的. 因此，波的传播速度随质点速度的增加而增加，随质点速度的减小而减小.

可见，不管是左行波还是右行波，波的传播速度总是随质点速度的增减而增减，这是简单波的基本性质之一.

4. 简单波的波形与波系图

对于右行稀疏波，根据稀疏波的定义和图 2.17 所述图像，其波头在最右端，波尾在最左端. 以密度分布为例，如图 2.19(a)所示，密度从右(波头)至左(波尾)是连续减小的，压强和声速也是相应减小的，进而波速 $u+c$ 也减小，所以 C_+ 族直线特征线从右至左逐渐向 t 轴偏转，因而呈现发散的特征，其波系图如图 2.19(b)所示(为简明起见，C_- 族特征线没有画出).

波形通常是指扰动所导致的某种流动参量(如密度、压强、声速、速度等)随空间分布的瞬时曲线，例如，图 2.19(a)所示的曲线就是一个右行波稀疏波在某时刻的密度波形. 从几何上看，波形是由大量几何点构成的一条曲线，而波形上的每一点都可以看成一个扰动. 由于波形上每一点的传播速度(即波速)以及各流动参量都不随时间变化，而这个波速就是直线特征线的斜率，所以说波是沿特征线传播的，而特征线则可看成是波的迹线. 又由于波形上不同点的速度是不同的，所以不同时刻的波形也是不一样的. 那么，随着时间的推移，波形会如何变化？这就需要利用特征线，即波系图来分析，所以波系图对于简单波传播规律的理解十分重要. 关于波形随时间的变化，将在 2.4.4 节进行具体介绍.

对于右行压缩波，密度从右至左连续增大，压强和声速也相应增大，进而波速 $u+c$ 也增大，所以 C_+ 族直线特征线向 x 轴偏转，因而呈现聚拢的特征，其密度分布和波系图如图 2.19(c)和(d)所示.

对于左行稀疏波，密度从左至右连续减小，密度减小时 u 是增加的，所以波速 $u-c$ 也增加，因此其 C_- 族直线特征线是发散的，其密度分布和波系图如图 2.19(e)和(f)所示.

对于左行压缩波，密度从左至右连续增加，密度增加时 u 减小，波速 $u-c$ 也减小，其直线特征线族是聚拢的，其密度分布和波系图如图 2.19(g)和(h)所示.

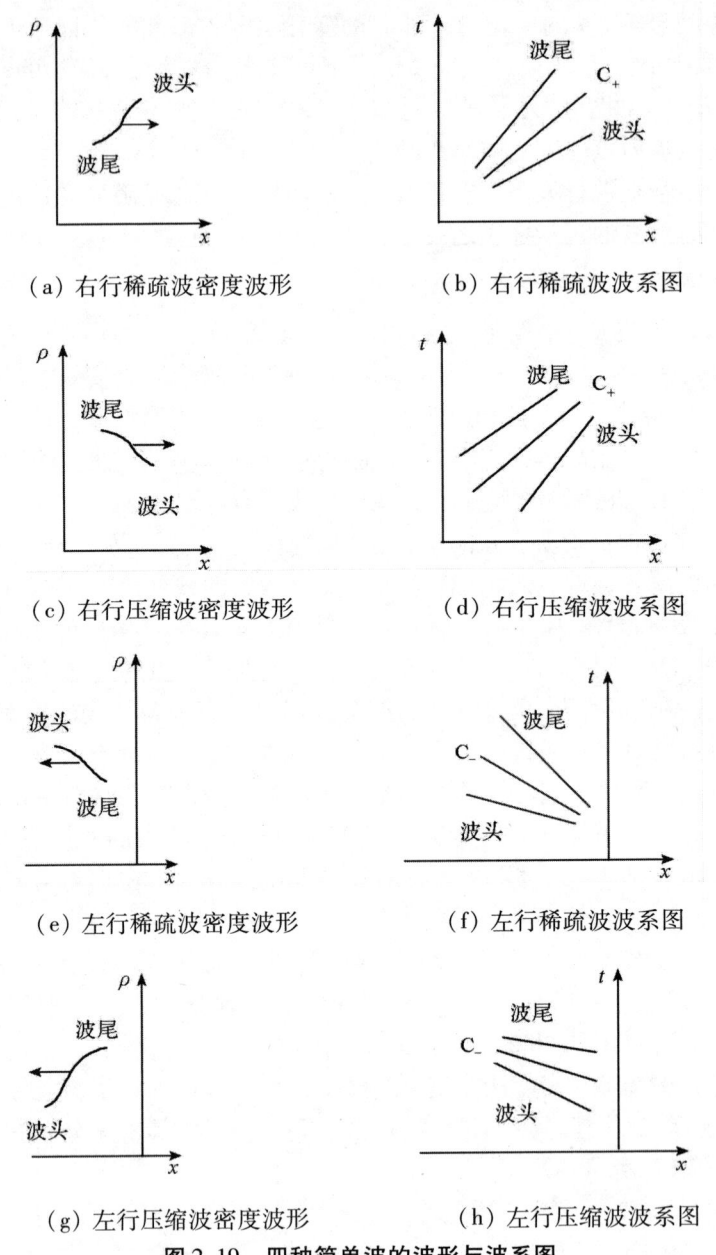

(a) 右行稀疏波密度波形 (b) 右行稀疏波波系图

(c) 右行压缩波密度波形 (d) 右行压缩波波系图

(e) 左行稀疏波密度波形 (f) 左行稀疏波波系图

(g) 左行压缩波密度波形 (h) 左行压缩波波系图

图 2.19 四种简单波的波形与波系图

2.4.4 波形畸变

已知等熵流动基本方程是非线性偏微分方程，从而作为其特解的简单波在传播过程中必然要发生波形畸变.下面利用特征线对简单波波形的畸变过程进行分析.

考虑一个右行简单波,其速度和声速的初始分布 $u(x,0)$, $c(x,0)$ 是连续函数,形状如图 2.20(a) 所示. 对于给定的条件,扰动沿 C_+ 族特征线向右方传播,其传播速度即特征线的斜率为 $u+c$. 显然,该右行波的中间一段为压缩波,两端部分为稀疏波.

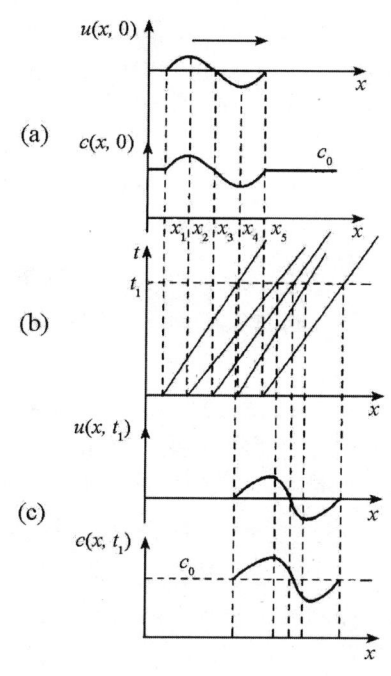

图 2.20 右行波波形变化分析

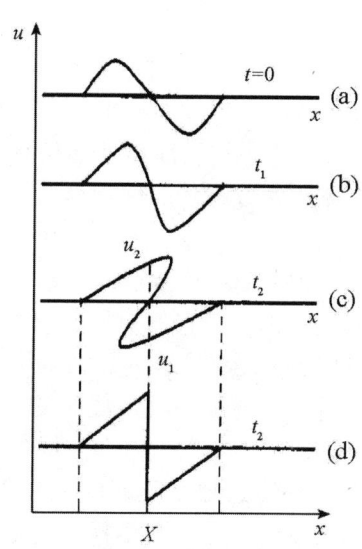

图 2.21 波形畸变

为了考察 u 和 c 在任意时刻 t_1 的波形 $u(x,t_1)$ 和 $c(x,t_1)$,作出五条有代表性的 C_+ 特征线,其中三条是从 $u=0(c=c_0)$ 的三个点 x_1, x_3, x_5 发出的,另外两条是从与初始分布 $u(x,0)$ 和 $c(x,0)$ 的最大值和最小值相对应的点 x_2 和 x_4 发出的. 显然,从点 x_1, x_3, x_5 发出的三条特征线相互平行,其斜率为 $dx/dt=c_0$,从 x_2 点出发的特征线的斜率最大,为 $dx/dt=u_{max}+c_{max}$,而从 x_4 出发的特征线的斜率最小,为 $dx/dt=u_{min}+c_{min}$,如图 2.20(b) 所示. 一方面,沿直线特征线,u 和 c 的值均保持不变;另一方面,发自不同位置的特征线的斜率不同,其实就是不同位置处波的传播速度不同,即波峰处的速度较快,而波谷处的速度相对较慢,所以波形必然要发生变化. 由此得到 t_1 时刻 u 和 c 的分布如图 2.20(c) 所示. 可以看出,压缩波变陡峭了,而稀疏波则变平缓了.

显然，随着时间的推移，波形的畸变将越来越严重，即压缩波越来越陡峭，稀疏波越来越平缓，因此得到波形随时间的变化趋势如图 2.21 所示. 如果把解析解延续到足够长的时间，就会产生图 2.21(c) 所示的波形，而这个波形在物理上是没有意义的，因为这时的解不是单值的. 例如，在某个时刻的某个空间点 X 处有三个速度值，即 $u=0$，u_1 和 u_2. 这种非单值性的产生，在数学上是由于同族特征线(这里为 C_+)的相交引起的，它们相交的趋势可以从图 2.21(b) 中很清楚地看出. 但是，图 2.21(c) 所示的波形在实际上是不会产生的，因为波形变得很陡的时候便形成了间断，如图 2.21(d) 所示. 在形成间断以后，波就不再是简单波了，所以简单波形式的解仅是在有限的时间之内，即在产生间断之前才是正确的.

从图 2.20 和图 2.21 还可看到，对于初始扰动两端的稀疏波部分，随着波的传播，波形变得越来越平缓，且不会有间断出现.

可见，非小扰动简单波在传播过程中一定会发生畸变，并可能产生间断，这是流体力学方程的非线性性质所决定的必然结果，同时也是简单波的基本性质之一.

对于图 2.20(a) 所示的初始扰动分布，在其前端点 (x_5) 处，物理量 u 和 c 本身是连续的，但它们对空间坐标的导数是间断的，这种间断称为弱间断. 弱间断可以看成是流动参量的连续行为的小扰动. 由于该点的扰动就是波头，所以波头特征线的斜率就是波前常态区小扰动的传播速度 c_0(取 $u_0=0$). 与此相对应，在扰动后端点 (x_1) 即波尾处，物理量 u 和 c 本身也是连续的，但它们对空间坐标的导数却是间断的，所以这个间断也是弱间断. 显然，波尾特征线的斜率就是波后常态区中小扰动的传播速度.

2.4.5 简单波的基本性质

简单波与平面一维等熵流动问题的解相对应，因此，掌握简单波的基本性质对于分析并理解等熵流动规律具有重要意义. 然而，简单波的性质较多，不同著作中的归纳也有所不同. 在客观上，简单波的性质需要与具体图像结合起来才好理解. 虽然可以对简单波的性质进行证明，但往往比较复杂[1][2]，所以本书不对这些性质进行系统证明，仅仅是在对相关具体问题进行分析时逐一列出. 为了方便，现将简单波的基本性质归纳如下：

---

① 柯朗 R，弗里德里克斯 K O. 超声速流与冲击波[M]. 李维新等译. 北京：科学出版社，1986：52.

② 周毓麟. 一维非定常流体力学[M]. 北京：科学出版社，1998：50.

(1) 简单波是单向行波.
(2) 简单波有一族特征线为直线.
(3) 沿直线特征线,各流动参量保持不变.
(4) 波头和波尾沿直线特征线传播.
(5) 简单波的传播速度随流体质点速度的增减而增减.
(6) 与常态(流)区相毗邻的等熵流动一定是简单波,反之,只有简单波才能与常态(流)区相毗邻.
(7) 简单波波形在传播过程中要畸变,压缩波变得越来越陡峭,稀疏波变得越来越平缓.

2.5 稀疏波

2.5.1 稀疏波的解

设一半无限长的等截面直管道中充满均匀、静止的理想气体,初始状态的密度、压强和声速分别为 ρ_0, p_0, c_0,该管道的左边被初始坐标为 $x=0$ 的活塞封闭,如图 2.22(b) 所示. 活塞从 $t=0$ 时刻起开始向左加速运动,加速度为 a,速度为 $w(t)=at$,当活塞速度达到某个值 U 后不再加速,并保持这个速度继续运动,活塞的迹线设为 $x=X(t)$. 显然,当活塞向左运动时,气体向左流动并膨胀,扰动则向右传播,因而是一个右行稀疏波. 下面利用特征线方法分析流动参量的分布规律.

上述条件下的波系图如图 2.22(a) 所示. 活塞一动,扰动同时产生,初始扰动就是波头,波头特征线即直线 OA,记为 C_+^0,其斜率为 c_0. 以 C_+^0 为界,管内气体被分为两个部分,右边气体处于初始静止状态,左边气体处于流动状态.

由 x 轴和 C_+ 族特征线 OA 所限定的区域①区是气体没有受到扰动的静止区,这个区域中的两族特征线均为直线,其斜率分别为

$$\begin{cases} 沿 C_+: \dfrac{dx}{dt} = c_0 \\ 沿 C_-: \dfrac{dx}{dt} = -c_0 \end{cases} \quad (2.5.1)$$

显然,在这个区域内的所有流动参量均保持不变,所以是个常态区.

在 x-t 平面上的整个流动区域内,C_- 族特征线发自初始状态,相应的黎曼不变量 J_- 满足关系

$$J_- = u - \frac{2}{\gamma-1}c = -\frac{2}{\gamma-1}c_0 = J_-^0 \quad (2.5.2)$$

即所有黎曼不变量 J_- 的值为同一个常数,因此气体的流动为右行简单波.

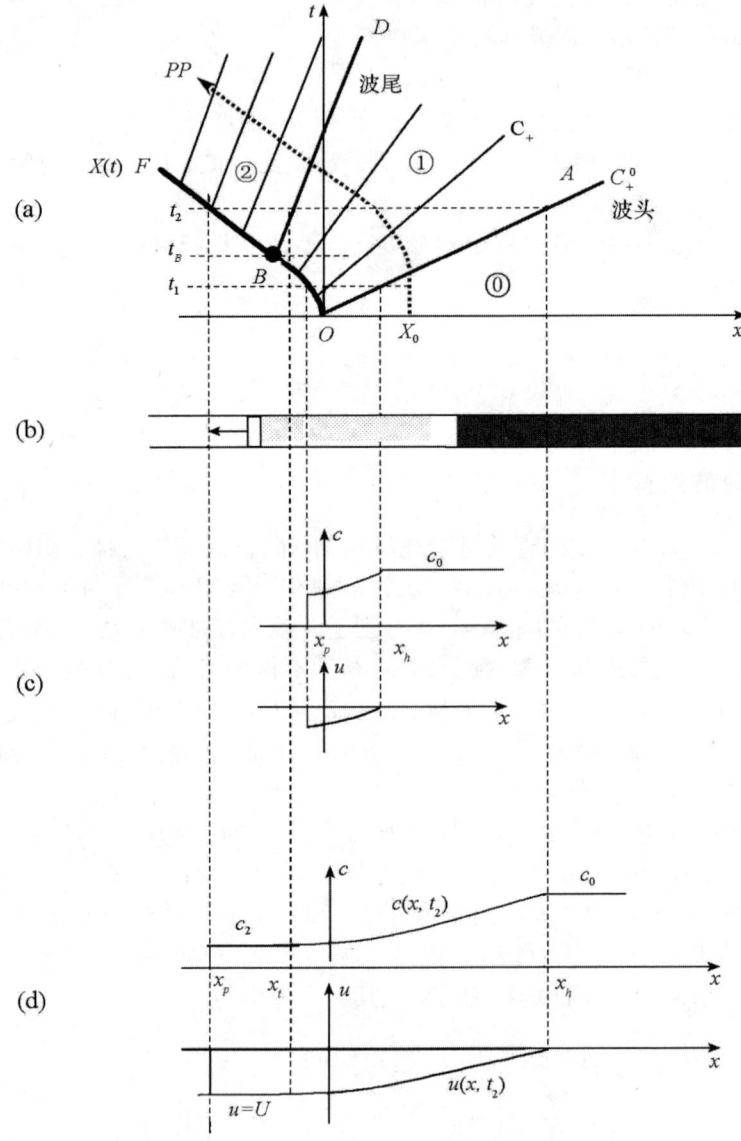

(a) $x-t$ 波系图;(b) 活塞运动后管道中气体的流动;
(c) 活塞速度达到常速度之前的声速分布和速度分布(t_1时刻);
(d) 活塞速度成为常速度之后的声速分布和速度分布(t_2时刻).

图 2.22 抽拉活塞产生的稀疏波及声速和速度的空间分布

第2章 简单波

从图 2.22(a)可直观看到,C_+族特征线是从活塞迹线上发出的直线,在活塞加速运动阶段,其斜率为

$$\left(\frac{\mathrm{d}x}{\mathrm{d}t}\right)_{C_+} = u + c$$

利用式(2.5.2)有

$$c = c_0 + \frac{\gamma-1}{2}u \tag{2.5.3}$$

于是,C_+族特征线的斜率可表示为

$$\left(\frac{\mathrm{d}x}{\mathrm{d}t}\right)_{C_+} = u + c = c_0 + \frac{\gamma+1}{2}u = c_0 + \frac{\gamma+1}{2}w \tag{2.5.4}$$

可以看出,所有 C_+ 族特征线的斜率都决定于其起始点处,即活塞迹线上的活塞速度.由于活塞作加速运动,且活塞速度是负的,所以 C_+ 族特征线的斜率值随着活塞的加速运动而逐渐减小,因此从活塞迹线(加速段)上发出的 C_+ 族特征线是发散的.

令活塞的速度从时刻 t_B(活塞迹线上的 B 点)开始成为常数,即 $w(t \geq t_B) = U(U < 0)$.由 B 点发出的 C_+ 族特征线设为 BD,其斜率为

$$\left(\frac{\mathrm{d}x}{\mathrm{d}t}\right)_{C_+} = u + c = c_0 + \frac{\gamma+1}{2}u = c_0 + \frac{\gamma+1}{2}U \tag{2.5.5}$$

显然,从 t_B 以后,由活塞迹线上所发出来的 C_+ 族特征线具有与直线 BD 相同的斜率,因此它们是一组平行直线.

从特征线的特征看,流动区域又可分为两个区域,一个是由特征线 OA,BD 与活塞迹线 OB 所围成的区域,这个区域的特征线为发散的直线,因而是稀疏波区,记为①区.另一个是由特征线 BD 与活塞迹线 BF 围成的区域,这个区域的特征线为平行直线,记为②区.

在②区中,由于活塞的速度为常数 U,所以气体速度也是常数 U,从而气体的声速也是常数

$$\begin{cases} u = U \\ c = c_0 + \frac{\gamma-1}{2}U = \mathrm{const} \end{cases} \tag{2.5.6}$$

进一步,该区的压强、密度等所有流动参量均为常数,所以区域②是一个常流区,当然也属于常态区.①区和②区的分界线 BD 为波尾特征线.

这样一来,由于活塞的运动,气体的状态被划分为三个区域,即初态区(⓪区)、右行稀疏波区(①区)和常流区(②区).

由于波的传播,原来静止的流体质点将穿过波头特征线进入稀疏波区,然后穿过波尾特征线进入常流区.例如,质点 X_0 的迹线如图 2.22(a)中虚线 PP 所

示.

下面确定稀疏波区(即①区)的解. 对特征线式(2.5.4)积分有

$$x = \left(c_0 + \frac{\gamma+1}{2}u\right)t + \varphi(u) \tag{2.5.7}$$

因此,只要确定了积分常数 $\varphi(u)$,原则上可由式(2.5.7)得到速度随空间和时间的变化,即 $u = u(x, t)$. 进一步,利用式(2.5.3)可获得声速 $c(x, t)$,压强和密度则由式(2.4.17)给出.

从图 2.22 及上述分析可以看出,简单波区(①区)与常态区(⓪区和②区)是相邻的,这正是简单波的基本性质之一:与常态区相毗邻的区域中的等熵流动一定是简单波;反之,只有简单波区才能与常态区相毗邻.

下面进一步考察简单波区各物理量的分布特点. 在 0 至 t_B(活塞不再加速的时刻)之间选取某个时刻 t_1,根据以上分析和有关关系式,可画出 u 和 c 在 t_1 时刻的定性分布,如图 2.22(c)所示,其中 $x_h = c_0 t_1$ 是波头在 t_1 时刻到达的位置,$x_p = \frac{1}{2}at_1^2$ 是活塞在 t_1 时刻的位置. 由于活塞处于加速阶段,c 和 u 随 x 减小而连续减小(u 的绝对值连续增大),所以从 x_p 到 x_h 是稀疏波区. 气体中的其他流动参量,如密度和压强等的分布,同样随 x 减小而连续减小.

若选取比 t_B 大的时刻 t_2,u 和 c 的分布如图 2.22(d)所示,其中 $x_h = c_0 t_2$ 是波头在 t_2 时刻到达的位置,x_p 是活塞在 t_2 时刻的位置,x_t 是沿特征线 BD 传播的扰动(稀疏波波尾)在 t_2 时刻到达的位置. 显然,从 x_t 到 x_h 之间是稀疏波区,c 和 u 随 x 减小而连续减小,而在 x_p 和 x_t 之间是常流区,$u = U$,$c = c_2$,它们的值保持不变.

若选取比 t_2 大的时刻 t_3 来观察,与 t_2 时刻相比,波头和波尾的位置 x_h 和 x_t 的值都要增大,说明稀疏波整体在向右传播. 与此同时,波头与波尾之间的距离(即 $x_h - x_t$ 的值)也增大,说明稀疏波区域随时间是增大的,另一方面,波头和波尾的流动参量值并没有发生变化,所以其波形越来越平缓.

例 2.2 参见图 2.22. 设活塞从 $t = 0$ 开始以速度 $w = -at$ 的规律作匀加速运动,其中 a 为正的常数,试确定活塞右侧的运动.

解 C_+ 族特征线方程为 $\frac{dx}{dt} = u + c$,所有 J_- 为同一常数,将式(2.5.3)代入有

$$\frac{dx}{dt} = c_0 + \frac{\gamma+1}{2}u$$

积分得

第 2 章 简单波

$$x = \left(c_0 + \frac{\gamma+1}{2}u\right)t + \varphi(u)$$

式中，$\varphi(u)$ 为任意函数. 活塞的迹线相当于特征线的边界条件(紧靠活塞处的气体的坐标和速度与活塞相同，即 $u=w$)，将 $x = X(t) = -\dfrac{u^2}{2a}$ 代入上式得

$$\varphi(u) = \frac{c_0}{a}u + \frac{\gamma}{2a}u^2 \tag{2.5.8}$$

所以简单波解为

$$x = \left(c_0 + \frac{\gamma+1}{2}u\right)t + \frac{c_0}{a}u + \frac{\gamma}{2a}u^2$$

进一步改写后有

$$\frac{\gamma}{2a}u^2 + \left(\frac{c_0}{a} + \frac{\gamma+1}{2}t\right)u - (x - c_0 t) = 0 \tag{2.5.9}$$

这是一个关于 u 的一元二次方程，所以 u 有两个根，但物理解只有一个. 考虑到波头上 ($x = c_0 t$) 气体速度为 0，以此为条件去掉根号前为负号的根，得到有物理意义的解为

$$u(x,t) = -\frac{1}{\gamma}\left(c_0 + \frac{\gamma+1}{2}at\right) + \frac{1}{\gamma}\sqrt{\left(c_0 + \frac{\gamma+1}{2}at\right)^2 + 2a\gamma(x - c_0 t)} \tag{2.5.10}$$

这就是给定条件下稀疏波区的速度随空间和时间而变化的关系式. 由此可以看出，稀疏波区的流动既是非定常的，也是非均匀的. 将式(2.5.10)代入式(2.5.3)可求得 $c(x,t)$，再代入式(2.4.17)可求得压强 $p(x,t)$ 和密度 $\rho(x,t)$.

可见，只要确定了活塞的运动规律，稀疏波的解就可完全确定.

2.5.2 中心稀疏波

对于图 2.22 所示利用活塞运动产生稀疏波的例子，假定活塞没有加速段，一开始就以常速度 U 运动，情况有什么不同？从活塞迹线看，这相当于 $t_B = 0$，或者说，活塞速度发生变化的那一段迹线 OB 不存在，即 B 点与 O 点重合. 这时的波头特征线 OA 与波尾特征线 BD 以及二者之间的所有 C_+ 族特征线都是从同一点，即 x-t 平面上的坐标原点 O 成扇形地向外发出的，如图 2.23 所示. 这种从同一点发出一族特征线的稀疏波称为中心稀疏波，所以流动区域①就是右行中心稀疏波区，但②区仍为常流区.

在这种情况下，波系图中 O 点是个奇点，因为该点的速度可为 0 与 U 之间的任意值. 同样的原因，沿 C_+ 族特征线的黎曼不变量 J_+ 的取值为 $\dfrac{2c_0}{\gamma-1}$ 至 $2U +$

$\frac{2c_0}{\gamma-1}$ 之间的任意值，但黎曼不变量 J_- 始终保持常数 $-\frac{2c_0}{\gamma-1}$ 不变. 显然，中心稀疏波的波头沿直线 $x = c_0 t$ 传播，波头速度为 c_0，波尾沿直线 $x = \left(c_0 + \frac{\gamma+1}{2}U\right)t$ 传播，其速度为 $c_0 + \frac{\gamma+1}{2}U$.

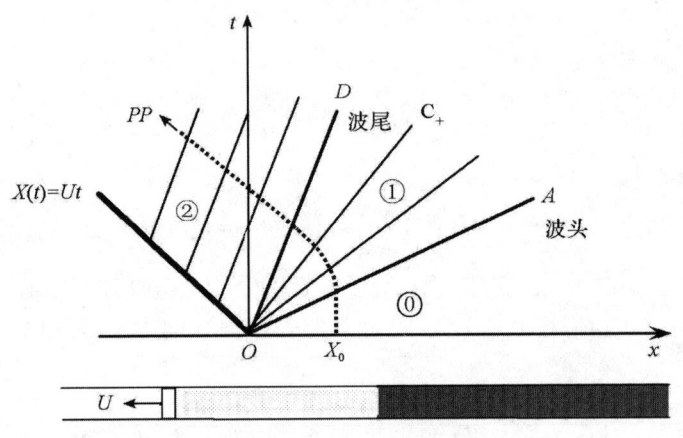

图 2.23 右行中心稀疏波

下面给出右行中心稀疏波的解.

利用 J_- 为常数的条件有

$$c = c_0 + \frac{\gamma-1}{2}u$$

根据几何关系，C_+ 族特征线为经过原点的直线，由下式给出

$$\frac{x}{t} = u + c = c_0 + \frac{\gamma+1}{2}u \tag{2.5.11}$$

于是得到中心稀疏波区的解为

$$\begin{cases} u(x, t) = \dfrac{2}{\gamma+1}\left(\dfrac{x}{t} - c_0\right) \\ c(x, t) = \dfrac{\gamma-1}{\gamma+1}\dfrac{x}{t} + \dfrac{2}{\gamma+1}c_0 \end{cases} \tag{2.5.12}$$

利用式(2.4.17)，中心稀疏波区内的密度和压强可分别表示为

$$\begin{cases} \rho(x, t) = \rho_0 \left(\dfrac{c}{c_0}\right)^{\frac{2}{\gamma-1}} = \rho_0 \left(\dfrac{\gamma-1}{\gamma+1}\dfrac{x}{c_0 t} + \dfrac{2}{\gamma+1}\right)^{\frac{2}{\gamma-1}} \\ p(x, t) = p_0 \left(\dfrac{\rho}{\rho_0}\right)^{\gamma} = p_0 \left(\dfrac{\gamma-1}{\gamma+1}\dfrac{x}{c_0 t} + \dfrac{2}{\gamma+1}\right)^{\frac{2\gamma}{\gamma-1}} \end{cases} \tag{2.5.13}$$

同时还可求出温度为

$$T(x, t) = T_0 \frac{p\rho_0}{p_0\rho} = T_0 \left(\frac{\gamma - 1}{\gamma + 1} \frac{x}{c_0 t} + \frac{2}{\gamma + 1} \right)^2 \qquad (2.5.14)$$

从中心稀疏波的解可以看出,气体的速度和声速在某个确定时刻随空间坐标呈线性分布,密度和压强的空间分布则一般是非线性的,但是当 $\gamma = 3$ 时,密度的分布也是线性的,而压强在任何情况下都是非线性分布的.

从中心稀疏波的解还可看出,气体的各种物理量,例如 $u(x,t)$, $c(x,t)$, $\rho(x,t)$, $p(x,t)$ 等,都不是分别依赖于空间坐标和时间,而是依赖于其组合变量 $\frac{x}{t}$(或无量纲变量 $\frac{x}{c_0 t}$). 这一结果说明,随着时间的增加,各种物理量的分布只是在空间伸展,而不改变自己的形状,即保持自身的相似性. 具有这种特点的运动就称为自相似(或称自模拟)运动,因此,中心稀疏波区的流动是自相似的.

下面求解中心稀疏波内 C_- 族特征线的方程. 利用式(2.5.12),C_- 族特征线方程为

$$\frac{dx}{dt} = u - c = \frac{3 - \gamma}{\gamma + 1} \frac{x}{t} - \frac{4}{\gamma + 1} c_0 \qquad (2.5.15)$$

为积分式(2.5.15),引入如下变量替换

$$\xi = x + \frac{2}{\gamma - 1} c_0 t \qquad (2.5.16)$$

于是有

$$\frac{d\xi}{dt} = \frac{dx}{dt} + \frac{2}{\gamma - 1} c_0$$

将上式及式(2.5.16)代入式(2.5.15),整理后有

$$\frac{d\xi}{dt} = \frac{3 - \gamma}{\gamma + 1} \frac{\xi}{t}$$

积分后有

$$\xi = C t^{\frac{3-\gamma}{1+\gamma}}$$

式中,C 为积分常数. 将上式代入式(2.5.16)有

$$x = C t^{\frac{3-\gamma}{1+\gamma}} - \frac{2c_0}{\gamma - 1} t \qquad (2.5.17)$$

设 x_0 是某条待求 C_- 族特征线与某一条 C_+ 族特征线(通常选取波头特征线)相交的位置,t_0 为相交处的时刻,即 $t_0 = x_0/c_0$,代入式(2.5.17),得到积分常数为

$$C = \frac{\gamma + 1}{\gamma - 1} c_0 t_0 \left(\frac{1}{t_0} \right)^{\frac{3-\gamma}{1+\gamma}}$$

将此积分常数代入式(2.5.17)，得到 C_- 族特征线方程为

$$x = -\frac{2}{\gamma-1}c_0 t + \frac{\gamma+1}{\gamma-1}c_0 t_0 \left(\frac{t}{t_0}\right)^{\frac{3-\gamma}{1+\gamma}} \quad (2.5.18a)$$

或表示为

$$x = -\frac{2}{\gamma-1}c_0 t + \frac{\gamma+1}{\gamma-1}x_0 \left(\frac{c_0 t}{x_0}\right)^{\frac{3-\gamma}{1+\gamma}} \quad (2.5.18b)$$

由此可见，右行中心稀疏波内的 C_- 族特征线一般为曲线，但如果 $\gamma = 3$，中心稀疏波内的 C_- 族特征线为直线

$$x = 2x_0 - c_0 t \quad (2.5.19)$$

采用同样的方法可求得中心稀疏波内迹线的方程. 因为

$$\frac{\mathrm{d}x}{\mathrm{d}t} = u = \frac{2}{\gamma+1}\left(\frac{x}{t} - c_0\right) \quad (2.5.20)$$

按式(2.5.16)引入变量替换进行求解，最终得到迹线方程为

$$x = -\frac{2}{\gamma-1}c_0 t + \frac{\gamma+1}{\gamma-1}c_0 t_0 \left(\frac{t}{t_0}\right)^{\frac{2}{1+\gamma}} \quad (2.5.21a)$$

或表示为

$$x = -\frac{2}{\gamma-1}c_0 t + \frac{\gamma+1}{\gamma-1}X_0 \left(\frac{c_0 t}{X_0}\right)^{\frac{2}{1+\gamma}} \quad (2.5.21b)$$

式中，X_0 为流体质点在初始时刻的位置，$t_0 = X_0/c_0$ 为迹线与波头特征线 OA 相交的时刻.

例 2.3 设计一个装置，实现两中心稀疏波的迎面相遇，并画出 $x-t$ 波系图.

解 可用两个活塞将气体封闭在一无限长的管道中，然后在某个时刻同时以常速度抽拉活塞，将形成两个中心稀疏波迎面相遇的图像，如图 2.24 所示.

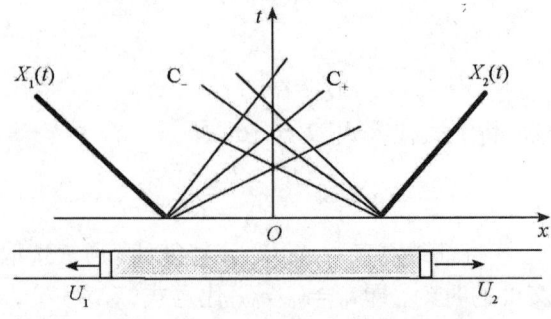

图 2.24 两中心稀疏波的迎面相遇

思考题：从图 2.24 可以看出，两稀疏波迎面相遇后有一个相互作用区域，试判断这个相互作用区域是否为简单波，并说明理由.

2.5.3 完全稀疏波

对于图 2.23 所示的右行中心稀疏波，已知声速与质点速度满足关系

$$c = c_0 + \frac{\gamma - 1}{2} u$$

若最左边的气体总是与活塞保持在一起，则当活塞抽拉速度的绝对值满足下面不等式时

$$|U| = |u| > \frac{2c_0}{\gamma - 1} \tag{2.5.22}$$

活塞附近气体的声速为负值，这显然是没有意义的. 实际上，活塞速度的值一旦满足式(2.5.22)，气体将跟不上活塞的运动，从而在活塞和气体之间出现一个真空区，这时气体是飞向真空的，感受不到活塞的存在. 在气体与真空的交界面处没有力的作用(即压强为 0)，这个面称为自由面. 毫无疑问，这个自由面就是这个特殊的中心稀疏波的波尾. 在自由面上，气体的声速和密度也为 0，所以波尾速度值为

$$|u_{\max}| = \frac{2}{\gamma - 1} c_0 \tag{2.5.23}$$

这个速度就是气体突然向真空膨胀的极限速度，也就是静止的高压气体可能的最大飞散速度，称为逃逸速度. 对于高压空气，其逃逸速度约为其初态声速的 5 倍. 当高压气体向真空飞散时，由于波尾的压强下降到 0，这样的稀疏波就称为完全稀疏波，其波系图如图 2.25 所示.

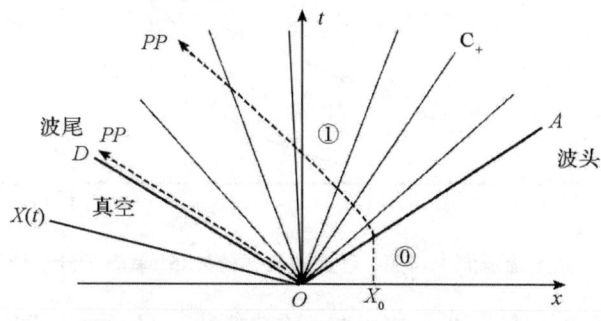

图 2.25　气体向真空飞散时的完全稀疏波

实际上，气体速度一般并不会达到逃逸速度. 一方面，气体在做等熵膨胀时，温度下降，从而气体在膨胀过程中会凝聚为液体甚至固体，所以速度会减

小.另一方面,即使气体不发生凝聚,气体在无限膨胀的过程中将变得非常稀薄,从而出现分子自由程无限大,密度趋于零的情况,这时的连续介质模型将不再成立,上述极限结果自然也不会成立.因此,逃逸速度只是连续介质模型条件下的一个理论结果.

对于完全稀疏波,向真空飞散的第一个质点(即自由面处质点,记为 F)的速度(记为 u_F)就是逃逸速度,即 $u_F = u_{\max}$,所以其迹线方程可求出为

$$x(F, t) = u_F t = -\frac{2c_0}{\gamma - 1} t \quad (2.5.24)$$

波尾特征线 OD 即为自由面,所以在波尾上有 $u = u_F$, $c = 0$,因此波尾的 C_+ 族特征线方程为

$$x|_{C_+^t} = (u_F + c) t = u_F t = -\frac{2c_0}{\gamma - 1} t$$

由于初始时刻处在原点的质点直接向真空飞散,因此发自原点的 C_- 族特征线方程可求出为

$$x|_{C_-^0} = (u_F - c) t = u_F t = -\frac{2c_0}{\gamma - 1} t$$

由此可见,自由面处气体质点的迹线、波尾的 C_+ 族特征线和发自原点的 C_- 族特征线是重合的.

完全稀疏波的解与中心稀疏波的解并没有什么差别.对于单原子分子理想气体,利用式(2.5.12)和式(2.5.13)可得到声速、密度和压强的分布特征如图2.26 所示.

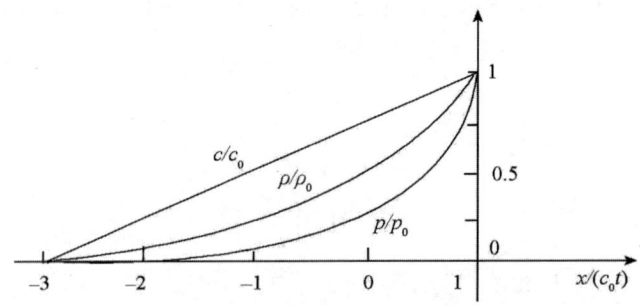

图 2.26 完全稀疏波中声速、密度和压强的分布(单原子分子理想气体)

例 2.4 高压气体推动弹丸运动问题:如图 2.27 所示,设在截面积为 A 的无限长直管中有一质量为 m_0 的弹丸.初始时,弹丸固定,在它左侧充有状态为 ρ_0, p_0, $u_0 = 0$ 的均匀高压气体,右侧为真空,试求弹丸松开后的运动规律.

解 如图 2.27,弹丸松开后在高压气体作用下开始向右运动,左侧气体膨

第 2 章 简单波

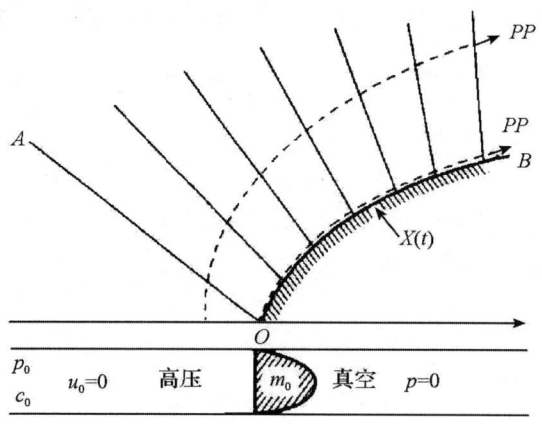

图 2.27 高压气体推动弹丸的运动

胀并产生一个左行稀疏波,所以弹丸底部所受到的力随时间而变化. 基于上述分析,可先按照稀疏波理论确定弹丸底部的压力,然后再应用牛顿第二定律建立弹丸的运动方程并进行求解.

设弹丸的运动轨迹为 $x = X(t)$,因为弹丸的速度和与它毗邻的气体速度相等,即

$$u = X'(t) \tag{2.5.25}$$

气体中的稀疏波为左行波,黎曼不变量 J_+ 为同一常数,所以有

$$c = c_0 - \frac{\gamma-1}{2} X'(t) \tag{2.5.26}$$

作用在弹丸底部的压强等于与它毗邻的气体压强,即

$$p = p_0 \left(\frac{c}{c_0}\right)^{\frac{2\gamma}{\gamma-1}} = p_0 \left[1 - \frac{\gamma-1}{2c_0} X'(t)\right]^{\frac{2\gamma}{\gamma-1}} \tag{2.5.27}$$

弹丸运动服从牛顿第二定律,因此有

$$m_0 X''(t) = p_0 A \left[1 - \frac{\gamma-1}{2c_0} X'(t)\right]^{\frac{2\gamma}{\gamma-1}} \tag{2.5.28}$$

利用初始条件: $t = 0$ 时, $X(0) = 0$, $X'(0) = 0$,对式(2.5.28)积分,得到弹丸的运动速度为

$$X'(t) = \frac{2c_0}{\gamma-1}\left[1 - \left(1 + \frac{\gamma+1}{2c_0}\frac{p_0 A}{m_0}t\right)^{-\frac{\gamma-1}{\gamma+1}}\right] \tag{2.5.29}$$

再积分一次,得到弹丸的位置随时间的变化为

$$X(t) = \frac{2c_0}{\gamma-1}\left\{t + \frac{c_0 m_0}{p_0 A}\left[1 - \left(1 + \frac{\gamma+1}{2c_0}\frac{p_0 A}{m_0}t\right)^{\frac{2}{\gamma+1}}\right]\right\} \tag{2.5.30}$$

从式(2.5.29)可以看出,弹丸速度随时间增加而增大.当 $t\to\infty$ 时,得到弹丸极限速度为 $\dfrac{2c_0}{\gamma-1}$,这个极限速度就是气体向真空膨胀的逃逸速度,并且与弹丸质量无关.

思考题 1:对于从炮管发射的弹丸,在其他发射条件相同的情况下,炮管的长度与弹丸出口速度有什么关系?试说明理由.

思考题 2:摇晃香槟酒瓶,打开瓶盖,酒从瓶中冲出.试对该现象进行解释.

2.6 压缩波

2.6.1 压缩波的解

在图 2.22 中,如果使活塞的运动反向,即朝气体推进,气体的密度和压强将增加,这时的扰动就是右行压缩波.假定活塞作加速运动,活塞速度不断增大,活塞迹线上气体的速度 u 和特征线的斜率 $u+c$ 都是随时间而增大的,于是从活塞迹线上发出的 C_+ 族特征线是聚拢的,显然,它们在一定的时间后必定会相交,如图 2.28 所示.特征线相交意味着解是多值的,从而导致间断.间断一旦产生,黎曼不变量不再有意义,从而简单波解失效,但是,在出现间断以前,扰动仍然是简单波,因而可求解.

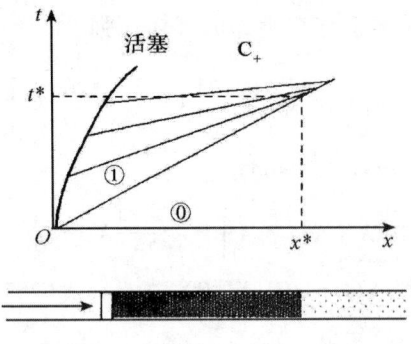

图 2.28 活塞运动产生右行压缩波

已知 C_+ 族特征线方程为
$$x=(u+c)t+\varphi(u)$$
利用黎曼不变量 J_- 为同一常数,有

第 2 章 简单波

$$u - \frac{2}{\gamma-1}c = -\frac{2}{\gamma-1}c_0 = J_-^0$$

于是有

$$c = c_0 + \frac{\gamma-1}{2}u \tag{2.6.1}$$

$$x = \left(c_0 + \frac{\gamma+1}{2}u\right)t + \varphi(u) \tag{2.6.2}$$

如果已知活塞运动规律 $x = X(t)$，就可求出 $\varphi(u)$，从而对压缩波定解. 可以看出，在形式上，压缩波解与稀疏波解完全相同. 实际上，只需要将稀疏波解中活塞速度值的符号改变便得到压缩波解. 在间断出现以后，压缩波解失效，但可利用简单波解得到间断形成的位置和时刻.

例 2.5 设活塞作匀加速运动，给出右行压缩波传播时间断发生的时刻和位置.

解 如图 2.28 所示，设间断发生的时刻和位置分别为 t^* 和 x^*. 从数学上看，间断意味着各物理量的空间导数为无穷大，例如

$$\left(\frac{\partial u}{\partial x}\right)_{t^*} \to \infty$$

或表示为

$$\left(\frac{\partial x}{\partial u}\right)_{t^*} \to 0 \tag{2.6.3}$$

将式(2.6.2)代入式(2.6.3)，得到发生间断的时刻为

$$t^* = -\frac{2}{\gamma+1}\varphi'(u) \tag{2.6.4}$$

再利用式(2.6.2)，得到发生间断的位置为

$$x^* = \left(c_0 + \frac{\gamma+1}{2}u\right)t^* + \varphi(u) \tag{2.6.5}$$

由于活塞作匀加速运动，其轨迹为 $X = \frac{1}{2}at^2$，a 是加速度. 活塞轨迹就是扰动区的边界条件，将其代入式(2.6.2)，并注意到 $u = at$，有

$$\varphi(u) = -\left(\frac{c_0}{a}u + \frac{\gamma}{2a}u^2\right) \tag{2.6.6}$$

$$\varphi'(u) = -\left(\frac{c_0}{a} + \frac{\gamma}{a}u\right) \tag{2.6.7}$$

当活塞作匀加速运动时，间断出现在波头上. 假定波前气体是静止的，则在波头上有 $u = 0$，因此可求出

$$\varphi(0)=0, \quad \varphi'(0)=-\frac{c_0}{a}$$

于是得到发生间断的时刻和位置分别为

$$\begin{cases} t^* = \dfrac{2c_0}{(\gamma+1)a} \\ x^* = \dfrac{2c_0^2}{(\gamma+1)a} \end{cases} \tag{2.6.8}$$

2.6.2 不存在中心压缩波

前面已经说明，对于被活塞封闭在半无限长管道中的静止气体，如果活塞突然以某个常速度运动就会形成中心简单波. 从数学上看，中心压缩波与中心稀疏波分别对应于活塞速度取正值和负值的解，但事实并不是这样. 如果活塞突然以某个常速度压缩气体，相当于加速度 a 为无穷大，从式(2.6.8)可知，这时有 $t^*=0$，$x^*=0$，这说明间断在活塞一开始运动就出现了，因而中心压缩波是不存在的.

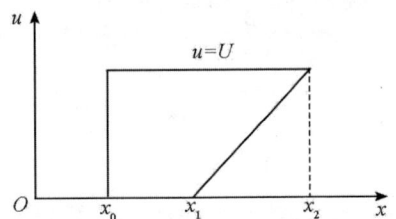

图 2.29 "中心压缩波"区的速度分布

从另一方面看，如果中心压缩波存在，则其波头沿特征线以速度 c_0 传播，波尾以速度 $u+c$ 运动，因此有

$$u+c = c_0 + \frac{\gamma+1}{2}U > c_0$$

上式说明波尾比波头跑得快，于是压缩波区的流动参量，例如质点速度，在某个时刻将呈现出如图 2.29 所示的空间分布，其中 $x_0=Ut$ 是活塞位置，$x_1=c_0 t$ 是波头到达的位置，$x_2=\left(c_0+\dfrac{\gamma+1}{2}U\right)t$ 是波尾到达的位置. 显然，在 x_1 与 x_2 之间，每一个位置对应三个速度值，这是没有物理意义的，所以中心压缩波不可能存在. 这时的实际情况是，波头与波尾之间的"中心压缩波"区转变为一个间断面，即冲击波，而在间断面与活塞之间是一个被冲击波压缩的常态区. 可以初步看出，冲击波与简单波有显著的差别，关于冲击波的性质及其在气体中的

传播规律将在第 3 章介绍.

2.7 波形变化的物理机制

一个任意形状的波,可以被想象成一系列的脉动(或扰动),这些脉动集合起来便形成一个完整的波. 如果波属于小扰动,那么波的所有各部分只在一个方向以同一速度运动. 因此,这种波的每一部分既不穿越其他部分,也不被同一个波的其他部分所穿越,所以波形随时间保持不变. 如果波的振幅较大,那么波形将随时间发生变化. 2.4.4 节利用特征线说明了波形的变化趋势,这里进一步讨论波形变化的内在机制和判断准则.

2.7.1 波发展过程的物理描述

在一个半无限长的等截面直管道中,假定活塞向右做加速运动,在等熵条件下压缩原来处于静止的气体,于是在气体中形成了一个压缩波. 为了分析压缩波的发展过程,将活塞的加速过程作以下分解:把时间划分为一系列小的、且大小相等的时间间隔,活塞在每一个时间间隔内具有相同的速度,并随时间阶跃增大. 这样,我们所考虑的这个压缩波可看成是由一系列压缩脉动所形成的.

图 2.30 示意地表示出了活塞开始运动后管内各不同瞬时的压强分布. 在每个时刻,左边垂直线的位置表示活塞的瞬时位置. 在活塞做了第一次突然加速后,也就是在 $t=1$ 时,第一个压缩脉动(用垂直波前表示)沿管道向右移动了一段距离,该脉动所影响到的气体质团在图上以"a"来标记. 显然,气体质团"a"的压强稍有增加,且以活塞的速度向右运动. 在 $t=2$ 时,活塞做第二次加速产生了第二个压缩脉动,质团"a"的压强和速度进一步增加,而原来的压缩脉动则沿管道移动并把压强和速度脉动传递给质团"b". 由于每一个压缩脉动都要向右移动,而且活塞的逐次加速都要产生新的压缩脉动,所以上述过程是不断进行的,即在 $t=3,4,5,\cdots$ 等时刻,依次产生相应的压缩脉动,脉动所影响的气体依次扩展到 $c,d,e,\cdots$ 等质团,由于每经历一个时间间隔,对于与活塞相邻的气体质团,活塞的运动总是将质团在原有压强基础上再施加一个压强作用,所以离活塞越近的气体,压强越高.

由特征线理论知,每一个压缩脉动的传播速度均为当地的质点速度与声速之和. 气体的运动是由活塞推动引起的,由于活塞做加速运动,所以靠近活塞的气体比远离活塞的气体运动速度快. 此外,因为过程是等熵的,所以在靠近活塞的那部分气体中,声速也要大一些,这是因为那里的压强比较大,从而密度和声速也比较高($p=A\rho^{\gamma}$，$c^2=\gamma A\rho^{\gamma-1}$). 因此，靠近活塞的压缩脉动的传播速度比远离活塞的压缩脉动的速度快，所以一个个压缩脉动之间的距离会越来越近，或者说由若干压缩脉动所形成的压缩波的波形越来越陡. 只要管子足够长，后激发的压缩脉动必然要赶上前面激发的压缩脉动. 例如，在 $t=5$ 时，最早产生的那个压缩脉动被紧随其后的压缩脉动赶上，从而使质团"d"与质团"e"被挤在一起，所以在此位置处，压强、速度、密度等物理量发生间断，其空间梯度成为无穷大，于是形成了强度很弱的冲击波. 随着过程的进一步发展，将有越来越多的压缩脉动挤在一起，从而使冲击波强度不断增大. 如果在 $x-t$ 平面上观察特征线，以上现象表现为 C_+ 族特征线的相交.

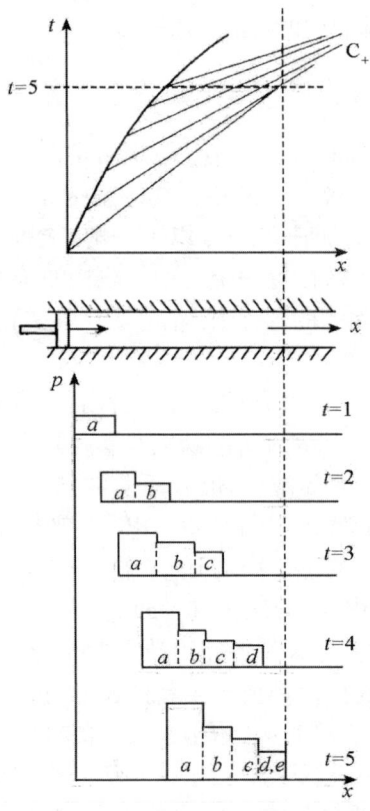

图 2.30　活塞压缩气体产生的波动过程

如果图 2.30 中的活塞是向左做加速运动，则气体中产生的是稀疏波. 类似的分析表明，随着时间的推移，稀疏波变得越来越平坦.

物质的加速运动属于惯性效应，因此上述波形变化实际上是由介质内在的惯性效应驱动的.

图 2.31 示意给出了波形的发展过程,定性地反映了上述简单波理论分析结果. 当压缩波向右传播时总是变得越来越陡(图 2.31(a)),直到 $t=4$ 和 $t=5$ 之间的某一点处,它趋近于无限陡. 如果时间进一步增大,例如 $t=5$,则将出现如虚线所示的"逆曲"波形. 显然,这种波形在物理上是不合理的,因为这意味着在同一瞬时和同一位置处,流体同时有三个不同的压强值、速度值和密度值.

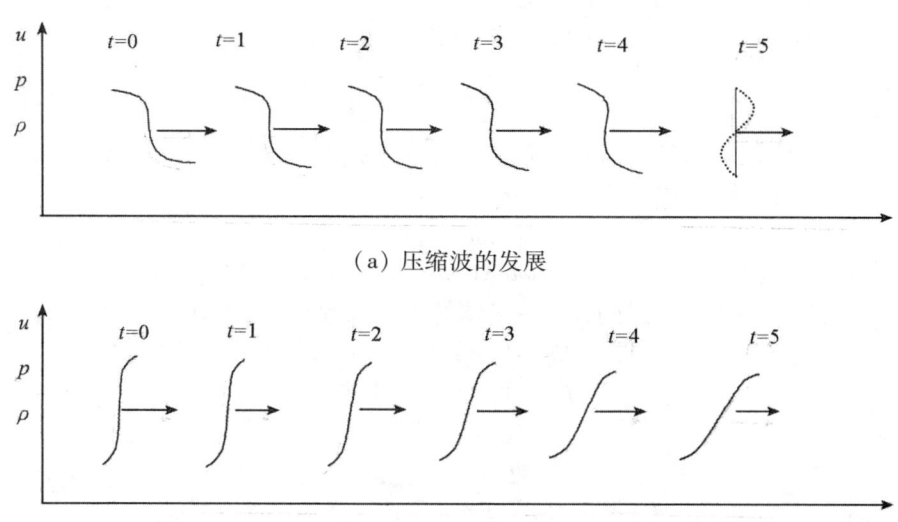

(a) 压缩波的发展

(b) 稀疏波的发展

图 2.31 右行波波形的发展过程

从物理上看,图 2.31(a) 所示波形(包括"逆曲"波形)是简单波理论的必然结果,是在等熵的条件下得到的,反映了流体介质的惯性效应. 而事实上,一过 $t=4$,由于速度梯度接近无穷大,黏性和导热效应就要发生作用,从而使熵增加. 由于熵值发生了变化,等熵流动条件不再满足,所以这时的简单波分析结果就不再正确了. 黏性和导热属于内部耗散效应,它们的存在将阻止压缩波变陡. 在压缩波传播过程中,在驱使其波形变陡的惯性效应与阻止其变陡的耗散效应的共同作用下,连续的压缩波将转变为一个间断面,即形状不变的冲击波,如图 2.31(a) 中 $t=5$ 时的实线所示.

与压缩波相反,当稀疏波向右传播时,总是变得越来越平坦(图2.31(b)),因而观察不到不连续效应. 即使在某瞬时产生了一个稀疏冲击波,上述动力学机制也将使这种稀疏突跃立即演化为一个连续的稀疏波.

2.7.2 波形变化的规律

1. 波形变化的趋势

2.7.1 节介绍了波形发展的物理过程与基本现象,现在进一步采用数学方法对波形的变化趋势进行分析. 为了明确起见, 下面以右行波为例, 考察波形的速度梯度即 $\partial u/\partial x$ 随时间的变化.

由于 $\partial u/\partial x$ 与 x 和 t 都有关, 所以有关系式

$$\frac{\mathrm{d}}{\mathrm{d}t}\left(\frac{\partial u}{\partial x}\right) = \frac{\partial}{\partial t}\left(\frac{\partial u}{\partial x}\right) + \frac{\mathrm{d}x}{\mathrm{d}t}\left(\frac{\partial^2 u}{\partial x^2}\right) \tag{2.7.1}$$

其中对时间的求导是针对波形, 而不是质点, 所以 $\mathrm{d}x/\mathrm{d}t$ 表示右行波的特征线, 即 $\mathrm{d}x/\mathrm{d}t = u + c$. 同时还可以写出数学恒等式

$$\frac{\partial}{\partial t}\frac{\partial u}{\partial x} = \frac{\partial}{\partial x}\frac{\partial u}{\partial t} \tag{2.7.2}$$

设波是在气体中传播的, 利用气体的等熵方程 $p = A\rho^\gamma$ 有

$$\frac{\mathrm{d}\rho}{\rho} = \frac{1}{\gamma}\frac{\mathrm{d}p}{p} = \frac{2}{\gamma-1}\frac{\mathrm{d}c}{c}$$

因此

$$\frac{1}{\rho}\frac{\partial p}{\partial x} = \frac{1}{\rho}\frac{\mathrm{d}p}{\mathrm{d}\rho}\frac{\partial\rho}{\partial x} = \frac{c^2}{\rho}\frac{\partial\rho}{\partial x} = \frac{2c}{\gamma-1}\frac{\partial c}{\partial x} \tag{2.7.3}$$

对于右行简单波, J_- 为同一常数, 所以有

$$\frac{\mathrm{d}c}{\mathrm{d}u} = \frac{\gamma-1}{2}$$

于是

$$\frac{\partial c}{\partial x} = \frac{\mathrm{d}c}{\mathrm{d}u}\frac{\partial u}{\partial x} = \frac{\gamma-1}{2}\frac{\partial u}{\partial x} \tag{2.7.4}$$

从运动方程出发, 并利用式(2.7.3)和式(2.7.4)有

$$\frac{\partial u}{\partial t} = -u\frac{\partial u}{\partial x} - \frac{1}{\rho}\frac{\partial p}{\partial x} = -u\frac{\partial u}{\partial x} - c\frac{\partial u}{\partial x} = -(u+c)\frac{\partial u}{\partial x} \tag{2.7.5}$$

将式(2.7.5)对 x 微分, 并利用式(2.7.4), 得到

$$\frac{\partial}{\partial t}\left(\frac{\partial u}{\partial x}\right) = \frac{\partial}{\partial x}\left(\frac{\partial u}{\partial t}\right) = -(u+c)\frac{\partial^2 u}{\partial x^2} - \frac{\partial u}{\partial x}\left(\frac{\partial u}{\partial x} + \frac{\partial c}{\partial x}\right)$$

$$= -(u+c)\frac{\partial^2 u}{\partial x^2} - \frac{\gamma+1}{2}\left(\frac{\partial u}{\partial x}\right)^2$$

将 $\mathrm{d}x/\mathrm{d}t = u + c$ 及上式代入式(2.7.1), 得到波形梯度随时间的变化率为

$$\frac{\mathrm{d}}{\mathrm{d}t}\left(\frac{\partial u}{\partial x}\right) = -\frac{\gamma+1}{2}\left(\frac{\partial u}{\partial x}\right)^2 \tag{2.7.6}$$

对式(2.7.6)积分,得到

$$\frac{\partial u}{\partial x} = \left[\frac{1}{(\partial u/\partial x)_0} + \frac{\gamma+1}{2}t\right]^{-1} \tag{2.7.7}$$

式中,$(\partial u/\partial x)_0$为初始时刻的速度梯度.

对于右行稀疏波,波形的初始梯度$(\partial u/\partial x)_0$为正值,因此右行稀疏波的梯度$(\partial u/\partial x)$总是正值,但随着时间的增加,梯度值减小,所以波形越来越平缓,如图 2.32(a)所示.这就是稀疏波波形的发展趋势.

对于右行压缩波,波形的初始梯度$(\partial u/\partial x)_0$为负值,因此右行压缩波的梯度$(\partial u/\partial x)$一开始也是负值,但随着时间的增加,波形的梯度的绝对值越来越大,并在某个时刻达到无穷大,从而形成间断,如图 2.32(b)所示.这就是压缩波波形的发展趋势.

令$\partial u/\partial x$为无穷大,从式(2.7.7)得到波形梯度达到无穷大的时间为

$$t = -\frac{2}{\gamma+1}\bigg/\left(\frac{\partial u}{\partial x}\right)_0 \tag{2.7.8}$$

显然,当活塞突然以常速度压缩气体时,必有$(\partial u/\partial x)_0 \to -\infty$,于是$t \to 0$,即波形梯度一开始就是无穷大,也就是说,间断在一开始就产生了,这与 2.6.2 节的结论完全一致.

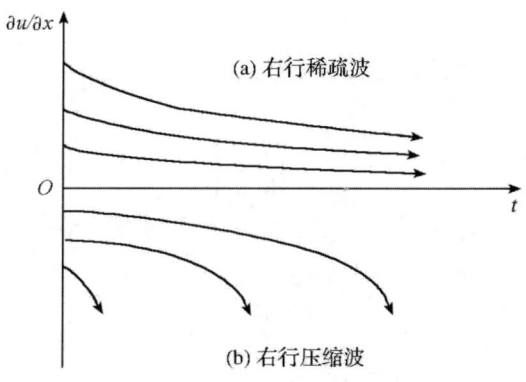

图 2.32 简单波的速度梯度随时间的变化

2. 波形变化的准则

考虑一个右行压缩波,图 2.33 为速度和压强的瞬时分布.在靠得很近的相邻两点 1 和 2 之间,流动参量的变化量设为 du,dp,$d\rho$,dc 等,波速的变化量设为 du_w.物理分析表明,只要速度梯度和温度梯度的绝对值不是足够大,黏性效应和导热效应可以略去不计的假设总是正确的,因而可采用简单波理论进行分析.

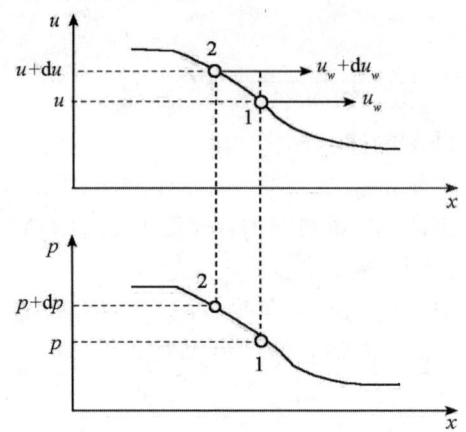

图 2.33　右行压缩波波形示意图

在图 2.33 中，设点 1 处的波速为

$$u_w = u + c$$

则点 2 处的波速为

$$u_w + \mathrm{d}u_w = (u + \mathrm{d}u) + (c + \mathrm{d}c)$$

从而有

$$\mathrm{d}u_w = \mathrm{d}u + \mathrm{d}c \tag{2.7.9}$$

我们感兴趣的是，波的相邻部分的速度变化与压强有什么关系，因此需要对比值 $\mathrm{d}u_w/\mathrm{d}p$ 进行分析. 由式(2.7.9)有

$$\frac{\mathrm{d}u_w}{\mathrm{d}p} = \frac{\mathrm{d}u}{\mathrm{d}p} + \frac{\mathrm{d}c}{\mathrm{d}p} \tag{2.7.10}$$

对于右行简单波，J_- 为同一常数，扰动量之间有关系

$$\frac{\mathrm{d}u}{\mathrm{d}p} = \frac{1}{\rho c} \tag{2.7.11}$$

此外，流体状态的变化都是在等熵条件下进行的，因此有 $c^2 = \mathrm{d}p/\mathrm{d}\rho$，将该式对 p 求微分，得

$$2c\frac{\mathrm{d}c}{\mathrm{d}p} = \frac{\mathrm{d}}{\mathrm{d}p}\left(\frac{\mathrm{d}p}{\mathrm{d}\rho}\right) = \left(\frac{\mathrm{d}\rho}{\mathrm{d}p}\right)\frac{\mathrm{d}}{\mathrm{d}\rho}\left(\frac{\mathrm{d}p}{\mathrm{d}\rho}\right) \tag{2.7.12}$$

将式(2.7.11)和式(2.7.12)代入式(2.7.10)，得到

$$\frac{\mathrm{d}u_w}{\mathrm{d}p} = \frac{1}{\rho c}\left[1 + \frac{\rho}{2}\frac{\mathrm{d}^2 p/\mathrm{d}\rho^2}{\mathrm{d}p/\mathrm{d}\rho}\right]_s \tag{2.7.13}$$

整理后有

$$\frac{\mathrm{d}u_w}{\mathrm{d}p} = -\frac{v^2}{2c}\frac{(\partial^2 p/\partial v^2)_s}{(\partial p/\partial v)_s} \tag{2.7.14}$$

第2章 简单波

对于正常物质，$(\partial p/\partial v)_s$ 必定是负的，所以，$\mathrm{d}u_w/\mathrm{d}p$ 的符号仅由 $(\partial^2 p/\partial v^2)_s$ 的符号来决定，也就是说，决定于压强 - 比体积平面上的等熵线是上凸还是下凸的. 由此可见，波形变化的趋势可根据介质等熵压缩线的形状来判断.

从图 2.33 可知，如果 $\mathrm{d}u_w/\mathrm{d}p$ 是正的，则在同一个压缩波波形上，低压部分速度慢，高压部分速度快，于是波的高压部分必然追上低压部分，从而压缩波随着波的推进而变陡，最终转变为冲击波. 反之，对于稀疏波，高压部分速度快，低压部分速度慢，所以低压部分与高压部分相距越来越远，波形越来越平坦.

如果 $\mathrm{d}u_w/\mathrm{d}p$ 是负的，情况正好相反，压缩波将变得越来越平坦，而稀疏波变得越来越陡峭，最终形成稀疏冲击波.

根据上述分析，得到波形变化的准则如下：

(1) 当流体的等熵线满足下面不等式时，压缩波变陡而稀疏波变平：

$$\left(\frac{\partial^2 p}{\partial v^2}\right)_s > 0 \tag{2.7.15}$$

(2) 当流体的等熵线满足下面不等式时，压缩波变平而稀疏波变陡：

$$\left(\frac{\partial^2 p}{\partial v^2}\right)_s < 0 \tag{2.7.16}$$

(3) 当流体的等熵线满足下面等式时，波形不变：

$$\left(\frac{\partial^2 p}{\partial v^2}\right)_s = 0 \tag{2.7.17}$$

对式 (2.7.17) 积分两次，得到保持波形不变的唯一的等熵关系式为

$$p_s = A + Bv \tag{2.7.18}$$

式中，A 和 B 为常数. 显然，这种等熵线在 $p - v$ 平面上为直线.

由此得到简单波波形的变化与等熵线形状之间的关系如图 2.34 所示.

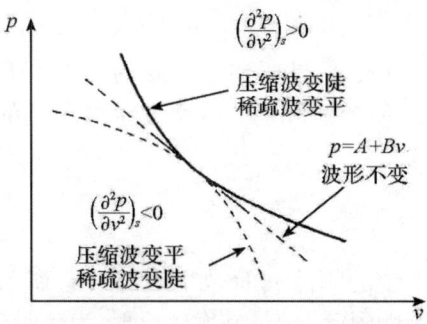

图 2.34 简单波波形变化与等熵线之间的关系

对于理想气体，其等熵方程为 $p = A\rho^\gamma$，因此有

$$\left(\frac{\partial^2 p}{\partial v^2}\right)_s = \frac{\gamma(\gamma+1)p}{v^2} \tag{2.7.19}$$

因为对于所有的已知气体，γ 和 p，v 都是正值，所以总是有 $(\partial^2 p/\partial v^2)_s > 0$. 由此得出结论：在理想气体中，压缩波变陡而稀疏波变平. 这与波形变化趋势的分析结论一致，这是必然的，因为在波形变化趋势分析中已采用了理想气体的等熵方程 $p = A\rho^{\gamma}$.

在中等压强下，凝聚介质的等熵方程可表示为

$$p = A(s)\rho^n + B \tag{2.7.20}$$

式中，$A(s)$ 是依赖于熵的正常数，B 和 n 是材料常数. 由式(2.7.20)有

$$\left(\frac{\partial p}{\partial v}\right)_s = -nA\left(\frac{1}{v}\right)^{n-1}$$

$$\left(\frac{\partial^2 p}{\partial v^2}\right)_s = n(n-1)A\left(\frac{1}{v}\right)^{n-2} \tag{2.7.21}$$

因此，只要 $n > 1$，就有 $(\partial^2 p/\partial v^2)_s > 0$. 事实上，对于已知凝聚介质，$n$ 值都是大于 2 的，所以压缩波变陡，而稀疏波变平.

到现在为止，还没有发现任何服从条件式(2.7.16)或式(2.7.17)的实际物质的例子，所以人们把式(2.7.15)当作正常物质的基本性质之一来看待. 然而，似乎也没有什么根本的原因不允许满足关系式(2.7.16)或式(2.7.17)的物质存在. 实际上，某些物质在相变附近的状态就能满足条件(2.7.16). 此外，在不太高的压强下，固体材料从弹性变形向塑性变形过渡时也可能会出现满足条件式(2.7.16)的情况.

2.8 简单波的反射与相交

简单波传播一段时间后，总是要到达介质的边界，从而产生反射；或者简单波在传播过程中与另一简单波相遇，从而发生简单波的相交. 下面对这类问题进行简要介绍.

2.8.1 简单波在固壁的反射

所谓固壁就是没有形变的刚体表面. 如图 2.35(a)所示，假设一右行稀疏波在理想气体中入射到一刚性固壁 J_r 上，并发生反射. 为简明起见，这里只用一根特征线表示简单波. 首先考虑一般性，假定固壁有一运动速度 u_r（可看成是一个活塞），由于流动的连续性，固壁附近的流体速度也是 u_r，所以沿入射波 C_+ 族特征线 AB 的黎曼不变量 J_+^I 和反射波 C_- 族特征线 BD 的黎曼不变量 J_-^R 分别为

$$J_+^I = u_r + \frac{2}{\gamma-1}c_r \qquad (2.8.1)$$

$$J_-^R = u_r - \frac{2}{\gamma-1}c_r \qquad (2.8.2)$$

故有

$$J_-^R = -J_+^I + 2u_r \qquad (2.8.3)$$

如果固壁静止不动，即 $u_r = 0$，则有

$$J_-^R = -J_+^I \qquad (2.8.4)$$

可见，沿反射波特征线的黎曼不变量与沿入射波特征线的黎曼不变量大小相等，符号相反，这说明波只是简单地反射，波的性质保持不变. 由此可以推论：稀疏波遇到固壁后反射稀疏波，压缩波遇到固壁后反射压缩波.

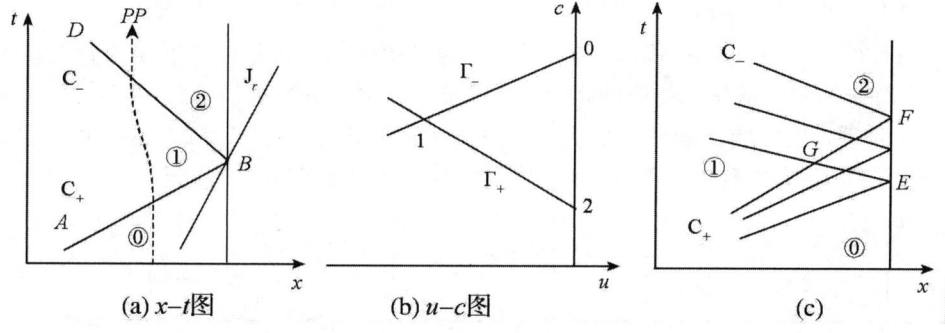

图 2.35 稀疏波在固壁处的反射

下面进一步确定入射波波前状态、波后状态与反射波波后状态常用流动参量之间的相互关系. 应该注意的是，这里所说的波后状态是指与波尾相邻的常态(流)区状态. 我们从 2.4 节 ~ 2.6 节已知，简单波实际上是从波头到波尾之间的一个有限区域，在此区域内，各流动参量是随空间和时间而变化的. 另一方面，根据简单波的基本性质，简单波必须与常态(流)区相毗邻，因此在波头的前方和波尾的后方各有一常态(流)区.

对于右行稀疏波，假设波前状态⓪区为静止区，速度为 0，声速为 c_0. 波后状态设为①区. 由于黎曼不变量 $J_-(x,t)$ 为同一个常数，所以

$$J_- = -\frac{2}{\gamma-1}c_0 = u_1 - \frac{2}{\gamma-1}c_1 = \text{const} \qquad (2.8.5)$$

反射波为左行稀疏波，其波前状态即为入射稀疏波的波后状态，因而是①区，波后状态设为②区. 对于反射波，黎曼不变量 $J_+(x,t)$ 为同一个常数，因而有

$$J_+ = \frac{2}{\gamma-1}c_2 = u_1 + \frac{2}{\gamma-1}c_1 = \text{const} \qquad (2.8.6)$$

联立式(2.8.5)和式(2.8.6)有

$$c_1 = \frac{c_2 + c_0}{2} \tag{2.8.7}$$

$$u_1 = \frac{c_2 - c_0}{\gamma - 1} \tag{2.8.8}$$

根据稀疏波的特点,得到⓪区、①区和②区的 u 和 c 之间的关系,如图 2.35(b) 所示,其中的点 0,1,2 分别代表这三个区的状态.

还应该注意到,入射波与反射波有一个相互作用区域,即图 2.35(c) 中三角形 EFG 区域,但这个相互作用区域内的扰动并不是简单波,因为这个区域内不是单向行波. 由于熵并没有改变,所以流动仍然是等熵的,特征线分析方法仍然有效. 然而,相互作用区域的特征线不再是直线,因此三角形 EFG 的两条边 EG 和 FG 均为曲线. 如果要对这个区域的流场进行计算,可以将特征线画得很密,从而两组特征线所组成的网格间距很小,因而每一个网格都可近似看成是由直线构成的,对每一个网格写出相应的特征线关系式,便可以进行数值求解.

同理,压缩波在固壁反射后,其声速和速度仍然由式(2.8.7)和式(2.8.8)给出,其 $x-t$ 波系图和不同区域之间的 $u-c$ 关系如图 2.36 所示.

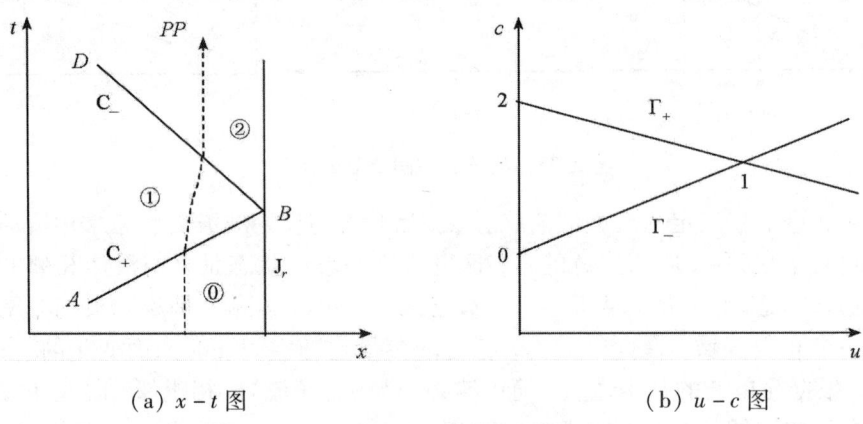

(a) $x-t$ 图　　　　　　　　　(b) $u-c$ 图

图 2.36　压缩波在固壁处的反射

2.8.2　简单波在开口端的反射

所谓开口端是指有限截面管道与大气相连通的那个面,显然,这个面上始终保持 1 个大气压的压强,因此也称为恒压面,记为 $J_{p=1\text{atm}}$. 如图 2.37(a) 所示,假设有一右行稀疏波在开口端反射,由于稀疏波使波后压强减小,所以当稀疏波到达开口端后,压强小于大气压. 另一方面,大气压是确定不变的,管口处的压强差必然使管道内的气体产生扰动,而且这个扰动必须使管道内气体的压强提高,以保持与大气压的平衡,所以反射波必然是压缩波.

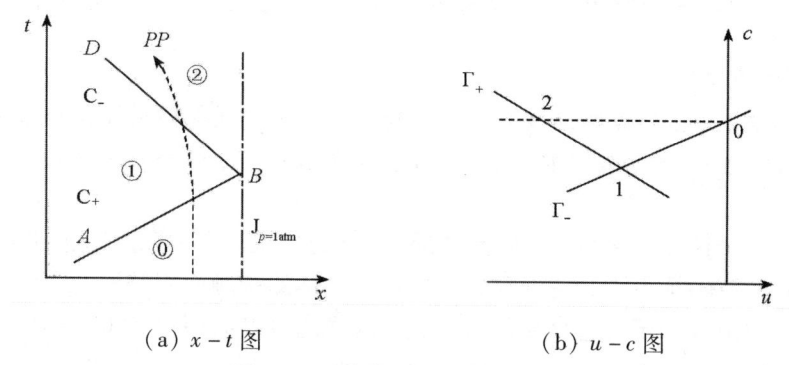

(a) x-t 图　　　　　(b) u-c 图

图 2.37　稀疏波在开口端的反射

对于入射稀疏波,⓪区和①区之间的 u-c 关系仍为式(2.8.5),但从①区到②区的 u 和 c 满足

$$J_+ = u_2 + \frac{2}{\gamma-1}c_2 = u_1 + \frac{2}{\gamma-1}c_1 = \text{const} \tag{2.8.9}$$

由于⓪区和②区的压强相等,在等熵条件下必有声速相等,即 $c_0 = c_2$. 将上述条件联立起来,最后有

$$u_1 = \frac{u_2}{2},\ c_1 = c_0 + \frac{\gamma-1}{4}u_2 \tag{2.8.10}$$

根据稀疏波和压缩波的特点以及等压面条件等,入射波波前状态 0、波后状态 1、反射波波后状态 2 之间的 u-c 关系如图 2.37(b)所示.

同理,压缩波在开口端必然反射稀疏波,流动参量之间的关系仍然满足式(2.8.10),其波系图和 u-c 关系如图 2.38 所示.

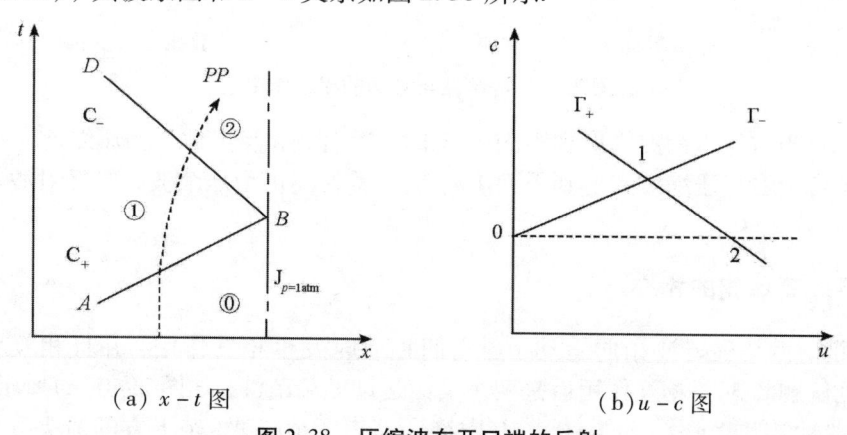

(a) x-t 图　　　　　(b) u-c 图

图 2.38　压缩波在开口端的反射

2.8.3 简单波与接触界面的相互作用

1. 接触界面

简单地说,接触界面是指两种不同物质或同种物质的两种不同状态的交界面,常用符号 J 表示. 例如水和空气、水和油的交界面,热空气和冷空气的交界面等.

对于一个任意的接触面,两侧介质的波阻抗($\rho_0 c_0$)一般是不相等的,如果左边介质的波阻抗大于右边介质的波阻抗,这样的接触面用符号 $J_>$ 表示,如果左边介质波阻抗小于右边介质的波阻抗,这样的接触面用符号 $J_<$ 表示.

2. 简单波在接触界面的透射和反射

当简单波入射到接触界面时将发生波的透射和反射,其定性结果如下:

(1) 当右行稀疏波入射到界面 $J_<$ 上时,透射波和反射波均为稀疏波,其波系图如图 2.39(a) 所示.

(2) 当右行稀疏波入射到界面 $J_>$ 上时,透射波仍为稀疏波,但反射波为压缩波,波系图如图 2.39(b) 所示.

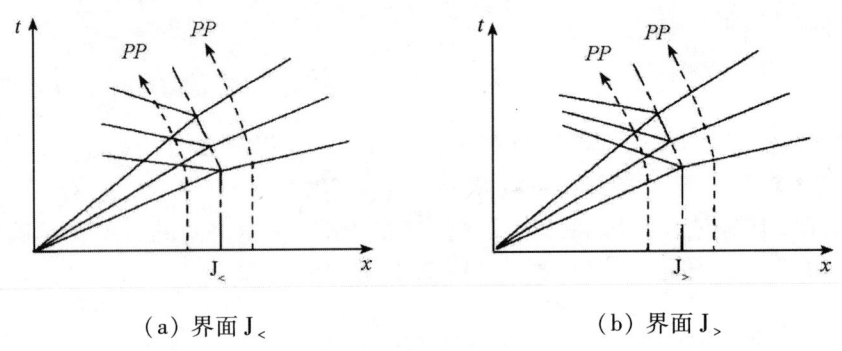

(a) 界面 $J_<$　　　　　　　　(b) 界面 $J_>$

图 2.39　稀疏波与界面的相互作用

(3) 当右行压缩波入射到界面 $J_<$ 上时,透射波和反射波均为压缩波.

(4) 当右行压缩波入射到界面 $J_>$ 上时,透射波仍为压缩波,但反射波为稀疏波.

2.8.4 简单波的相交

设有两个稀疏波相向运动,当它们相遇时发生相互作用,并且相互穿过(参见例题 2.3),相互作用后是两个反向运动的稀疏波,如图 2.40(a)所示(不失一般性,假设 $u_0 = \text{const} > 0$),其中符号 R 表示稀疏波,R 上方的箭头方向表示稀疏波传播方向.

第 2 章 简单波

利用黎曼不变量的性质可将⓪区、①区、②区和③区之间的 u 和 c 联系起来：

$$u_0 - \frac{2}{\gamma-1}c_0 = u_1 - \frac{2}{\gamma-1}c_1 \quad (2.8.11)$$

$$u_0 + \frac{2}{\gamma-1}c_0 = u_2 + \frac{2}{\gamma-1}c_2 \quad (2.8.12)$$

$$u_3 + \frac{2}{\gamma-1}c_3 = u_1 + \frac{2}{\gamma-1}c_1 \quad (2.8.13)$$

$$u_3 - \frac{2}{\gamma-1}c_3 = u_2 - \frac{2}{\gamma-1}c_2 \quad (2.8.14)$$

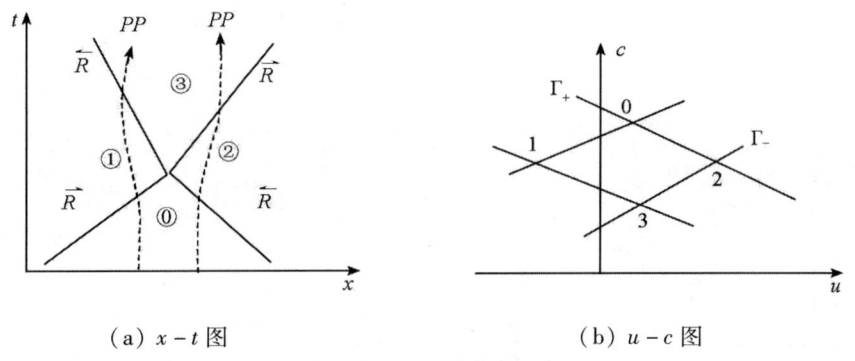

(a) $x-t$ 图　　　　　　　　(b) $u-c$ 图

图 2.40　两稀疏波相交

联立式(2.8.11)和式(2.8.12)有

$$u_1 + u_2 = \frac{2}{\gamma-1}(c_1 - c_2) + 2u_0 \quad (2.8.15)$$

联立式(2.8.13)和式(2.8.14)，并结合式(2.8.11)和式(2.8.12)有

$$u_3 = u_1 + u_2 - u_0 \quad (2.8.16)$$

$$c_3 = \frac{\gamma-1}{4}(u_1 - u_2) + \frac{1}{2}(c_1 + c_2) = c_1 + c_2 - c_0 \quad (2.8.17)$$

由此得到⓪区、①区、②区和③区之间的 $u-c$ 关系，如图 2.40(b)所示.

如果是两个压缩波相遇，仍然是二者相互穿过，相互作用后的质点速度和声速仍然满足式(2.8.16)和式(2.8.17)，其波系图和 $u-c$ 关系如图 2.41 所示，其中符号 C 表示压缩波，C 上方的箭头方向表示压缩波传播方向.

如果有一压缩波从左向右传播，同时有一稀疏波从右向左传播，当两波相遇后同样是相互穿过，相互作用后的质点速度和声速仍然满足式(2.8.16)和式(2.8.17)，其波系图和 $u-c$ 关系如图 2.42 所示.

由此可见，两简单波迎面相遇后，总是相互穿过，相互作用后的质点速度和声速总是满足式(2.8.16)和式(2.8.17)，这说明质点速度和声速满足线性叠加原理，但压强和密度一般不满足线性叠加原理．

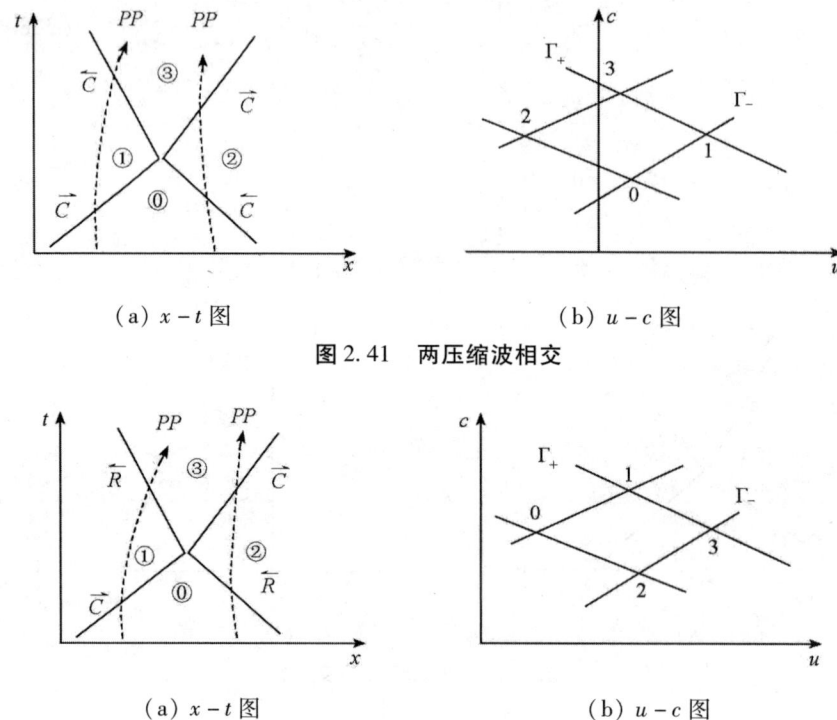

(a) $x-t$ 图　　　　　　　　(b) $u-c$ 图

图 2.41　两压缩波相交

(a) $x-t$ 图　　　　　　　　(b) $u-c$ 图

图 2.42　压缩波和稀疏波的相交

习　题　2

2.1　推导一维球面声波的连续性方程及其波动方程．

2.2　已知偏微分方程及其定解条件为

$$\begin{cases} \dfrac{\partial u}{\partial t} + c(u)\dfrac{\partial u}{\partial x} = 0 \\ u|_{t=0} = u_0(x) \end{cases}$$

求它的特征线以及沿特征线的解．

2.3　已知密度小扰动在 $t=0$ 时刻的分布分别为如图 2.43 所示的三种情况，且为左行波，试在 $x-t$ 平面上画出密度和速度扰动沿特征线传播的示意图．

第2章 简单波

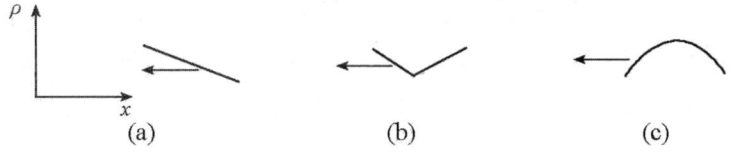

图 2.43　$t=0$ 时刻的密度小扰动（习题 2.3 图）

2.4　设液体的等熵方程为 $p = A\rho^n + B$，其中 A，B，n 均为常数，试证明其均熵流的黎曼不变量为

$$J_{\pm} = u \pm \frac{2}{n-1}c$$

2.5　在 2.4 题中，令 $n=3$，求均熵流动问题的一般解．

2.6　利用特征线的性质说明：与常态区相毗邻的区域中的等熵流动一定是简单波．

2.7　试画出理想气体中简单波的 $\Gamma_\pm$ 曲线．

2.8　设气体被一平面活塞封闭在等截面长直管道的左边，若活塞向右加速运动，试画出波系图．

2.9　给出左行中心稀疏波的解．

2.10　求半无限管道中的高压气体向右边真空飞散问题的解．

2.11　一根水平管道中充有 1atm 及 300 K 的静止空气．管道左端被一可动活塞所封闭．在 $t=0$ 时，活塞受到冲击以 30m/s 的速度运动．试采用简单波解求下列两种情况下活塞表面的压强：①活塞向左运动；②活塞向右运动．

2.12　一个长度为 L、密度为 ρ 的无摩擦活塞，装在一根等截面的长管道中，并在 $t=0$ 时被其左侧气体释放出来．管内的气体初始时处于静止，压强为 p_0，声速为 c_0，管道外部压强为 0．求自由活塞速度的近似常微分方程，并对其求解．

2.13　在半无限长等截面直管道中充满静止理想气体，左端活塞突然以匀速度 U 向左运动．求活塞运动后某时刻 t 的气体速度 u 沿管轴的变化率 $\partial u/\partial x$．

2.14　当静止的高压空气突然向真空飞散时：①试画出气体的密度和速度随空间坐标分布的示意图；②试画出 c/c_0 随 $x/(c_0 t)$ 的分布．

2.15　证明：左行中心稀疏波内质点的迹线方程为

$$x = \frac{2}{\gamma-1}c_0 t + \frac{\gamma+1}{\gamma-1}X_0\left(-\frac{c_0 t}{X_0}\right)^{\frac{2}{1+\gamma}}$$

式中，X_0 是质点的初始坐标，其值是小于 0 的．

2.16　参见图 2.22，假设从 $t=0$ 开始，活塞速度按如下规律平缓变化

$$w = -U(1 - e^{-\frac{t}{\tau}})$$

当 $t \to \infty$ 时，$w \to -U$，t 和 U 为正的常数，试确定气体的速度分布 $u(x,t)$.

2.17　设计一个装置实现一个压缩波与一个稀疏波的迎面相遇，并画出 $x-t$ 波系图.

2.18　在无限长的等截面管道中以一活塞隔断. 活塞左边为均匀静止气体，压强为 p_0，活塞右边为真空，单位面积的活塞质量为 m. 试给出活塞的运动规律.

2.19　一直管道中储有空气，压强为 $2 \times 10^5 \mathrm{Pa}$，声速为 $341 \mathrm{m/s}$. 突然打开管道，压强降为 $1 \times 10^5 \mathrm{Pa}$，求空气离开出口端面的速度.

2.20　参见图 2.23，设活塞突然以 $U = -40 \mathrm{m/s}$ 的速度运动，从而在空气中产生一中心稀疏波，已知声速为 $347 \mathrm{m/s}$. 求②区压强与①区压强之比 p_2/p_0.

2.21　对于右行压缩波，试采用特征线方法进行分析，示意给出 t_1 和 t_2 两个时刻($0 < t_1 < t_2 < t^*$，t^* 为特征线相交的时刻)的声速分布和速度分布，并以此为基础对压缩波波形随时间的变化过程进行描述.

2.22　设一左行稀疏波入射到固壁上反射，试确定入射波波前、波后与反射波波后状态的流动速度和声速之间的关系，并画出 $x-t$ 图和 $u-c$ 图.

2.23　设一左行压缩波入射到固壁上反射，试确定入射波波前、波后与反射波波后状态的流动速度和声速之间的关系，并画出 $x-t$ 图和 $u-c$ 图.

2.24　设一左行压缩波入射到开口端反射，试确定入射波波前、波后与反射波波后状态的流动速度和声速之间的关系，并画出 $x-t$ 图和 $u-c$ 图.

2.25　设一左行稀疏波入射到开口端反射，试确定入射波波前、波后与反射波波后状态的流动速度和声速之间的关系，并画出 $x-t$ 图和 $u-c$ 图.

2.26　假设一右行稀疏波与一左行压缩波相交，试画出 $x-t$ 波系图，并给出各区域流动速度和声速之间的关系.

2.27　在拉格朗日坐标(设为 r)下画出两个稀疏波迎面相交的 $r-t$ 波系图，并画出质点迹线.

2.28　在拉格朗日坐标下分别画出稀疏波与接触界面 $J_<$ 和 $J_>$ 相互作用的 $r-t$ 波系图.

2.29　在拉格朗日坐标下分别画出压缩波与接触界面 $J_<$ 和 $J_>$ 相互作用的 $r-t$ 波系图.

2.30　在拉格朗日坐标下给出流体均熵流动的特征线方程、特征方程及黎曼不变量.

第 3 章　气体中的冲击波

第 2 章已经说明了形成冲击波的物理机制，即正常介质中的压缩波在传播过程中必然要转变为冲击波，与此同时，介质的熵增加，因此冲击波不属于简单波，从而无法采用简单波理论进行分析. 另一方面，冲击波是一种典型的宏观流动现象，具有其特有的规律性. 冲击波可在各种介质中传播，其基本关系式和基本性质都是普适的. 然而，气体与固体（或凝聚介质）的性质有很大差异，虽然冲击波的本质并不因为介质差异而不同，但冲击波参量的具体计算方法以及冲击波的某些特点是与介质性质密切相关的，所以本书对气体中冲击波和固体中冲击波分别进行介绍.

本章主要介绍冲击波基本关系式、理想气体中的冲击波、冲击波的基本性质、冲击波的相互作用等内容.

3.1　概　述

冲击波是介质中各种流动参量发生急剧变化的一个相当薄的区域，因为这个区域很薄，所以它几乎总可以被理想化地看作是空间中的一个间断面或突跃面. 这个面在介质中形成，并且是以超声速运动的，所有的流动参量，如压强、密度、速度等在跨越这个面时都是不连续的. 这个间断面就叫冲击波，也称为冲击波波阵面或激波. 因此，冲击波可以定义为在介质（气体、液体和固体等）中以高于声速的速度传播并对介质产生压缩作用的强间断波. 可见，冲击波与简单波和声波有本质的区别.

图 3.1 给出了两种冲击波的示意图：球形弹丸在大气中以超声速飞行时，弹丸前方将有一个弓形冲击波随弹丸一起飞行，如图 3.1(a)、(b) 所示；球形装药在大气中爆炸时，将形成一个球面形的冲击波，如图 3.1(c) 所示（这种波也称为爆炸波）. 冲击波的传播速度常用符号 D 表示，在波阵面的前方，大气处于常态或称为初态，其压强、密度、质点速度和温度等物理量用带下标"0"的符号分别表示为 p_0, ρ_0, u_0, T_0（u_0 通常取为 0），在波阵面的后方，相应物理量表示为 p, ρ, u, T. 波后量与波前量的差值或比值反映了冲击波的强弱. 从波前

到波后，各物理量在波阵面处都是不连续的，即它们的值在波阵面处发生突跃的变化.

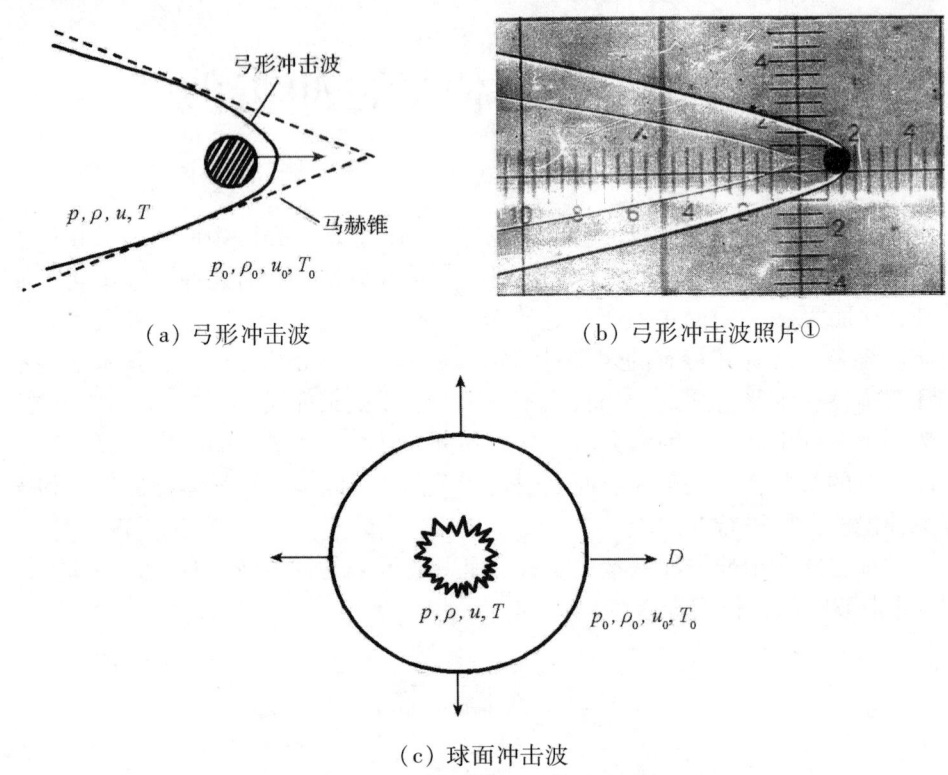

(a) 弓形冲击波　　(b) 弓形冲击波照片①

(c) 球面冲击波

图 3.1　弓形冲击波与球面冲击波

把冲击波作为一个间断面来处理，是无黏性流体动力学的必然结果，这当然也是一种理想化的假设. 从物理上看，冲击波波阵面必然有一个有限的、并可测量的厚度，例如，气体中强冲击波的厚度大致在几个分子平均自由程左右. 平面一维冲击波波阵面结构如图 3.2(a) 所示，冲击波厚度 δ 反映了介质从一个平衡态过渡到另一个平衡态的弛豫过程. 实际上，冲击波的内部结构是一个非常复杂的问题，与内部黏性和热传导等物理过程密切相关，因此冲击波必然导致熵增.

通常情况下，人们总是把冲击波看作一个理想的间断面，如图 3.2(b) 所示，所关心的是波阵面两边参量之间的相互关系以及冲击波的相互作用等问题.

---

①　谭多望，温殿英，张忠斌，等. 球形破片长距离飞行时速度衰减规律研究[J]. 高压物理学报，2002，16(4)：271-275.

第 3 章 气体中的冲击波

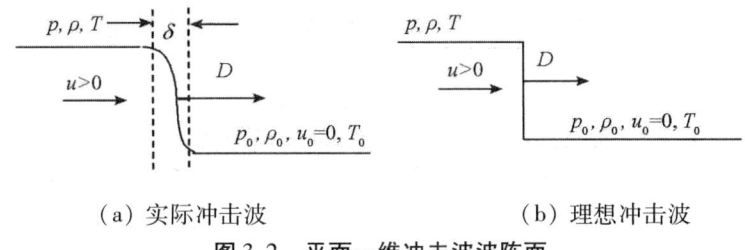

(a) 实际冲击波　　　　　　　　(b) 理想冲击波

图 3.2　平面一维冲击波波阵面

3.2　冲击波基本关系式

在第 1 章,我们在无黏性、无热传导的前提下,推导出了流体运动的质量、动量和能量守恒方程,在推导出这些方程时并没有规定流体的各种物理量必须是连续的. 事实上,这三个守恒定律是普遍的,因而也适用于物理量有间断的区域. 虽然冲击波在数学上被当作零厚度面来处理,但是在连续介质模型中已不考虑物质的分子结构,因而不存在任何的特征尺度,所以不管是多么薄的层面都不会受到限制. 下面从普遍的守恒定律出发,建立平面冲击波波阵面两边参量之间的相互联系. 所谓平面冲击波是指平面一维等截面流动中产生的冲击波,冲击波波阵面是个平面,且所有波后质点速度都与这个平面垂直,如图 3.2(b) 所示.

考虑活塞压缩等截面长直管道中气体的情况. 不失一般性,设管道的截面积为 A,气体一开始处于平衡状态,其初始密度为 ρ_0,压强为 p_0,速度为 u_0,其左边为平面活塞,且一开始以与气体相同的速度 u_0 运动(实际上通常取 $u_0 = 0$). 从 $t=0$ 开始,假定活塞速度突然从 u_0 变为常速度 $u(u > u_0)$,从而在气体中产生一平面冲击波,以速度 D 向右传播,如图 3.3 所示. 在冲击波的前方(简称为波前)是未扰动气体,相应参量 ρ_0, p_0, u_0 等称为波前量,冲击波的后方(简称为波后)为冲击压缩区域,相应参量 ρ, p, u 等称为波后量. 现在的任务就是要确定波后量与波前量以及冲击波传播速度 D 之间的相互关系.

根据上述各量的定义,冲击波相对波前气体速度为 $D - u_0$,因此,从 0 时刻至 t 时刻,冲击波传播的距离为 $(D - u_0)t$,活塞运动的距离为 $(u - u_0)t$,所以被压缩的气体所占据的体积是 $A[(D - u_0)t - (u - u_0)t] = A(D - u)t$,其密度为 ρ,其质量等于 $\rho A(D - u)t$. 这些质量在没有被压缩时所占据的体积是 $A(D - u_0)t$,所以这些质量又可表示为 $\rho_0 A(D - u_0)t$. 因为要满足质量守恒定律,所以必然有

$$\rho A(D-u)t = \rho_0 A(D-u_0)t$$

消去时间 t 和截面积 A 有

$$\rho(D-u) = \rho_0(D-u_0) \tag{3.2.1}$$

式(3.2.1)就是波阵面两边所必须满足的质量守恒方程.

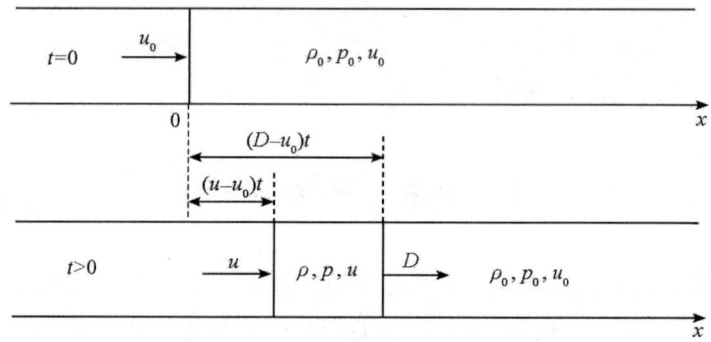

图 3.3 活塞运动产生的冲击波

质量为 $\rho_0 A(D-u_0)t$ 的气体在冲击压缩下速度增加了,因而动量也增加,这些质量所获得的动量增量为 $\rho_0 A(D-u_0)t \cdot (u-u_0)$. 按照牛顿定律,这些动量增量应等于合力的冲量,而作用在压缩气体上的合力,等于来自活塞一边的压力与来自未扰动气体一边的压力之差,因此有

$$\rho_0 A(D-u_0)t \cdot (u-u_0) = A(p-p_0)t$$

于是

$$p - p_0 = \rho_0(D-u_0)(u-u_0) \tag{3.2.2}$$

式(3.2.2)就是波阵面两边所必须满足的动量守恒方程.

设未扰动气体的比内能为 e_0,则冲击波波前气体的总能量为

$$\rho_0 A(D-u_0)\left(e_0 + \frac{1}{2}u_0^2\right)t$$

波后总能量为

$$\rho A(D-u)\left(e + \frac{1}{2}u^2\right)t$$

式中,e 为压缩气体的比内能. 波后能量的增加是由于外界(活塞)所做的功,根据能量守恒有

$$\rho A(D-u)\left(e + \frac{u^2}{2}\right)t - \rho_0 A(D-u_0)\left(e_0 + \frac{1}{2}u_0^2\right)t = A(pu - p_0 u_0)t$$

即

$$\rho(D-u)\left(e + \frac{u^2}{2}\right) - pu = \rho_0(D-u_0)\left(e_0 + \frac{1}{2}u_0^2\right) - p_0 u_0 \tag{3.2.3}$$

式(3.2.3)就是冲击波所必须满足的能量守恒方程.

为了使用方便,式(3.2.2)可进行如下改写

$$p + \rho(D-u)^2 = p_0 + \rho_0(D-u_0)(u-u_0) + \rho(D-u)^2$$
$$= p_0 + \rho_0(D-u_0)(u-u_0) + \rho_0(D-u_0)(D-u)$$

其中利用了式(3.2.1).将上式右边进行整理,最后得到与式(3.2.2)等价的另一种形式为

$$p + \rho(D-u)^2 = p_0 + \rho_0(D-u_0)^2 \tag{3.2.4}$$

同样,式(3.2.3)也可进行改写

$$\rho(D-u)\left[e + \frac{1}{2}(D-u)^2 + \frac{p}{\rho}\right] - \frac{1}{2}\rho D^2(D-u) + \rho(D-u)Du - \rho(D-u)\frac{p}{\rho} - pu$$

$$= \rho_0(D-u_0)\left[e_0 + \frac{1}{2}(D-u_0)^2 + \frac{p_0}{\rho_0}\right] - \frac{1}{2}\rho_0 D^2(D-u_0) +$$

$$\rho_0(D-u_0)Du_0 - \rho_0(D-u_0)\frac{p_0}{\rho_0} - p_0 u_0$$

将上式左边中括号后面的各项移至右边,并利用式(3.2.1)有

$$\rho(D-u)\left[e + \frac{1}{2}(D-u)^2 + \frac{p}{\rho}\right] - \rho_0(D-u_0)\left[e_0 + \frac{1}{2}(D-u_0)^2 + \frac{p_0}{\rho_0}\right]$$

$$= \frac{1}{2}\rho_0 D^2(D-u_0) - \rho_0(D-u_0)Du + pD -$$

$$\frac{1}{2}\rho_0 D^2(D-u_0) + \rho_0(D-u_0)Du_0 - p_0 D$$

$$= D[p - p_0 - \rho_0(D-u_0)(u-u_0)] = 0$$

所以式(3.2.3)可改写为

$$e + \frac{p}{\rho} + \frac{1}{2}(D-u)^2 = e_0 + \frac{p_0}{\rho_0} + \frac{1}{2}(D-u_0)^2 \tag{3.2.5}$$

在实验室参考系中,$D-u_0$是波阵面沿未扰动气体传播的速度,$D-u$则是波阵面相对于它后面的运动气体的速度.如果以波阵面为参考系,则$w_0 = u_0 - D$就是未扰动气体流进波阵面的速度,而$w = -(D-u)$是气体流出波阵面的速度.将这一速度变换代入方程(3.2.1),质量守恒方程化为

$$\rho w = \rho_0 w_0 \tag{3.2.6}$$

利用式(3.2.6),动量守恒方程(3.2.4)变为如下形式

$$p + \rho w^2 = p_0 + \rho_0 w_0^2 \tag{3.2.7}$$

能量守恒方程(3.2.5)则变为

$$e + \frac{p}{\rho} + \frac{w^2}{2} = e_0 + \frac{p_0}{\rho_0} + \frac{w_0^2}{2} \tag{3.2.8}$$

引进比焓 $h = e + p/\rho$，式(3.2.8)可改写为

$$h + \frac{w^2}{2} = h_0 + \frac{w_0^2}{2} \tag{3.2.9}$$

从式(3.2.6)~式(3.2.9)可以看出，等式的右边只出现波阵面前方区域的各量，而在左边则只含波阵面后方区域的参量. 这组方程可以这样理解：由于间断面是无限薄的，因而在它的内部不发生质量、动量和能量的堆积，所以来自未扰动气体方向的这些量的流量等于在间断面的另一个方向所流出去的流量.

说明冲击波两边的质量流量、动量流量和能量流量是相等的关系式(3.2.6)~式(3.2.8)，在形式上也可由这些定律的微分表达式得到. 对于平面一维流动，若不考虑热源和外力的作用，利用式(1.5.61)，三个守恒方程可分别表示为

$$\begin{cases} \dfrac{\partial \rho}{\partial t} = -\dfrac{\partial}{\partial x}(\rho u) \\[6pt] \dfrac{\partial}{\partial t}(\rho u) = -\dfrac{\partial}{\partial x}(p + \rho u^2) \\[6pt] \dfrac{\partial}{\partial t}\left(\rho e + \dfrac{\rho u^2}{2}\right) = -\dfrac{\partial}{\partial x}\left[\rho u\left(e + \dfrac{u^2}{2} + \dfrac{p}{\rho}\right)\right] \end{cases} \tag{3.2.10}$$

把冲击波波阵面看成是所有各量的梯度都是很大的某个薄层，将方程(3.2.10)中的每个表达式沿这一薄层从 x_0 积分到 x_1，然后再取极限，即令波阵面薄层的厚度 $x_1 - x_0$ 趋近于零. 显然，方程左边的项在积分后正比于 $x_1 - x_0$，因而趋于零，即

$$\lim_{x_1 \to x_0} \int_{x_0}^{x_1} \frac{\partial}{\partial t}[\ ]\,\mathrm{d}x \propto \lim_{x_1 \to x_0}(x_1 - x_0) = 0$$

方程(3.2.10)右边的积分项给出波阵面两边的各相应量的差，因此有

$$\lim_{x_1 \to x_0} \int_{x_0}^{x_1} \frac{\partial}{\partial x}[\ ]\,\mathrm{d}x = [\ ]_{x_1} - [\ ]_{x_0} = 0$$

这相当于在波阵面中没有质量、动量和能量的堆积，因而流入波阵面的某种量与流出波阵面的同一量相等，于是我们又回到了式(3.2.6)~式(3.2.8).

应当强调指出，这里用微分方程(3.2.10)所进行的关于波阵面两边的关系式(3.2.6)~式(3.2.8)的推导只具有形式上的特点. 这一推导只是表明，处于微分方程中散度符号之下的质量流量、动量流量和能量流量的表达式是非常普遍的，与这些流量是否连续无关. 如果认为波阵面不是零厚度的数学层面，而是某个具有有限厚度的薄层，且在这一层中流动参量的变化虽很激烈但却是连续的，则不能将没有考虑黏性和热传导的方程(3.2.10)应用到这一薄层流体.

第3章 气体中的冲击波

后面会看到,流体的熵在冲击波波阵面的两边是不同的,而微分方程(3.2.10)却只在熵为常数时才成立.

注意到,式(3.2.1)~式(3.2.5)或者式(3.2.6)~式(3.2.8)并不包含任何关于物质性质的假设,它们仅是普遍的质量、动量和能量守恒定律的表达式,因此这些方程以极普遍的形式描述了冲击波波阵面前后各物理量及冲击波速度之间的关系,所以称为冲击波基本关系式. 这些关系式不仅适用于任何物质,而且适用于任何观察者.

将冲击波基本关系式进行变换,还可得到另外一些常用公式. 由式(3.2.1)有

$$\frac{\rho}{\rho_0} = \frac{v_0}{v} = \frac{D-u_0}{D-u} \tag{3.2.11}$$

这个关系式说明,波后与波前的密度比可用冲击波速度和波后质点速度等运动学量来计算.

将式(3.2.1)与式(3.2.2)联立起来可得到

$$(D-u_0)^2 = v_0^2 \frac{p-p_0}{v_0-v} \tag{3.2.12}$$

$$(D-u)^2 = v^2 \frac{p-p_0}{v_0-v} \tag{3.2.13}$$

经过推导还可得到关系式

$$(u-u_0)^2 = (p-p_0)(v_0-v) \tag{3.2.14}$$

$$(D-u_0)^2 - (D-u)^2 = (p-p_0)(v_0+v) \tag{3.2.15}$$

式(3.2.12)~式(3.2.15)表明,一些典型速度量可用热力学量来表示.

将关于速度平方的表达式(3.2.12)和式(3.2.13)代入能量方程(3.2.5),经过简化,得到波阵面两边的比内能与压强和比体积之间的关系为

$$e(p,v) - e_0(p_0,v_0) = \frac{1}{2}(p+p_0)(v_0-v) \tag{3.2.16}$$

将比内能用比焓表示,式(3.2.16)改写为

$$h - h_0 = \frac{1}{2}(p-p_0)(v_0+v) \tag{3.2.17}$$

式(3.2.16)和式(3.2.17)称为雨果纽方程,其本质是能量守恒. 这两个表达式给出的是波后与波前热力学量之间的关系,与坐标的选取无关.

3.3 理想气体中的冲击波

3.3.1 理想气体的冲击压缩线

已知理想气体的物态方程可表示为

$$e = C_v T = \frac{1}{\gamma - 1} pv \tag{3.3.1}$$

或

$$h = C_p T = \frac{\gamma}{\gamma - 1} pv \tag{3.3.2}$$

式中，C_v 和 C_p 分别为定体比热容和定压比热容，γ 为比热容之比. 将式(3.3.1)代入雨果纽方程(3.2.16)，或将式(3.3.2)代入式(3.2.17)，得到理想气体中冲击波波后压强和比体积与波前压强和比体积之间的关系为

$$\frac{p}{p_0} = \frac{(\gamma+1)v_0 - (\gamma-1)v}{(\gamma+1)v - (\gamma-1)v_0} \tag{3.3.3}$$

或改写为

$$\frac{p}{p_0} = \frac{\frac{\gamma+1}{\gamma-1}\frac{v_0}{v} - 1}{\frac{\gamma+1}{\gamma-1} - \frac{v_0}{v}} \tag{3.3.4}$$

式(3.3.3)或式(3.3.4)称为冲击(波)压缩线或冲击绝热线，也称为 $p-v$ 平面上的雨果纽线. 压强比值 p/p_0 的大小反映了冲击波的相对强弱，比值越大，说明冲击波越强；反之，比值越小，说明冲击波越弱.

理想气体的冲击压缩线如图 3.4 所示，其中 A 点为初态点，对应压强为 p_0、比体积为 v_0 的波前状态. B 为某波后状态点，压强为 p_1，比体积为 v_1. 虽然冲击压缩线在数学上可被推广到比初态压强还小的区域($p < p_0$)，但在 3.5.6 节中将说明，曲线的这一部分所对应的状态在物理上是不存在的(即不存在导致介质膨胀的冲击波)，因此这一部分在图 3.4 中是用虚线画出的.

应该注意的是，冲击压缩线是一条依赖于两个初态参量(p_0 和 v_0)的状态曲线. 对于确定的气体，在初态不变的情况下，采用不同强度的冲击波对气体进行压缩，波后状态都落在这条冲击压缩线上. 如果初态发生变化，即使是同一种气体，冲击压缩线也将发生变化.

对于大气中的冲击波，波后压强与波前压强 p_0(即大气压)之差称为超压，

于是超压可表示为

$$p - p_0 = \frac{2\gamma}{\gamma - 1} \frac{\dfrac{v_0}{v} - 1}{\dfrac{\gamma + 1}{\gamma - 1} - \dfrac{v_0}{v}} p_0 \tag{3.3.5}$$

显然,超压值的大小也反映了冲击波的强弱.

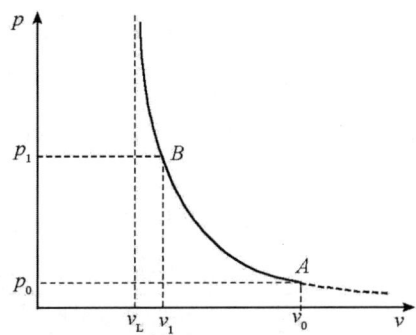

图 3.4 理想气体的冲击压缩线

将式(3.3.3)进行变换,得到波后比体积与波前比体积比为

$$\frac{v}{v_0} = \frac{(\gamma - 1)p + (\gamma + 1)p_0}{(\gamma + 1)p + (\gamma - 1)p_0} = \frac{\rho_0}{\rho} \tag{3.3.6}$$

或者表示为

$$\frac{v}{v_0} = \frac{(\gamma - 1)p/p_0 + (\gamma + 1)}{(\gamma + 1)p/p_0 + (\gamma - 1)} = \frac{\rho_0}{\rho} \tag{3.3.7}$$

式(3.3.6)或式(3.3.7)是冲击压缩线的不同表现形式. 利用物态方程还可求出温度比和声速比为

$$\frac{T}{T_0} = \frac{pv}{p_0 v_0} = \left(\frac{c}{c_0}\right)^2 \tag{3.3.8}$$

如果对理想气体进行等熵压缩,则终态与初态的压强比满足关系式

$$\frac{p}{p_0} = \left(\frac{v_0}{v}\right)^\gamma \tag{3.3.9}$$

式(3.3.9)即为理想气体的等熵线. 与冲击压缩线不同,等熵线对于等熵压缩和等熵膨胀过程同样适用. 在等熵条件下,各热力学量之间具有单值函数关系,因此等熵线只依赖于熵一个参量.

由此可见,冲击压缩与等熵压缩是两种明显不同的压缩现象,从数学上看,冲击压缩线与等熵压缩线也有着显著的差别. 冲击压缩线依赖于初始状态的压强和比体积两个参量,并且只描写冲击压缩状态,而不描写冲击压缩过程；等熵压缩线只依赖于熵一个参量，既描写等熵压缩状态，也描写等熵压缩过程，而且还适用于等熵膨胀过程. 另一方面，二者之间的关系又非常密切，后面将有进一步讨论.

3.3.2 冲击波速度与波后质点速度之间的关系

利用式(3.3.5)和式(3.2.12)~式(3.2.14)，理想气体中的冲击波速度、冲击波速度与波后质点速度之差、波后质点速度可通过压强和初态比体积或声速表示如下

$$(D-u_0)^2 = \frac{v_0}{2}[(\gamma-1)p_0 + (\gamma+1)p]$$

$$= \frac{c_0^2}{2\gamma}[(\gamma-1) + (\gamma+1)\frac{p}{p_0}] \quad (3.3.10)$$

$$(D-u)^2 = \frac{v_0}{2}\frac{[(\gamma+1)p_0 + (\gamma-1)p]^2}{[(\gamma-1)p_0 + (\gamma+1)p]}$$

$$= \frac{c_0^2}{2\gamma}\frac{[(\gamma+1) + (\gamma-1)p/p_0]^2}{[(\gamma-1) + (\gamma+1)p/p_0]} \quad (3.3.11)$$

$$(u-u_0)^2 = \frac{2v_0(p-p_0)^2}{(\gamma+1)p + (\gamma-1)p_0}$$

$$= \frac{2c_0^2}{\gamma}\frac{(p/p_0-1)^2}{(\gamma+1)p/p_0 + (\gamma-1)} \quad (3.3.12)$$

下面进一步推导冲击波速度与波后质点速度之间的关系. 将式(3.3.10)进行改写

$$\left(\frac{D-u_0}{c_0}\right)^2 = \frac{(\gamma-1) + (\gamma+1)\frac{p}{p_0}}{2\gamma}$$

$$\frac{p}{p_0} = \frac{2\gamma\left(\frac{D-u_0}{c_0}\right)^2 - (\gamma-1)}{\gamma+1}$$

$$\frac{p}{p_0} - 1 = \frac{2\gamma}{\gamma+1}\left(\frac{D-u_0}{c_0}\right)^2 - \frac{2\gamma}{\gamma+1}$$

$$\left(\frac{p}{p_0} - 1\right)^2 = \left(\frac{2\gamma}{\gamma+1}\right)^2\left[\left(\frac{D-u_0}{c_0}\right)^2 - 1\right]^2$$

$$\gamma\left[(\gamma+1)\frac{p}{p_0} + (\gamma-1)\right] = 2\gamma^2\left(\frac{D-u_0}{c_0}\right)^2$$

将式(3.3.12)进行改写

第 3 章 气体中的冲击波

$$\left(\frac{u-u_0}{c_0}\right)^2 = \frac{2(p/p_0-1)^2}{\gamma[(\gamma+1)p/p_0+(\gamma-1)]}$$

$$= \frac{2\left(\frac{2\gamma}{\gamma+1}\right)^2\left[\left(\frac{D-u_0}{c_0}\right)^2-1\right]^2}{2\gamma^2\left(\frac{D-u_0}{c_0}\right)^2} = \frac{4\left[\left(\frac{D-u_0}{c_0}\right)^2-1\right]^2}{(\gamma+1)^2\left(\frac{D-u_0}{c_0}\right)^2}$$

令

$$x = \left(\frac{D-u_0}{c_0}\right)^2, \quad y = \left(\frac{u-u_0}{c_0}\right)^2$$

于是

$$y = \frac{4(x-1)^2}{(\gamma+1)^2 x} \quad \text{或} \quad (x-1)^2 = \left(\frac{\gamma+1}{2}\right)^2 xy$$

$$x^2 - \left[2 + \left(\frac{\gamma+1}{2}\right)^2 y\right]x + 1 = 0$$

求解一元二次方程得

$$x = 1 + \left(\frac{\gamma+1}{2}\right)^2 \frac{y}{2} \pm \sqrt{\left[1+\left(\frac{\gamma+1}{2}\right)^2\frac{y}{2}\right]^2 - 1}$$

弃去不合理的根有

$$(D-u_0)^2 = c_0^2 + \frac{(\gamma+1)^2}{8}(u-u_0)^2 + \sqrt{\left[c_0^2 + \frac{(\gamma+1)^2}{8}(u-u_0)^2\right]^2 - c_0^4}$$

进行变量替换

$$D - u_0 = A + \sqrt{B}$$

$$(D-u_0)^2 = A^2 + 2A\sqrt{B} + B$$

令

$$A^2 + B = c_0^2 + \frac{(\gamma+1)^2}{8}(u-u_0)^2$$

$$2A\sqrt{B} = \sqrt{\left[c_0^2 + \frac{(\gamma+1)^2}{8}(u-u_0)^2\right]^2 - c_0^4}$$

现在求解这两个关于 A 和 B 的方程

$$4A^2 B = \left[c_0^2 + \frac{(\gamma+1)^2}{8}(u-u_0)^2\right]^2 - c_0^4$$

$$B = c_0^2 + \frac{(\gamma+1)^2}{8}(u-u_0)^2 - A^2$$

消去 B 有

$$4A^2B = 4A^2c_0^2 + 4A^2\frac{(\gamma+1)^2}{8}(u-u_0)^2 - 4A^4$$

$$\left[c_0^2 + \frac{(\gamma+1)^2}{8}(u-u_0)^2\right]^2 - c_0^4 = 4A^2c_0^2 + 4A^2\frac{(\gamma+1)^2}{8}(u-u_0)^2 - 4A^4$$

$$= 4A^2\left[c_0^2 + \frac{(\gamma+1)^2}{8}(u-u_0)^2\right] - 4A^4$$

令 $z = A^2$ 有

$$z^2 - \left[c_0^2 + \frac{(\gamma+1)^2}{8}(u-u_0)^2\right]z + \frac{1}{4}\left[c_0^2 + \frac{(\gamma+1)^2}{8}(u-u_0)^2\right]^2 - \frac{c_0^4}{4} = 0$$

求得 z 为

$$z = \frac{c_0^2 + \frac{(\gamma+1)^2}{8}(u-u_0)^2 \pm c_0^2}{2}$$

$$z^+ = c_0^2 + \frac{(\gamma+1)^2}{16}(u-u_0)^2, \quad z^- = \frac{(\gamma+1)^2}{16}(u-u_0)^2$$

所以

$$A^+ = \sqrt{c_0^2 + \frac{(\gamma+1)^2}{16}(u-u_0)^2}, \quad A^- = \frac{\gamma+1}{4}(u-u_0)$$

$$B^+ = c_0^2 + \frac{(\gamma+1)^2}{8}(u-u_0)^2 - A^{+2}$$

即

$$B^+ = \frac{(\gamma+1)^2}{16}(u-u_0)^2$$

同理

$$B^- = c_0^2 + \frac{(\gamma+1)^2}{8}(u-u_0)^2 - A^{-2} = c_0^2 + \frac{(\gamma+1)^2}{16}(u-u_0)^2$$

于是

$$A^- + \sqrt{B^-} = \frac{\gamma+1}{4}(u-u_0) + \sqrt{c_0^2 + \frac{(\gamma+1)^2}{16}(u-u_0)^2}$$

$$A^+ + \sqrt{B^+} = \sqrt{c_0^2 + \frac{(\gamma+1)^2}{16}(u-u_0)^2} + \frac{\gamma+1}{4}(u-u_0)$$

即

$$A^- + \sqrt{B^-} = A^+ + \sqrt{B^+} = D - u_0$$

最后有

$$D - u_0 = \frac{\gamma+1}{4}(u-u_0) + \sqrt{c_0^2 + \left(\frac{\gamma+1}{4}\right)^2(u-u_0)^2} \qquad (3.3.13)$$

第3章 气体中的冲击波

可见，气体中冲击波速度与波后质点速度可通过气体的热力学性质联系起来.

若冲击波在静止的气体中向右方传播，从式(3.3.13)可以得到以下两点结论：

① 若 $u - u_0 > 0$，必有 $D - u_0 > 0$. 因此，冲击波速度与波后质点速度同方向.

② $D - u_0 > c_0$，即冲击波相对波前以超声速传播.

例 3.1 如图 3.3 所示，设半无限长等截面管道中充满静止、均匀的理想气体，压强为 p_0，声速为 c_0. 若活塞突然以常速度 U 向管内运动，求冲击波压强和冲击波速度.

解 根据已知条件，初始时，气体中速度为 0，即 $u_0 = 0$. 当活塞运动后，气体中产生冲击波. 利用式(3.3.12)有

$$U^2 = \frac{2c_0^2}{\gamma} \frac{(p/p_0 - 1)^2}{(\gamma+1)(p/p_0 - 1) + 2\gamma}$$

这是一个关于 $(p/p_0 - 1)$ 的一元二次方程，求得其物理解为

$$\frac{p}{p_0} = 1 + \frac{\gamma(\gamma+1)U^2}{4c_0^2} + \frac{\gamma U}{c_0}\sqrt{1 + \frac{(\gamma+1)^2 U^2}{16 c_0^2}}$$

由式(3.3.13)，冲击波速度为

$$D = \frac{\gamma+1}{4} U + \sqrt{c_0^2 + \left(\frac{\gamma+1}{4}\right)^2 U^2}$$

3.3.3 波后参量与马赫数

定义冲击波马赫数 M_0 为冲击波相对波前物质的速度与波前声速之比

$$M_0 = \frac{D - u_0}{c_0} \tag{3.3.14}$$

已知理想气体的声速为

$$c^2 = \left(\frac{\partial p}{\partial \rho}\right)_s = \gamma \frac{p}{\rho} = \gamma p v$$

于是，由式(3.3.10)有

$$M_0^2 = \left(\frac{D - u_0}{c_0}\right)^2 = \frac{(\gamma - 1) + (\gamma + 1)\dfrac{p}{p_0}}{2\gamma} \tag{3.3.15}$$

再定义波后马赫数 M，即冲击波相对波后物质的速度与波后声速之比

$$M = \frac{D - u}{c} \tag{3.3.16}$$

由式(3.3.11)有

$$M^2 = \left(\frac{D-u}{c}\right)^2 = \frac{(\gamma-1)+(\gamma+1)\frac{p_0}{p}}{2\gamma} \tag{3.3.17}$$

从式(3.3.15)和式(3.3.17)可看出，冲击波马赫数和波后马赫数均决定于冲击波压强比和气体的比热容比，而且有下面不等式成立

$$D - u_0 > c_0, \quad D - u < c \tag{3.3.18}$$

不等式(3.3.18)表明，冲击波沿未扰动气体以超声速传播，而相对于它之后的压缩气体则以亚声速传播. 若以波阵面为参考系，气体以超声速流入波阵面，并以亚声速流出波阵面.

若给定冲击波马赫数 M_0，波后马赫数、波后量与波前量之比都可用 M_0 表示如下

$$\frac{p}{p_0} = \frac{2\gamma}{\gamma+1}M_0^2 - \frac{\gamma-1}{\gamma+1} \tag{3.3.19}$$

$$M^2 = \frac{M_0^2 + \frac{2}{\gamma-1}}{\frac{2\gamma}{\gamma-1}M_0^2 - 1} \tag{3.3.20}$$

$$\frac{\rho}{\rho_0} = \frac{(\gamma+1)M_0^2}{2+(\gamma-1)M_0^2} \tag{3.3.21}$$

$$\frac{T}{T_0} = \left(\frac{c}{c_0}\right)^2 = 1 + \frac{2(\gamma-1)}{(\gamma+1)^2}(M_0^2-1)\left(\gamma+\frac{1}{M_0^2}\right) \tag{3.3.22}$$

例3.2 证明

$$\frac{p}{p_0} = \frac{1+\gamma M_0^2}{1+\gamma M^2} \tag{3.3.23}$$

证 利用式(3.2.4)有

$$p\left[1+\frac{\rho}{p}(D-u)^2\right] = p_0\left[1+\frac{\rho_0}{p_0}(D-u_0)^2\right]$$

将 $c^2 = \gamma p/\rho$ 代入有

$$p\left[1+\gamma\left(\frac{D-u}{c}\right)^2\right] = p_0\left[1+\gamma\left(\frac{D-u_0}{c_0}\right)^2\right]$$

将式(3.3.14)和式(3.3.16)代入即得到式(3.3.23).

例3.3 证明式(3.3.22).

证 将式(3.3.19)和式(3.3.21)代入式(3.3.8)有

$$\frac{T}{T_0} = \frac{p}{p_0}\frac{\rho_0}{\rho} = \left(\frac{2\gamma}{\gamma+1}M_0^2 - \frac{\gamma-1}{\gamma+1}\right)\frac{2+(\gamma-1)M_0^2}{(\gamma+1)M_0^2}$$

第3章 气体中的冲击波

$$= \frac{1}{(\gamma+1)^2 M_0^2}(2\gamma M_0^2 - \gamma + 1)[2 + (\gamma-1)M_0^2]$$

令

$$x = (2\gamma M_0^2 - \gamma + 1)[2 + (\gamma-1)M_0^2]$$

则

$$x - (\gamma+1)^2 M_0^2 = 2\gamma(\gamma-1)M_0^4 - 2(\gamma-1)^2 M_0^2 - 2(\gamma-1)$$

所以

$$\frac{T}{T_0} = 1 + \frac{2(\gamma-1)}{(\gamma+1)^2 M_0^2}(\gamma M_0^4 - \gamma M_0^2 + M_0^2 - 1)$$

$$= 1 + \frac{2(\gamma-1)}{(\gamma+1)^2 M_0^2}[\gamma M_0^2(M_0^2 - 1) + (M_0^2 - 1)]$$

$$= 1 + \frac{2(\gamma-1)}{(\gamma+1)^2}(M_0^2 - 1)\left(\gamma + \frac{1}{M_0^2}\right)$$

例3.4 有一压强为 $1.82 \times 10^5 \text{Pa}$ 的冲击波在 288K 及 $1 \times 10^5 \text{Pa}$ 的静止大气中传播. ①求冲击波马赫数及冲击波速度；②求压缩比；③求波后温度；④求波后质点速度.

解 ①利用式(1.3.48)有：$c_0 = 20.055\sqrt{T_0} = 340 \text{m/s}$

因 $u_0 = 0$，利用式(3.3.15)有

$$\left(\frac{D}{c_0}\right)^2 = \frac{(\gamma-1) + (\gamma+1)\dfrac{p}{p_0}}{2\gamma} = \frac{0.4 + 2.4 \times 1.82}{2.8} = 1.703$$

$$M_0 = \frac{D}{c_0} = 1.305$$

$$D = M_0 c_0 = 1.305 \times 340 = 444 \text{m/s}$$

② 由式(3.3.7)有

$$\frac{\rho}{\rho_0} = \frac{(\gamma+1)p/p_0 + (\gamma-1)}{(\gamma-1)p/p_0 + (\gamma+1)} = \frac{2.4 \times 1.82 + 0.4}{0.4 \times 1.82 + 2.4} = 1.524$$

③ 利用式(3.3.7)和式(3.3.8)有

$$\frac{T}{T_0} = \frac{pv}{p_0 v_0} = \frac{p}{p_0} \frac{(\gamma-1)p/p_0 + (\gamma+1)}{(\gamma+1)p/p_0 + (\gamma-1)} \quad (3.3.24)$$

因此

$$T = 1.194 T_0 = 344 \text{K}$$

④ 利用式(3.3.12)有

$$u^2 = \frac{2c_0^2}{\gamma} \frac{(p/p_0 - 1)^2}{(\gamma+1)p/p_0 + (\gamma-1)}$$

$$= \frac{2 \times 340^2}{1.4} \times \frac{0.82^2}{2.4 \times 1.82 + 0.4} = 23289$$

$$u = 152.6 \text{m/s}$$

3.3.4 极强冲击波

所谓极强冲击波就是指波后压强足够大的冲击波. 下面考察在极强冲击波条件下各量之间的相互关系.

首先, 从冲击压缩线式(3.3.7)出发, 令 $p \to \infty$, 得到气体的极限压缩比 σ_∞ 为

$$\sigma_\infty = \frac{\rho_\infty}{\rho_0} = \frac{v_0}{v_\infty} = \frac{\gamma + 1}{\gamma - 1} \tag{3.3.25}$$

式中, ρ_∞ 表示极强冲击波条件下的密度. 可见, 随着冲击波压强的增大, 气体的密度并不是无限制地增大, 而是趋近于一个确定的数值 ρ_∞. 式(3.3.25)表明, 气体的极限压缩比决定于其比热容比 γ. 对于单原子分子气体, $\gamma = 5/3$, 其极限压缩比等于 4. 对于双原子分子气体, 在内部振动自由度没有激发时, $\gamma = 7/5$, 极限压缩比等于 6; 如果内部振动已经激发, 则 $\gamma = 9/7$, 极限压缩比等于 8. 值得指出的是, 在高温高压下, 气体的比热容和比热容比都不是常数, 因为这时的气体将产生分子的离解和原子的电离, 所以式(3.3.25)所给出的极限压缩比仅是一个宏观理论结果. 在给定的大压强比之下, 若比热容越大, 比热容比越小, 则冲击波中气体的压缩也就越强烈.

如果是等熵压缩, 则不存在与式(3.3.25)类似的极限压缩比. 从式(3.3.9)可知, 当等熵压缩的压强趋于无穷大时, 密度是同步趋于无穷大的. 从这一结果可作出如下推论: 若要获得高的压缩比, 采用等熵压缩要比冲击压缩好.

从式(3.3.8)知, 极强冲击波条件下的温度比和声速比为

$$\frac{T}{T_0} = \left(\frac{c}{c_0}\right)^2 = \frac{\gamma - 1}{\gamma + 1} \frac{p}{p_0} \tag{3.3.26}$$

这说明, 在压强 p 很大时, 由于密度随着压强的增大而增加得很慢, 并趋于常数, 所以压缩气体的温度与压强近似成正比, 而声速则与压强的平方根成正比.

从式(3.3.15)可知, 冲击波的强度越大, 即比值 p/p_0 越大, 波阵面的速度 $D - u_0$ 与未扰动气体中的声速 c_0 之比也就越大, 即冲击波马赫数越大. 对于 $p/p_0 \to \infty$ 的极强冲击波, 利用式(3.2.12)、式(3.2.14)和式(3.3.25), 得到压强和波后速度与冲击波速度之间的关系为

$$p = \frac{2}{\gamma + 1} \rho_0 (D - u_0)^2 \tag{3.3.27}$$

第3章 气体中的冲击波

$$u - u_0 = \frac{2}{\gamma + 1}(D - u_0) \tag{3.3.28}$$

从式(3.3.17)可知,波后马赫数总是小于1的,并在极强冲击波极限之下趋近于一个常数值,即

$$\lim_{p \to \infty} M = M_{\min} = \sqrt{\frac{\gamma - 1}{2\gamma}} < 1 \tag{3.3.29}$$

显然,这个值就是波后马赫数的最小值,它仅决定于气体的热力学性质,而与气体所处状态无关.

如果用冲击波马赫数表示波后量,则有

$$\frac{p}{p_0} \approx \frac{2\gamma}{\gamma + 1} M_0^2 \tag{3.3.30}$$

$$\frac{u - u_0}{c_0} \approx \frac{2}{\gamma + 1} M_0 \tag{3.3.31}$$

$$\frac{T}{T_0} = \left(\frac{c}{c_0}\right)^2 \approx \frac{2\gamma(\gamma - 1)}{(\gamma + 1)^2} M_0^2 \tag{3.3.32}$$

3.3.5 微弱冲击波

所谓微弱冲击波是指波后压强略高于波前压强的冲击波,即 $p - p_0$ 为小量.显然,在微弱冲击波条件下,波阵面两边的压强是相互接近的,即

$$p \approx p_0 \quad \text{或} \quad \frac{p - p_0}{p_0} \ll 1$$

根据式(3.3.7),气体的压缩也是很小的,即 $v \approx v_0$. 根据式(3.3.8),两边的声速也是非常接近的,即 $c \approx c_0$. 从式(3.3.15)有

$$M_0 \to 1, \quad D - u_0 \approx c_0$$

由于 $D - u_0$ 是波阵面沿未扰动气体传播的速度,所以微弱冲击波在气体中是以非常接近于声速的速度传播的,因而在实际上与声波没有什么差别. 这并不奇怪,因为当 p 与 p_0 的差别很小时,这种微弱冲击波实际上就是小扰动.

对于微弱冲击波,各流动参量均可利用冲击波马赫数近似表示. 利用式(3.3.19)有

$$\frac{p}{p_0} = 1 + \frac{2\gamma}{\gamma + 1} M_0^2 - \frac{\gamma - 1}{\gamma + 1} - 1$$

$$= 1 + \frac{2\gamma}{\gamma + 1} M_0^2 - \frac{2\gamma}{\gamma + 1} = 1 + \frac{2\gamma}{\gamma + 1}(M_0^2 - 1)$$

$$= 1 + \frac{2\gamma}{\gamma + 1}(M_0 - 1)(M_0 + 1) \approx 1 + \frac{4\gamma}{\gamma + 1}(M_0 - 1)$$

即

$$\frac{p}{p_0} \approx 1 + \frac{4\gamma}{\gamma+1}(M_0 - 1) \qquad (3.3.33)$$

采用类似的方法还可得到

$$\frac{\rho}{\rho_0} \approx 1 + \frac{4}{\gamma+1}(M_0 - 1) \qquad (3.3.34)$$

$$\frac{T}{T_0} \approx 1 + \frac{4(\gamma-1)}{\gamma+1}(M_0 - 1) \qquad (3.3.35)$$

$$\frac{c}{c_0} \approx 1 + 2\frac{\gamma-1}{\gamma+1}(M_0 - 1) \qquad (3.3.36)$$

$$u - u_0 \approx \frac{4c_0}{\gamma+1}(M_0 - 1) \qquad (3.3.37)$$

$$D - u_0 = c_0 M_0 \approx c_0 + \frac{\gamma+1}{4}(u - u_0) \qquad (3.3.38)$$

式(3.3.33)~式(3.3.38)是关于微弱冲击波的常用近似公式.

3.3.6 冲击波后的熵

熵是热力学中非常重要的一个态函数,对于冲击波同样具有重要意义.下面考察气体中冲击波导致的熵增.

将热力学关系

$$T \mathrm{d}s = \mathrm{d}e + p\mathrm{d}v$$

应用于理想气体有

$$\begin{aligned}
\mathrm{d}s &= \frac{C_v}{T}\mathrm{d}T + \frac{\bm{R}}{\bm{M}v}\mathrm{d}v = C_v \mathrm{d}\ln T + \frac{\bm{R}}{\bm{M}}\mathrm{d}\ln v \\
&= C_v\left(\mathrm{d}\ln T + \frac{\bm{R}}{\bm{M}C_v}\mathrm{d}\ln v\right) = C_v \mathrm{d}\ln(Tv^{\gamma-1}) \\
&= C_v \mathrm{d}\ln(pv^\gamma) \qquad (3.3.39)
\end{aligned}$$

式中,$\bm{R}$ 为普适气体常量,$\bm{M}$ 为摩尔质量,C_v 为定体比热容,并利用了以下关系式

$$C_p - C_v = \frac{\bm{R}}{\bm{M}}, \quad \frac{C_p}{C_v} = \gamma, \quad \frac{\bm{R}}{\bm{M}C_v} = \gamma - 1$$

将式(3.3.39)积分有

$$s - s_0 = C_v \ln \frac{pv^\gamma}{p_0 v_0^\gamma} \qquad (3.3.40)$$

将式(3.3.7)代入式(3.3.40),得到理想气体中冲击波波阵面两边的熵差为

第3章 气体中的冲击波

$$s - s_0 = C_v \ln\left\{\frac{p}{p_0}\left[\frac{(\gamma-1)\frac{p}{p_0} + (\gamma+1)}{(\gamma+1)\frac{p}{p_0} + (\gamma-1)}\right]^\gamma\right\} \qquad (3.3.41)$$

在微弱冲击波($p \approx p_0$)条件下,大括号中的表达式接近于1,因而$s \approx s_0$. 当冲击波的强度增大时,即当比值p/p_0从1开始增加时,大括号中的表达式单调地增加,因而熵单调增加. 当$p/p_0 \to \infty$时,熵增也趋向于无穷大.

若冲击波较弱,可令$p/p_0 = 1 + \varepsilon$,其中$\varepsilon = (p - p_0)/p_0$是正的小量,并且反映冲击波的强度. 于是式(3.3.41)可改写为

$$\frac{s - s_0}{C_v} = \ln\left\{(1+\varepsilon)\left[\frac{1 + \frac{\gamma-1}{2\gamma}\varepsilon}{1 + \frac{\gamma+1}{2\gamma}\varepsilon}\right]^\gamma\right\} \qquad (3.3.42)$$

利用公式

$$\ln(1+x) = x - \frac{1}{2}x^2 + \frac{1}{3}x^3 - \frac{1}{4}x^4 + \cdots, \quad -1 < x \leq 1 \qquad (3.3.43)$$

因ε为小量,略去三阶以上的高阶小量有

$$\ln(1+\varepsilon) = \varepsilon - \frac{1}{2}\varepsilon^2 + \frac{1}{3}\varepsilon^3$$

$$\ln\left(1 + \frac{\gamma-1}{2\gamma}\varepsilon\right)^\gamma = \gamma\left[\frac{\gamma-1}{2\gamma}\varepsilon - \frac{1}{2}\left(\frac{\gamma-1}{2\gamma}\varepsilon\right)^2 + \frac{1}{3}\left(\frac{\gamma-1}{2\gamma}\varepsilon\right)^3\right]$$

$$\ln\left(1 + \frac{\gamma+1}{2\gamma}\varepsilon\right)^\gamma = \gamma\left[\frac{\gamma+1}{2\gamma}\varepsilon - \frac{1}{2}\left(\frac{\gamma+1}{2\gamma}\varepsilon\right)^2 + \frac{1}{3}\left(\frac{\gamma+1}{2\gamma}\varepsilon\right)^3\right]$$

所以式(3.3.42)可化为

$$\frac{s - s_0}{C_v} = \varepsilon - \frac{1}{2}\varepsilon^2 + \frac{1}{3}\varepsilon^3 + \frac{\gamma-1}{2}\varepsilon - \frac{(\gamma-1)^2}{8\gamma}\varepsilon^2 + \frac{(\gamma-1)^3}{24\gamma^2}\varepsilon^3 -$$

$$\frac{\gamma+1}{2}\varepsilon + \frac{(\gamma+1)^2}{8\gamma}\varepsilon^2 - \frac{(\gamma+1)^3}{24\gamma^2}\varepsilon^3$$

即

$$\frac{s - s_0}{C_v} = \frac{\gamma^2 - 1}{12\gamma^2}\varepsilon^3 \qquad (3.3.44)$$

从式(3.3.41)和式(3.3.44)可知:(1)只要$\gamma > 1$,冲击波后的熵是增加的. 事实上,对于理想气体,γ总是大于1的,所以气体中冲击波后的熵总是增加的. (2)当冲击波强度较弱时,熵增是冲击波强度的三阶小量.

如果发生的是稀疏冲击波,且稀疏冲击波较弱,可令$p/p_0 = 1 - \varepsilon$,ε仍然是正的小量. 于是,稀疏冲击波的熵增为

$$\frac{s-s_0}{C_v} = -\frac{\gamma^2-1}{12\gamma^2}\varepsilon^3 < 0$$

熵减小是违背热力学第二定律的,所以稀疏冲击波是不可能存在的.

以上结果说明,气体在冲击波压缩下的熵是增加的,且冲击波强度越大,熵增越显著. 熵的增加表明,冲击波压缩过程是与物质的黏性和热传导有关的不可逆耗散过程. 不考虑耗散过程的理论(例如简单波理论),既不能用来描述冲击波压缩本身的机制,也不能用来描写气体从初态过渡到终态的那个薄的、但实际上是一个有限厚度层的结构. 正是因为这一点,在不计黏性和热传导的理论中,找不到一个特征长度来表征波阵面的厚度,所以冲击波波阵面被看成是具有零厚度的几何面. 如果考虑黏性和热传导等耗散过程,波阵面厚度的特征尺度就会出现,这就是分子的平均自由程,但这时的连续介质模型就会失效,需要采用分子动力论从分子的微观运动出发进行分析.

应该注意的是,虽然熵增加的机制与耗散相关,但冲击波后熵的增量完全不依赖于耗散的机制,而是唯一地由质量、动量和能量守恒定律所决定,或者等价地决定于冲击波的强度. 例如,一杯热水必然要冷却到完全确定的室温,这个温度变化量是由能量守恒定律决定的,而和热水与周围介质进行热交换的机制毫不相干,因为后者只能决定其冷却速度.

另一方面,与冲击波耗散机制有关的,是过渡层(波阵面)的厚度和各种物理量的梯度,而不是这些量在终态和初态之间的跃变. 设 $\Delta p = p - p_0$ 是冲击波中压强的跃变,而 Δx 是过渡层的宽度,那么当黏性系数和热传导系数改变的时候,Δx 和 $\frac{dp}{dx} \sim \frac{\Delta p}{\Delta x}$ 都要改变,但乘积 $\Delta x \frac{dp}{dx} \approx \Delta p$ 保持不变. 在黏性系数和热传导系数趋近于零的极限之下,$\Delta x \to 0$,而 $\frac{dp}{dx} \sim \frac{1}{\Delta x} \to \infty$,各种量的梯度都要成为无限大,这时的波阵面便是理想间断面.

不计黏性和热传导的流体运动微分方程,允许存在间断的可能性,但不能以连续的方式描写出冲击波从初态到终态的过渡,因为这些方程是在不考虑黏性的理想流体的前提下推导出来的,相当于在流体运动微分方程中添加了等熵条件. 也就是说,在流体运动微分方程组中实际上包含了四个守恒量,即质量、动量、能量和熵的守恒,而在冲击波间断面两边所能满足的只有熵以外的其余三个量的守恒.

总的来说,冲击波的耗散机制与波阵面的厚度相关,而波阵面厚度又与物质的分子结构相关,这是一个非常复杂的问题.

例3.5 证明:理想气体在冲击波压缩和等熵压缩到相同压强时,等熵压缩下的密度比冲击压缩下的密度高.

证 设冲击压缩到压强 p 时的密度为 ρ_H, 则冲击波压缩下的熵增为

$$s - s_0 = C_v \ln \frac{p\rho_0^\gamma}{p_0 \rho_H^\gamma} > 0$$

设气体经等熵压缩到同一压强 p 时的密度为 ρ_s, 故有

$$\frac{p}{p_0} = \frac{\rho_s^\gamma}{\rho_0^\gamma}$$

于是

$$s - s_0 = C_v \ln \frac{\rho_s^\gamma}{\rho_H^\gamma} > 0$$

即

$$\rho_s^\gamma > \rho_H^\gamma$$

所以有

$$\rho_s > \rho_H \tag{3.3.45}$$

3.4 斜冲击波

3.4.1 概述

在 3.2 节和 3.3 节中所讨论的冲击波都是正冲击波, 如果考虑弹丸或飞行器的超声速飞行, 那么所产生的是斜冲击波. 实际上, 图 3.1 所示的弓形冲击波就是斜冲击波. 所谓斜冲击波, 是和正冲击波相对而言的, 如果波阵面与流体的相对速度不是垂直的, 这样的冲击波就称为斜冲击波.

考虑一锥形体的超声速运动. 设锥体的运动速度为 u_0, 如果将坐标系固定在运动物体上, 相当于气体以速度 u_0 向物体流过来, 简称为来流, 其马赫数为 $M_0 = u_0/c_0$, 其中 c_0 为来流气体的声速. 设锥体的半锥角为 θ, 冲击波的偏转角为 β. 如果 θ 角不大, 锥体对气体的压缩作用是较小的, 因而冲击波速度也不大. 如果冲击波速度小于锥体运动速度, 冲击波会附在锥体前段, 如图 3.5(a) 所示, 这样的冲击波称为附体冲击波.

如果锥角 θ 增大, 锥体对气体的压缩作用变强, 因而冲击波速度相应增大. 当头部的冲击波速度超过锥体运动速度时, 波阵面将跑到锥体的前面, 与此同时, 波阵面与锥体之间产生了一定距离, 这又会导致波后压强有少量下降, 从而使波阵面速度相应减小. 这种相互影响的最终结果是冲击波稳定在锥体前方

一定位置上,如图3.5(b)所示,这样的冲击波称为脱体冲击波.

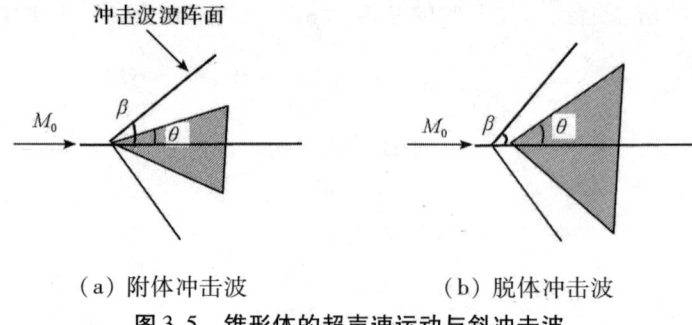

(a)附体冲击波　　　　(b)脱体冲击波

图 3.5　锥形体的超声速运动与斜冲击波

3.4.2　斜冲击波关系式

考察正冲击波基本关系式可知,其中的速度实际只包含了波阵面法向的相对速度 $D-u_0$ 和 $D-u$,而与切向速度无关. 从另一方面看,冲击波基本关系式是根据守恒定律获得的,因而是普适的. 基于以上原因,所有的冲击波都可按正冲击波来处理. 事实上,对于斜冲击波,只要将与波阵面垂直的速度分量确定出来,正冲击波关系式可以直接使用.

图 3.6 给出了斜冲击波与正冲击波之间的关系,设波前速度为 u_0,波后速度为 u,它们在波阵面法向的分量分别为 u_{0n} 和 u_n,在切向的分量分别为 u_{0t} 和 u_t,因此有关系

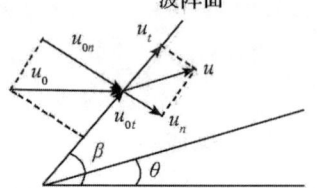

图 3.6　斜冲击波速度分解

$$u_{0n} = u_0 \sin\beta \tag{3.4.1}$$

$$u_{0t} = u_0 \cos\beta \tag{3.4.2}$$

$$u_n = u\sin(\beta - \theta) \tag{3.4.3}$$

$$u_t = u\cos(\beta - \theta) \tag{3.4.4}$$

如果在波阵面任意微元附近取一控制体,由质量守恒有

$$\rho_0 u_{0n} = \rho u_n \tag{3.4.5}$$

由动量守恒有

$$p - p_0 = \rho_0 u_{0n}^2 - \rho u_n^2 \tag{3.4.6}$$

由于压强是作用在法线方向的,切线方向的动量不发生变化,因此有

$$u_{0t} = u_t \tag{3.4.7}$$

可见,气流穿过斜冲击波时的切向速度分量保持不变.

利用理想气体的性质,经过并不十分复杂的推导可得到斜冲击波波后量与

波前量之比与马赫数 M_0 以及冲击波偏转角 β 之间的关系为[①]

$$\frac{p}{p_0} = 1 + \frac{2\gamma}{\gamma+1}(M_0^2 \sin^2\beta - 1) \tag{3.4.8}$$

$$\frac{\rho}{\rho_0} = \frac{(\gamma+1)M_0^2 \sin^2\beta}{(\gamma-1)M_0^2 \sin^2\beta + 2} \tag{3.4.9}$$

$$\frac{T}{T_0} = \frac{p/p_0}{\rho/\rho_0} = 1 + \frac{2(\gamma-1)}{(\gamma+1)^2} \frac{M_0^2 \sin^2\beta - 1}{M_0^2 \sin^2\beta}(\gamma M_0^2 \sin^2\beta + 1) \tag{3.4.10}$$

波后马赫数 M 为

$$M^2 = \frac{M_0^2 + \frac{2}{\gamma-1}}{\frac{2\gamma}{\gamma-1}M_0^2 \sin^2\beta - 1} + \frac{M_0^2 \cos^2\beta}{\frac{\gamma-1}{2}M_0^2 \sin^2\beta + 1} \tag{3.4.11}$$

由图 3.6 可知,如果 β 取为 90°,则斜冲击波转变为正冲击波. 而式(3.4.11)表明,这时的斜冲击波关系式自然过渡到正冲击波关系式.

对于高超声速飞行体,当 $M_0^2 \sin^2\beta \gg 1$ 时,式(3.4.8)~式(3.4.10)可简化为

$$\frac{p}{p_0} \approx \frac{2\gamma}{\gamma+1} M_0^2 \sin^2\beta \tag{3.4.12}$$

$$\frac{\rho}{\rho_0} \approx \frac{\gamma+1}{\gamma-1} \tag{3.4.13}$$

$$\frac{T}{T_0} = \frac{p/p_0}{\rho/\rho_0} \approx \frac{2\gamma(\gamma-1)M_0^2 \sin^2\beta}{(\gamma+1)^2} \tag{3.4.14}$$

3.4.3 冲击波偏转角与冲击波极线

根据图 3.6 中的几何关系有

$$\tan\beta = \frac{u_{0n}}{u_{0t}}, \quad \tan(\beta-\theta) = \frac{u_n}{u_t}$$

利用式(3.4.7)和式(3.4.9)有

$$\frac{\tan\beta}{\tan(\beta-\theta)} = \frac{u_{0n}}{u_n} = \frac{\rho}{\rho_0} = \frac{(\gamma+1)M_0^2 \sin^2\beta}{(\gamma-1)M_0^2 \sin^2\beta + 2} \tag{3.4.15}$$

由于

$$\tan(\beta-\theta) = \frac{\tan\beta - \tan\theta}{1 + \tan\beta\tan\theta}$$

[①] 张瑜. 膨胀波与激波[M]. 北京:北京大学出版社,1983:71.

代入式(3.4.15)整理后有

$$\tan\theta = \frac{M_0^2 \sin^2\beta - 1}{\tan\beta \left[M_0^2 \left(\frac{\gamma+1}{2} - \sin^2\beta \right) + 1 \right]} \tag{3.4.16}$$

对于给定的马赫数 M_0，式(3.4.16)给出了冲击波偏转角 β 与半锥角 θ 之间的关系。显然，对于一个确定的飞行体，θ 是确定的，因此 β 与 M_0 相关。应该注意的是，当给定 M_0 和 θ 时，β 有两个解，其中 β 值较大的解称为强解，β 值较小的另一个解则称为弱解。强解和弱解的含义和相互关系可以利用冲击波极线来说明。

如果将坐标系固定在冲击波波阵面上，能量守恒关系式(3.2.9)在这里变为

$$h + \frac{u^2}{2} = h_0 + \frac{u_0^2}{2} \tag{3.4.17}$$

对于理想气体有

$$h - h_0 = \frac{c^2 - c_0^2}{\gamma - 1}$$

式中，c 为声速。于是式(3.4.17)可改写为

$$u_0^2 + \frac{2}{\gamma - 1}c_0^2 = u^2 + \frac{2}{\gamma - 1}c^2 = C \tag{3.4.18}$$

式中的常数 C 可以这样来确定：如果流动从状态 1 连续地变到状态 2，由于要满足式(3.4.18)，所以必然存在一个临界点（即声速点），在该点上有关系 $u = c = c_*$，由此得到常数 C 为

$$C = \frac{\gamma + 1}{\gamma - 1}c_*^2 \tag{3.4.19}$$

虽然这种状态不会出现在冲击波内部，但借此确定式(3.4.18)中的常数是没有问题的。进一步利用速度分量之间的几何关系，式(3.4.18)可表示为

$$u_{0n}^2 + \frac{2}{\gamma - 1}c_0^2 = u_n^2 + \frac{2}{\gamma - 1}c^2 = \frac{\gamma + 1}{\gamma - 1}c_*^2 - u_t^2 \tag{3.4.20}$$

因为理想气体有关系

$$c^2 - c_0^2 = \gamma \left(\frac{p}{\rho} - \frac{p_0}{\rho_0} \right)$$

再利用式(3.4.5)和式(3.4.6)，经过代数运算，式(3.4.20)可表示为

$$u_{0n} u_n = c_*^2 - \frac{\gamma - 1}{\gamma + 1}u_t^2 \tag{3.4.21}$$

式(3.4.21)称为普朗特关系式。利用式(3.4.19)和式(3.4.18)，式(3.4.21)中的 c_* 可利用波前气体参量给出为

$$c_*^2 = \frac{2}{\gamma + 1}c_0^2 + \frac{\gamma - 1}{\gamma + 1}u_0^2 \tag{3.4.22}$$

第 3 章 气体中的冲击波

冲击波极线是直角坐标系中波后速度的 x 分量 u_x 与 y 分量 u_y 之间的关系，为了确定这个关系，将斜冲击波的几何关系重新画在图 3.7 中，其中 x 方向取为波前气体速度 u_0 的方向. 根据几何关系有

$$\frac{u_{0t}}{u_{0n}} = \frac{u_y}{u_0 - u_x}$$

$$\frac{u_{0t}}{u_0} = \frac{u_y}{u_{0n} - u_n}$$

$$u_0^2 = u_{0n}^2 + u_{0t}^2$$

将以上关系式与式(3.4.21)联立起来，并利用式(3.4.7)，经过运算和整理，得到冲击波极线方程为

$$u_y^2 = \frac{(u_0 - u_x)^2 (u_0 u_x - 1)}{\frac{2}{\gamma+1} u_0^2 - u_0 u_x + 1} \tag{3.4.23}$$

式(3.4.23)也称为速度极线. 给定 γ 和 u_0(或 M_0)，将该方程画出曲线如图 3.8 所示，这种形状的曲线称为叶形线.

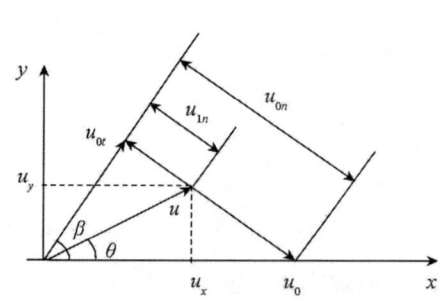

图 3.7　直角坐标系中斜冲击波速度分量　　图 3.8　斜冲击波的速度极线

在图 3.8 中，直线 OC 与速度极线有三个交点，即 A, B, C，其中 C 点对应 $u > u_0$ 的情况(相当于稀疏冲击波)，而这在冲击波传播过程中是不能实现的，因而没有物理意义. 点 A 为斜冲击波强解(或称为强支)，对应偏转角较大的情况(β_A)，且冲击波较强，波后流动是亚声速的. 点 B 为斜冲击波弱解(或称为弱支)，对应偏转角较小的情况(β_B)，且冲击波相对较弱，波后流动是超声速的. 应该注意，斜冲击波的强解和弱解与强冲击波和弱冲击波的定义没有任何联系，强解和弱解仅仅是根据斜冲击波的两个解的相对关系而定义的. 同时还应指出，实际问题中实现的都是冲击波弱解[①].

---

① 王继海. 二维非定常流和激波[M]. 北京：科学出版社，1994：46.

随着 θ 角的增大,A 和 B 将于 G 点重合,这时的半锥角设为 θ_G. 显然,当 $\theta > \theta_G$ 时,直线 OC 与速度极线只有一个交点 C,这时原来的附体冲击波转变为脱体冲击波,所以 θ_G 是附体冲击波转变为脱体冲击波的临界半锥角.

3.5 冲击波的基本性质

3.5.1 冲击压缩线、瑞利线与等熵线

在 3.2 节和 3.3 节分别给出了冲击波的基本关系式和理想气体中冲击波的关系式. 然而,为了理解冲击波的基本性质,常常需要将冲击压缩线、瑞利线和等熵线结合起来进行分析,因此本节首先对它们进行介绍和讨论.

1. 冲击压缩线的几何特点

理想气体的 $p-v$ 冲击压缩线式(3.3.3)可改写为如下形式

$$\left(p + \frac{\gamma-1}{\gamma+1}p_0\right)\left(v - \frac{\gamma-1}{\gamma+1}v_0\right) = \frac{4\gamma}{(\gamma+1)^2}p_0 v_0 \tag{3.5.1}$$

可见,冲击压缩线是一条双曲线,该双曲线的中心为

$$(\bar{p}, \bar{v}) = \left(-\frac{\gamma-1}{\gamma+1}p_0, \frac{\gamma-1}{\gamma+1}v_0\right)$$

两条渐近线分别为

$$p = \bar{p} = -\frac{\gamma-1}{\gamma+1}p_0, \quad v = \bar{v} = \frac{\gamma-1}{\gamma+1}v_0$$

利用理想气体的 $p-v$ 冲击压缩线,求得压强对比体积的一阶导数为

$$\left(\frac{\partial p}{\partial v}\right)_H = -\frac{4\gamma p_0 v_0}{[(\gamma+1)v - (\gamma-1)v_0]^2} < 0 \tag{3.5.2}$$

压强对比体积的二阶导数为

$$\left(\frac{\partial^2 p}{\partial v^2}\right)_H = \frac{8\gamma(\gamma+1)p_0 v_0}{[(\gamma+1)v - (\gamma-1)v_0]^3} > 0 \tag{3.5.3}$$

式(3.5.1)~式(3.5.3)表明,在 $p-v$ 平面上,冲击压缩线是一条斜率为负的上凹双曲线. 虽然上述表达式是针对理想气体得到的,但这一结论适合所有物质.

2. 瑞利线及其性质

图 3.9 在 $p-v$ 平面给出了一条起始于初态点 $A(p_0, v_0)$ 的冲击压缩线 p_H. 设物质经冲击压缩后,由初态 $A(p_0, v_0)$ 过渡到终态 $B(p_1, v_1)$,连接初态点 A 和终态点 B 的直线 AB 称为瑞利线.

第3章 气体中的冲击波

根据式(3.2.12),对应于 p_1 的冲击波沿未扰动物质传播的速度由下式给出(为了简便,以后均假定波前静止,即 $u_0=0$,并将坐标固定在波前物质上,而不是波阵面上)

$$D_1^2 = v_0^2 \frac{p_1 - p_0}{v_0 - v_1} \tag{3.5.4}$$

从几何上看,式(3.5.4)右边的项

$$\frac{p_1 - p_0}{v_0 - v_1}$$

等于瑞利线 AB 的斜率的绝对值,这就是瑞利线的几何意义,即瑞利线的斜率的绝对值与冲击波速度的平方成正比.

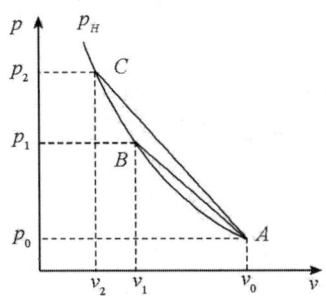

图 3.9 冲击压缩线与瑞利线

从图 3.9 可以看出,瑞利线与冲击压缩线有两个交点,第一个交点 A 表示波前状态,第二个交点 B 表示波后状态. 也就是说,如果物质的初态点为 A,则冲击波波后状态一定落在相应的瑞利线上. 由于冲击波波后状态也应该落在冲击压缩线上,所以冲击压缩线与瑞利线的第二个交点就是冲击波的解.

瑞利线具有以下基本性质:

(1) 瑞利线的斜率值反映了冲击波的强度.

式(3.5.4)实际上定量地表达了瑞利线的斜率值与冲击波速度之间的关系. 再结合图 3.9 可以看出,瑞利线的斜率值(绝对值)越大,冲击波压强越高,冲击波速度也就越大;反之,冲击波压强越高,瑞利线斜率的绝对值就越大,从而冲击波速度也越大. 例如,瑞利线 AC 与 AB 相比,前者的斜率的绝对值比后者大,前者对应的冲击波压强 p_2 比 p_1 高,即 $p_2 > p_1$. 由于

$$D_2^2 = v_0^2 \frac{p_2 - p_0}{v_0 - v_2} > v_0^2 \frac{p_1 - p_0}{v_0 - v_1} = D_1^2$$

因此有 $D_2 > D_1$.

(2) 沿瑞利线,熵最多只有一个极大值.

下面对这一性质进行证明. 将瑞利线式(3.5.4)改写为

$$p = p_0 + K(v - v_0) \tag{3.5.5}$$

式中，K 为斜率，对于给定的直线为常数. 沿直线微分有

$$\mathrm{d}p = K\mathrm{d}v$$

将物质的物态方程表示为 $p = p(v, s)$ 有

$$\mathrm{d}p = \left(\frac{\partial p}{\partial v}\right)_s \mathrm{d}v + \left(\frac{\partial p}{\partial s}\right)_v \mathrm{d}s = K\mathrm{d}v$$

改写上式得

$$\frac{\mathrm{d}s}{\mathrm{d}v} = \frac{K - (\partial p/\partial v)_s}{(\partial p/\partial s)_v} \tag{3.5.6}$$

再对比体积求一次微商有

$$\frac{\mathrm{d}^2 s}{\mathrm{d}v^2} = -\frac{(\partial^2 p/\partial v^2)_s}{(\partial p/\partial s)_v} - 2\frac{\partial^2 p/\partial v \partial s}{(\partial p/\partial s)_v}\frac{\mathrm{d}s}{\mathrm{d}v} - \frac{(\partial^2 p/\partial s^2)_v}{(\partial p/\partial s)_v}\left(\frac{\mathrm{d}s}{\mathrm{d}v}\right)^2 \tag{3.5.7}$$

现假设熵沿直线式(3.5.5)有极值，则应有

$$\frac{\mathrm{d}s}{\mathrm{d}v} = 0$$

考虑到第 1 章所指出的正常物质的基本性质式(1.3.28)和式(1.3.29)，由式(3.5.7)有

$$\frac{\mathrm{d}^2 s}{\mathrm{d}v^2} = -\frac{(\partial^2 p/\partial v^2)_s}{(\partial p/\partial s)_v} < 0 \tag{3.5.8}$$

式(3.5.8)说明，若熵有极值，则必为极大值；同时还可得知，沿瑞利线，熵不可能是常数. 如果假设沿瑞利线有两个以上的极大值，那么在两个极大值之间必有一个极小值，这必然与式(3.5.8)相矛盾，所以沿瑞利线，熵最多只有一个极大值. 由此还可进一步推论，在瑞利线上的波后状态点 B 必有不等式

$$\left(\frac{\mathrm{d}s}{\mathrm{d}v}\right)_{R,B} > 0 \tag{3.5.9}$$

在瑞利线上的初态点 A 必有不等式

$$\left(\frac{\mathrm{d}s}{\mathrm{d}v}\right)_{R,A} < 0 \tag{3.5.10}$$

3. 冲击压缩线与等熵线的关系

对雨果纽方程(3.2.16)求微分有

$$\mathrm{d}e = \frac{1}{2}(v_0 - v)\mathrm{d}p - \frac{1}{2}(p + p_0)\mathrm{d}v$$

将热力学关系 $\mathrm{d}e = T\mathrm{d}s - p\mathrm{d}v$ 与上式联立起来有

$$T\mathrm{d}s = \frac{1}{2}(v_0 - v)\mathrm{d}p + \frac{1}{2}(p - p_0)\mathrm{d}v \tag{3.5.11}$$

在初态点 A 处，$p = p_0$，$v = v_0$，因而有
$$ds = 0 \tag{3.5.12}$$
沿冲击压缩线对式(3.5.11)再求一次微分有
$$T d^2 s + dT ds = \frac{1}{2}(v_0 - v) d^2 p + \frac{1}{2}(p - p_0) d^2 v \tag{3.5.13}$$
显然，在初态点 A 处有
$$d^2 s = 0 \tag{3.5.14}$$

另一方面，将物态方程取为 $s = s(v, p)$，于是沿冲击压缩线有 $s_H = s_H(v, p_H(v)) = s_H(v)$，即在冲击压缩线上，熵只是比体积的函数，所以冲击压缩线可以表示为
$$p_H = p(v) = p(v, s(v)) \tag{3.5.15}$$
将式(3.5.15)对比体积分别求一阶和二阶微商有
$$\frac{dp_H}{dv} = \frac{dp_s}{dv} + \left(\frac{\partial p}{\partial s}\right)_v \frac{ds}{dv} \tag{3.5.16}$$
$$\frac{d^2 p_H}{dv^2} = \frac{d^2 p_s}{dv^2} + 2 \frac{d^2 p_s}{ds dv} \frac{ds}{dv} + \left(\frac{\partial p}{\partial s}\right)_v \frac{d^2 s}{dv^2} + \left(\frac{\partial^2 p}{\partial s^2}\right)_v \left(\frac{ds}{dv}\right)^2 \tag{3.5.17}$$
由于在初态点有式(3.5.12)和式(3.5.14)成立，所以有
$$\left(\frac{dp_H}{dv}\right)_{v_0} = \left(\frac{dp_s}{dv}\right)_{v_0} \tag{3.5.18}$$
$$\left(\frac{d^2 p_H}{dv^2}\right)_{v_0} = \left(\frac{d^2 p_s}{dv^2}\right)_{v_0} \tag{3.5.19}$$
式(3.5.18)和式(3.5.19)表明，$p-v$ 平面上的冲击压缩线与等熵线在初态点满足二阶相切，这是冲击压缩线与等熵线之间非常重要的一个关系.

对于理想气体，式(3.5.18)和式(3.5.19)是很容易验证的. 当 $p \rightarrow p_0$，$v \rightarrow v_0$ 时，由式(3.5.2)式(3.5.3)有
$$\left(\frac{dp_H}{dv}\right)_{v_0} = -\frac{\gamma p_0}{v_0} \tag{3.5.20}$$
$$\left(\frac{d^2 p_H}{dv^2}\right)_{v_0} = \frac{\gamma(\gamma + 1) p_0}{v_0^2} \tag{3.5.21}$$
理想气体的等熵线为
$$p = A \rho^\gamma$$
所以等熵线在初态点的一阶和二阶导数分别为
$$\left(\frac{dp_s}{dv}\right)_{v_0} = -\frac{\gamma p_0}{v_0} \tag{3.5.22}$$

$$\left(\frac{d^2 p_s}{dv^2}\right)_{v_0} = \frac{\gamma(\gamma+1)p_0}{v_0^2} \qquad (3.5.23)$$

可见，冲击压缩线和等熵线在初态点的确是二阶相切的.

因为在冲击压缩下熵是增加的，故有$(\partial p/\partial s)_v > 0$，且$dp_H/dv$与$ds/dv$有相同的数符，所以由式(3.5.16)有

$$-\frac{dp_H}{dv} > -\left(\frac{\partial p}{\partial v}\right)_s \qquad (3.5.24)$$

式(3.5.24)表明，在$p-v$平面上，冲击压缩线的斜率的绝对值大于等熵线的斜率的绝对值. 因此，对于同一种物质的起始于同一初态点的冲击压缩线和等熵线，冲击压缩线必然位于等熵线的上方，如图3.10所示，其中直线AB为冲击压缩线和等熵线在初态点的公共切线.

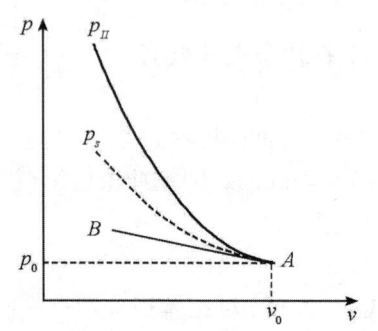

图3.10 冲击压缩线与等熵线的相互关系

3.5.2 冲击波后的能量分配

图3.11中的p_H线为冲击压缩线. 当物质从状态A经冲击波压缩到状态B时，比内能的增加$e_1 - e_0$由雨果纽方程式(3.2.16)给出，显然，它在数值上等于图3.11中梯形$MABN$的面积.

设气体在初始时处于静止状态，由式(3.2.14)，单位质量的气体在冲击压缩下所获得的动能为

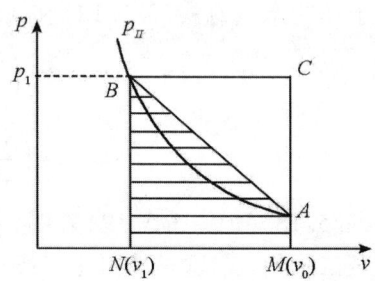

图3.11 冲击波能量的几何解释

$$\frac{u^2}{2} = \frac{1}{2}(p_1 - p_0)(v_0 - v_1) \qquad (3.5.25)$$

显然，比动能在数值上就等于图3.11中三角形ABC的面积. 同时还注意到，该三角形与梯形$MABN$一起构成了矩形$MCBN$，这个矩形的面积$p_1(v_0 - v_1)$就是单位质量物质在冲击波压缩下获得的总能量，即

$$e_1 - e_0 + \frac{1}{2}u^2 = p_1(v_0 - v_1) \qquad (3.5.26)$$

对于$p_1 \gg p_0$的强冲击波，梯形$MABN$的面积近似等于三角形ABC的面积

$$e_1 - e_0 \approx \frac{u^2}{2} \approx \frac{1}{2}p_1(v_0 - v_1) \qquad (3.5.27)$$

式(3.5.27)说明，冲击波波后的内能和动能近似相等. 在大多数情况下，冲击

压缩的初态就是常态,因此 p_0 就是 1 个大气压,这个值与较强的冲击压强相比总是很小的,所以近似关系式(3.5.27)在实际上有很高的精度.

3.5.3 冲击波熵增与不可逆能量

在 3.3 节针对理想气体指出,跨冲击波波阵面的熵是增加的,现在则更一般地说明,对于任何物质,在穿过冲击波时,熵总是增加的.

式(3.5.11)是热力学关系式与雨果纽方程联立起来所得到的结果,因而具有普遍性,现将其改写为如下形式

$$T\mathrm{d}s = \frac{1}{2}\left[1 - \frac{\dfrac{p-p_0}{v_0-v}}{-\left(\dfrac{\partial p}{\partial v}\right)_H}\right](v_0-v)\mathrm{d}p \qquad (3.5.28)$$

式中,$\dfrac{p-p_0}{v_0-v}$ 是瑞利线的斜率,$-\left(\dfrac{\partial p}{\partial v}\right)_H$ 是 $p-v$ 平面上冲击压缩线在冲击波波后状态点的斜率. 因为正常材料的 $p-v$ 冲击压缩线凹向上方,因此有

$$\frac{(p-p_0)/(v_0-v)}{-(\partial p/\partial v)_H} < 1 \qquad (3.5.29)$$

代入式(3.5.28)有

$$\left(\frac{\partial s}{\partial p}\right)_H = \frac{1}{2T}\left[1 - \frac{(p-p_0)/(v_0-v)}{-(\partial p/\partial v)_H}\right](v_0-v) > 0 \qquad (3.5.30)$$

式(3.5.30)表明,熵随冲击压强的增加而单调增加.

从式(3.5.11)还可得到

$$\left(\frac{\partial p}{\partial s}\right)_v = \frac{2T}{v_0-v} \qquad (3.5.31)$$

对于所有正常物质来说,压强增加时比体积减小,所以 $v_0-v>0$,从而有 $(\partial p/\partial s)_v > 0$,这与第 1 章所给出的物质的基本性质式(1.3.29)完全一致.

冲击压缩线位于等熵线上方也可这样来解释:已知在冲击压缩下,物质状态从比体积 v_0 减小到比体积 v 时,熵是增加的. 与此同时,在同样比体积下,压强随熵的增加而增加,所以当比体积相同时,冲击压强必然高于等熵压强.

如图 3.12 所示,如果物质从状态 A 经过等熵压缩到与冲击压缩相同的比体积 v_1,所处状态记为 Q(等熵压缩线 p_s 用虚线表示),则等熵压缩引起的内能增量在数值上等于曲边梯形 $MAQN$ 的面积

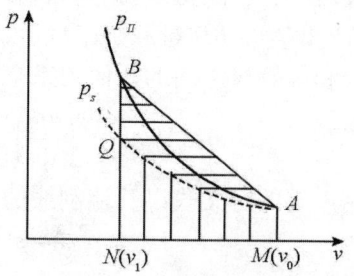

图 3.12 冲击波的不可逆能量

$$e_Q - e_0 = -\int_{v_0}^{v_1} p_s \mathrm{d}v \tag{3.5.32}$$

积分是在 $s = s_0$ 的条件下进行的. 为了使物质从状态 Q 变为冲击压缩状态 B, 还必须对它在固定的比体积 v_1 下进行加热, 所需的热量就是冲击压缩引起的不可逆能量, 记为 Δe_q, 它在数值上等于梯形 $MABN$ 与曲边梯形 $MAQN$ 的面积之差, 即等于曲边三角形 ABQ 的面积, 因此这块面积确定了物质在冲击波压缩下的熵增, 它满足

$$\Delta e_q = e_1 - e_Q = \int_{s_0}^{s_1} T\mathrm{d}s = \overline{T}(s_1 - s_0) \tag{3.5.33}$$

式中, $\overline{T}$ 是等容压缩从状态 Q 变化到 B(保持比体积 v_1 不变)的过程中的某个温度值. 式(3.5.33)给出的值就是冲击压缩过程中的不可逆能量, 随熵增而单调增加, 因而随冲击波压强也是单调增加的.

3.5.4 冲击波速度相对于波前为超声速, 相对于波后为亚声速

对于理想气体, 利用冲击波关系式(3.3.15)和式(3.3.17)有

$$\frac{p}{p_0} = 1 + \frac{2\gamma}{\gamma+1}\left[\left(\frac{D-u_0}{c_0}\right)^2 - 1\right] \tag{3.5.34}$$

$$\frac{p_0}{p} = 1 + \frac{2\gamma}{\gamma+1}\left[\left(\frac{D-u}{c}\right)^2 - 1\right] \tag{3.5.35}$$

取 $u_0 = 0$, 因为 $p > p_0$, 所以有

$$\begin{cases} D > c_0 \\ D - u < c \end{cases} \tag{3.5.36}$$

这两个不等式说明, 冲击波相对于波前物质以超声速传播, 相对于波后物质则以亚声速传播. 虽然不等式(3.5.36)是从理想气体冲击波关系式得到的, 但事实上, 这是一个非常重要的普遍结论, 为此, 下面从更一般的角度进行分析.

如图 3.13 所示, 设 p_H 是起始于初态点 $A(p_0, v_0)$ 的冲击压缩线, $B(p, v)$ 为某波后状态, 直线 AB 就是瑞利线, 直线 AC 是冲击压缩线在初态点的切线, 曲线 BP 和直线 BD 是起始于波后状态点 B 的等熵线及其切线. 由冲击压缩线、瑞利线和等熵线之间的几何关系有

$$\left(\frac{\mathrm{d}p_s}{\mathrm{d}v}\right)_B < -\frac{p_B - p_A}{v_A - v_B} < \left(\frac{\mathrm{d}p_s}{\mathrm{d}v}\right)_A \tag{3.5.37}$$

利用声速的定义式以及瑞利线的表达式有

$$\rho^2 c^2 > \rho^2 (D-u)^2 = \rho_0^2 D^2 > \rho_0^2 c_0^2 \tag{3.5.38}$$

所以有 $D > c_0$, $D - u < c$.

式(3.5.36)也可利用热力学知识进行证明. 利用瑞利线的表达式和声速的

第3章 气体中的冲击波

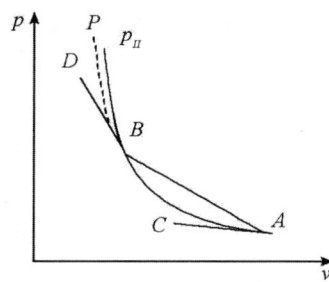

图 3.13 瑞利线与冲击波初态点和终态点的等熵线的斜率

定义式,式(3.5.6)可改写为

$$\frac{\mathrm{d}s}{\mathrm{d}v} = \frac{-\rho_0^2 D^2 + \rho^2 c^2}{(\partial p/\partial s)_v} = \frac{-\rho^2 (D-u)^2 + \rho^2 c^2}{(\partial p/\partial s)_v} \quad (3.5.39)$$

式(3.5.39)中 $\mathrm{d}s/\mathrm{d}v$ 是熵沿瑞利线随比体积的变化,因此在波后状态点 B 满足不等式(3.5.9),再利用物质的基本性质 $(\partial p/\partial s)_v > 0$ 有 $c^2 - (D-u)^2 > 0$,所以 $D - u < c$.

同样道理,将式(3.5.39)用于初态点 A,利用不等式(3.5.10)有 $c_0^2 - D^2 < 0$,所以 $D > c_0$.

由此可见,冲击波相对于波后压缩物质以亚声速传播、相对于波前物质以超声速传播,这是一个普遍结论.

从冲击波的这一性质出发,可得到下面重要结果:一个冲击波总是能够追赶上波前区域中同一方向传播的其他冲击波或稀疏波. 当然,一个冲击波必然要被波后区域沿同一方向传播的冲击波或稀疏波赶上. 事实上,对于任意两个同一方向传播的波,除两个稀疏波以外,一个波总是要追上另一个波,如图 3.14 所示. 下面对图 3.14 所给出的四种情况进行具体分析.

对于图 3.14(a)所示的右行冲击波 $\vec{S}_2$(用符号 S 表示冲击波,用箭头方向表示波的传播方向)追赶右行冲击波 $\vec{S}_1$ 的情况,根据冲击波传播速度的性质有

$$D_1 - u_1 < c_1, \quad D_2 - u_1 > c_1$$

所以

$$D_2 > u_1 + c_1 > D_1$$

即第二个冲击波的速度大于第一个冲击波的速度,所以第二个冲击波必然要赶上第一个冲击波.

对于图 3.14(b)所示的右行冲击波 $\vec{S}$ 追赶右行稀疏波 $\vec{R}$(用符号 R 表示稀疏波,用箭头方向表示其传播方向)的情况,根据冲击波传播速度的性质有

$$D - u_1 > c_1, \quad D > u_1 + c_1 = \left(\frac{\mathrm{d}x}{\mathrm{d}t}\right)_t$$

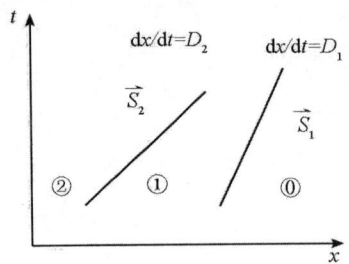
（a）冲击波追赶冲击波

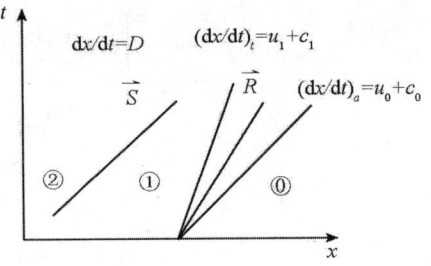
（b）冲击波追赶稀疏波

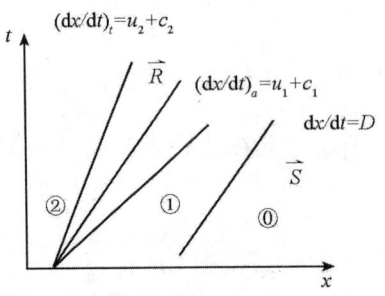
（c）稀疏波追赶冲击波

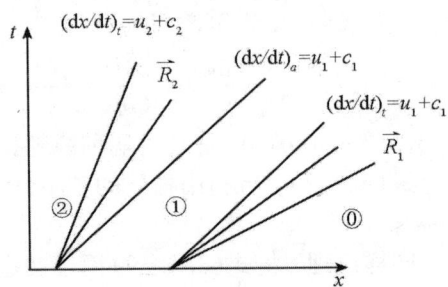
（b）稀疏波追赶稀疏波

图 3.14　波的追赶

式中，$\left(\dfrac{dx}{dt}\right)_t$ 为前方稀疏波波尾的速度. 因此，冲击波速度大于前面稀疏波波尾的速度，所以冲击波必然赶上前方的稀疏波.

对于图 3.14（c）所示的右行稀疏波 $\vec{R}$ 追赶右行冲击波 $\vec{S}$ 的情况有

$$D - u_1 < c_1, \quad D < u_1 + c_1 = \left(\dfrac{dx}{dt}\right)_a$$

式中，$\left(\dfrac{dx}{dt}\right)_a$ 为后面稀疏波波头的速度. 冲击波速度小于后面稀疏波波头的速度，因而必然被后面的被稀疏波赶上.

对于图 3.14（d）所示的右行稀疏波 $\vec{R}_2$ 追赶右行稀疏波 $\vec{R}_1$ 的情况，第一个稀疏波波尾的速度与第二个稀疏波波头的速度相等，所以是无法追上的.

3.5.5　多次冲击压缩与单次冲击压缩不可能有相同的终态

在 3.3 节曾经指出，与等熵线不同，冲击压缩线依赖于初始状态的压强和比体积两个参量. 由此可知，从某一个给定的初态出发，用几个冲击波依次压缩物质，和用一个冲击波来压缩物质，想要达到相同的终态是不可能的. 例如，

第3章 气体中的冲击波

在单原子气体中通过一个强冲击波，气体体积会压缩到1/4. 但如果是相继通过两个强冲击波，当终态压强仍维持不变时，气体体积要压缩到初态体积的1/16. 可是，当把等熵过程分为随便几个步骤时，只要终态压强保持不变，气体的终态体积却是相同的.

图3.15 在 p-v 平面上画出了几条起始于不同初态的冲击压缩线：其中 A 点为初态，起始于 A 点的一次冲击压缩状态均落在一次冲击压缩线 H_A 上；B 点为一次冲击压缩下的某个波后状态点，若以此状态为初态进行二次冲击压缩，其冲击压缩线为 H_B，即不同强度的冲击波波后状态落在二次冲击压缩线 H_B 上；依此类推，H_C 为起始于 C 点的三次冲击压缩线……为便于比较，图中同时画出了起始于状态 A 的等熵压缩线 p_s. 从图3.15中可以看出，压缩到相同的压强时，等熵压缩的比体积最小，单次冲击压缩的比体积最大，多次冲击压缩则介于二者之间. 如果压缩到同样的比体积 v_1，则等熵压强最小，单次冲击所需要的压强最高，多次冲击所需要的压强介于二者之间.

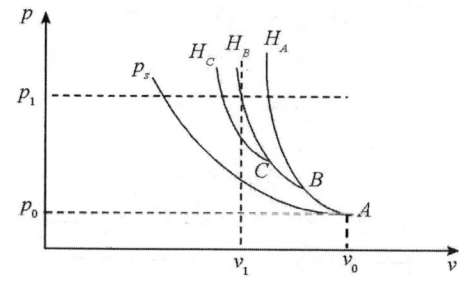

图3.15 多次冲击压缩与等熵压缩

例3.6 比较多次冲击压缩与等熵压缩之间的差别.

解 假设气体中依次通过若干冲击波，且后面的冲击波并不赶上前面的冲击波，每次冲击压缩使气体产生相等的压缩比，即

$$\frac{\rho_1}{\rho_0} = \frac{\rho_2}{\rho_1} = \cdots = \frac{\rho_n}{\rho_{n-1}} = q$$

从而有

$$\frac{\rho_n}{\rho_0} = q^n$$

利用式(3.3.5)得到压强比为

$$\frac{p_j - p_{j-1}}{p_{j-1}} = \Delta = \frac{2\gamma(q-1)}{(1+\gamma) - q(\gamma-1)}, \quad j = 1, 2, \cdots, n$$

$$\frac{p_n}{p_0} = (1+\Delta)^n$$

设 $\gamma = 5/3$，$q = 2$，$n = 10$，于是有 $\Delta = 2.5$，所以

$$\frac{\rho_n}{\rho_0} = 2^{10} = 1024$$

$$\frac{p_n}{p_0} = 3.5^{10} \approx 2.8 \times 10^5$$

这个结果表明,若初始压强为 $1 \times 10^5 \text{Pa}(1\text{atm})$,则采用 10 次冲击压缩将气体压缩 1024 倍所需要的压强约为 28GPa.

如果等熵压缩到相同压强,则压缩比为

$$\frac{\rho_s}{\rho_0} = \left(\frac{p}{p_0}\right)^{1/\gamma} = (2.8 \times 10^5)^{3/5} = 1855$$

即等熵压缩到相同压强时,压缩比是冲击压缩下压缩比的 1.8 倍.

如果压缩比相同,则等熵条件下的压强比为

$$\frac{p_s}{p_0} = \left(\frac{\rho}{\rho_0}\right)^{\gamma} = 1024^{5/3} = 1.04 \times 10^5$$

即 $p_s \approx 10\text{GPa}$,这个值只有冲击压缩下压强比的 36%.

现在将单次压缩比 q 的值减小到 1.5,其他条件不变,则有 $\Delta = 1$,因此

$$\frac{\rho_n}{\rho_0} = 1.5^{10} = 57.7$$

$$\frac{p_n}{p_0} = 2^{10} = 1024$$

若等熵压缩到相同压强,则压缩比为

$$\frac{\rho_s}{\rho_0} = \left(\frac{p}{p_0}\right)^{1/\gamma} = 1024^{3/5} = 64$$

这个值仅为相应冲击压缩比的 1.1 倍. 如果压缩比相同,则等熵条件下的压强比为

$$\frac{p_s}{p_0} = \left(\frac{\rho}{\rho_0}\right)^{\gamma} = 57.7^{5/3} = 862$$

这个值是冲击压缩下压强比的 84%.

因此,当单次冲击压缩比减小时,多次冲击压缩与等熵压缩的差别也将减小. 由此可见,虽然严格的等熵压缩难以实现,但可通过多次不太强的冲击压缩来逼近等熵压缩,这种技术称为准等熵压缩技术.

3.5.6 正常物质中不可能存在稀疏冲击波

在 3.3 节中,针对理想气体给出了冲击波各种物理量的计算公式,从这些公式出发,可得到在具有压缩作用的冲击波中存在如下不等式

$$p > p_0, \rho > \rho_0 (v < v_0), D - u_0 > c_0, D - u < c, s > s_0 \quad (3.5.40)$$

这就是说，在物质被压缩和压强增高的同时，熵也是增加的；冲击波相对于未扰动物质以超声速传播，相对于它后面的压缩物质则以亚声速传播，如图 3.16(a)所示.

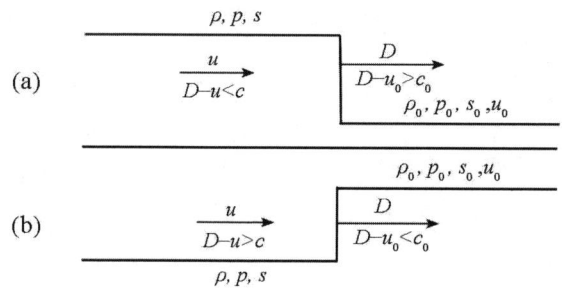

（a）压缩冲击波　　（b）稀疏冲击波

图 3.16　冲击波体系关系示意图

现在将冲击压缩线的表达式(3.3.3)推广到压强小于初始值的情况. 假定存在一种稀疏冲击波，即在波后所发生的不是物质的压缩而是稀疏，从而有 $v>v_0$，$p<p_0$. 由于质量、动量和能量守恒定律是普适的，所以前面关于间断面两边的速度、密度和压强的公式，对于这种稀疏冲击波同样适用. 从式(3.3.15)和式(3.3.17)可知，在这种情形下有 $D-u_0<c_0$，$D-u>c$. 熵在波阵面中的跃变由式(3.3.41)给出. 式(3.3.41)表明，当 $p<p_0$ 时，波后气体的熵是减小的. 这样，我们就得到了一个稀疏的冲击波体系，如图 3.16(b)所示，在这种稀疏冲击波体系中存在以下不等式

$$p<p_0, \rho<\rho_0(v>v_0), D-u_0<c_0, D-u>c, s<s_0 \qquad (3.5.41)$$

根据热力学第二定律，如果不向外界放出热量，仅依靠一些内部过程不可能使物质的熵减小. 因此，稀疏冲击波与热力学第二定律相矛盾. 由此得出结论，稀疏冲击波是不可能存在的. 也就是说，在质量、动量和能量守恒定律所允许存在的两种冲击波体系中，熵的增加只可能发生在起压缩作用的冲击波中，而不能发生在稀疏的冲击波中.

然而，上述结论是有条件的，即物质的等熵线要满足不等式 $(\partial^2 p/\partial v^2)_s>0$，满足该条件的物质就是前面多次提到的所谓正常物质. 理想气体当然是满足该条件的，是毫无疑问的正常物质，所以由此得到的很多结论均具有普遍性. 需要注意的是，假如存在某种非正常物质，即其等熵线不满足不等式 $(\partial^2 p/\partial v^2)_s>0$，那么，已有的很多结论是不能推广的.

稀疏的冲击波之所以不可能存在，还可从力学稳定性角度来进行解释. 对于稀疏冲击波，它沿未扰动物质是以亚声速传播的($D-u_0<c_0$). 这意味着，如果在某个时刻产生了如图 3.16(b)所示的状态，那么发自密度和压强跃变上的

扰动就会以声速 c_0 向右传播,因而要赶上并超过稀疏冲击波,经过一定的时间以后,稀疏扰动就会到达稀疏冲击波之前的物质区,从而稀疏冲击波的间断面被破坏.这说明稀疏冲击波在力学上是不稳定的.而对于压缩冲击波而言,如果波阵面上存在扰动,扰动速度 c_0 小于冲击波速度,因而是不可能超过波阵面的,所以不会破坏间断面.

压缩冲击波相对于压缩物质是以亚声速 $D-u<c$ 传播的,因此冲击波波阵面后方的流体动力学体系只能影响到波的强度,但不能超越冲击波而影响到冲击波前方的区域,从而不会破坏间断面.在稀疏的冲击波中情况恰好相反:由于这种冲击波相对于稀疏物质是以超声速传播的,这说明它不会受到在它之后所发生的任何过程的影响,所以它是"不可控制的",但这与实际情况并不相符.

以上分析表明,冲击波在力学上的稳定性条件和熵增加的热力学条件是一致的.无论从热力学的观点,还是从力学稳定性的观点来看,在正常物质中,稀疏冲击波是不可能产生的.

3.6 弱冲击波的声学近似

如果冲击波比较弱,波后参量相对于波前参量的变化很小,这时可采用泰勒级数展开的方法对冲击波进行近似分析.本节将要证明,对于任意介质中的弱冲击波,熵增是冲击波强度的三阶小量,并给出熵增的近似关系式.由于弱冲击波的熵增为三阶小量,因此可以认为,弱冲击波是近似等熵的,从而可用简单波的连续过渡来近似代替冲击波的间断过渡.弱冲击波的这种近似处理方法通常称为弱冲击波的声学近似.

3.6.1 弱冲击波的熵增是冲击波强度的三阶量

首先说明,这里所说的冲击波强度是指波后压强与波前压强之差 $p-p_0$ 或比体积之差 $v-v_0$,也可以是速度差 $u-u_0$.因此,对于弱冲击波,这些强度量均为小量.

将式(3.5.11)改写成如下形式

$$T\frac{ds}{dv}=\frac{1}{2}(v_0-v)\frac{dp}{dv}+\frac{1}{2}(p-p_0) \tag{3.6.1}$$

当 p 和 v 在初态点取值时,$ds/dv=0$,说明熵的一阶变化量为 0.

将式(3.6.1)对比体积求导数有

$$\frac{dT}{dv}\frac{ds}{dv}+T\frac{d^2s}{dv^2}=\frac{1}{2}(v_0-v)\frac{d^2p}{dv^2} \tag{3.6.2}$$

当 p 和 v 在初态点取值时，$\mathrm{d}^2 s/\mathrm{d}v^2 = 0$，说明熵的二阶变化量为 0.

将式(3.6.2)再对比体积求一次导数有

$$\frac{\mathrm{d}^2 T}{\mathrm{d}v^2}\frac{\mathrm{d}s}{\mathrm{d}v} + \frac{\mathrm{d}T}{\mathrm{d}v}\frac{\mathrm{d}^2 s}{\mathrm{d}v^2} + \frac{\mathrm{d}T}{\mathrm{d}v}\frac{\mathrm{d}^2 s}{\mathrm{d}v^2} + T\frac{\mathrm{d}^3 s}{\mathrm{d}v^3} = \frac{1}{2}(v_0 - v)\frac{\mathrm{d}^3 p}{\mathrm{d}v^3} - \frac{1}{2}\frac{\mathrm{d}^2 p}{\mathrm{d}v^2}$$

当 p 和 v 在初态点取值时有

$$T\frac{\mathrm{d}^3 s}{\mathrm{d}v^3} = -\frac{1}{2}\frac{\mathrm{d}^2 p}{\mathrm{d}v^2}$$

这说明熵的三阶变化量不为 0，且熵的变化是比体积变化量的三阶量. 由于 $(\partial^2 p/\partial v^2)_s > 0$，因此有

$$\Delta s \propto -(v - v_0)^3 > 0 \tag{3.6.3}$$

可见，弱冲击波的熵增是冲击波强度的三阶小量.

下面进一步给出弱冲击波熵增的具体表达式. 假设比内能 e 是熵 s 和比体积 v 的函数，即

$$e = e(s, v)$$

利用泰勒级数把内能函数在初态点按 $(s - s_0)$ 展开到一阶项，按 $(v - v_0)$ 展开到三阶项，有

$$\begin{aligned} e - e_0 &= \left(\frac{\partial e}{\partial s}\right)_{v_0}(s - s_0) + \left(\frac{\partial e}{\partial v}\right)_{s_0}(v - v_0) + \\ &\quad \frac{1}{2}\left(\frac{\partial^2 e}{\partial v^2}\right)_{s_0}(v - v_0)^2 + \frac{1}{6}\left(\frac{\partial^3 e}{\partial v^3}\right)_{s_0}(v - v_0)^3 \end{aligned} \tag{3.6.4}$$

这个展开式中所有的导数都是在初态点 (s_0, v_0) 处取值. 已知熵在波后的增量 $s - s_0$ 是一个三阶小量，因此，当把内能的展开式限制到三阶小量的时候，便可以略去与 $(s - s_0)(v - v_0)$ 及 $(s - s_0)^2$ 等成正比的各项.

根据热力学关系式 $\mathrm{d}e = T\mathrm{d}s - p\mathrm{d}v$ 有

$$\left(\frac{\partial e}{\partial s}\right)_v = T, \quad \left(\frac{\partial e}{\partial v}\right)_s = -p$$

因而式(3.6.4)可表示为

$$\begin{aligned} e - e_0 &= T_0(s - s_0) - p_0(v - v_0) - \\ &\quad \frac{1}{2}\left(\frac{\partial p}{\partial v}\right)_{s_0}(v - v_0)^2 - \frac{1}{6}\left(\frac{\partial^2 p}{\partial v^2}\right)_{s_0}(v - v_0)^3 \end{aligned}$$

将上式代入雨果纽方程(3.2.16)有

$$T_0(s - s_0) = \frac{1}{2}(v_0 - v)\left[p - p_0 + \left(\frac{\partial p}{\partial v}\right)_{s_0}(v_0 - v) - \frac{1}{3}\left(\frac{\partial^2 p}{\partial v^2}\right)_{s_0}(v_0 - v)^2\right]$$

$$\tag{3.6.5}$$

将压强表示为 $p = p(v, s)$，弱冲击波压强 p 可在初态点展开为

$$p = p_0 + \left(\frac{\partial p}{\partial v}\right)_{s_0}(v-v_0) + \frac{1}{2}\left(\frac{\partial^2 p}{\partial v^2}\right)_{s_0}(v-v_0)^2 +$$

$$\frac{1}{6}\left(\frac{\partial^3 p}{\partial v^3}\right)_{s_0}(v-v_0)^3 + \left(\frac{\partial p}{\partial s}\right)_{v_0}(s-s_0) + \cdots \qquad (3.6.6)$$

式(3.6.5)的左边是一个三阶小量,所以右边表达式中的弱冲击波压强 p 只需要取到关于增量 $v-v_0$ 的二阶小量就够了.略去三阶以上的小量,将式(3.6.6)代入式(3.6.5)并进行简化,最后得到熵的增量与比体积增量之间的关系为

$$T_0(s-s_0) = \frac{1}{12}\left(\frac{\partial^2 p}{\partial v^2}\right)_{s_0}(v_0-v)^3 \qquad (3.6.7)$$

这个表达式明确给出,弱冲击波的熵增是其强度量 $v-v_0$ 的三阶小量.

如果从用焓表示的雨果纽方程(3.2.17)出发,用类似的方法可以得到

$$T_0(s-s_0) = \frac{1}{12}\left(\frac{\partial^2 v}{\partial p^2}\right)_{s_0}(p-p_0)^3 \qquad (3.6.8)$$

可见,弱冲击波的熵增也是其强度量 $p-p_0$ 的三阶小量.

图 3.17 在 p-v 平面上给出了冲击压缩线 p_H 与等熵压缩线 p_s 之间的相互关系,其中 BA 为二者在初态点 A 的公共切线,下面讨论弱冲击波压强的几何意义.

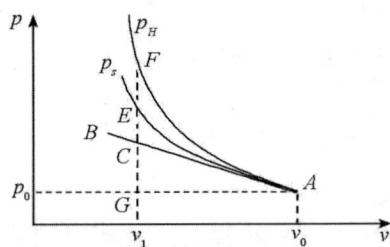

图 3.17 冲击压缩线、等熵线和三阶小量的几何解释

对于某弱冲击波压缩状态 F,设其比体积为 v_1,经过 F 点作一条竖直的虚线,与等熵线 p_s 和切线 BA 分别交于 E,C 点,并与经过点 A 的水平线交于 G 点.显然,v_0-v_1 为正的一阶小量.从式(3.6.6)可知,如果近似到一阶小量,冲击压强满足

$$p_H - p_0 = p_s - p_0 = -\left(\frac{\partial p}{\partial v}\right)_{s_0}(v_0-v_1) = p_C - p_0 \qquad (3.6.9)$$

即冲击波压强与等熵压强相等,且等于 p_C,因此,线段 CG 就是弱冲击波的超压的一阶近似,是关于 v_0-v_1 的一阶小量.

如果将冲击压强近似到二阶小量,则有

$$p_H - p_0 = \left(\frac{\partial p}{\partial v}\right)_{s_0}(v_1-v_0) + \frac{1}{2}\left(\frac{\partial^2 p}{\partial v^2}\right)_{s_0}(v_1-v_0)^2 = p_s - p_0$$

即在二阶近似下，冲击波压强与等熵压强仍然相等. 由于

$$EC = p_s - p_C = \frac{1}{2}\left(\frac{\partial^2 p}{\partial v^2}\right)_{s_0}(v_0 - v_1)^2 \tag{3.6.10}$$

所以线段 EC 就是弱冲击波压强的二阶近似与一阶近似之差，为 $v_0 - v_1$ 的二阶小量.

如果将冲击压强近似到三阶小量，则冲击压强与等熵压强不再相等，由式(3.6.6)有

$$p_H - p_s = \left(\frac{\partial p}{\partial s}\right)_{v_0}(s - s_0) = p_F - p_E = FE$$

将式(3.6.7)代入有

$$FE = \frac{1}{12 T_0}\left(\frac{\partial p}{\partial s}\right)_{v_0}\left(\frac{\partial^2 p}{\partial v^2}\right)_{s_0}(v_0 - v_1)^3 \tag{3.6.11}$$

可见，在三阶近似下，弱冲击压强与等熵压强之差，即线段 FE，为 $v_0 - v_1$ 的三阶小量.

3.6.2 弱冲击波上的黎曼不变量

已知冲击波波后质点速度有关系式

$$(u - u_0)^2 = (p - p_0)(v_0 - v) \tag{3.6.12}$$

式中，u_0 为波前速度. 对式(3.6.12)微分一次有

$$2(u - u_0)du = (v_0 - v)dp - (p - p_0)dv$$

再微分一次有

$$\begin{aligned}2(du)^2 + 2(u - u_0)d^2 u &= -dpdv + (v_0 - v)d^2 p - dpdv - (p - p_0)d^2 v\\&= -2dpdv + (v_0 - v)d^2 p - (p - p_0)d^2 v\end{aligned}$$

令 $p = p_0$，$v = v_0$，$u = u_0$，得到冲击波在初态点的微分关系为

$$(du)^2 = -dpdv \tag{3.6.13}$$

因为冲击压缩线 $p = p_H(v)$ 和等熵线 $p = p_s(v)$ 在初态点二阶相切，所以在初态比体积附近有

$$dp = \left(\frac{\partial p}{\partial v}\right)dv = -\rho^2 c^2 dv$$

代入式(3.6.13)有

$$(du)^2 = \left(\frac{dp}{\rho c}\right)^2 \tag{3.6.14}$$

或

$$du = \pm \frac{dp}{\rho c} \tag{3.6.15}$$

因而

$$d\left(u \pm \int \frac{dp}{\rho c}\right) = 0 \qquad (3.6.16)$$

式(3.6.16)表明,在弱冲击波上,黎曼不变量的一阶变化为零.

对式(3.6.14)求微分有

$$2du d^2 u = 2\frac{dp}{\rho c}d\left(\frac{dp}{\rho c}\right)$$

将式(3.6.15)代入上式,得

$$d^2 u = \pm d\left(\frac{dp}{\rho c}\right)$$

最后有

$$d^2\left(u \pm \int \frac{dp}{\rho c}\right) = 0 \qquad (3.6.17)$$

式(3.6.17)表明,对于弱冲击波,黎曼不变量的二阶变化也是零.

综上所述,在弱冲击波情况下,黎曼不变量的变化与熵的变化一样,是一个三阶小量,所以黎曼不变量可近似为常数.也就是说,在弱冲击波上的黎曼不变量是有意义的,所以可用简单波的连续过渡近似代替冲击波的间断过渡.

3.6.3 弱冲击波关系式

将弱冲击波波后的各量按$(u-u_0)$进行泰勒展开,得到如下近似关系式

$$\begin{cases} p - p_0 = \dfrac{dp}{du}(u-u_0) + \dfrac{1}{2}\dfrac{d^2 p}{du^2}(u-u_0)^2 + \cdots \\ v - v_0 = \dfrac{dv}{du}(u-u_0) + \dfrac{1}{2}\dfrac{d^2 v}{du^2}(u-u_0)^2 + \cdots \\ c - c_0 = \dfrac{dc}{du}(u-u_0) + \cdots \end{cases} \qquad (3.6.18)$$

其中的导数均在初始点取值.

下面以右行冲击波为例进一步给出其近似关系式. 在式(3.6.15)中取正号有

$$\begin{cases} \left(\dfrac{dp}{du}\right)_{u_0} = \rho_0 c_0, \quad \left(\dfrac{d^2 p}{du^2}\right)_{u_0} = \dfrac{d(\rho c)}{du}\bigg|_{u_0} \\ \left(\dfrac{dv}{du}\right)_{u_0} = -\dfrac{1}{\rho_0 c_0}, \quad \left(\dfrac{d^2 v}{du^2}\right)_{u_0} = \dfrac{1}{\rho_0^2 c_0^2}\dfrac{d(\rho c)}{du}\bigg|_{u_0} \\ \left(\dfrac{dc}{du}\right)_{u_0} = \dfrac{1}{\rho_0}\dfrac{d(\rho c)}{du}\bigg|_{u_0} - 1 \end{cases} \qquad (3.6.19)$$

由声速的定义式有

$$\rho c = \sqrt{-\left(\frac{\partial p}{\partial v}\right)_s}$$

所以

$$\frac{d(\rho c)}{du} = \frac{d(\rho c)}{dv}\frac{dv}{du} = -\frac{1}{2}\frac{(\partial^2 p/\partial v^2)_s}{(\partial p/\partial v)_s} \equiv \Gamma \qquad (3.6.20)$$

式中，Γ 为新引入的热力学参量，Γ 在初态点的值记为 Γ_0.

利用式(3.6.19)和式(3.6.20)，冲击波近似关系式(3.6.18)可改写为

$$\begin{cases} p - p_0 = \rho_0 c_0 (u - u_0) + \dfrac{1}{2}\Gamma_0 (u - u_0)^2 + \cdots \\ v - v_0 = -\dfrac{1}{\rho_0 c_0}(u - u_0) + \dfrac{1}{2}\dfrac{\Gamma_0}{\rho_0^2 c_0^2}(u - u_0)^2 + \cdots \\ c - c_0 = \left(\dfrac{\Gamma_0}{\rho_0} - 1\right)(u - u_0) + \cdots \end{cases} \qquad (3.6.21)$$

3.6.4 理想气体中的弱冲击波

已知理想气体的等熵方程为

$$p = A(s)\rho^\gamma$$

于是

$$\left(\frac{\partial p}{\partial v}\right)_s = -\gamma A \rho^{\gamma+1}$$

$$\left(\frac{\partial^2 p}{\partial v^2}\right)_s = \gamma(\gamma+1)A\rho^{\gamma+2}$$

$$\Gamma_0 = \frac{\gamma+1}{2}\rho_0$$

代入式(3.6.21)，得到理想气体中弱冲击波的泰勒近似解为

$$\begin{cases} p - p_0 = \rho_0 c_0 (u - u_0) + \dfrac{\gamma+1}{4}\rho_0 (u - u_0)^2 + \cdots \\ v - v_0 = -\dfrac{1}{\rho_0}\dfrac{u - u_0}{c_0} + \dfrac{\gamma+1}{4}\dfrac{1}{\rho_0}\left(\dfrac{u - u_0}{c_0}\right)^2 + \cdots \\ c - c_0 = \dfrac{\gamma-1}{2}(u - u_0) + \cdots \end{cases} \qquad (3.6.22)$$

前面已经说明，弱冲击波的解可用简单波解近似，因此，右行弱冲击波关系可用右行简单波解表示如下(不失一般性，假设波前速度为 u_0)

$$\begin{cases} c = c_0 + \dfrac{\gamma-1}{2}(u-u_0) \\ \rho = \rho_0 \left(1 + \dfrac{\gamma-1}{2}\dfrac{u-u_0}{c_0}\right)^{\frac{2}{\gamma-1}} \\ p = p_0 \left(1 + \dfrac{\gamma-1}{2}\dfrac{u-u_0}{c_0}\right)^{\frac{2\gamma}{\gamma-1}} \end{cases}$$

在弱冲击波条件下有$(u-u_0)/c_0 \ll 1$，将密度和压强的简单波解按$(u-u_0)/c_0$展开到二阶项，同时考虑到$c_0^2 = \gamma p_0/\rho_0$，有

$$\begin{cases} p = p_0 + \rho_0 c_0 (u-u_0) + \dfrac{\gamma+1}{4}\rho_0 (u-u_0)^2 + \cdots \\ \rho = \rho_0 + \rho_0 \dfrac{u-u_0}{c_0} + \dfrac{3-\gamma}{4}\rho_0 \left(\dfrac{u-u_0}{c_0}\right)^2 + \cdots \\ v = v_0 - \dfrac{1}{\rho_0}\dfrac{u-u_0}{c_0} + \dfrac{\gamma+1}{4}\dfrac{1}{\rho_0}\left(\dfrac{u-u_0}{c_0}\right)^2 + \cdots \\ c = c_0 + \dfrac{\gamma-1}{2}(u-u_0) \end{cases} \quad (3.6.23)$$

可以看出，简单波的二阶近似与泰勒展开的二阶近似式(3.6.22)完全相同.

3.6.5 弱冲击波速度

已知冲击波速度为

$$(D-u_0)^2 = -v_0^2 \frac{p-p_0}{v-v_0}$$

将式(3.6.21)中的前面两式代入有

$$(D-u_0)^2 = -\frac{1}{\rho_0^2} \frac{\rho_0 c_0(u-u_0) + \dfrac{\Gamma_0}{2}(u-u_0)^2}{-\dfrac{1}{\rho_0 c_0}(u-u_0) + \dfrac{\Gamma_0}{2\rho_0^2 c_0^2}(u-u_0)^2}$$

$$= c_0^2 \frac{c_0 + \dfrac{\Gamma_0}{2\rho_0}(u-u_0)}{c_0 - \dfrac{\Gamma_0}{2\rho_0}(u-u_0)^2} = c_0^2 \left[1 + \dfrac{\dfrac{\Gamma_0}{\rho_0}(u-u_0)}{c_0 - \dfrac{\Gamma_0}{2\rho_0}(u-u_0)}\right]$$

将式(3.6.21)中的第三个等式代入有

第3章 气体中的冲击波

$$D - u_0 = c_0 \left[1 + \frac{c - c_0 + u - u_0}{c_0 \left(1 - \frac{c - c_0 + u - u_0}{2c_0}\right)} \right]^{\frac{1}{2}}$$

$$\approx c_0 \left(1 + \frac{1}{2} \frac{c - c_0 + u - u_0}{c_0} \right)$$

$$= c_0 + \frac{1}{2} \left[(u - u_0) + (c - c_0) \right]$$

上式可进一步改写为

$$D \approx \frac{1}{2} \left[(u + c) + (u_0 + c_0) \right] \quad (3.6.24)$$

由此可见,右行冲击波速度的一阶近似等于右行波波前波速和波后波速的平均值.

采用同样的方法可得到左行冲击波速度的一阶近似值为

$$D = \frac{1}{2} \left[(u - c) + (u_0 - c_0) \right] \quad (3.6.25)$$

对于理想气体,利用简单波关系有

$$c = c_0 + \frac{\gamma - 1}{2}(u - u_0)$$

代入式(3.6.24),得到理想气体中冲击波速度的一阶近似表达式为

$$D = u_0 + c_0 + \frac{\gamma + 1}{4}(u - u_0) \quad (3.6.26)$$

可以看出,这一结果与微弱冲击波关系式(3.3.38)完全一致.

例 3.7 一直道管内充有静止的理想气体,$\gamma = 1.4$,声速为 333.5m/s,压强为 10^5Pa,左端活塞突然以 125.7m/s 的速度向右运动压缩气体.求管道内冲击波的压强、冲击波速度、密度比和声速.

解 根据已知条件判断,待求冲击波为弱冲击波.为便于比较,下面采用多种方法进行求解.

(1) 用严格的冲击波公式计算

$$\frac{u - u_0}{c_0} = \frac{u}{c_0} = \frac{125.7}{333.5} = 0.377$$

而

$$\frac{u - u_0}{c_0} = \frac{2}{\gamma + 1}\left(M_0 - \frac{1}{M_0}\right)$$

所以

$$M_0^2 - 0.4524 M_0 - 1 = 0$$
$$M_0 = 1.25$$

又

$$M_0^2 = \left(\frac{D-u_0}{c_0}\right)^2 = \frac{(\gamma-1)+(\gamma+1)\frac{p}{p_0}}{2\gamma}$$

$$\frac{p}{p_0} = 1.656$$

$$p = 1.656 \times 10^5 \text{ Pa}$$

$$\frac{\rho_0}{\rho} = \frac{(\gamma-1)p/p_0+(\gamma+1)}{(\gamma+1)p/p_0+(\gamma-1)} = \frac{0.4 \times 1.656 + 2.4}{2.4 \times 1.656 + 0.4} = 0.700$$

或

$$\frac{\rho}{\rho_0} = 1.429$$

$$D - u_0 = M_0 c_0$$

$$D = 1.25 \times 333.5 = 416.9 \text{ m/s}$$

$$c = \sqrt{\frac{\gamma p}{\rho}}$$

$$\frac{c}{c_0} = \sqrt{\frac{p}{p_0}\frac{\rho_0}{\rho}} = \sqrt{1.656 \times 0.700} = 1.077$$

$$c = 1.077 \times 333.5 = 359.2 \text{ m/s}$$

(2) 用简单波解计算

$$c = c_0 + \frac{\gamma-1}{2}u = 333.5 + 0.2 \times 125.7 = 358.6 \text{ m/s}$$

$$p = p_0\left(1 + \frac{\gamma-1}{2}\frac{u-u_0}{c_0}\right)^{\frac{2\gamma}{\gamma-1}}$$

$$= p_0\left(1 + 0.2 \times \frac{125.7}{333.5}\right)^7 = 1.659 p_0 = 1.659 \times 10^5 \text{ Pa}$$

$$\rho = \rho_0\left(1 + \frac{\gamma-1}{2}\frac{u-u_0}{c_0}\right)^{\frac{2}{\gamma-1}}$$

$$\frac{\rho}{\rho_0} = 1.075^5 = 1.436$$

$$D = u_0 + c_0 + \frac{\gamma+1}{4}(u-u_0) = 333.5 + \frac{2.4}{4} \times 125.7 = 408.9 \text{ m/s}$$

(3) 用弱冲击波的一阶近似计算

$$p = p_0 + \rho_0 c_0 (u - u_0)$$

$$\frac{p - p_0}{p_0} = \frac{\gamma(u - u_0)}{c_0} = \frac{1.4 \times 125.7}{333.5} = 0.528$$

$$p = 1.528 p_0 = 1.528 \times 10^5 \text{ Pa}$$

$$\frac{\rho - \rho_0}{\rho_0} = \frac{u - u_0}{c_0} = \frac{125.7}{333.5} = 0.377$$

$$\frac{\rho}{\rho_0} = 1.377$$

声速和冲击波速度与简单波解相同.

(4) 用弱冲击波的二阶近似计算

已知

$$p = p_0 + \rho_0 c_0 (u - u_0) + \frac{\gamma + 1}{4} \rho_0 (u - u_0)^2 + \cdots$$

所以

$$\frac{\Delta p}{p_0} = \frac{\rho_0 c_0 (u - u_0)}{\rho_0 c_0^2 / \gamma} + \frac{\gamma + 1}{4} \frac{\rho_0 (u - u_0)^2}{\rho_0 c_0^2 / \gamma}$$

$$= \gamma \frac{u - u_0}{c_0} + \frac{\gamma(\gamma + 1)}{4} \left(\frac{u - u_0}{c_0}\right)^2$$

$$= 1.4 \times \frac{125.7}{333.5} + \frac{1.4 \times 2.4}{4} \times \left(\frac{125.7}{333.5}\right)^2 = 0.647$$

$$p = 1.647 p_0 = 1.647 \times 10^5 \text{ Pa}$$

$$\frac{\rho - \rho_0}{\rho_0} = \frac{u - u_0}{c_0} + \frac{3 - \gamma}{4} \left(\frac{u - u_0}{c_0}\right)^2$$

$$= 0.377 + \frac{3 - 1.4}{4} \times 0.377^2 = 0.434$$

$$\frac{\rho}{\rho_0} = 1.434$$

声速和冲击波速度与简单波解相同.

可以看出,简单波解与严格的冲击波解非常接近,而弱冲击波的一阶近似计算结果误差相对较大.

3.7 冲击波厚度

在 3.3 节中曾经说明,当不存在黏性和热传导时,冲击波波阵面趋于无限陡,也就是说各种物理量在波阵面处的空间梯度为无穷大,即

$$\left|\frac{\partial p}{\partial x}\right|\to\infty,\quad \left|\frac{\partial u}{\partial x}\right|\to\infty,\quad \left|\frac{\partial \rho}{\partial x}\right|\to\infty,\quad \left|\frac{\partial T}{\partial x}\right|\to\infty$$

已知黏性应力正比于速度梯度，热流正比于温度梯度，而物质的黏性系数和热传导系数虽然在很多情况下可以忽略，但总是客观存在的，所以在间断面上必然存在无穷大的黏性应力和热流.而无穷大的黏性应力和热流意味着内部耗散也是无穷大的，故从波前过渡到波后需要经历无穷大的距离，这个距离即冲击波厚度.这当然是一个矛盾而不切实际的结果.这一矛盾将因为冲击波波阵面具有一定的厚度而避免.因为当波阵面具有一定厚度时，速度梯度和温度梯度就不会是无穷大，而是有限大，相应的黏性应力和热流也是有限值，从而波阵面厚度也是有限值.

实验表明，对于强冲击波，波前波后物理量是在一可度量的且非常小的距离内连续过渡，即冲击波厚度非常小.然而，采用连续介质模型讨论冲击波厚度是困难的.但是，如果冲击波较弱，冲击波厚度会较大，因而采用连续介质模型仍然可以得到定性的结论.

物理分析表明，黏性和导热效应都力求消除速度和温度的不连续性，所以它们都力图阻止压缩波变陡，而压强和惯性力总是使压缩波变陡.当冲击波达到稳定的形状时，黏性和导热效应的展平作用应与压强和惯性力的变陡作用恰好相平衡.以此为基础，可对冲击波厚度的数量级作出简单估算.

对于弱冲击波，物理上的考虑表明，稳定冲击波的波形如图 3.18 所示，由于速度曲线渐近地趋向两个极限值 u_1 和 u_0，因而冲击波厚度看起来是很大的.但是，两个速度值之间的过渡实际上是在很短的距离内完成的，所以如图 3.18 所示，定义一个特征冲击波厚度 δ 是合适的，这个厚度就是[1]

$$\delta = \frac{u_1 - u_0}{(\mathrm{d}u/\mathrm{d}x)_{\max}} \tag{3.7.1}$$

式中，$(\mathrm{d}u/\mathrm{d}x)_{\max}$ 为波阵面厚度内速度梯度的最大值.

如果考虑黏性效应，平面一维流动的动量方程应写为[2]

$$\rho \frac{\mathrm{d}u}{\mathrm{d}t} = -\frac{\partial}{\partial x}\left(p - \frac{4}{3}\mu \frac{\partial u}{\partial x}\right) \tag{3.7.2}$$

所以黏性应力为

$$\tau = \frac{4}{3}\mu \frac{\partial u}{\partial x} = \frac{4}{3}\mu \frac{u_1 - u_0}{\delta} \tag{3.7.3}$$

---

[1] 泽尔道维奇 Я Б，莱依捷尔 Ю П. 激波和高温流体动力学现象物理学：上册[M]. 张树材译. 北京：科学出版社，1980：84.

[2] 汤普森 P A. 可压缩流体动力学[M]. 田安久，等译. 北京：科学出版社，1986：329.

第3章 气体中的冲击波

而惯性应力为

$$\tau' = \delta\rho\frac{\mathrm{d}u}{\mathrm{d}t} \approx \delta\rho\frac{\Delta u}{\Delta t} = \delta\rho\frac{u_1 - u_0}{\delta/u} \tag{3.7.4}$$

由于黏性应力与惯性应力具有相同的数量级,所以

$$\frac{4}{3}\mu\frac{u_1 - u_0}{\delta} \sim \rho u(u_1 - u_0)$$

即

$$\mu \sim \rho u \delta \tag{3.7.5}$$

式中,ρ 和 u 分别为波阵面厚度内的平均密度和平均速度.

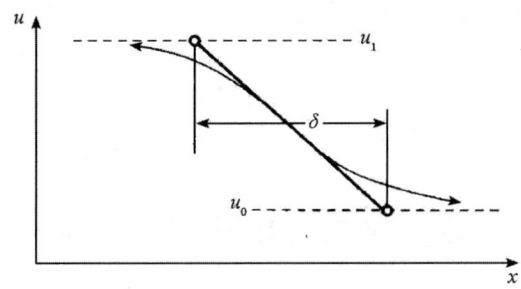

图 3.18　冲击波波阵面的厚度

另一方面,分子动力论指出,就数量级而言[①],黏性系数 μ 与分子平均自由程 l 之间满足关系式

$$\mu \sim \rho u l \tag{3.7.6}$$

于是有

$$\delta \sim l \tag{3.7.7}$$

由此可见,波阵面厚度与分子平均自由程同量级.这当然是一个非常粗糙的近似结果.从物理上看,无论冲击波多么强,其波阵面厚度都不能小于分子自由程,因为气体从波前的热力学平衡态过渡到波后的平衡态至少需要经过几次分子碰撞才能完成.如果认为波阵面厚度大约等于一个分子自由程,流体动力学理论也将失去意义,因为流体动力学理论的基础是假定分子自由程的长度与流动参数发生显著变化的空间尺度相比是很小的.事实上,即使是足够强的冲击波,其波阵面的厚度最小也不应该小于三个分子平均自由程.与此同时,强冲击波的厚度也不可能很大.综合起来考虑,气体中强冲击波的厚度大致就是 3~5 个分子平均自由程.如果冲击波较弱,冲击波厚度将明显大于分子平均自由程.可见,式(3.7.7)

[①] 泽尔道维奇 Я Б,莱依捷尔 Ю П. 激波和高温流体动力学现象物理学:上册[M]. 张树材译. 北京:科学出版社,1980:72.

所反映的只是冲击波厚度的、具有物理意义的最小极限值.

应该指出,冲击波厚度至今仍不能严格确定.按照汤普森的观点①,上述估算和分析结果只适合于较强的冲击波,对于较弱的冲击波,其波阵面厚度可用冲击波马赫数近似表示为

$$\frac{\delta}{l} \approx \frac{8}{3(M_0 - 1)} \tag{3.7.8}$$

这一结果与弱冲击波的泰勒解相吻合.根据这个近似关系,若空气中冲击波压强为 $p/p_0 = 1.001$(相当于一个较强的声爆),由于 $l = 6.5 \times 10^{-8}$m,则冲击波厚度为 $\delta \approx 0.4$mm.如果冲击波更弱,波阵面厚度将更大,例如 $M_0 \to 1$,则 $\delta \to \infty$.当然,这只是一种近似的理论推理,这种冲击波在实际上并未得到过.

在冲击波内部,热力学平衡状态不占优势,所以,依据连续介质模型所作的分析只能给出冲击波波阵面结构的近似结果,要作充分而深入的分析,可能要用到分子动力论甚至量子力学.

3.8 冲击波的相互作用

与简单波一样,冲击波在传播过程中也会到达各种边界,或与冲击波、简单波相遇,从而发生反射以及相互穿越等各种相互作用.从一般性来说,冲击波的相互作用有很多种情况,其中一些情况是非常复杂的.本节只介绍一些典型情况,其中部分情况给出了求解过程,部分情况仅仅给出定性结果.

3.8.1 冲击波在固壁上的反射

设一右行冲击波(用符号 $\vec{S}$ 表示)入射到固壁 J_r 上,如图 3.19 所示,该冲击波波前⓪区为静止状态,即 $u_0 = 0$,压强为 p_0,波后为①区,该区的质点速度 u_1 为正,压强为 p_1.当右行冲击波到达固壁后反射左行冲击波(用符号 $\overleftarrow{S}$ 表示),①区为反射波波前,②区为反射波波后,压强为 p_2,而质点速度 $u_2 = 0$.下面确定压强比 p_2/p_1、密度比 ρ_2/ρ_1 以及冲击波速度比 D_2/D_1 等与比值 p_1/p_0 之间的关系.

利用冲击波基本关系式和气体的冲击压缩线有

$$u_1^2 = (p_1 - p_0)(v_0 - v_1) = (p_2 - p_1)(v_1 - v_2) \tag{3.8.1}$$

$$\frac{v_1}{v_0} = \frac{(\gamma+1)p_0 + (\gamma-1)p_1}{(\gamma-1)p_0 + (\gamma+1)p_1} \tag{3.8.2}$$

---

① 汤普森 P A. 可压缩流体动力学[M]. 田安久,等译. 北京:科学出版社,1986:332.

第3章 气体中的冲击波

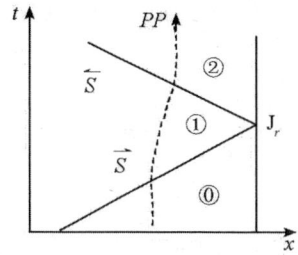

图 3.19 冲击波在固壁上的反射

$$\frac{v_2}{v_1} = \frac{(\gamma+1)p_1 + (\gamma-1)p_2}{(\gamma-1)p_1 + (\gamma+1)p_2} \tag{3.8.3}$$

联立式(3.8.1)~式(3.8.3)消去 v_0, v_1, v_2, 有

$$(p_2 - p_1)^2 [(\gamma+1)p_0 + (\gamma-1)p_1] = (p_1 - p_0)^2 [(\gamma+1)p_2 + (\gamma-1)p_1]$$

这是一个关于 p_2 的二次代数方程,弃去没有意义的根 $p_2 = p_0$ 得到

$$\frac{p_2}{p_1} = \frac{(3\gamma-1)p_1 - (\gamma-1)p_0}{(\gamma-1)p_1 + (\gamma+1)p_0} = \frac{\dfrac{3\gamma-1}{\gamma+1}\dfrac{p_1}{p_0} - \dfrac{\gamma-1}{\gamma+1}}{1 + \dfrac{\gamma-1}{\gamma+1}\dfrac{p_1}{p_0}} \tag{3.8.4}$$

如果入射冲击波为强冲击波($p_1 \gg p_0$),得到压强比为

$$\frac{p_2}{p_1} = \frac{3\gamma-1}{\gamma-1} \tag{3.8.5}$$

若设 $\gamma = 5/3$,则 $p_2/p_1 = 6$;若 $\gamma = 1.4$,则 $p_2/p_1 = 8$. 可见,强冲击波在固壁反射后,压强仍有显著提高.

若将压强的变化表示为超压比,则有

$$\frac{p_2 - p_0}{p_1 - p_0} = 1 + \frac{\dfrac{2\gamma}{\gamma+1}}{\dfrac{p_0}{p_1} + \dfrac{\gamma-1}{\gamma+1}} \tag{3.8.6}$$

如果入射冲击波足够强,则有

$$\frac{p_2 - p_0}{p_1 - p_0} = \frac{3\gamma-1}{\gamma-1} \tag{3.8.7}$$

如果入射冲击波为弱冲击波($p_1 \to p_0$),则有

$$\frac{p_2 - p_0}{p_1 - p_0} \approx 2 \tag{3.8.8}$$

这一结果与声波的反射一致.

利用冲击压缩线,反射波波后密度为

$$\frac{\rho_2}{\rho_1} = \frac{(\gamma+1)p_2 + (\gamma-1)p_1}{(\gamma-1)p_2 + (\gamma+1)p_1}$$

将压强比式(3.8.4)代入,化简后有

$$\frac{\rho_2}{\rho_1} = \frac{\gamma p_1}{(\gamma-1)p_1 + p_0} \tag{3.8.9}$$

由此可进一步获得压缩比 ρ_2/ρ_0 为

$$\frac{\rho_2}{\rho_0} = \frac{(\gamma+1)p_1 + (\gamma-1)p_0}{(\gamma-1)p_1 + (\gamma+1)p_0} \frac{\gamma p_1}{(\gamma-1)p_1 + p_0} \tag{3.8.10}$$

如果入射冲击波为强冲击波,则有

$$\frac{\rho_2}{\rho_1} = \frac{\gamma}{\gamma-1} \quad \text{或} \quad \frac{\rho_2}{\rho_0} = \frac{\gamma(\gamma+1)}{\gamma-1^2} \tag{3.8.11}$$

若设 $\gamma = 5/3$,则 $\rho_2/\rho_1 = 2.5$, $\rho_2/\rho_0 = 10$;若 $\gamma = 1.4$,则 $\rho_2/\rho_1 = 3.5$, $\rho_2/\rho_0 = 21$. 可见,强冲击波在固壁反射后,将对气体产生剧烈压缩.

根据冲击波基本关系式,入射冲击波的速度满足

$$p_1 - p_0 = \rho_0 D_1 u_1$$

反射冲击波的速度满足

$$p_2 - p_1 = \rho_2 (D_2 - u_2)(u_2 - u_1) = -\rho_2 D_2 u_1$$

联立上面两个表达式有

$$D_2 = -\frac{p_2 - p_1}{p_1 - p_0} \frac{\rho_0}{\rho_2} D_1 \tag{3.8.12}$$

将超压比式(3.8.6)和密度比式(3.8.10)代入式(3.8.12),可求出冲击波速度比为

$$\frac{D_2}{D_1} = -\frac{\left(\frac{3\gamma-1}{\gamma+1} + \frac{p_0}{p_1}\right)\left(\gamma-1+\frac{p_0}{p_1}\right)}{\gamma\left(1+\frac{\gamma-1}{\gamma+1}\frac{p_0}{p_1}\right)} \tag{3.8.13}$$

当入射冲击波较弱时有

$$\frac{p_0}{p_1} \to 1, \quad \frac{D_2}{D_1} \approx -2 \tag{3.8.14}$$

因此,弱冲击波在固壁反射后,反射冲击波速度值近似为入射冲击波速度值的 2 倍.

当入射冲击波为强冲击波时,将式(3.8.5)代入式(3.8.13)有

$$\frac{D_2}{D_1} = -\frac{(3\gamma-1)(\gamma-1)}{\gamma(\gamma+1)} \tag{3.8.15}$$

若设 $\gamma = 5/3$,则 $|D_2/D_1| = 0.5$;若 $\gamma = 1.4$,则 $|D_2/D_1| = 0.38$. 可见,对于强冲击波,反射冲击波速度的绝对值小于入射冲击波速度的绝对值.

3.8.2 冲击波在开口端的反射

若有一右行冲击波 $\vec{S}$ 入射到开口端($J_{p=1\text{atm}}$)上,如图 3.20 所示,设该冲击波波前⓪区为静止状态,即 $u_0=0$,压强为 $p_0(=1\text{atm})$,波后为①区,其压强满足 $p_1>p_0$. 当右行冲击波到达开口端后发生反射,由于开口端压强保持 1atm 不变,因此反射波波后压强必须下降,所以反射波为左行中心稀疏波(用符号 $\overleftarrow{R}$ 表示). ①区为反射波波前,②区为反射波波后,压强满足 $p_2=p_0$. 下面确定②区的质点速度 u_2.

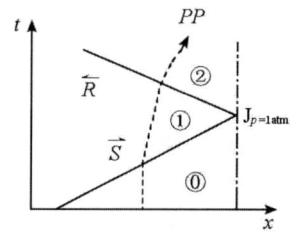

图 3.20 冲击波在开口端的反射

显然,⓪区与①区之间的参量仍然由冲击波关系联系,而从①区到②区穿越的是左行简单波,因此黎曼不变量 J_+ 为同一个常数,所以有

$$J_+ = u_2 + \frac{2}{\gamma-1}c_2 = u_1 + \frac{2}{\gamma-1}c_1 = \text{const} \tag{3.8.16}$$

利用简单波的等熵条件有

$$\frac{c_2}{c_1} = \left(\frac{p_2}{p_1}\right)^{\frac{\gamma-1}{2\gamma}} = \left(\frac{p_0}{p_1}\right)^{\frac{\gamma-1}{2\gamma}} \tag{3.8.17}$$

由式(3.8.17)可求出 c_2,联立式(3.8.16)和式(3.8.17)消去 c_2,得到 u_2 为

$$\frac{u_2-u_1}{c_1} = \frac{2}{\gamma-1}\left[1-\left(\frac{p_0}{p_1}\right)^{\frac{\gamma-1}{2\gamma}}\right] \tag{3.8.18}$$

例 3.8 对于冲击波在开口端的反射问题,设 $\gamma=3$,$p_1=27p_0$,c_0 为已知,求 u_2.

解 利用冲击压缩线有

$$\frac{\rho_1}{\rho_0} = \frac{(\gamma+1)p_1/p_0+(\gamma-1)}{(\gamma-1)p_1/p_0+(\gamma+1)} = \frac{4\times27+2}{2\times27+4} = 1.90$$

利用物态方程求出 c_1

$$\frac{c_1}{c_0} = \sqrt{\frac{p_1\rho_0}{p_0\rho_1}} = \sqrt{\frac{27}{1.9}} \approx 3.77$$

$$c_1 \approx 3.8c_0$$

利用冲击波关系式(3.3.12)求出 u_1

$$\left(\frac{u_1-u_0}{c_0}\right)^2 = \frac{2(p_1/p_0-1)^2}{\gamma[(\gamma+1)p_1/p_0+(\gamma-1)]} = 4.1$$

$$u_1 \approx 2c_0$$

利用简单波的等熵条件 $p = A\rho^\gamma$ 及声速定义式有

$$\frac{c_2}{c_1} = \left(\frac{p_2}{p_1}\right)^{\frac{\gamma-1}{2\gamma}} = \left(\frac{p_0}{p_1}\right)^{\frac{\gamma-1}{2\gamma}} = \frac{1}{3}$$

$$c_2 = \frac{1}{3}c_1 \approx 1.3c_0$$

利用黎曼不变量 J_+ 为同一常数有

$$u_2 - u_1 = \frac{2}{\gamma - 1}(c_1 - c_2) = c_1 - c_2$$

最后得到 u_2 为

$$u_2 = u_1 + c_1 - c_2 \approx 2c_0 + 3.8c_0 - 1.3c_0 = 4.5c_0$$

3.8.3 冲击波与接触界面的相互作用

1. 接触间断面条件

2.8.3 节已对接触界面的概念进行了简要介绍，这里进一步给出接触面条件. 与冲击波相似，接触界面也可以被理想化为一个突跃面，通常称为接触间断面，它既可以是固定不动的，也可以是运动的；与冲击波不同的是，没有物质穿过接触面.

如图 3.21 所示，设介质 1 与介质 2 之间为任意接触间断面 J，介质 1、介质 2 和接触界面的速度设为 u_1，u_2，u_J，n 为接触面法线方向的单位矢量. 虚线为控制体. 显然，对于控制体而言，介质 1 在界面法线方向的质量流量为 $\rho_1(u_1 - u_J) \cdot n$. 由于介质 1 并没有流过接触界面，所以控制体内的净质量流量为 0，因此有

$$\rho_1(u_1 - u_J) \cdot n = 0 \quad 即 \quad u_{1n} = u_{Jn}$$

同理，因为介质 2 也没有流过接触面，所以有

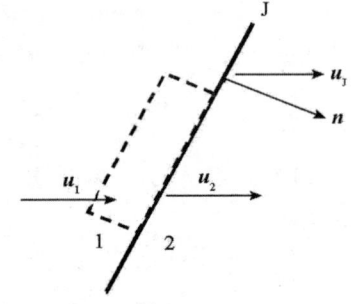

图 3.21 接触间断面

$$\rho_2(u_J - u_2) \cdot n = 0 \quad 即 \quad u_{2n} = u_{Jn}$$

于是有

$$u_{1n} = u_{2n} \tag{3.8.19}$$

即接触面处的法向速度是相等的，但切向速度允许不同. 这一点恰好与冲击波波阵面相反，因为对于冲击波波阵面来说，法向速度是不相等的，而切向速度相等(参见 3.4 节).

根据动量守恒方程(3.2.7)，考虑到没有质量和动量穿过接触面，所以两

边的压强必相等,即
$$p_1 = p_2 \tag{3.8.20}$$
式(3.8.19)和(3.8.20)就是接触界面条件,简单地说,就是两侧的法向质点速度相等、压强相等.

接触界面条件也可直接从冲击波间断关系式得到. 将质量守恒方程(3.2.1)应用到接触界面法线方向有
$$\rho_1(u_{1n} - D) = \rho_2(u_{2n} - D)$$
取 $D = u_{Jn}$ 为接触间断面沿法线方向的速度,因没有质量流过接触界面,所以有
$$u_{1n} = u_{2n} = D = u_{Jn}$$
即法向速度相等. 再利用动量守恒方程
$$p_2 - p_1 = \rho_1(D - u_{1n})(u_{2n} - u_{1n})$$
必有 $p_1 = p_2$,即界面两边压强相等.

2. 冲击波与接触界面的作用

当右行冲击波入射到接触界面 $J_<$ 上时,透射波和反射波均为冲击波,其波系图如图3.22(a)所示,其中虚线 PP 为质点迹线. 如果接触界面为 $J_>$,透射波仍为冲击波,但反射波为稀疏波,如图3.22(b)所示. 上述相互作用可用符号公式表示如下
$$\vec{S} + J_< \rightarrow \tilde{S} + J_< + \vec{S} \tag{3.8.21}$$
$$\vec{S} + J_> \rightarrow \tilde{R} + J_> + \vec{S} \tag{3.8.22}$$

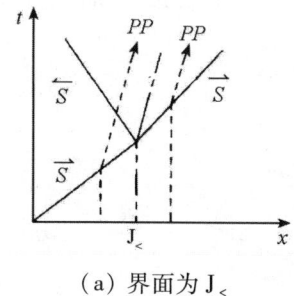
(a) 界面为 $J_<$

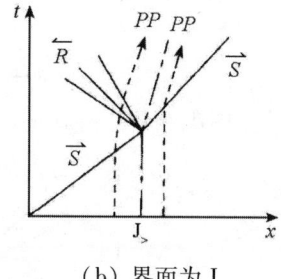
(b) 界面为 $J_>$

图 3.22 冲击波与接触界面的相互作用

3.8.4　冲击波与冲击波的相互作用

(1) 两个不等强度的冲击波迎面相遇. 在这种情况下,两波相互作用后,向两边各传出一冲击波,在作用后所传出的两波之间的区域内有接触界面形成,因此有
$$\vec{S} + \tilde{S} \rightarrow \tilde{S} + J + \vec{S} \tag{3.8.23}$$
在接触界面处,压强和速度相等,但温度和密度等其他量均不相等,其相互作用

波系图如图 3.23(a)所示. 若初态是静止的, 相互作用后质点速度的正负取决于两个冲击波的相对强弱, 如果右行冲击波较强, 则质点速度取正号, 反之取负号.

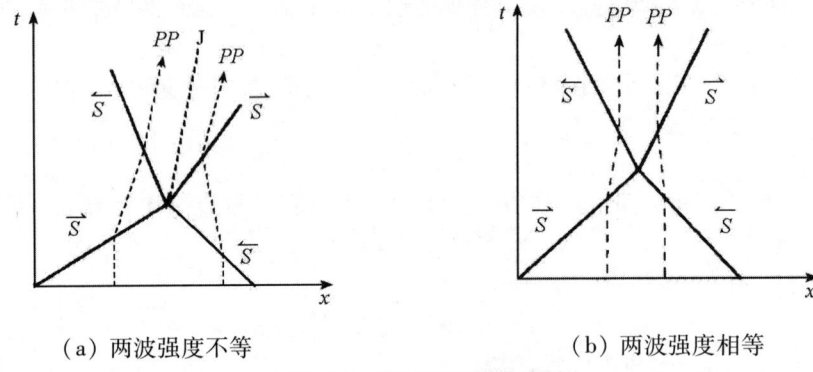

(a) 两波强度不等 (b) 两波强度相等

图 3.23 两正冲击波的碰撞

(2) 两个等强度的冲击波迎面相遇. 这时两个冲击波的相互作用相当于冲击波在固壁上的反射, "固壁" 就是两个冲击波碰撞时的对称面. 在相互作用后, 所产生的两个冲击波之间的状态是均匀的, 不存在接触间断, 因此有

$$\vec{S} + \overleftarrow{S} \rightarrow \overleftarrow{S} + \vec{S} \tag{3.8.24}$$

其 $x-t$ 波系图如图 3.23(b)所示. 在这种情况下, 相互作用后的质点速度为 0.

(3) 一个冲击波追赶另一个冲击波. 在气体中, 一个冲击波追上另一个冲击波后产生一个透射冲击波、一个反射稀疏波和一个接触间断面, 如图 3.24 所示, 所以有

$$\vec{S} + \vec{S} \rightarrow \overleftarrow{R} + J + \vec{S} \tag{3.8.25}$$

这一结果最早是由冯纽曼[①]得到的.

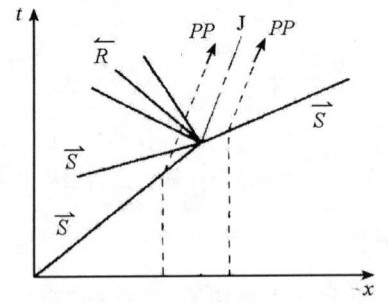

图 3.24 一个冲击波追上另一个冲击波

---

① von Neumann J. Progress report on the theory of shock waves, National Defense Research Committee, No. 1140, 1943.

第3章 气体中的冲击波

对于 $\gamma > 5/3$ 的物质(对于理想气体不出现这种情况),冲击波追上冲击波后的相互作用情况为

$$\vec{S} + \vec{S} \rightarrow \overleftarrow{S} + J + \vec{S} \tag{3.8.26}$$

3.8.5 冲击波与稀疏波的相互作用

(1)冲击波与稀疏波的追赶. 对于冲击波追上稀疏波或稀疏波追上冲击波的情况,其相互作用过程可能要持续相当长的时间,但是,如果追赶波的强度大于被追赶波的强度,则相互作用就可能在较短时间内完成,它们具有相互减弱的效应. 冲击波与稀疏波的相互追赶作用可表示为[①]

$$\vec{S} + \vec{R} \rightarrow \overleftarrow{S} + J + J + \vec{S} \tag{3.8.27}$$

或

$$\vec{R} + \vec{S} \rightarrow \overleftarrow{R} + J + J + \vec{S} \tag{3.8.28}$$

应该说明,式(3.8.27)中的反射波 $\overleftarrow{S}$ 实际是压缩波,用冲击波符号表示是一种惯例.

我们注意到,稀疏波与冲击波的相互追赶将导致介质中出现两个接触间断面,因此,相互作用情况比较复杂. 下面举例进行分析.

稀疏波追赶冲击波的波系图如图 3.25 所示. 这个图像可以这样形成:在一个长直管中,活塞突然以一常速度向右运动压缩气体,便产生一右行冲击波. 一段时间后,活塞再突然以一常速度向左运动,则又产生一右行中心稀疏波. 根据 3.5.4 节的结论,稀疏波一定能追上冲击波. 波的追赶相互作用存在一个过程,在相互作用期间,冲击波强度减弱,且连续变化,从而介质的各种流动参量(包括熵)也将发生相应的变化,而冲击波迹线则发生弯曲. 稀疏波一追上冲击波,冲击波的强度便开始减弱,于是在稀疏波追上冲击波的那个位置形成

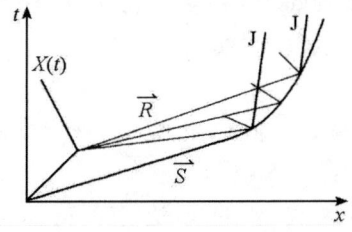

图 3.25 一个稀疏波追上另一个冲击波

---

① 柯朗 R. 弗里德里克斯. 超声速流与冲击波[M]. 李维新,等译. 北京:科学出版社,1986:163.

了一个接触间断面.在追赶相互作用结束后,各种流动参量不再发生变化,因此在相互作用结束位置处又形成了一个接触间断面.这就是两个接触间断面的成因与含义.

(2)冲击波与稀疏波的迎面相遇.冲击波与稀疏波迎面相遇后,冲击波在穿过稀疏波时强度减弱,但在穿出稀疏波后,继续作为冲击波向前传播,而稀疏波则在另一种熵状态继续传播.由于两波相互作用存在一个过程,所以两波相互作用后同样会出现两个接触间断面,其相互作用关系可表示为

$$\vec{S}+\overleftarrow{R}\rightarrow\overleftarrow{R}+J+J+\vec{S} \tag{3.8.29}$$

或

$$\vec{R}+\overleftarrow{S}\rightarrow\overleftarrow{S}+J+J+\vec{R} \tag{3.8.30}$$

例 3.9 设有一右行冲击波和一左行冲击波在大气中迎面相遇,其波前⓪区为静止状态,波后分别为①区和②区,相互作用后形成两个冲击波和一个接触界面,波后分别为③区和④区,如图 3.26 所示.设 $p_0=1\mathrm{atm}$,$p_1/p_0=2$,$p_2/p_0=4$,$T_0=300\mathrm{K}$,求③区和④区的压强、声速和质点速度.

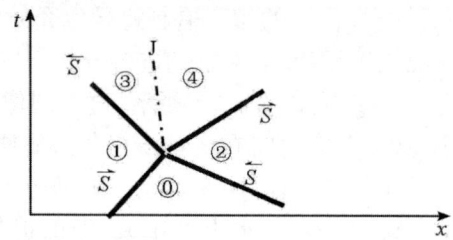

图 3.26 两个不同强度冲击波的迎面相遇

解 ⓪区:$p_0=1\mathrm{atm}$,$u_0=0$,$T_0=300\mathrm{K}$,$c_0\approx 20.055\sqrt{T}=347\mathrm{m/s}$.

①区:$p_1=2\mathrm{atm}$.利用式(3.3.24)可求得 $T_1=369\mathrm{K}$,然后利用式(3.3.8),求得 $c_1=385\mathrm{m/s}$,再利用式(3.3.12)有

$$\left(\frac{u-u_0}{c_0}\right)^2=\frac{2(p/p_0-1)^2}{\gamma[(\gamma+1)p/p_0+(\gamma-1)]} \tag{3.8.31}$$

所以 $u_1=181\mathrm{m/s}$.

②区:按照求解①区参量的方法有:$p_2=4\mathrm{atm}$,$T_2=480\mathrm{K}$,$c_2=439\mathrm{m/s}$,$u_2=-394\mathrm{m/s}$.

③区和④区:利用式(3.8.31),对于左行反射冲击波有

$$\left(\frac{u_3-u_1}{c_1}\right)^2=\frac{2(p_3/p_1-1)^2}{\gamma[(\gamma+1)p_3/p_1+(\gamma-1)]}$$

上式可以看成是以 p_3/p_1 为未知数的一元二次方程,其物理解为

$$\frac{p_3}{p_1} = \frac{\gamma(\gamma+1)}{4}\left(\frac{u_3 - u_1}{c_1}\right)^2 + 1 - \gamma\left(\frac{u_3 - u_1}{c_1}\right)\sqrt{\left(\frac{\gamma+1}{4}\right)^2\left(\frac{u_3 - u_1}{c_1}\right)^2 + 1}$$
(3.8.32)

同理,对于右行反射冲击波有

$$\left(\frac{u_4 - u_2}{c_2}\right)^2 = \frac{2(p_4/p_2 - 1)^2}{\gamma[(\gamma+1)p_4/p_2 + (\gamma-1)]}$$

对 p_4/p_2 进行求解后有

$$\frac{p_4}{p_2} = \frac{\gamma(\gamma+1)}{4}\left(\frac{u_4 - u_2}{c_2}\right)^2 + 1 + \gamma\left(\frac{u_4 - u_2}{c_2}\right)\sqrt{\left(\frac{\gamma+1}{4}\right)^2\left(\frac{u_4 - u_2}{c_2}\right)^2 + 1}$$
(3.8.33)

利用接触界面条件有 $u_3 = u_4$,$p_3 = p_4$,所以联立式(3.8.32)和式(3.8.33)可求出速度和压强为

$$u_3 = u_4 = -208\text{m/s}, \quad p_3 = p_4 = 7.04\text{atm} \quad (3.8.34)$$

然后,利用式(3.3.24)可求得温度为

$$T_3 = 558\text{K}, \quad T_4 = 566\text{K}$$

再利用式(3.3.8)可进一步求出声速为

$$c_3 = 473\text{m/s}, \quad c_4 = 477\text{m/s}$$

从相互作用结果式(3.8.34)可以看出,两冲击波迎面相互作用后具有增强效应.

3.9 击波管

3.9.1 击波管的工作原理

击波管(shock tube,常称为激波管)最早是由维也里于1899年研制成功的,这是一种产生高温气流的装置,在物理学、航空学、化学等方面有较广泛的应用.

击波管一般是具有圆形或矩形截面的长管,它被一个很薄的隔膜分成两个部分,两端一般由固定的盖子所封闭,可看成固壁.一部分是低压室,其中充入待研究的气体;另一部分是高压室,其中充入工作气体.击波管有多种规格.一般情况下,其长度为几米,而内径则约为几个至几十厘米,低压室的长度要比高压室的长度大好几倍.在工作时,采用一种特殊的装置或机构使隔膜迅速打开(破碎),处于高压状态的工作气体就会冲向低压室,从而发生非定常流动.在理论研究中,通常假设隔膜是突然消失的,从而对流动不产生任何影响.

在击波管中,隔膜两边的初始状态是完全独立的,两边的气体以及压强、

密度、速度等参量互不相关,因而在隔膜处是一个任意的接触间断面,称为初始间断. 显然,任意的初始间断既不满足冲击波间断条件,也不满足接触间断条件,因而是不稳定的. 隔膜一旦打开,不稳定的间断将立即分解为满足间断关系的间断,结果是在研究气体中产生一个冲击波,而在工作气体中则产生一个中心稀疏波,与此同时,两种气体之间由一个接触间断面分开. 这就是击波管中早期的流动现象.

在数学上,可将上述平面一维流动问题的初始条件表示为

$$\begin{cases} p(x,0) = \begin{cases} p_1 & (x \leq 0) \\ p_0 & (x > 0) \end{cases} \\ \rho(x,0) = \begin{cases} \rho_1 & (x \leq 0) \\ \rho_0 & (x > 0) \end{cases} \\ u(x,0) = \begin{cases} u_1 & (x \leq 0) \\ u_0 & (x > 0) \end{cases} \end{cases} \quad (3.9.1)$$

式中,p_0,p_1,ρ_0,ρ_1,u_0,u_1 均为常数,因此在 $x = 0$ 处为间断面. 应该注意的是,间断面并不要求所有量都必须间断,但至少有一个是间断的.

求解初始条件为式(3.9.1)的非定常流体动力学问题称为黎曼问题,由于流动是由初始间断引起的,所以黎曼问题通常又被称为初始间断分解问题. 对于击波管来说,隔膜两边的初始速度往往是相等的,且等于 0,因此实际只有压强的间断和密度的间断. 而在黎曼问题中,初始间断可以任意设置,所以黎曼问题实际上是一个比击波管或两个波(包括简单波和冲击波)的相互作用更广泛的非定常流动问题,因而具有较大理论意义和研究价值. 不难看出,击波管只是黎曼问题的一种典型情况.

现在分析击波管中的流场. 设隔膜在 $t = 0$ 时刻消失,击波管中波传播过程的 x-t 波系图如图 3.27 所示. 整个流场可被划分为五个区域,即研究气体静止区⓪和工作气体静止区③,中心稀疏波(左行)区④,稀疏波波后区域②,冲击波波后区域①和反射冲击波波后区域⑤(这里只考虑了研究气体中波的反射),其中虚线 OC 为①区和②区的交界面,也就是两种气体的接触界面(J).

击波管中隔膜消失前后的压强分布,以及隔膜消失后的温度分布在定性上如图 3.28 所示,其中,图 3.28(a)为击波管几何结构示意图;图 3.28(b)为初始时刻的压强分布;图 3.28(c)为流动开始后(t_1 时刻)的压强分布,图 3.28(d)为 t_1 时刻的温度分布;图 3.28(e)和图 3.28(f)分别为研究气体中冲击波反射后(t_2 时刻)的压强分布和温度分布.

第 3 章 气体中的冲击波

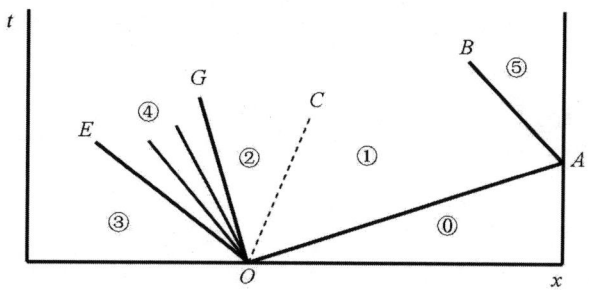

图 3.27 击波管中气体运动的 $x-t$ 图

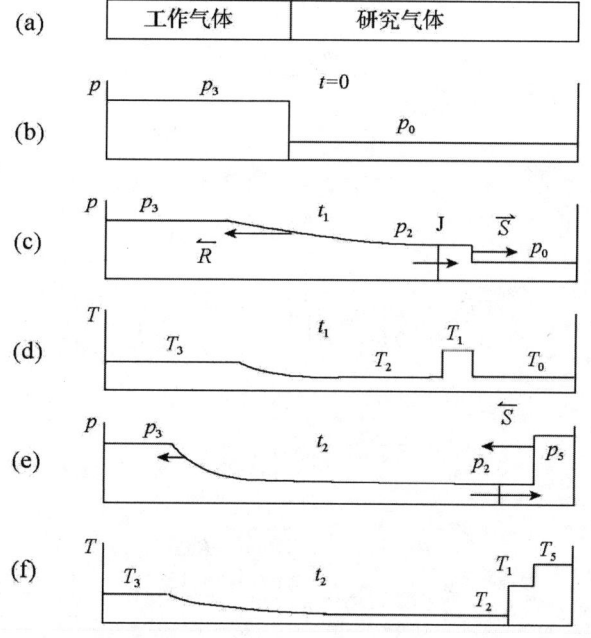

图 3.28 击波管中物理量在不同时刻的定性分布

3.9.2 击波管流动参量的计算

为简单起见,设研究气体和工作气体均为理想气体,比热容比分别为 γ 和 γ',并且假定隔膜在破坏后不对流动过程产生任何影响.

如图 3.27 所示,在接触间断处(OC),压强和质点速度是连续的,所以有
$$p_1 = p_2, \quad u_1 = u_2$$
在 OD 与 OE 之间的扇形区是工作气体发生等熵流动的中心稀疏波区,其黎曼不变量 J_+ 是同一个常数,所以有

$$u_2 + \frac{2c_2}{\gamma' - 1} = u_3 + \frac{2c_3}{\gamma' - 1} = \frac{2c_3}{\gamma' - 1}$$

因此

$$c_2 = c_3 - \frac{\gamma' - 1}{2} u_2$$

进一步改写后有

$$\frac{c_2}{c_3} = 1 - \frac{\gamma' - 1}{2} \frac{u_2}{c_3}$$

对于理想气体有

$$c_2 = \sqrt{\gamma' \frac{p_2}{\rho_2}}, \quad c_3 = \sqrt{\gamma' \frac{p_3}{\rho_3}}$$

$$\frac{p_2}{\rho_2^{\gamma'}} = \frac{p_3}{\rho_3^{\gamma'}} \tag{3.9.2}$$

所以

$$\frac{c_2}{c_3} = \sqrt{\frac{p_2}{p_3} \frac{\rho_3}{\rho_2}} = \left(\frac{p_2}{p_3}\right)^{\frac{\gamma'-1}{2\gamma'}}$$

即

$$\frac{p_2}{p_3} = \left(\frac{c_2}{c_3}\right)^{\frac{2\gamma'}{\gamma'-1}} = \left(1 - \frac{\gamma'-1}{2} \frac{u_2}{c_3}\right)^{\frac{2\gamma'}{\gamma'-1}} \tag{3.9.3}$$

从而有

$$u_2 = \frac{2c_3}{\gamma'-1} \left[1 - \left(\frac{p_2}{p_3}\right)^{\frac{\gamma'-1}{2\gamma'}} \right] \tag{3.9.4}$$

由冲击波关系有

$$\rho_1 D - \rho_1 u_1 = \rho_0 D - \rho_0 u_0$$

$$u_1^2 = (p_1 - p_0)\left(\frac{1}{\rho_0} - \frac{1}{\rho_1}\right)$$

因 $p_1 = p_2$, $u_1 = u_2$, $u_0 = 0$, 所以有

$$D = \frac{\rho_1}{\rho_1 - \rho_0} u_2$$

$$u_2^2 = (p_2 - p_0)\left(\frac{1}{\rho_0} - \frac{1}{\rho_1}\right) \tag{3.9.5}$$

利用冲击压缩线有

$$\frac{1}{\rho_1} = \frac{1}{\rho_0} \frac{(\gamma+1)p_0 + (\gamma-1)p_2}{(\gamma-1)p_0 + (\gamma+1)p_2}$$

代入式(3.9.5)有

$$u_2 = \frac{(p_2 - p_0)}{\sqrt{\rho_0}} \sqrt{\frac{2}{(\gamma+1)p_2 + (\gamma-1)p_0}} \qquad (3.9.6)$$

联立式(3.9.4)和式(3.9.6),通过简单迭代计算可求出 p_2 和 u_2. p_3 和 ρ_3 为已知的初值,p_2 已求出,所以由式(3.9.2)可得到 ρ_2. 利用式(3.9.5)可求出 ρ_1,利用冲击波关系式可得到冲击波速度 D.

稀疏波区的解可利用黎曼不变量 J_+ 为同一常数得到. 对于该区域内任意一点 (x, t) 有

$$\begin{cases} u_4 + \dfrac{2c_4}{\gamma' - 1} = u_3 + \dfrac{2c_3}{\gamma' - 1} = \dfrac{2c_3}{\gamma' - 1} \\ u_4 - c_4 = \dfrac{x}{t} \end{cases}$$

于是

$$u_4 = \frac{2}{\gamma' + 1}\left(\frac{x}{t} + c_3\right) \qquad (3.9.7)$$

$$c_4 = -\frac{\gamma' - 1}{\gamma' + 1}\frac{x}{t} + \frac{2}{\gamma' + 1}c_3 \qquad (3.9.8)$$

压强为

$$p_4 = p_3 \left(\frac{c_4}{c_3}\right)^{\frac{2\gamma'}{\gamma'-1}} = p_3 \left(\frac{2}{\gamma'+1} - \frac{\gamma'-1}{\gamma'+1}\frac{x}{c_3 t}\right)^{\frac{2\gamma'}{\gamma'-1}} \qquad (3.9.9)$$

密度为

$$\rho_4 = \rho_3 \left(\frac{c_4}{c_3}\right)^{\frac{2}{\gamma'-1}} = \rho_3 \left(\frac{2}{\gamma'+1} - \frac{\gamma'-1}{\gamma'+1}\frac{x}{c_3 t}\right)^{\frac{2}{\gamma'-1}} \qquad (3.9.10)$$

也可利用已求出的声速和压强来计算密度

$$\rho_4 = \frac{\gamma' p_4}{c_4^2} \qquad (3.9.11)$$

此外,反射冲击波波后压强可以直接采用式(3.8.4)计算,即

$$\frac{p_5}{p_1} = \frac{(3\gamma - 1)p_1 - (\gamma - 1)p_0}{(\gamma - 1)p_1 + (\gamma + 1)p_0} \qquad (3.9.12)$$

反射冲击波波后密度则可直接利用冲击压缩线计算

$$\frac{\rho_5}{\rho_1} = \frac{(\gamma + 1)p_5 + (\gamma - 1)p_1}{(\gamma - 1)p_5 + (\gamma + 1)p_1} \qquad (3.9.13)$$

击波管流场分布实例. 设某击波管的初始参数分布如下($t = 0$):

$$-8\text{mm} \leqslant x \leqslant 0, \quad p_0 = 3\text{GPa}, \quad \rho_0 = 1.5\text{g/cm}^3, \quad u_0 = 0, \quad \gamma = 3$$

$$0 < x \leqslant 8\text{mm}, \quad p_0 = 1\text{GPa}, \quad \rho_0 = 1.2\text{g/cm}^3, \quad u_0 = 0, \quad \gamma = 3$$

按照本节所述方法进行计算,得到 $t=1\mu s$,$3\mu s$ 时刻的压强、密度和速度分布如图 3.29 所示.

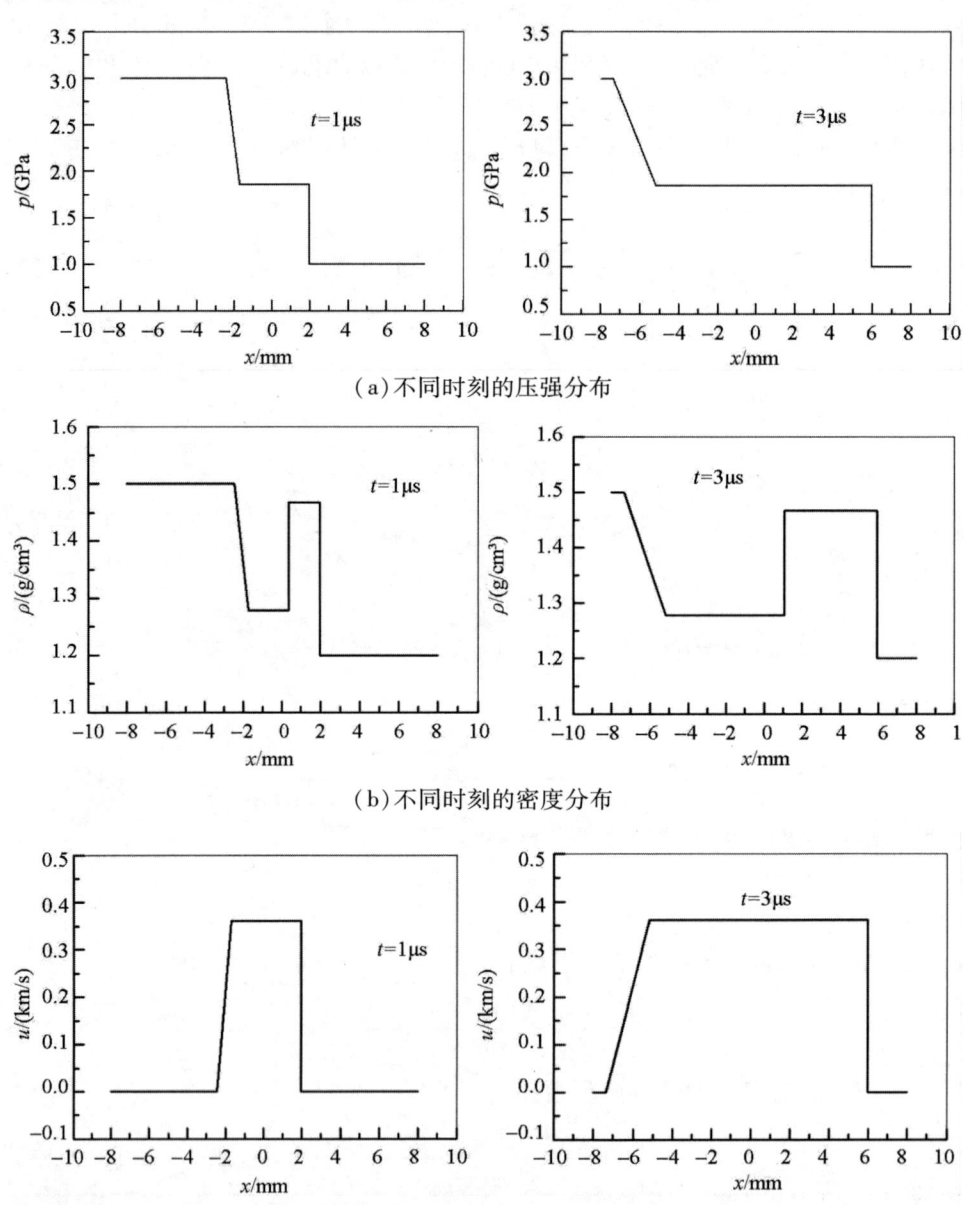

(a) 不同时刻的压强分布

(b) 不同时刻的密度分布

(c) 不同时刻的速度分布

图 3.29　击波管中流动参量的分布

3.9.3 获得高温与高速的途径

为了在研究气体中得到强冲击波,即产生高压和高温,可使隔膜两边的初始压强比 p_3/p_0 达到很高的数值,例如 10^6 (主要通过减小 p_0 的方法来获得高的压强比值). 在这样的条件下,研究气体中的冲击波是很强的,这时的波后参量可用极强冲击波关系表示为

$$\rho_1 = \frac{\gamma+1}{\gamma-1}\rho_0 \tag{3.9.14}$$

$$p_1 = \frac{2}{\gamma+1}\rho_0 D^2 \tag{3.9.15}$$

$$u_1 = \frac{2}{\gamma+1}D \tag{3.9.16}$$

对于理想气体,压强与温度之间的关系由物态方程给出

$$p = \frac{\boldsymbol{R}}{\boldsymbol{M}}\rho T$$

式中,$\boldsymbol{R}$ 为普适气体常量,$\boldsymbol{M}$ 是研究气体的摩尔质量. 声速为

$$c = \left(\gamma \frac{\boldsymbol{R}}{\boldsymbol{M}} T\right)^{\frac{1}{2}} \tag{3.9.17}$$

将式(3.9.15)和式(3.9.16)代入物态方程得到研究气体中冲击波波后温度为

$$T_1 = \frac{\gamma-1}{2}\frac{\boldsymbol{M}}{\boldsymbol{R}}u_1^2 \tag{3.9.18}$$

在其他条件相同的情况下,如果初始密度比 ρ_3/ρ_0 非常大,就会产生极强的冲击波. 因此在隔膜破坏以后,工作气体的极限流动速度实际上就是向真空飞散的速度

$$u_{\max} = \frac{2}{\gamma'-1}c_3 = \frac{2}{\gamma'-1}\left(\gamma'\frac{\boldsymbol{R}}{\boldsymbol{M}'}T_3\right)^{\frac{1}{2}} \tag{3.9.19}$$

式中,$\boldsymbol{M}'$ 为工作气体的摩尔质量.

将式(3.9.19)代入式(3.9.18),得到冲击波波后温度的上限为

$$T_{1\max} = \frac{2\gamma'(\gamma-1)}{(\gamma'-1)^2}\frac{\boldsymbol{M}}{\boldsymbol{M}'}T_3 \tag{3.9.20}$$

从这个公式可看出,要想得到高温必须使用摩尔质量小的工作气体,并且最高的温度产生在重的单原子分子气体中,因为单原子分子的 γ 值大,重原子分子的摩尔质量大.

根据以上分析可知,利用氢气作为工作气体最有利于提高冲击波温度,这时有

$$M' = 2, \gamma' = 7/5, T_{1\max} = 8.75(\gamma - 1)MT_3 \qquad (3.9.21)$$

也可以用氦气作为工作气体，这时有

$$M' = 4, \gamma' = 5/3, T_{1\max} = 1.87(\gamma - 1)MT_3 \qquad (3.9.22)$$

从极限速度式(3.9.19)的获得可知，如果需要研究气体达到尽可能高的速度，则需要非常大的初始密度比 ρ_3/ρ_0（或非常大的压强比 p_3/p_0）. 此外，也可以采用尽可能轻的气体（例如氢气）作为工作物质. 在实际情况中，两种气体的差别总是有限的，所以研究气体对工作气体的流动有着很大的"抵抗"作用，从而所计算出的速度 u_1 总是比流向真空的速度小得多，而冲击波温度也比强冲击波条件下的计算结果要低一些.

应该注意，若研究气体中的冲击波很强，温度很高，分子将离解，原子将电离，这将消耗一定的冲击波能量，从而使实际的温度有所下降. 如果要精确地计算，必须使用考虑电离效应的实际冲击压缩线. 然而，气体速度、冲击波速度、冲击波中的压强和内能的计算对于气体热力学性质在一定范围内的变化并不是很敏感，所以，当不考虑电离、离解等方面的能量损耗时，计算的误差主要表现在温度，且计算结果总是明显偏高. 作为一种粗糙的估计，可选取比热容比的某个等效值进行计算，例如取 $\gamma = 1.20$.

例 3.10 设工作气体为氢气，研究气体为氩气，初始温度为 $T_0 = T_3 = 300K$，初始压强为 $p_0 = 6.6 \times 10^{-3}$ atm, $p_3 = 50$ atm. 求研究气体中的流动参量.

解 （1）根据已知条件有 $p_3/p_0 = 7600$. 利用式(3.9.4)和式(3.9.6)，求得质点速度为 $u_1 = u_2 = 2.78$ km/s.

（2）利用强冲击波关系式(3.9.16)，求得冲击波速度为 $D = 3.7$ km/s.

（3）利用声速的定义式，求得初态声速为 $c_0 = 0.322$ km/s，所以有 $M_0 = D/c_0 = 11.5$.

（4）利用式(3.3.30)求得压强为

$$p \approx \frac{2\gamma}{\gamma + 1} M_0^2 p_0 = 165 p_0 = 1.1 \text{atm}$$

（5）利用式(3.9.20)求得温度为 $T_{1\max} = 42T_3 = 12600K$.

（6）利用式(3.9.19)求得最大流动速度为 $u_{\max} = 8.86$ km/s.

可见，u_1 约为 $u_{\max}$ 的 1/3. 此外，冲击波的实际温度 T_1 也要比 $T_{1\max}$ 稍微低一点.

习 题 3

3.1 对于 $\gamma = 5/3$ 的单原子分子气体，证明冲击波波后波前压强比与温度

比之间满足下面关系式

$$\frac{p}{p_0} = 2\left(\frac{T}{T_0} - 1\right) + \sqrt{\frac{T}{T_0} + 4\left(\frac{T}{T_0} - 1\right)^2}$$

3.2 试证明冲击波关系式(3.3.10)和式(3.3.11).

3.3 证明：静止的理想气体中的冲击波速度可表示为

$$D = c_0 \sqrt{\frac{\gamma - 1}{2\gamma}\left(1 + \frac{\gamma + 1}{\gamma - 1}\frac{p}{p_0}\right)}$$

3.4 证明：理想气体中冲击波相对于波后气体的速度可表示为

$$D - u = c\sqrt{1 - \frac{\gamma + 1}{2\gamma}\frac{p - p_0}{p}}$$

3.5 在理想气体中，设波前静止，冲击波马赫数为 M_0，试证明以下关系式

$$\frac{p - p_0}{p_0} = \frac{2\gamma}{\gamma + 1}(M_0^2 - 1)$$

$$\frac{u}{c_0} = \frac{2}{\gamma + 1}\left(M_0 - \frac{1}{M_0}\right)$$

$$\frac{v - v_0}{v_0} = -\frac{2}{\gamma + 1}\left(1 - \frac{1}{M_0^2}\right)$$

3.6 试证明强冲击波关系式(3.3.27)和式(3.3.28).

3.7 试证明强冲击波关系式(3.3.30)~式(3.3.32).

3.8 对于气体中的强冲击波，试证明冲击波速度满足下面关系式

$$D - u_0 = \sqrt{\frac{\gamma + 1}{2}pv_0}$$

$$D - u = \sqrt{\frac{(\gamma - 1)^2}{2(\gamma + 1)}pv_0}$$

3.9 试证明弱冲击波关系式(3.3.34)~式(3.3.38).

3.10 对于理想气体中的弱冲击波，证明
$$M_0 - 1 \approx 1 - M$$

3.11 静止的单原子分子理想气体受到冲击波压缩，若已知压强比 p/p_0，试写出压缩比、温度比、冲击波速度和波后速度的表达式.

3.12 设静止的空气中，压强为 10^5 Pa，声速为 350m/s. 由于爆炸产生一冲击波，已知冲击波马赫数为 2. 求波后压强和质点速度.

3.13 对于理想气体，设初态压强和密度分别为 p_0 和 ρ_0，冲击波后的压强和密度分别为 p 和 ρ. ①试计算沿冲击压缩线的导数 $dp/d\rho$；②计算在 $p \to p_0$ 时

的导数 $dp/d\rho$，并解释其结果的含义；③若气体为空气，且跨波阵面的密度变化是 0.1%，求跨波阵面的压强变化.

3.14　一个冲击波进入压强为 10^5 Pa，声速为 347m/s 的静止空气中. 已知波后压强为 2×10^5 Pa，求冲击波速度和波后质点速度.

3.15　有一爆炸冲击波在静止的空气中传播. 已知冲击波速度为 2040m/s，波前压强为 10^5 Pa，声速为 340m/s. 求波后压强、速度、声速和密度比.

3.16　已知核爆炸产生的冲击波以 15240m/s 的速度在静止的空气中传播. 静止空气的压强为 10^5 Pa，温度为 294.4K. 求波后压强、速度、声速、温度和密度比.

3.17　若有一个足够强的冲击波进入静止的理想气体中，问气体能否被导致超声速运动？

3.18　对于理想气体中的弱冲击波，证明公式

$$T_0(s-s_0) = \frac{1}{12}\left(\frac{\partial^2 v}{\partial p^2}\right)_{s_0}(p-p_0)^3$$

等价于公式

$$\frac{s-s_0}{C_v} = \frac{\gamma^2-1}{12\gamma^2}\left(\frac{p-p_0}{p_0}\right)^3$$

3.19　在标准状态大气中传播的冲击波，已知波后空气速度为 100m/s，求压强比 p/p_0.

3.20　在标准状态大气中传播的冲击波，已知波后压强为 100×10^5 Pa，求波后速度、声速、冲击波速度、温度和密度比.

3.21　对于 $\gamma=1.4$ 的理想气体，声速为 340m/s，初始时处于静止，压强为 10^5 Pa. 现在假设气体中有一冲击波，波后压强与波前压强之比为 $p/p_0=1.5$，试分别采用冲击波公式、简单波公式和弱冲击波公式计算波后速度、声速、冲击波速度和密度比.

3.22　直接利用微弱冲击波关系式证明右行弱冲击波速度可表示为

$$D\approx\frac{1}{2}[(u+c)+(u_0+c_0)]$$

3.23　如果考虑冲击波有一定的厚度，试估算波阵面处的雷诺数.

3.24　对于例题 3.6，设 $\gamma=1.4$，其他不变，重新进行计算，并分析比热容比对多次冲击压缩规律的影响.

3.25　设计一种简单的实验装置，通过简单操作，产生稀疏波追赶冲击波的图像，并对操作过程进行简要说明.

3.26　设计一种简单的实验装置，通过简单操作，产生冲击波追赶稀疏波的图像，并对操作过程进行简要说明.

第3章 气体中的冲击波

3.27 对于理想气体，试证明，当 $M_0^2 - 1 \ll 1$ 时有

① $\dfrac{s-s_0}{C_v} = \dfrac{2}{3}\dfrac{\gamma(\gamma-1)}{(\gamma+1)^2}(M_0^2-1)^3$

② $\dfrac{p-p_0}{p_0} = \dfrac{2}{3}\dfrac{\gamma}{(\gamma+1)^2}(M_0^2-1)^3$

3.28 一直管储有静止理想气体，一端被一可动活塞封闭. $t=0$ 时，活塞突然以速度 U 压缩气体. 试按下面要求给出作用在活塞面上的压强的表达式（用 U 和初态气体参量表示）：①将扰动按冲击波处理；②将扰动按声波处理；③将扰动按简单波处理.

3.29 试证明冲击压缩线与等熵线在初态点不满足三阶相切.

3.30 设有一强冲击波在固壁反射（参考图 3.19），求反射冲击波的温度比 T_2/T_1.

3.31 对于冲击波在开口端的反射问题（参考图 3.20），设 $\gamma = 1.4$，$p_1 = 1000p_0$，c_0 为已知，求 u_2.

3.32 某长直管被一隔膜分割成两部分，并分别充以压强不同的空气，左边压强为 p_1，右边压强为 p_2，但 $T_2 = T_1$. 在某时刻突然把隔膜打开. ①定性地画出某时刻沿管轴的压强、速度和温度分布；②求接触面附近的压强（可采用弱冲击波近似）.

3.33 设一压强比为 $p_1/p_0 = 2$ 的右行冲击波在 $p_0 = 1\mathrm{atm}$，$T_0 = 300\mathrm{K}$ 的大气中传播，并被第二个压强比为 $p_2/p_1 = 2$ 的右行冲击波赶上，求两冲击波相互作用后各区域的压强、温度和质点速度.

3.34 在拉格朗日坐标下画出冲击波与接触面相互作用的 $r-t$ 波系图，并画出质点迹线.

3.35 在拉格朗日坐标下画出两冲击波迎面相遇的 $r-t$ 波系图，并画出质点迹线.

3.36 以空气和氦气为例，自行设定初态条件（p_0，v_0，T_0，u_0 等），编程或利用软件画出以下曲线：①$p-v$ 平面上的冲击压缩线；②ρ/ρ_0 随 p/p_0 的变化曲线；③u 随 p/p_0 的变化曲线；④D 随 p/p_0 的变化曲线；⑤c/c_0 和 T/T_0 随 p/p_0 的变化曲线. 基于具体计算结果对空气和氦气中的强冲击波条件进行分析.

3.37 自行编写一个程序以计算击波管中物理量（可不考虑稀疏波在击波管端面的反射）：设工作气体和研究气体的长度均为 8mm，压强分别取 3GPa，1GPa；密度分别取 $1.5\mathrm{g/cm^3}$，$1.2\mathrm{g/cm^3}$，γ 均取 3. 画出任意两个时刻（例如 $t_1 = 1.5\mathrm{\mu s}$，$t_2 = 3\mathrm{\mu s}$）的压强、密度及速度的空间分布. 可自主探讨其他相关问题，初始参数可自行调整.

第4章 固体中的冲击波

研究固体的冲击压缩规律不仅具有重要的科学意义,而且还具有很大的实用价值,因为这些规律和成果对于高压科学、地球物理、天体物理和其他学科分支中许多问题的解决以及各种爆炸或侵彻武器弹药的研究设计、毁伤评估都是极为重要的.

第3章介绍了理想气体中的冲击波和冲击波的若干基本性质.当然,冲击波的基本关系式及其基本性质对于固体介质仍然是适用的,但固体毕竟不同于理想气体,从而在冲击压缩下的响应有很大的差异,所以本章专门讨论固体中冲击波的传播与冲击压缩问题,主要包括固体的物态方程、冲击压缩状态的描述、碰撞冲击波以及冲击波卸载等内容.此外,固体具有剪切强度和屈服效应,因此,本章还将对固体的弹塑性性质和应力波进行简要介绍.

4.1 固体的物态方程

固体是物质的一种凝聚态,具有一定的体积和形状,在外加切应力作用下呈现出一定程度的刚性.从内部看,固体内的原子(离子、分子或分子团等)总是以一定的方式排列,从而形成了固体的内部结构.从结构上看,固体可分为晶体和非晶体两大类.如果组成固体的粒子(原子或离子、分子等)的排列是规则的,称为晶体,通常采用点阵模型对其力学、热学等宏观性质进行描述.如果内部粒子的排列是无规则的,则称为非晶体.不管是晶体还是非晶体,都是通过原子(或离子、分子等)之间的相互作用而形成的一种稳定状态.固体与气体之所以呈现出显著不同的特点,其内在原因就是原子或分子之间的相互作用不同.

在气体中,原子或分子之间的相互作用很弱,系统的压强决定于原子或分子的热运动.对气体进行强烈压缩所需要的压强并不是很大.固体则大不相同,由于原子(或离子、分子等)间距很小,它们之间存在强烈的相互作用.要使其压缩,需要克服原子之间的排斥作用;要使其膨胀,则需要克服原子之间的吸引作用;即使没有加热也能在固体中形成巨大的内压强.因此,固体中的压强除与原子的热运动有关外,更主要地依赖于原子之间的相互作用.正是这种来源于非热运动的压强,决定了固体在冲击压缩下具有若干不同于气体的基本特性.

要描述冲击波在介质中的传播规律,首先需要知道介质的热力学性质即物态方程.在第3章,我们直接利用理想气体的物态方程对理想气体中的冲击波及其性质进行了具体讨论.由于理想气体的物态方程是众所周知的,所以在应用前未加推导.即使要对其进行推导,也不会遇到很大的困难.但是,固体的物态方程要复杂得多,其中存在很多难以严格描述的因素,所以固体的物态方程总是与一定的模型相联系,其中的一些参数往往需要实验数据来确定,这与气体物态方程是完全不同的.需要强调说明的是,至今还不能从理论上对固体的物态方程进行全面而严格的描述,所以实验数据对于固体物态方程的确定具有重要价值.另一方面,固体物态方程内容非常丰富,因此本书只进行简要介绍.

4.1.1 固体物态方程的一般形式

固体是一个非常复杂的系统,固体物理将固体的内部结构概括为若干相同的质点(原子、离子、分子或集团等)在空间有规则地作周期性的无限分布,这些质点称为点子或阵点,也称为格点或结点,这些质点的总体称为点阵或晶格.玻恩和奥本海默通过物理分析指出,固体系统可以分解为点阵(原子)和热激发电子(或自由电子)两个子系统,固体的压强和内能是这两个子系统的压强和内能之和.

另一方面,在绝对零度和零压下,固体中的原子处于纯力学运动状态,没有热运动,但在外压的作用下,固体的内部能量和压强也会随外压的增大而增加.如果固体受到热的作用,其点阵(原子)将在原有纯力学运动基础上叠加热运动,并与一定的能量和压强相联系.

综上所述,固体的压强和能量可以简单地分成冷分量(与温度无关)和热分量两部分.而热分量又可分为两部分,一部分是点阵(或原子)热运动分量,另一部分为热激发电子(自由电子)的热运动分量,所以固体的能量和压强可以一般地表示为

$$e(v, T) = e_c(v) + e_n(v, T) + e_e(v, T) \qquad (4.1.1)$$

$$p(v, T) = p_c(v) + p_n(v, T) + p_e(v, T) \qquad (4.1.2)$$

式中,v 为比体积,$e_c(v)$ 和 $p_c(v)$ 分别称为冷能和冷压,只是比体积的函数;$e_n(v, T)$ 和 $p_n(v, T)$ 分别为点阵热运动对能量和压强的贡献,也称为原子热能和热压,是比体积和温度的函数;$e_e(v, T)$ 和 $p_e(v, T)$ 分别为热激发电子的热能和热压,一般也是比体积和温度的函数.

方程(4.1.1)和(4.1.2)通常称为三项式物态方程. 要对固体在高温高压下的热力学性质进行描述, 就必须给出三项式物态方程的具体形式, 这是研究固体冲击压缩性质的基础.

4.1.2 固体的冷能和冷压

从4.1.1节可知, 固体的冷能和冷压决定于原子间的相互作用, 而原子间的相互作用是非常复杂的, 可能包括以下五种基本形式, 即:

(1) 原子核与原子核、原子核与电子、电子与电子之间的库仑相互作用;
(2) 自旋平行电子之间的交换作用;
(3) 自旋反平行电子之间的相关作用;
(4) 原子(或分子)之间的范德瓦尔斯力;
(5) 氢原子与其他有关原子之间的特殊相互作用.

从原则上说, 要得到固体的冷能和冷压需要求解固体的薛定谔方程, 但这是非常困难的, 而且只能采用近似方法求解. 即使求得了近似解, 也只能得到离散的数据, 难以获得规律性的结果, 无法满足大量实际问题的需要.

另一方面, 尽管固体中的相互作用非常复杂, 但唯象地看, 这些相互作用可以概括为吸引作用和排斥作用两类. 吸引作用来源于异性电荷之间的库仑引力以及范德瓦尔斯力等; 排斥作用则来源于同性电荷之间的库仑斥力以及由于泡利原理所引起的排斥等. 固体之所以在受到拉伸或压缩时都表现出"阻力"效应, 即具有恢复其原来形状的倾向, 就是这两类相互作用的结果, 固体的冷能和冷压当然也是由这两类相互作用所形成的. 在大量研究基础上, 人们提出了采用相互作用势描写原子之间相互作用的方法, 并建立了大量的相互作用势模型, 从而为各种固体内部相互作用的简化描述创造了条件, 同时也为固体物态方程的处理带来了方便, 因为从相互作用势出发, 可以很方便地获得冷能和冷压的函数关系式. 下面就以常用的玻恩-迈耶势为例, 给出固体冷能和冷压的计算公式.

对于离子晶体, 玻恩-迈耶给出, 一个离子与所有其他离子之间的平均相互作用势为

$$u = -\frac{\alpha z_1 z_2 e^2}{R} + \beta \exp\left(-\frac{R}{\eta}\right) \qquad (4.1.3)$$

式(4.1.3)中右边第一项表示离子间的库仑吸引势, 第二项表示电子相互作用引起的排斥势, 是从量子力学得到的结果. z_1, z_2 为离子的价数, R 为离子间距, e 为元电荷, α 为马德隆常数, η 为排斥因子, 决定于正负离子的电子结构, β 是由 u 在 R 等于零温零压下的平衡离子间距 R_{0K} 时取极值的条件决定的常数.

第4章 固体中的冲击波

令

$$\left.\frac{\partial u}{\partial R}\right|_{R_{0K}} = 0$$

得到 β 为

$$\beta = \eta \frac{\alpha z_1 z_2 e^2}{R_{0K}^2} \exp\left(\frac{R_{0K}}{\eta}\right)$$

代入式(4.1.3),得到单位质量离子晶体的总相互作用能为

$$\frac{N_A}{M} u = \frac{N_A}{M} \frac{\alpha z_1 z_2 e^2}{R_{0K}} \left\{ \frac{\eta}{R_{0K}} \exp\left[\frac{R_{0K}}{\eta}\left(1 - \frac{R}{R_{0K}}\right)\right] - \frac{R_{0K}}{R} \right\}.$$

令

$$q = \frac{R_{0K}}{\eta}$$

$$Q = \frac{\alpha z_1 z_2 e^2}{3 K R_{0K}^4}$$

并考虑到

$$v_{0K} = \frac{N_A}{M} K R_{0K}^3$$

$$\frac{R_{0K}}{R} = \left(\frac{v_{0K}}{v}\right)^{1/3}$$

于是单位质量离子晶体的冷能(即相互作用能)表达式为

$$e_c(\delta) = \frac{3Q}{\rho_{0K}} \left\{ \frac{1}{q} \exp[q(1 - \delta^{-1/3})] - \delta^{1/3} \right\} \tag{4.1.4}$$

其中

$$\delta = \frac{\rho}{\rho_{0K}} = \frac{v_{0K}}{v} \tag{4.1.5}$$

在以上各式中,v_{0K} 为零温零压下的比体积,δ 为压缩度,K 为结构因子,N_A 为阿伏加德罗常量,M 为摩尔质量.

应该注意,冷能表达式(4.1.4)的能量零点取在 $\delta = 0$ 处,这时有 $R \to \infty$,也就是将孤立原子的能量取作能量零点. 当然,在实际应用中,冷能的零点可根据需要进行调整,例如,通过常数项的调整将能量零点取在 $v = v_{0K}$ 处(参见式(4.2.40)).

利用热力学关系

$$T ds = de + p dv$$

得到冷压与冷能的关系为

$$p_c = -\frac{\mathrm{d}e_c}{\mathrm{d}v} \tag{4.1.6}$$

将式(4.1.4)代入,得到冷压表达式为

$$p_c(\delta) = Q\delta^{2/3}\{\exp[q(1-\delta^{-1/3})] - \delta^{2/3}\} \tag{4.1.7}$$

可见,只要确定了零温零压密度 $\rho_{0K}(=1/v_{0K})$ 与参数 Q 和 q,就可以得到冷能和冷压随压缩度(或比体积)的变化曲线,其中 Q 和 q 是与物质相关的冷能(或冷压)参数,通常利用冲击压缩实验数据来确定[①].

图 4.1 给出了冷能和冷压随比体积的变化曲线. 从图 4.1 可以看出,当原子间距很小时,原子间的排斥作用是主要的,在宏观上表现为压强增大、比体积减小,固体处于压缩状态. 反之,当原子间距较大时,原子间的吸引作用是主要的,在宏观上表现为压强取负值,比体积增大,固体处于膨胀(拉伸)状态.

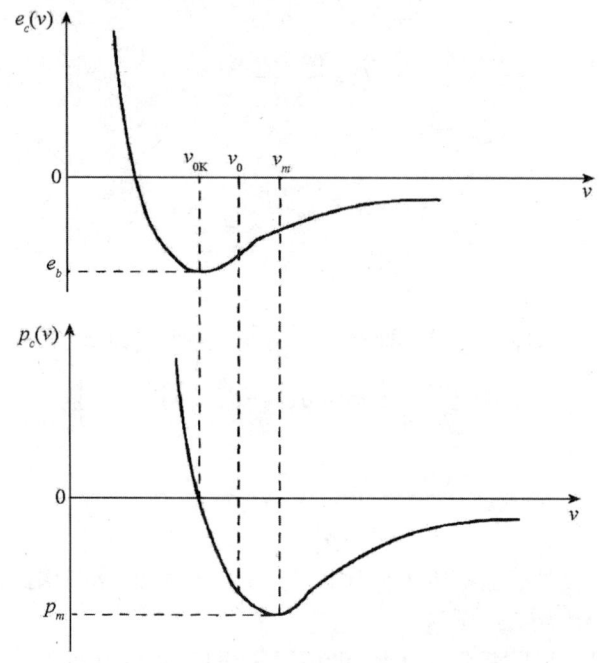

图 4.1 冷能冷压随比体积的变化

在零温零压下,当原子间距适当时,原子间的排斥和吸引作用达到平衡,这时固体处于稳定状态,压强为 0,能量为最低,即

---

① 经福谦. 实验物态方程导引[M]. 第 2 版. 北京:科学出版社,1999:358.

第4章　固体中的冲击波

$$p_c(v_{0K}) = p_c(\delta = 1) = 0$$

$$e_c(v_{0K}) = e_b = -\int_\infty^{v_{0K}} p_c(v)\,\mathrm{d}v < 0 \tag{4.1.8}$$

这个最低能量 e_b 就是结合能.

如果从式(4.1.4)出发，则结合能可表示为

$$e_b = \frac{3Q}{\rho_{0K}}\left(\frac{1}{q} - 1\right) \tag{4.1.9}$$

设比体积为 v_m 时，固体中引力取最大值 p_m，于是有

$$\begin{cases} \left.\dfrac{\mathrm{d}p_c(v)}{\mathrm{d}v}\right|_{v=v_m} = 0 \\ \left.\dfrac{\mathrm{d}^2 e_c(v)}{\mathrm{d}v^2}\right|_{v=v_m} = 0 \end{cases} \tag{4.1.10}$$

可见，$v=v_m$ 对应冷压曲线的极小值点，同时对应冷能曲线的拐点. 从冷压随比体积的变化关系可以看出，当固体中受到的拉应力达到 $p_m = p_c(v_m)$ 时，固体将发生断裂破坏，所以式(4.1.10)称为拉伸断裂的理论条件，p_m 称为理论断裂强度，v_m 称为断裂比体积. 应该注意，断裂强度属于"力学参量"，一般对固体的细观和微观结构比较敏感，所以理论值往往与实际值有较大差别.

另外，已知体积模量为

$$B = -v\left(\frac{\partial p}{\partial v}\right)_T$$

所以冷压状态的体积模量为

$$B_c = -v\frac{\mathrm{d}p_c}{\mathrm{d}v} = v\frac{\mathrm{d}^2 e_c(v)}{\mathrm{d}v^2}$$

将声速的定义式代入，得到零温零压下的体积模量与相应声速之间的关系为

$$B_{0K} = -v_{0K}\left(\frac{\mathrm{d}p_c}{\mathrm{d}v}\right)_{v_{0K}} = \rho_{0K} c_{0K}^2 \tag{4.1.11}$$

常态模量 B_0 则可表示为

$$B_0 \approx B_{c0} = -v_0\left(\frac{\mathrm{d}p_c}{\mathrm{d}v}\right)_{v_0} \approx \rho_0 c_0^2 \tag{4.1.12}$$

式中，c_0 即为固体的常态声速，也称为体波声速、体积声速或流体力学声速[①]. 与断裂强度不同，体积模量属于"物理参量"，而物理参量的理论计算结果往往

---

① 声速是质点振动在介质中的传播速度. 振动在固体中的传播方式有多种，固体中的波除了体波外还有纵波和横波，此外还有弯曲波、扭转波、瑞利波等多种类型.

与实验测量结果比较吻合,因此式(4.1.12)被广泛采用.

从理论上说,不同类型的晶体,其相互作用势是不同的.但大量研究表明,针对离子晶体所提出的玻恩－迈耶势除了适用于离子晶体外,也常用于金属、原子晶体、分子晶体甚至非晶体和液体等各种凝聚态物质,所以式(4.1.4)和式(4.1.7)是较广泛使用的冷能和冷压公式.需要注意的是,参数 Q 和 q 要由相应固体物质的实验数据来确定.几种常用金属的冷能参数如表4.1所示.

另一方面,固体的类型和相互作用势的形式都是多种多样的.然而,不管相互作用势是针对哪种晶体提出来的,一般都可用于其他类型的晶体以及各种凝聚态物质.显然,从任意一种相互作用势出发都可得到相对应的冷能和冷压计算公式,所以冷能和冷压的形式也是多种多样的.与此同时,在冷能冷压公式中通常都会出现与具体物质相关的两个参数,它们与式(4.1.4)和式(4.1.7)中参数 Q 和 q 类似,只要是利用实验数据来确定,相应的冷能和冷压计算公式都是可靠的.

表4.1 几种金属的冷能参数[a]

材料	$\rho_0/(\text{g/cm}^3)$	$\rho_{0K}/(\text{g/cm}^3)$	Q/GPa	q
Al	2.71	2.76	37.89	8.419
Au	19.29	19.50	59.07	11.51
Be	1.85	1.89	41.60	9.820
Cu	8.93	9.05	59.72	9.889
Fe	7.85	7.96	39.96	11.28
Pb	11.34	11.56	14.88	11.27
U	18.70	18.93	40.88	10.87
W	19.20	19.31	129.6	8.584

a)徐锡申,张万箱.实用物态方程理论导引[M].北京:科学出版社,1986:535.

由相互作用势得到的冷能和冷压不仅适用于压缩区,而且也适用于膨胀区,这是其优点.然而,当固体被高度压缩时,各种相互作用势都是不适用的,因而相应冷压也不能准确反映出超高压状态的特点,所以由相互作用势得到的冷压只适用于压缩度不高的情况.在超高压下,应改用多项式冷压或采用托马斯－费米理论计算冷压和冷能.

为确保在超高压下也能获得理想的计算结果,柯米尔等[①]提出了一种较普

---

① Komer S B, Urlin V D. Interpolation equations of state of metals for the region of ultra high pressures[J]. Soviet Physics Doklady, 1960, 5: 317–320.

遍、形式简单的多项式冷压

$$p_c(v) = p_c(\delta) = \sum_{i=1}^{6} a_i \delta^{1+i/3} \tag{4.1.13}$$

相应的冷能为

$$e_c(\delta) = 3v_{0K} \sum_{i=1}^{6} \frac{a_i}{i} \delta^{i/3} - 3v_{0K} \sum_{i=1}^{6} \frac{a_i}{i} \tag{4.1.14}$$

式中, a_i 为待定常数.

尽管这种形式的冷压中有较多的待定常数,但这些常数都是根据一些普遍的物理条件和超高压下的托马斯-费米理论结果来确定的,因而适用于较宽的压强范围及各种凝聚态物质. 多项式冷压和冷能公式在超高压下的结果与托马斯-费米原子统计理论的结果符合较好,且压缩度越大计算越准确,但它在 $v > v_{0K}$ 的膨胀区一般是不适用的.

4.1.3 点阵热能和热压——格林艾森方程

在固体点阵结构中,原子(分子、离子或集团等)之间的距离很小,约为 0.1nm 量级,所以它们并不是相互独立的,而是存在着强烈的相互作用,正是这种相互作用,使得每个原子都有一个平衡位置. 在温度不高时,每个原子只能在其平衡位置附近作微小振动,而且不同原子有不同的振动频率. 这就是点阵振动模型. 由于点阵振动实际上包含了大量原子的振动,因而是个非常复杂的问题,但从热力学角度看,可将点阵的微小振动简化为谐振子的振动,从而采用统计物理方法求得宏观状态量.

设点阵中有 N 个原子,且所有的原子为同种原子,因而具有相同的质量. 在直角坐标系中,令 $\boldsymbol{X} = (x_1, x_2, \cdots, x_{3N})$ 表示原子在某时刻的位置坐标, $\boldsymbol{X}^0 = (x_1^0, x_2^0, \cdots, x_{3N}^0)$ 表示原子的平衡位置坐标,于是原子离开平衡位置的位移为 $\delta_i = x_i - x_i^0$. 在小位移情况下,点阵的势能 $U(\boldsymbol{X})$ 可在原子平衡位置附近按泰勒级数展开为

$$U(\boldsymbol{X}) = U(\boldsymbol{X}^0) + \sum_i \left[\frac{\partial U(\boldsymbol{X})}{\partial x_i}\right]_{\boldsymbol{X}=\boldsymbol{X}^0} \delta_i + \frac{1}{2} \sum_i \sum_j \left[\frac{\partial^2 U(\boldsymbol{X})}{\partial x_i \partial x_j}\right]_{\boldsymbol{X}=\boldsymbol{X}^0} \delta_i \delta_j + \cdots \tag{4.1.15}$$

式中, $U(\boldsymbol{X}^0)$ 是所有原子都处在平衡位置时的势能,所以为常数,通常取作零. 又因为原子在平衡位置时所受的合力为零,故 $\left[\frac{\partial U(\boldsymbol{X})}{\partial x_i}\right]_{\boldsymbol{X}=\boldsymbol{X}^0} = 0$,因此在简谐近似下有

$$U(\boldsymbol{X}) \approx \frac{1}{2} \sum_{i,j} a_{ij} \delta_i \delta_j \tag{4.1.16}$$

式中

$$a_{ij} = \left[\frac{\partial^2 U(\boldsymbol{X})}{\partial x_i \partial x_j}\right]_{X=X^0}$$

点阵的总能量可表示为所有原子的动能和势能之和

$$H = \frac{1}{2}\sum_{i=1}^{3N} m\dot{\delta}_i^2 + \frac{1}{2}\sum_{i,j} a_{ij}\delta_i\delta_j \tag{4.1.17}$$

式中，m 为原子质量. 式(4.1.17)是一个二次型多项式，利用高等数学知识，通过线性变换可将二次型多项式化为平方和[①]

$$H = \frac{1}{2}\sum_{i=1}^{3N}(P_i^2 + \omega_i^2 Q_i^2) \tag{4.1.18}$$

式中，$P_i = \dot{Q}_i$，P_i 为正则动量，Q_i 为简正坐标，是将全体原子坐标 x_i 加以线性组合而得到的一种集体坐标，是与全体原子的位置坐标相关的. 显然，式(4.1.18)右边每个单项 $\frac{1}{2}(P_i^2 + \omega_i^2 Q_i^2)$ 表示一个谐振子的能量，其中 ω_i 为相应谐振子的角频率，所以 H 表示的是 $3N$ 个独立谐振子的能量之和. 由此可见，具有强耦合的 N 个原子的微小振动被转换为 $3N$ 个近独立的一维谐振子的简谐振动，这种振动称为简正振动. 简正振动在点阵中以波的形式进行传播，称为点阵波或格波.

量子力学给出，谐振子的能量为

$$\varepsilon = \left(n + \frac{1}{2}\right)\hbar\omega, \quad n = 0, 1, 2, \cdots \tag{4.1.19}$$

式中，n 为量子数，$\hbar$ 为约化普朗克常量.

对于由 N 个原子组成的点阵，其简正振动包括 $3N$ 个相互独立的谐振子，所以点阵的总振动能量为

$$e = \sum_{j=1}^{3N}\varepsilon_j = \sum_{j=1}^{3N}\left(n_j + \frac{1}{2}\right)\hbar\omega_j, \quad n_j = 0, 1, 2, \cdots \tag{4.1.20}$$

若将零点振动能 $\frac{1}{2}\hbar\omega_j$ 归并到冷能中，则点阵的热运动能量为

$$e = \sum_{j=1}^{3N}\varepsilon_j = \sum_{j=1}^{3N} n_j\hbar\omega_j \tag{4.1.21}$$

为了得到点阵在不同温度下的平均热运动能量，需要对大量谐振子的能量求统计平均. 各谐振子是相互独立的，所以可采用玻耳兹曼统计. 因此对于角频

[①] 方俊鑫，陆栋. 固体物理学：上册[M]. 第 1 版. 上海：上海科学技术出版社，1980：113.

率为 ω_i 的谐振子，其配分函数为

$$z_j = \sum_{n_j=0}^{\infty} \exp\left(-\frac{\varepsilon_j}{kT}\right) = \sum_{n_j=0}^{\infty} \exp\left(-\frac{n_j \hbar \omega_j}{kT}\right) = \left[1 - \exp\left(-\frac{\hbar \omega_j}{kT}\right)\right]^{-1}$$

(4.1.22)

式中，k 为玻耳兹曼常量，T 为温度. 于是点阵热振动的总配分函数为

$$Z_n = \prod_{j=1}^{3N} z_j = \prod_{j=1}^{3N} \left[1 - \exp\left(-\frac{\hbar \omega_j}{kT}\right)\right]^{-1} \quad (4.1.23)$$

点阵的自由能为

$$F_n = -kT \ln Z_n = kT \sum_{j=1}^{3N} \ln\left[1 - \exp\left(-\frac{\hbar \omega_j}{kT}\right)\right] \quad (4.1.24)$$

令 $N = N_A$，并设固体的摩尔质量为 M，则单位质量固体的自由能为

$$f_n = \frac{kT}{M} \sum_{j=1}^{3N_A} \ln\left[1 - \exp\left(-\frac{\hbar \omega_j}{kT}\right)\right] \quad (4.1.25)$$

利用热力学关系式

$$e = f + Ts, \quad s = -\left(\frac{\partial f}{\partial T}\right)_v$$

$$e = f + Ts = f - T\left(\frac{\partial f}{\partial T}\right)_v = -T^2 \frac{\partial}{\partial T}\left(\frac{f}{T}\right)_v$$

得到点阵热振动的平均能量为

$$e_n = -T^2 \frac{\partial}{\partial T}\left(\frac{f_n}{T}\right) = \frac{1}{M} \sum_{j=1}^{3N_A} \frac{\hbar \omega_j}{\exp[\hbar \omega_j/(kT)] - 1} = \frac{1}{M} \sum_{j=1}^{3N_A} E_j \quad (4.1.26)$$

其中

$$E_j = \frac{\hbar \omega_j}{\exp[\hbar \omega_j/(kT)] - 1} \quad (4.1.27)$$

为第 j 个谐振子的平均热运动能量.

点阵热振动对压强的贡献为

$$p_n = -\left(\frac{\partial f_n}{\partial v}\right)_T = -\frac{1}{vM} \sum_{j=1}^{3N_A} \frac{\hbar \omega_j}{\exp[\hbar \omega_j/(kT)] - 1} \frac{d\ln \omega_j}{d\ln v}$$

$$= -\frac{1}{vM} \sum_{j=1}^{3N_A} E_j \frac{d\ln \omega_j}{d\ln v} \quad (4.1.28)$$

其中，表征角频率随比体积变化的因子

$$\frac{d\ln \omega_j}{d\ln v}$$

是一个无量纲量，格林艾森假定它对所有的振动模式都相等，即

$$\gamma_j = -\frac{\mathrm{d}\ln\omega_j}{\mathrm{d}\ln v} \equiv \gamma_G, \quad j = 1, 2, \cdots, 3N_A \tag{4.1.29}$$

于是有

$$p_n = \frac{\gamma_G}{v} e_n \tag{4.1.30}$$

式中，γ_G 称为格林艾森系数，一般认为，它只是比体积的函数，即 $\gamma_G = \gamma_G(v)$.

如果固体的温度不是很高，热激发电子数目有限，其热运动对物态方程的贡献可忽略，这时固体的总能量和总压强分别近似为

$$e(v, T) = e_c(v) + e_n(v, T) \tag{4.1.31}$$
$$p(v, T) = p_c(v) + p_n(v, T) \tag{4.1.32}$$

利用式(4.1.30)和式(4.1.31)，式(4.1.32)可进一步表示为

$$p(v, e) = p_c(v) + \frac{\gamma_G}{v}[e - e_c(v)] \tag{4.1.33}$$

式(4.1.30)和式(4.1.33)都称为格林艾森物态方程. 其中，式(4.1.30)反映了格林艾森方程的物理意义，它表明，热压和热能之间存在一个比例关系，其比例系数为 $\gamma_G(v)/v$. 式(4.1.33)又叫米-格林艾森方程，是格林艾森方程的基本形式，若已知冷压曲线 $p_c(v)$（$e_c(v)$ 同时已知），则在其附近的一定邻域内，固体的压强和能量之间的关系就已确定.

格林艾森方程是固体的常用高压物态方程，其基本形式可推广到更普遍的情况. 如果已知某一条压缩线 $p_r(v)$ 和相应的能量 $e_r(v)$（不妨称其为参考线），则它们与冷压和冷能之间也满足格林艾森方程，即

$$p_r = p_c(v) + \frac{\gamma_G}{v}[e_r - e_c(v)]$$

将式(4.1.33)与上式相减得

$$p(v, e) = p_r(v) + \frac{\gamma_G}{v}[e - e_r(v)] \tag{4.1.34}$$

这个表达式给出了在任意已知参考线 $p_r(v)$ 附近的邻域内压强与能量之间的相互关系. 式(4.1.34)中的参考线可以是等熵压缩线，也可以是冲击压缩线，因此格林艾森物态方程既非常普遍，又非常灵活实用.

4.1.4 爱因斯坦固体模型

爱因斯坦于1907年首次利用量子论对固体比热容进行了分析，利用一个简单的固体模型成功地解释了固体比热容随温度下降而减小的实验事实.

设固体由 N 个原子组成，因而共有 $3N$ 个简正振动模式. 爱因斯坦假定，所

有的简正振动模式具有相同的振动角频率 ω_E，即
$$\omega_j = \omega_E, \quad j = 1, 2, \cdots, 3N \tag{4.1.35}$$
这就是爱因斯坦固体模型，这种固体称为爱因斯坦理想固体。下面利用爱因斯坦模型来计算固体点阵的热能和热压。

将式(4.1.35)代入式(4.1.24)，得到点阵的热振动自由能为
$$F_n = 3NkT\ln\left[1 - \exp\left(-\frac{\hbar\omega_E}{kT}\right)\right]$$
令 $N = N_A$，并注意到 $kN_A = \boldsymbol{R}$（$\boldsymbol{R}$ 为普适气体常量），得到单位质量物质的点阵热振动自由能为
$$f_n = \frac{3\boldsymbol{R}T}{M}\ln\left[1 - \exp\left(-\frac{\hbar\omega_E}{kT}\right)\right] \tag{4.1.36}$$
所以点阵热振动对单位质量物质内能的贡献（即点阵热能）为
$$e_n = -T^2\frac{\partial}{\partial T}\left(\frac{f_n}{T}\right) = \frac{3\boldsymbol{R}T}{M}\tilde{E}\left(\frac{\Theta_E}{T}\right) \tag{4.1.37}$$
其中
$$\tilde{E}(x) = \frac{x}{e^x - 1} \tag{4.1.38}$$
$$\Theta_E = \frac{\hbar\omega_E}{k} \tag{4.1.39}$$
$\tilde{E}(x)$ 称为爱因斯坦函数，Θ_E 称为爱因斯坦特征温度。对于大多数固体，Θ_E 大致在 100~300K 之间。

从自由能出发，得到点阵热振动对压强的贡献为
$$p_n = -\left(\frac{\partial f_n}{\partial v}\right)_T = \frac{\gamma_G}{v}e_n \tag{4.1.40}$$
其中
$$\gamma_G \equiv -\frac{\mathrm{d}\ln\omega_E}{\mathrm{d}\ln v} \tag{4.1.41}$$
为爱因斯坦固体模型中的格林艾森系数。

由此可见，在爱因斯坦固体模型中，点阵的热压与热能之间同样满足格林艾森方程。

在高温下，$T \gg \Theta_E$，$\tilde{E}(\Theta_E/T) \to 1$，这时的热能和热压分别为
$$e_n = 3\frac{\boldsymbol{R}T}{M} = C_v T \tag{4.1.42}$$
$$p_n = \frac{\gamma_G}{v}\frac{3\boldsymbol{R}T}{M} \tag{4.1.43}$$

其中 C_v 为定体比热容

$$C_v = \frac{3R}{M} \tag{4.1.44}$$

可见，爱因斯坦模型在高温下的定体比热容与杜隆－珀蒂定律相符.

最后，固体在高温下的压强和能量分别为（忽略热激发电子的贡献）

$$p = p_c(v) + \frac{\gamma_G}{v}\frac{3RT}{M} \tag{4.1.45}$$

$$e = e_n(v) + 3\frac{RT}{M} \tag{4.1.46}$$

4.1.5 德拜固体模型

从点阵热振动自由能式(4.1.25)和内能式(4.1.26)可以看出，只有角频率较低的振动才对自由能和内能有较大贡献，所以对物态方程有重要贡献的实际上是三支声学波. 对于声学波，因其波长较大，点阵可看作是连续介质，声学波可看作是弹性波. 为了更好地描述固体在极低温下的比热容，德拜于 1912 年提出了一个比较完美的固体模型，即德拜模型. 该模型假定：①点阵是各向同性的连续介质，且纵波速度与横波速度相等；②每一种独立的简正振动模式可有不同的角频率；③简正振动的角频率在 0 到某个最大值 ω_D 之间连续分布. 下面利用德拜固体模型来计算固体点阵的热能和热压.

在作了弹性波假设后，统计表达式中对点阵振动态的求和可化为对振动方式数的求积分，即

$$\sum_j [\ ] = \int [\ ] g(\omega) \mathrm{d}\omega \tag{4.1.47}$$

式中，$g(\omega)$ 为振动的角频率密度，即单位角频率间隔的振动方式数.

固体中的弹性波包括一个纵波和两个横波. 对于一定的波数矢量 $\boldsymbol{q}$（矢量的大小 q 代表波数，矢量的方向表示波的传播方向），纵波的角频率为

$$\omega = 2\pi\nu_l = \frac{2\pi c_l}{\lambda} = c_l q \tag{4.1.48}$$

横波的角频率为

$$\omega = 2\pi\nu_t = \frac{2\pi c_t}{\lambda} = c_t q \tag{4.1.49}$$

式中，ν_l 和 ν_t 分别表示纵波频率和横波频率，c_l 和 c_t 分别表示纵波速度和横波速度，按照德拜假设，$c_l = c_t = c_D$，c_D 称为德拜声速.

从固体物理学知,在 ω 至 $\omega + d\omega$ 之间的振动方式数为[①]

$$g(\omega)d\omega = \frac{v}{8\pi^3} 4\pi q^2 dq = \frac{v}{2\pi^2} \frac{\omega^2}{c^3} d\omega \qquad (4.1.50)$$

因此,固体中一个纵波和两个横波的总振动方式数目为

$$g(\omega)d\omega = \frac{v}{2\pi^2}\left(\frac{1}{c_l^3} + \frac{2}{c_t^3}\right)\omega^2 d\omega \qquad (4.1.51)$$

虽然原子的简正振动角频率是连续分布的,但在由 N 个原子组成的固体中,其振动模式数 $3N$ 是确定不变的,所以角频率必然存在一个极大值,即 ω_D,于是有

$$\int_0^{\omega_D} g(\omega)d\omega = \int_0^{\omega_D} \frac{3v}{2\pi^2 c_D^3} \omega^2 d\omega = 3N \qquad (4.1.52)$$

所以

$$\omega_D = \left(6\pi^2 \frac{N}{v}\right)^{1/3} c_D \qquad (4.1.53)$$

$$g(\omega)d\omega = 9N \frac{\omega^2}{\omega_D^3} d\omega \qquad (4.1.54)$$

利用式(4.1.47),点阵热振动自由能式(4.1.24)表示为

$$F_n = kT \sum_{j=1}^{3N} \ln\left[1 - \exp\left(-\frac{\hbar\omega_j}{kT}\right)\right]$$

$$= kT \int_0^{\omega_D} \ln\left[1 - \exp\left(-\frac{\hbar\omega}{kT}\right)\right] g(\omega) d\omega$$

将式(4.1.54)代入上式有

$$F_n = kT \int_0^{\omega_D} \ln\left[1 - \exp\left(-\frac{\hbar\omega}{kT}\right)\right] \frac{9N\omega^2}{\omega_D^3} d\omega \qquad (4.1.55)$$

令

$$\Theta_D = \frac{\hbar\omega_D}{k}, \quad x = \frac{\Theta_D}{T}, \quad y = \frac{\hbar\omega}{kT} \qquad (4.1.56)$$

自由能化为

$$F_n = 3NkT\ln(1 - e^{-x}) - NkTD(x)$$

其中

$$D(x) = \frac{3}{x^3} \int_0^x \frac{y^3 dy}{e^y - 1} \qquad (4.1.57)$$

[①] 方俊鑫,陆栋. 固体物理学:上册[M]. 第1版. 上海:上海科学技术出版社,1980:129.

于是单位质量物质的热振动自由能为

$$f_n = \frac{3\boldsymbol{R}T}{\boldsymbol{M}}\ln(1-\mathrm{e}^{-x}) - \frac{\boldsymbol{R}}{\boldsymbol{M}}TD(x) \tag{4.1.58}$$

式中,$D(x)$ 称为德拜函数,$\varTheta_D$ 称为德拜特征温度. 对于大多数金属,$\varTheta_D$ 大致在 100~400K 之间.

得到比自由能 f_n 之后,点阵热振动的能量 e_n 和压强 p_n 可求出为

$$e_n = -T^2\frac{\partial(f_n/T)}{\partial T} = \frac{3\boldsymbol{R}T}{\boldsymbol{M}}D(x) \tag{4.1.59}$$

$$p_n = -\frac{\partial f_n}{\partial v} = \frac{3\boldsymbol{R}T}{\boldsymbol{M}}D(x)\left(-\frac{1}{v}\frac{\mathrm{d}\ln\varTheta_D}{\mathrm{d}\ln v}\right) \tag{4.1.60}$$

令

$$\gamma_G = -\frac{\mathrm{d}\ln\varTheta_D}{\mathrm{d}\ln v} \tag{4.1.61}$$

为德拜模型中的格林艾森系数,式(4.1.60)化为

$$p_n = \frac{\gamma_G}{v}e_n$$

由此可以看出,在德拜模型中,点阵热能和热压之间仍满足格林艾森方程.

在高温下,$T \gg \varTheta_D$,$D(x) \approx 1$,所以有

$$\begin{cases} e_n = \dfrac{3\boldsymbol{R}}{\boldsymbol{M}}T \\ p_n = \dfrac{\gamma_G}{v}\dfrac{3\boldsymbol{R}}{\boldsymbol{M}}T \end{cases}$$

这一结果与爱因斯坦模型的高温结果一致,所以这两个模型只在低温下有差别. 大量研究表明,在不太高的温度及低温下,德拜模型结果与实验结果吻合得非常好,而爱因斯坦模型在低温下的结果与实验结果存在明显偏差.

4.1.6 格林艾森系数

1. 格林艾森关系式

保持比体积 v 不变,将格林艾森方程(4.1.33)对能量 e 求偏导,得到格林艾森系数的热力学定义式为

$$\gamma_G = v\left(\frac{\partial p}{\partial e}\right)_v \tag{4.1.62}$$

利用体积膨胀系数 α 和压缩系数 κ 的定义式以及热力学关系

$$\left(\frac{\partial v}{\partial T}\right)_p = -\left(\frac{\partial p}{\partial T}\right)_v\left(\frac{\partial v}{\partial p}\right)_T$$

第4章 固体中的冲击波

有

$$\alpha = \kappa \left(\frac{\partial p}{\partial T}\right)_v \tag{4.1.63}$$

从式(4.1.62)出发,可得到 γ_G 与膨胀系数和体积模量等热物性参量之间的关系为

$$\gamma_G = v \frac{(\partial p/\partial T)_v}{(\partial e/\partial T)_v} = \frac{v\alpha}{\kappa C_v} = \frac{v\alpha B}{C_v} \tag{4.1.64}$$

这个公式通常被称为格林艾森关系式. 在常态下, v, α, B, C_v 都可以通过热力学实验来测量, 所以可通过上式获得 γ_G 的常态值 γ_0. 采用这种方法得到的格林艾森系数值称为热力学 γ. 对于大多数晶体, γ_0 在 1~3 之间. 例如金属铝, 其常态格林艾森系数值为 2.0.

如果把固体保持在常压条件下加热, 固体将膨胀, 其物理过程可从物态方程(4.1.32)很清楚地看出. 加热时, 正的点阵热压随温度升高而增加, 为了保持总的压强不变(1atm), 冷压必然是负的, 而其值要同步增大, 因而体积增大, 即固体要膨胀. 下面进一步进行量化分析. 设固体的比体积和温度偏离常态的变化都不大, 因此有近似关系

$$\mathrm{d}p = \mathrm{d}p_c + \mathrm{d}p_n \approx \frac{\mathrm{d}p_c}{\mathrm{d}v}\mathrm{d}v + \left(\frac{\partial p_n}{\partial T}\right)_{v_0}\mathrm{d}T = 0$$

将体积模量的定义式和热压式(4.1.30)代入有

$$-\frac{B}{v}\mathrm{d}v + \gamma_0 \frac{C_v}{v_0}\mathrm{d}T = 0$$

因此体积膨胀与温度变化之间的关系为

$$\frac{\Delta v}{v} \approx \gamma_0 \frac{C_v}{v_0 B}\Delta T = \frac{\gamma_0 \rho_0}{B}\frac{3\boldsymbol{R}}{\boldsymbol{M}}\Delta T \tag{4.1.65}$$

或者表示为

$$\alpha_0 = \frac{\rho_0 \gamma_0 C_v}{B} \tag{4.1.66}$$

由此可见, 固体的加热膨胀过程可采用物态方程描述, 并与格林艾森系数、热膨胀系数和体积模量等物性参数密切相关, 而这些物性参数之间同样存在相关性, 这个相关性就是式(4.1.64), 它们在常态条件下的相互关系就是式(4.1.66).

例4.1 如果把金属铝加热到 1000K, 同时保持常态比体积不变, 分别求热压和总的压强.

解 已知铝的物性参数为 $\gamma_0 = 2.0$, $\rho_0 = 2.71\mathrm{g/cm}^3$, $\boldsymbol{M} = 26.98\mathrm{g/mol}$, $B =$

76GPa. 取特定的单位制：$R = 8.3144\text{J}/(\text{mol} \cdot \text{K}) = 83.144\text{kJ}/(\text{mol} \cdot 10^4\text{K})$，$T = 0.1 \times 10^4\text{K}$，代入式(4.1.43)，求得热压为(特别注意单位换算)

$$p_n = \gamma_0 \rho_0 \frac{3RT}{M} = 2.0 \times 2.71 \times \frac{3 \times 83.144 \times 0.1}{26.98}$$

$$\approx 5\text{GPa}$$

值得注意的是，这个热压是以零温平衡态为基准而得到的. 当温度从0K升高到常温 T_0（取 $T_0 = 300\text{K}$）时达到了另一个典型平衡态，即常态. 采用同样方法可得到常态下的热压约为1.5GPa. 由于常压为1atm(约 10^5 Pa)，因此常态下的冷压约为 -1.5GPa，这说明铝从零温到常温发生了膨胀，从而冷压减小. 从常态开始继续升温，并保持密度不变，于是冷压保持常态值(-1.5GPa)不变，而热压增大，因此铝在1000K时的总压强就是温度从常温 T_0 升高到1000K时所产生的热压增量，于是总压强为

$$p = \gamma_0 \rho_0 \frac{3R \Delta T}{M} = 2.0 \times 2.71 \times \frac{3 \times 83.144 \times 0.07}{26.98}$$

$$\approx 3.5\text{GPa}$$

例4.2 以 $T = 0\text{K}$ 为基准，求金属铝在300K时的膨胀量.

解 利用式(4.1.65)，得到温度从0K升高到300K时的膨胀量为

$$\frac{\Delta v}{v} \approx \frac{\gamma_0 \rho_0}{B} \frac{3R}{M} \Delta T = \frac{2.0 \times 2.71}{76} \times \frac{3 \times 83.144}{26.98} \times 0.03$$

$$= 0.02 = 2\%$$

可见，金属铝在温度从0K升高到300K时约有2%体积膨胀.

2. 格林艾森系数的极限值

理想气体可视为物质的一种极限状态，利用其物态方程和式(4.1.62)可求得 $\gamma_G = \gamma - 1$，其中 γ 为气体的比热容比，可见理想气体的格林艾森系数是一个常数. 对于单原子分子理想气体，这个常数值就是2/3.

对于固体，当被加热到温度充分高时，内部原子必然因剧烈的热运动而变得完全无序，其行为就相当于单原子分子理想气体，因此在 $T \to \infty$ 的极限条件下有 $\gamma_G \to 2/3$. 另外也可设想，即使温度并不很高，但由于外力的作用，原子间距被拉得充分大，这时物质也要变成理想气体，因此在 $v \to \infty$ 的极限条件下，同样有 $\gamma_G \to 2/3$. 研究还表明，当固体受到强烈压缩时(即 $p \to \infty$)，γ_G 也趋于常数 2/3[①]. 由此可见，固体在高温、高度膨胀、高度压缩等极限条件下的格林艾森系

[①] Eliezer S, Ghatak A, Hora H. An introduction to equations of state: theory and application[M]. Cambridge: Cambridge University Press, 1986: 164.

数值均为 2/3.

3. 格林艾森系数随比体积的变化

为了利用格林艾森物态方程进行计算,还必须给出格林艾森系数随比体积变化的关系式. 下面对常用的三个模型进行介绍.

(1) 斯莱特模型 $\gamma_S(v)$

在德拜模型中,由式(4.1.53),最大振动角频率可表示为

$$\omega_D = C v^{-1/3} c_D \tag{4.1.67}$$

式中,C 为常数. 又知弹性波速度 c_D 与体积模量 B 的关系为

$$c_D = \sqrt{vB} = v\sqrt{-\frac{\mathrm{d}p_c(v)}{\mathrm{d}v}}$$

代入式(4.1.67)有

$$\omega_D = C v^{2/3} \left[-\frac{\mathrm{d}p_c(v)}{\mathrm{d}v} \right]^{1/2}$$

取自然对数有

$$\ln\omega_D = \frac{2}{3}\ln v + \frac{1}{2}\ln\left[-\frac{\mathrm{d}p_c(v)}{\mathrm{d}v} \right] + C$$

将上式对 $\ln v$ 求导,得到格林艾森系数的斯莱特公式为

$$\gamma_S(v) = -\frac{\mathrm{d}\ln\omega_D}{\mathrm{d}\ln v} = -\frac{2}{3} - \frac{v}{2}\frac{\mathrm{d}^2 p_c(v)/\mathrm{d}v^2}{\mathrm{d}p_c(v)/\mathrm{d}v} \tag{4.1.68}$$

这是斯莱特在德拜模型基础上得到的格林艾森系数随比体积的关系,其实质是德拜固体中与德拜特征温度 Θ_D 相对应的德拜角频率 ω_D 随比体积的变化关系.

(2) 达格代尔 - 麦当劳模型 $\gamma_{DM}(v)$

假定固体中的原子在平衡位置 $R_0 = a$ 附近作微小振动,并假定其势能为一维势 $u(R)$,将该势在平衡位置附近展开有

$$u(R) = u(a) + \left(\frac{\mathrm{d}u(R)}{\mathrm{d}R}\right)_a \delta + \frac{1}{2}\left[\frac{\mathrm{d}^2 u(R)}{\mathrm{d}R^2}\right]_a \delta^2 + \cdots \tag{4.1.69}$$

式中,$\delta = R - a$,$u(a)$ 为常数,可令其为 0. 原子的平衡条件为 $\left[\frac{\mathrm{d}u(R)}{\mathrm{d}R}\right]_a = 0$. 假定原子振动是简谐振动,则展开式只需取到二次项. 若振子的质量为 m,则振子的平均角频率 ω 满足关系

$$\frac{1}{2}m\omega^2 = \frac{1}{2}\left[\frac{\mathrm{d}^2 u(R)}{\mathrm{d}R^2}\right]_a \tag{4.1.70}$$

整个固体的势能 $e_c(v)$ 可近似地认为是所有原子势能的叠加,即

$$e_c(v) \propto u(R)$$

而比体积与原子间距的关系为 $v \propto R^3$，所以有

$$\frac{\mathrm{d}}{\mathrm{d}R} \propto v^{2/3} \frac{\mathrm{d}}{\mathrm{d}v} \quad (4.1.71)$$

因 $p_c(v) = -\mathrm{d}e_c(v)/\mathrm{d}v$，于是得到平均角频率与比体积的关系为

$$\omega^2 = \frac{1}{m}\left(\frac{\mathrm{d}^2 u(R)}{\mathrm{d}R^2}\right)_a \propto v^{2/3}\frac{\mathrm{d}}{\mathrm{d}v}[v^{2/3} p_c(v)] \quad (4.1.72)$$

对式(4.1.72)取自然对数，并对 $\ln v$ 求导，得到格林艾森系数的达格代尔－麦当劳公式为

$$\gamma_{DM}(v) = -\frac{1}{3} - \frac{v}{2}\frac{\mathrm{d}^2[p_c(v)v^{2/3}]/\mathrm{d}v^2}{\mathrm{d}[p_c(v)v^{2/3}]/\mathrm{d}v} \quad (4.1.73)$$

显然，γ_{DM} 是从一维固体谐振子模型出发得到的格林艾森系数随比体积的变化关系。从推导过程可以看出，由于只考虑了一种角频率，所以这里所考虑的固体是爱因斯坦理想固体，因此 $\gamma_{DM}(v)$ 是一维谐振子爱因斯坦固体模型结果。

(3) 从自由体积理论导出的公式 $\gamma_f(v)$

从液体的自由体积理论①出发，可得到格林艾森系数随比体积的变化关系为

$$\gamma_f(v) = -\frac{v}{2}\frac{\mathrm{d}^2[p_c(v)v^{4/3}]/\mathrm{d}v^2}{\mathrm{d}[p_c(v)v^{4/3}]/\mathrm{d}v} \quad (4.1.74)$$

研究表明，$\gamma_f(v)$ 是球对称势场下谐振子的爱因斯坦固体模型结果。

综上所述，只要已知冷压函数 $p_c(v)$，就可得到 $\gamma(v)$。同时也可看出，采用不同的模型，结果是有差别的，这就要求使用者根据实际情况进行选择。为了便于分析和比较，格林艾森系数的上述三个模型可统一表示为

$$\gamma_\alpha = \left(\frac{\alpha}{2} - \frac{2}{3}\right) - \frac{v}{2}\frac{\mathrm{d}^2[p_c(v)v^\alpha]/\mathrm{d}v^2}{\mathrm{d}[p_c(v)v^\alpha]/\mathrm{d}v} \quad (4.1.75)$$

式中，α 为参量，其不同取值与上述三个模型的对应关系如下

$$\alpha = \begin{cases} 0, & \gamma_\alpha = \gamma_S \\ 2/3, & \gamma_\alpha = \gamma_{DM} \\ 4/3, & \gamma_\alpha = \gamma_f \end{cases} \quad (4.1.76)$$

4. 格林艾森系数的经验公式

在物态方程的实际使用过程中，上述几种格林艾森系数随比体积变化的理论模型都是比较复杂的，不利于进行解析分析和流体动力学计算。研究表明，

---

① 汤文辉，张若棋．物态方程理论及计算概论[M]．第2版．北京：高等教育出版社，2008：130．

格林艾森系数随比体积的变化可用更简单的经验公式来描述. 常用的经验公式有以下两种：

$$\frac{\gamma_G}{v} = \frac{\gamma_0}{v_0}, \quad v \leqslant v_0 \tag{4.1.77}$$

$$\gamma_G(v) = \frac{2}{3} + \left(\gamma_0 - \frac{2}{3}\right)\frac{v}{v_0}, \quad v \leqslant v_0 \tag{4.1.78}$$

4.1.7 热激发电子对物态方程的贡献

按照电子在固体中的行为，固体大致可分为金属和非金属两大类. 对于非金属，其价电子一般处于束缚态，当温度不高时，热激发电子很少，因而对物态方程的贡献也很小，常常可以忽略不计. 但随着温度的升高，热激发电子的能量快速增大（与温度的平方成正比），并且热电子数目不断增多，因而对物态方程的贡献逐渐增大. 对于金属，原子的价电子为所有原子实所公有，它们作为整体形成了充满整个金属的自由电子气体，随着温度的升高，自由电子热运动所产生的能量逐渐增大，因而在一定条件下是不能忽略的.

为简单起见，这里仅介绍金属中自由电子热运动对物态方程的贡献. 已知自由电子气体服从费米-狄拉克量子统计，根据这一理论，可得到电子系统在低温（$kT \ll \mu_0$）下的能量为[1]

$$e \approx \frac{3}{5}N\mu_0\left[1 + \frac{5\pi^2}{12}\left(\frac{kT}{\mu_0}\right)^2\right] = e_{ce} + e_{Te} \tag{4.1.79}$$

其中

$$e_{ce} = \frac{3}{5}N\mu_0 \tag{4.1.80}$$

$$e_{Te} = \frac{N\pi^2 k^2}{4\mu_0}T^2 \tag{4.1.81}$$

式中，N 为电子数，μ_0 为电子在零温下的费米能，k 为玻尔兹曼常量. e_{ce} 是自由电子系统在零温下的能量，e_{Te} 是自由电子系统的热运动能量.

在零温下，电子气体是完全简并的. 一方面，电子总是要占据最低的能量状态. 另一方面，根据泡利原理，每个量子态只能被一个电子占据，所以电子对各能态的填充必定是从 0 能态开始，到费米能 μ_0 结束，也就是说，单个电子在零温下的能量不能超过 μ_0，而整个电子系统的能量就是 e_{ce}. 这个能量与温度没有关系，因而属于冷能，所以应该并入整个固体的冷能中去. 金属中的费米能

---

[1] 汤文辉，张若棋. 物态方程理论及计算概论[M]. 第 2 版. 北京：高等教育出版社，2008：121.

μ_0 一般为几个电子伏特,它所对应的费米温度(也称为简并温度)$T_F = \mu_0/k$ 约为 $10^4 K$ 量级.

当温度升高,将会有一部分电子跃迁到超过费米能 μ_0 的能量状态,这样的电子称为热激发电子,而与这些热激发电子相对应的能量和压强既不包括在固体的冷分量中,也不包括在点阵(原子)热运动分量中,因而需要单独考虑.

如果金属所处温度 T 比费米温度 T_F 小得多,那么只有很少一部分电子会发生热激发,这部分电子的数目约占电子总数的比例为 kT/μ_0,而每一个热激发电子所获得的能量近似为 kT,所以热激发电子的热能正比于

$$\frac{k^2}{\mu_0}T^2$$

这就是式(4.1.81)的物理含义. 显然,只有在 T 足够高时,热激发电子才会有一定的能量,所以在温度不高的情况下,人们总是不考虑热激发电子对物态方程的贡献.

根据式(4.1.81),将热激发电子的热运动能量表示为

$$e_e = e_{Te} = \frac{1}{2}\beta T^2 \qquad (4.1.82)$$

其中

$$\beta = \frac{mk^2}{\hbar^2}\left(\frac{\pi v N^{1/2}}{3}\right)^{2/3} = \beta_{0K}\left(\frac{v}{v_{0K}}\right)^{2/3} = \beta_{0K}\delta^{-2/3} \qquad (4.1.83)$$

$$\beta_{0K} = \frac{mk^2}{\hbar^2}\left(\frac{\pi v_{0K} N^{1/2}}{3}\right)^{2/3} \qquad (4.1.84)$$

式中,m 为电子质量,$\hbar$ 为约化普朗克常量. β 称为电子比热容系数,它是比体积 v 的函数,β_{0K} 是零温零压下的电子比热容系数.

利用物性参量 β_{0K},电子热能可进一步表示为

$$e_e = \frac{1}{2}\beta_{0K}\delta^{-2/3}T^2 \qquad (4.1.85)$$

由此得到电子比热容为

$$C_{ve} = \beta_{0K}\delta^{-2/3}T \qquad (4.1.86)$$

利用量子统计结果,电子系统的压强与能量之间的关系为

$$pv = \frac{2}{3}e \qquad (4.1.87)$$

所以电子热压为

$$p_e = \frac{2}{3}\frac{e_e}{v} = \frac{1}{3}\beta_{0K}\rho_{0K}\delta^{1/3}T^2 \qquad (4.1.88)$$

利用格林艾森系数的热力学定义式,得到电子气体的格林艾森系数 γ_e 为

第4章 固体中的冲击波

$$\gamma_e = v\left(\frac{\partial p_e}{\partial e_e}\right)_v = \frac{2}{3} \tag{4.1.89}$$

研究表明，γ_e 只有在温度很高或密度很大的极限情况下才等于 2/3，而在一般冲击压缩所能达到的温度和密度范围内，其值约为 0.5~0.6，因此可取 $\gamma_e = 1/2$[①].

下面讨论 γ_e 取值的变化所带来的影响. 假定 γ_e 为常数，因

$$e_e = \frac{1}{2}\beta T^2$$

$$\gamma_e = v\left(\frac{\partial p_e}{\partial e_e}\right)_v$$

所以电子热压为

$$p_e = \frac{1}{2}\frac{\gamma_e}{v}\beta T^2 \tag{4.1.90}$$

利用热力学相容性条件，电子系统的热力学量应满足恒等式

$$\left(\frac{\partial e_e}{\partial v}\right)_T = T\left(\frac{\partial p_e}{\partial T}\right)_v - p_e \tag{4.1.91}$$

将 p_e 和 e_e 的表达式代入得

$$\frac{\mathrm{d}\beta}{\beta} = \gamma_e \frac{\mathrm{d}v}{v}$$

所以

$$\beta = \beta_{0K}\left(\frac{v}{v_{0K}}\right)^{\gamma_e} \tag{4.1.92}$$

当取 $\gamma_e = 1/2$ 时，电子的热能和热压分别表示为

$$e_e = \frac{1}{2}\beta_{0K}\delta^{-1/2}T^2 \tag{4.1.93}$$

$$p_e = \frac{1}{4}\beta_{0K}\rho_{0K}\delta^{1/2}T^2 \tag{4.1.94}$$

而电子比热容为

$$C_{ve} = \beta_{0K}\delta^{-1/2}T \tag{4.1.95}$$

不难发现，式 (4.1.88) 与式 (4.1.94) 存在明显差别. 前者对应 γ_e 的取值为 2/3，压强正比于 $\delta^{1/3}T^2$；后者对应 γ_e 的取值为 1/2，压强正比于 $\delta^{1/2}T^2$. 这是因为，为了满足热力学相容性条件，在 γ_e 的数值发生变化后，必须同时改变压强

---

① 泽尔道维奇，等著. 激波和高温流体动力学现象物理学：下册[M]. 张树材译. 北京：科学出版社，1985：254.

和能量与比体积关系中的幂指数.

由于以上结果是在 $kT \ll \mu_0$ 的条件下得到的,因此它们适用的温度范围为 10^5K 量级以下.

最后说明,当固体的压缩度不大时,冷压所占全部压强的比例是很高的,从而具有非常主要的地位.冷压所占全部压强的比例当然也是与固体的温度密切相关的.以铅的冲击压缩为例[①],当其密度比为 1.3 时,冲击压强为 25GPa,冲击温度为 1045K,其中冷压为 21.6GPa,占总压强约 86.4%,点阵热压为 3.38GPa,电子热压仅 0.02GPa.可见,在几十 GPa 的冲击压强下,电子热压是可以忽略不计的.随着冲击压强的提高,冲击温度迅速升高,因而原子热压以及热激发电子对压强的贡献所占份额增加,而冷压所占份额则逐步下降.例如,当密度比达到 2.2 时,冲击压强为 401GPa,冲击温度达到 26230K,其中冷压为 277GPa,占总压强的 69%,点阵热压为 84GPa,占总压强约 21%,热激发电子热压为 40GPa,占总压强约 10%.可见,在很大的冲击压强范围内,冷压所占份额都是非常大的.

4.2 冲击压缩状态的描述

4.2.1 冲击压缩线

本书在 1.1.1 节就已指出,固体具有抗剪切能力.然而,当固体中的流体静压强足够高时,固体将呈现流体特征(参见 4.7.5 节),其抗剪切能力可以忽略.也就是说,固体在高压下可以看成是无黏性的理想流体.在这种条件下,固体的冲击压缩行为将变得非常简明.因此,为了使讨论简单,首先对固体作出以下假设(通常称为流体动力学假设).

(1) 固体的剪切模量为零,或者说将所讨论的压强范围限定为高压;
(2) 固体无弹塑性行为;
(3) 固体不经历相变.

对于固体中的冲击波,仍然假定波阵面是一个没有厚度的间断面,波阵面上的黏性力和热传导可以忽略不计(理想冲击波假设).

平面正冲击波如图 4.2 所示,其中 D 为冲击波速度,带下标"0"的量表示

---

① Eliezer S, Ghatak A, Hora H. An Introduction to Equations of State, Theory and Applications[M]. Cambridge: Cambridge University Press, 1986.

波前量, 不带下标的量表示波后量, 纵坐标 f 可以是压强 p, 密度 ρ, 比内能 e 等任意物理量.

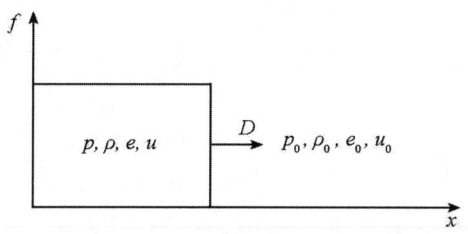

图 4.2 平面正冲击波示意图

在流体动力学假设下, 固体中冲击波的基本关系式与气体中的冲击波关系式完全相同. 根据质量守恒、动量守恒和能量守恒定律, 冲击波基本关系式为

$$\rho_0(D - u_0) = \rho(D - u) \tag{4.2.1}$$

$$p - p_0 = \rho_0(D - u_0)(u - u_0) \tag{4.2.2}$$

$$e + \frac{p}{\rho} + \frac{1}{2}(D - u)^2 = e_0 + \frac{p_0}{\rho_0} + \frac{1}{2}(D - u_0)^2 \tag{4.2.3}$$

其中各符号的含义与气体中冲击波关系式完全相同. 将以上关系式进行变换有

$$D - u_0 = v_0 \sqrt{\frac{p - p_0}{v_0 - v}} \tag{4.2.4}$$

$$u - u_0 = (v_0 - v) \sqrt{\frac{p - p_0}{v_0 - v}} \tag{4.2.5}$$

$$e - e_0 = \frac{1}{2}(p + p_0)(v_0 - v) \tag{4.2.6}$$

将式(4.2.4)平方, 即得到瑞利线, 式(4.2.6)就是雨果纽方程.

从基本关系式(4.2.1)~式(4.2.3)可以看出, 在给定初始状态参量 ρ_0, u_0, p_0, e_0 的条件下, 有 5 个未知数 e, p, ρ, u, D 需要确定, 但只有 3 个方程. 因此, 当采用实验方法测定固体的冲击压缩线时, 必须测定其中的任意两个参量, 由于热力学量难以进行测量, 所以通常是测量运动学量 D 和 u.

大量的实验测量结果表明, 包括固体在内的所有凝聚介质中的冲击波速度 D 与波后质点速度 u 之间存在以下函数关系

$$D = c_0 + \lambda u + \lambda' u^2 + \cdots \tag{4.2.7}$$

式中, c_0, λ, λ' 均为由实验数据确定的材料常数. 对于大多数固体材料, 在比较宽广的压强范围内有 $\lambda' = 0$, 这时式(4.2.7)退化为线性关系

$$D = c_0 + \lambda u \tag{4.2.8}$$

式(4.2.8)或式(4.2.7)通常称为固体的 $D-u$ 雨果纽线, 其中 c_0, λ, λ' 称为雨

果纽参数. 这种形式的 $D-u$ 关系式与气体中冲击波的 $D-u$ 关系完全不同, 它反映出固体与气体有不同的冲击压缩性质.

假定波前静止, 即 $u_0=0$, 同时假定 $p_0=0$ (固体中的冲击压强一般都在 1GPa 量级以上, 所以 1 个大气压的常态压强总是可以忽略不计), 利用式 (4.2.1)、式(4.2.2) 和式 (4.2.8) 得到 $p-v$ 平面上的冲击压缩线为

$$p(v) = p_H(v) = \frac{\rho_0 c_0^2 (1-v/v_0)}{[1-\lambda(1-v/v_0)]^2} \tag{4.2.9}$$

上式也称为冲击绝热线或雨果纽线. 与气体的冲击压缩线类似, 固体的冲击压缩线所描述的也是冲击波波后状态, 且依赖于两个初态参量 p_0 和 v_0, 而且, 波后压强随比体积减小而单调增加. 固体的冲击压缩线是研究固体高压性质的基础, 所以应用十分广泛. 从式 (4.2.9) 可以看出, 只要确定了固体的初态密度和雨果纽参数, 冲击压缩线就完全确定了.

利用雨果纽方程, 得到与冲击压缩线相应的能量为

$$e_H(v) = e_0 + \frac{1}{2} p_H (v_0 - v) \tag{4.2.10}$$

引进一个无量纲的"相对压缩度" η

$$\eta = \frac{u}{D} = 1 - \frac{\rho_0}{\rho} = 1 - \frac{v}{v_0} \tag{4.2.11}$$

则冲击压缩线 (4.2.9) 可表示为

$$p_H = \frac{\rho_0 c_0^2 \eta}{(1-\lambda\eta)^2} \tag{4.2.12}$$

如果引入对比变量

$$\begin{cases} \bar{p}_H = \dfrac{p_H}{\rho_0 c_0^2 / \lambda} \\ \bar{\eta} = \lambda \left(1 - \dfrac{v}{v_0}\right) \end{cases} \tag{4.2.13}$$

则冲击压缩线 (4.2.9) 可无量纲化为

$$\bar{p}_H = \frac{\bar{\eta}}{(1-\bar{\eta})^2} \tag{4.2.14}$$

在实际应用过程中, 固体的冲击压缩线有时也用下面多项式来描述

$$p_H = \sum_{j=1}^{m} A_j \left(\frac{v_0}{v} - 1\right)^j \tag{4.2.15}$$

式中, m 的值通常取为 3, A_j 为材料常数. 令式 (4.2.15) 与式 (4.2.9) 相等, 且两式中压强对比体积的一阶和二阶导数也应相等, 由此得到材料常数 $A_j (j=1, 2, 3)$ 为

$$\begin{cases} A_1 = \rho_0 c_0^2 \\ A_2 = \rho_0 c_0^2 (2\lambda - 1) \\ A_3 = \rho_0 c_0^2 (3\lambda^2 - 2\lambda) \end{cases} \quad (4.2.16)$$

图 4.3 在 $p-v$ 平面上示意给出了固体的冲击压缩线、等熵压缩线和冷压曲线之间的关系,其中 A 点为初态点,B 点为冲击波波后状态点,连接初态点与终态点的直线 AB 为瑞利线. 以上分析表明,虽然固体与气体的冲击压缩线的表达形式不同,但冲击压缩线的基本性质却是相同的.

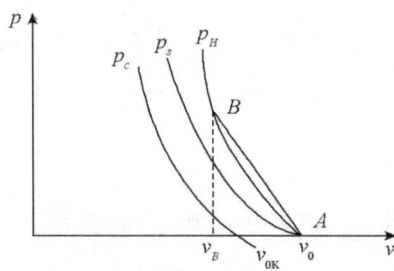

图 4.3 冲击压缩线、等熵线、冷压线与瑞利线

在式(4.2.9)中令

$$1 - \lambda\eta = 1 - \lambda\left(1 - \frac{\rho_0}{\rho}\right) \to 0$$

这时的压强 p_H 趋于无穷大,相应的极限压缩比 σ_∞ 为

$$\sigma_\infty \equiv \frac{\rho_\infty}{\rho_0} = \frac{\lambda}{\lambda - 1} \quad (4.2.17)$$

因为大多数固体材料的 λ 值约为 1.5(参见表 4.2),所以 $\sigma_\infty \approx 3$. 这一结果表明,在冲击压缩下,固体的密度最多提高到初态密度的三倍左右. 这一极限压缩比与强冲击波压缩理想气体的情况是相似的,但却与固体的实际情况并不相符,尽管它出现在高压区.

由于式(4.2.9)来源于式(4.2.8)、式(4.2.1)和式(4.2.2)三个表达式,而式(4.2.1)和式(4.2.2)都是普遍的守恒关系式,所以这种不合理的极限压缩比必然是由式(4.2.8)的不合理性所带来的. 事实上,在足够高的冲击压强下,$D-u$ 线性关系已不再成立,取而代之的是二次或更高次的函数关系. 若在式(4.2.7)中取到二次项,可得到相应的冲击压缩线为

$$p_H = \frac{\rho_0}{2\lambda'^2 \eta^3}\left[(1-\lambda\eta)^2 - 2c_0\lambda'\eta^2 - (1-\lambda\eta)\sqrt{(1-\lambda\eta)^2 - 4c_0\lambda'\eta^2}\right] \quad (4.2.18)$$

图 4.4 给出了铁的两种 $D-u$ 关系和相应冲击压缩线之间的对比. 可以看

出,在足够高的压强下,使用二次 $D-u$ 关系式是必要的. 同时也要指出,如果压强在约 200GPa 以下,线性 $D-u$ 关系是可放心使用的.

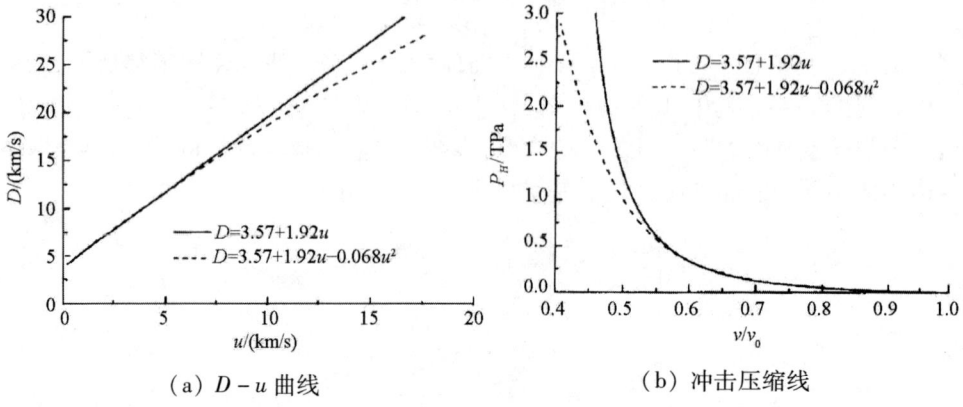

(a) $D-u$ 曲线　　　　　　(b) 冲击压缩线

图 4.4　铁的 $D-u$ 曲线和冲击压缩线

4.2.2　雨果纽参数的含义

前面已经说明, $D-u$ 关系对于大多数固体在比较宽广的压强范围内为线性关系,那么,其中的两个材料常数 c_0 和 λ 有什么物理含义?

从等熵体积模量的定义得到初态等熵体积模量为

$$B_{S0} = \rho_0 \left(\frac{\partial p}{\partial \rho}\right)_{S0} = \rho_0 c_{00}^2 \tag{4.2.19}$$

式中,c_{00} 为初态声速. 可见初态等熵体积模量等于初态密度乘以初态声速的平方.

对于某种物质,一定的冲击压强引起相应的密度变化,它们之间的关系可引入冲击压缩模量 B_H 来表征

$$B_H = \rho \left(\frac{\partial p}{\partial \rho}\right)_H \tag{4.2.20}$$

从冲击压缩线式(4.2.9)有

$$\left(\frac{\partial p}{\partial \rho}\right)_H = \frac{\mathrm{d}\eta}{\mathrm{d}\rho}\frac{\mathrm{d}p_H}{\mathrm{d}\eta} = \frac{(1-\eta)^2}{\rho_0}\frac{\mathrm{d}p_H}{\mathrm{d}\eta}$$

进一步运算后有

$$\left(\frac{\partial p}{\partial \rho}\right)_H = c_0^2 \frac{(1+\lambda\eta)(1-\eta)^2}{(1-\lambda\eta)^3} \tag{4.2.21}$$

所以冲击压缩模量 B_H 为

$$B_H = \rho_0 c_0^2 \frac{(1-\eta)(1+\lambda\eta)}{(1-\lambda\eta)^3} \tag{4.2.22}$$

显然，模量 B_H 随 η 的变化而变化，而且随 η 的增大，B_H 是增大的. 若令 $\eta = 0$，得到初始状态的冲击压缩模量为

$$B_{H0} = \rho_0 c_0^2 \qquad (4.2.23)$$

应该注意到，这是从冲击压缩线得到的一个结果，其中的 c_0 是 $D-u$ 关系式中的常数.

已知冲击压缩线与等熵压缩线在初态点的斜率相等，所以有

$$B_{H0} = \rho_0 \left(\frac{\partial p}{\partial \rho}\right)_{H0} = \rho_0 \left(\frac{\partial p}{\partial \rho}\right)_{S0}$$

即

$$B_{H0} = B_{S0} = \rho_0 c_{00}^2 = \rho_0 c_0^2$$

由此可见，$D-u$ 关系式中的常数 c_0 就是初态声速 c_{00}.

再考虑体积模量对压强的导数 B'

$$B' = \frac{\partial B}{\partial p} = \frac{\partial B}{\partial \rho}\frac{\partial \rho}{\partial p} = \frac{\partial \rho}{\partial p}\left(\frac{\partial p}{\partial \rho} + \rho \frac{\partial^2 p}{\partial \rho^2}\right)$$

由于冲击压缩线与等熵压缩线在初态点是二阶相切的，所以有

$$B'_{H0} = B'_{S0} \qquad (4.2.24)$$

等熵体积模量对压强的导数在常态的取值也是一个材料常数. 另一方面，利用式 (4.2.22) 可以得到 $B'_{H0} = 4\lambda - 1$，代入式 (4.2.24) 有

$$B'_{S0} = 4\lambda - 1$$

即

$$\lambda = \frac{1}{4}(B'_{S0} + 1) \qquad (4.2.25)$$

可见，$D-u$ 直线的斜率 λ 决定于等熵体积模量对压强的导数在常态的取值.

4.2.3 固体的常用高压物态方程

冲击压缩线所描述的是波后平衡状态，所以它也应满足格林艾森方程，因而有

$$p_H - p_c = \frac{\gamma_G}{v}(e_H - e_c)$$

再用格林艾森方程与上式相减得

$$p - p_H = \frac{\gamma_G}{v}(e - e_H) \qquad (4.2.26)$$

这就是被广泛使用的固体高压物态方程. 该方程忽略了热激发电子热运动的贡献，适用于约 200GPa 以下的压强范围.

关系式 (4.2.26) 表明，只要确定了冲击压缩线，在其一定邻域内的压强与

能量之间的关系就已确定. 已知冲击压缩线决定于 $D-u$ 雨果纽关系, 所以从实验上测量固体的高压物态方程, 其实质就是要测量雨果纽参数. 由于大多数材料在非常宽广的压强范围内都有线性 $D-u$ 关系式, 所以雨果纽参数 c_0 和 λ 是最重要、最基本的物态方程参数. 为了使用的方便, 表4.2 列出了一些常用材料的物态方程参数.

表 4.2 一些常见材料的物态方程参数[a]

材料	$\rho_0/(\text{g/cm}^3)$	$c_0/(\text{mm/}\mu\text{s})$	λ	γ_0	$C_p/[\text{J}/(\text{g}\cdot\text{K})]$
Ag	10.49	3.23	1.60	2.5	0.24
Au	19.24	3.06	1.57	3.1	0.13
Be	1.85	8.00	1.12	1.2	0.18
Bi	9.84	1.83	1.47	1.1	0.12
Ca	1.55	3.60	0.95	1.1	0.66
Cr	7.12	5.17	1.47	1.5	0.45
Cu	8.93	3.94	1.49	2.0	0.40
Fe[b]	7.85	3.57	1.92	1.8	0.45
Hg	13.54	1.49	2.05	3.0	0.14
K	0.86	1.97	1.18	1.4	0.76
Li	0.53	4.65	1.13	0.9	3.41
Mg	1.74	4.49	1.24	1.6	1.02
Mo	10.21	5.12	1.23	1.7	0.25
Na	0.97	2.58	1.24	1.3	1.23
Ni	8.87	4.60	1.44	2.0	0.44
Pb	11.35	2.05	1.46	2.8	0.13
Pd	11.99	3.95	1.59	2.5	0.24
Pt	21.42	3.60	1.54	2.9	0.13
Rb	1.53	1.13	1.27	1.9	0.36
Sn	7.29	2.61	1.49	2.3	0.22
Ta	16.65	3.41	1.20	1.8	0.14
U	18.95	2.49	2.20	2.1	0.12
W	19.22	4.03	1.24	1.8	0.13
NaCl	2.16	3.53	1.34	1.6	0.87

第4章 固体中的冲击波

（续表）

材料	$\rho_0/(g/cm^3)$	$c_0/(mm/\mu s)$	λ	γ_0	$C_p/[J/(g \cdot K)]$
LiF	2.64	5.15	1.35	2.0	1.50
Al－2024	2.78	5.35	1.35	2.0	0.89
304 钢	7.90	4.57	1.49	2.2	0.44
水	1.00	1.65	1.92	0.1	4.19
PMMA[c]	1.19	2.60	1.52	1.0	1.2
PG[d]	1.18	2.43	1.58	1.0	1.1

注：a) Meyers M A. Dynamic Behavior of Materials [M]. New York：John Wiley & Sons Press，1994.

b) 适用范围为 $p>13\text{GPa}$，即相变压强以上.

c) PMMA 是一种有机玻璃.

d) PG：plexiglass，一种耐热有机玻璃.

4.2.4 冲击波物理量之间的相互关系

利用冲击波基本关系式和冲击压缩线可将冲击波参量之间的相互关系分解为 10 对，因而共有 20 个方程. 为了便于初学者使用，将这 20 个方程列在表 4.3 中，其中已假定冲击波波前为静止状态，$D-u$ 之间为线性关系.

可以看出，虽然常用的冲击波物理量有 5 个，即 p, e, ρ（或 v），D, u，如果已知常态密度和物态方程参数，即已知 ρ_0（或 v_0），c_0, λ，则可由任意一个冲击波参量确定出其他冲击波参量.

表 4.3 冲击波参量之间的相互关系

$D-u$	$D = c_0 + \lambda u$	(1)
$u-D$	$u = \dfrac{D-c_0}{\lambda}$	(2)
$v-D$	$v = v_0\left(1 - \dfrac{1}{\lambda} + \dfrac{c_0}{\lambda D}\right)$	(3)
$D-v$	$D = \dfrac{c_0 v_0}{v_0 - \lambda(v_0 - v)}$	(4)
$p-D$	$p = \dfrac{\rho_0}{\lambda}(D^2 - c_0 D)$	(5)
$D-p$	$D = \dfrac{c_0}{2}\left(1 + \sqrt{1 + \dfrac{4v_0 \lambda}{c_0^2} p}\right)$	(6)

(续表)

$e - D$	$e = \dfrac{(D - c_0)^2}{2\lambda^2}$	(7)
$D - e$	$D = c_0 + \lambda\sqrt{2e}$	(8)
$u - v$	$u = \dfrac{c_0(v_0 - v)}{v_0 - \lambda(v_0 - v)}$	(9)
$v - u$	$v = v_0\left(1 - \dfrac{u}{c_0 + \lambda u}\right)$	(10)
$p - v$	$p = \dfrac{c_0^2(v_0 - v)}{[v_0 - \lambda(v_0 - v)]^2}$	(11)
$v - p$	$v = \dfrac{c_0}{2\lambda^2 p}\left[\sqrt{1 + \dfrac{4\lambda v_0}{c_0}p} + \dfrac{2\lambda(\lambda - 1)v_0}{c_0}p - 1\right]$	(12)
$e - v$	$e = \dfrac{1}{2}\dfrac{c_0(v_0 - v)^2}{[v_0 - \lambda(v_0 - v)]^2}$	(13)
$v - e$	$v = 1 - \dfrac{\sqrt{2e}}{\sqrt{c_0} + \lambda\sqrt{2e}}$	(14)
$p - u$	$p = \rho_0(c_0 u + \lambda u^2)$	(15)
$u - p$	$u = \dfrac{c_0}{2\lambda}\left(\sqrt{1 + \dfrac{4v_0\lambda}{c_0^2}p} - 1\right)$	(16)
$e - p$	$e = \dfrac{1}{2}pv_0 - \dfrac{c_0}{4\lambda^2}\left(\sqrt{1 + \dfrac{4v_0\lambda}{c_0^2}p} + \dfrac{2\lambda(\lambda - 1)v_0}{c_0}p - 1\right)$	(17)
$p - e$	$p = 2e\dfrac{\sqrt{c_0} + \lambda\sqrt{2e}}{\sqrt{2e} + (\sqrt{c_0} + \lambda\sqrt{2e})(v_0 - 1)}$	(18)
$e - u$	$e = \dfrac{1}{2}u^2$	(19)
$u - e$	$u = \sqrt{2e}$	(20)

4.2.5 冲击温度

冲击温度就是冲击波波后温度.固体的冲击温度是一个十分重要的冲击波参量,对于材料高压物性研究具有重要意义.由于冲击温度没有显含在常用冲击波公式中,而温度是一个热力学状态参量,所以需要将热力学关系式或物态方程与冲击压缩线结合起来才能进行计算.由于热力学关系式非常多,

第4章 固体中的冲击波

所以冲击温度的具体计算方法有多种,但归纳起来,主要有以下三种计算方法[①].

(1) 利用热力学关系式与冲击压缩线计算冲击温度

由热力学关系有

$$de + pdv = \left(\frac{\partial e}{\partial T}\right)_v dT + \left(\frac{\partial e}{\partial v}\right)_T dv + pdv$$

$$= C_v dT + \left[\left(\frac{\partial e}{\partial v}\right)_T + p\right]dv \quad (4.2.27)$$

$$p + \left(\frac{\partial e}{\partial v}\right)_T = T\left(\frac{\partial s}{\partial v}\right)_T = T\left(\frac{\partial p}{\partial T}\right)_v$$

$$= T\left(\frac{\partial p}{\partial e}\right)_v \left(\frac{\partial e}{\partial T}\right)_v = TC_v \left(\frac{\partial p}{\partial e}\right)_v = TC_v \frac{\gamma_G}{v}$$

将上式代入式(4.2.27)有

$$de + pdv = C_v dT + TC_v \frac{\gamma_G}{v} dv \quad (4.2.28)$$

又知,雨果纽方程的微分表达式为

$$de_H + p_H dv = \frac{1}{2}\left[p_H + (v_0 - v)\frac{dp_H}{dv}\right]dv \quad (4.2.29)$$

联立式(4.2.28)和式(4.2.29)得到关于冲击温度 T_H 的微分方程为

$$\frac{dT_H}{dv} + \frac{\gamma_G}{v}T_H = \frac{1}{2C_v}[p_H + (v_0 - v)]\frac{dp_H}{dv} \quad (4.2.30)$$

将冲击压缩线 $p_H(v)$ 及经验关系 $\gamma_G/v = \gamma_0/v_0$ 代入,求得冲击温度为

$$T_H = T_0 \exp(\gamma_0 \eta) + \frac{c_0^2}{C_v}\exp(\gamma_0 \eta)\int_0^\eta \frac{\lambda x^2}{(1-\lambda x)^3}\exp(-\gamma_0 x)dx$$

$$(4.2.31)$$

式中,定体比热容 C_v 被假定为常数.

(2) 利用格林艾森方程和等熵线计算冲击温度

以等熵压缩线 $p_s(v)$ 为参考线,冲击压缩线可利用格林艾森方程表示为

$$p_H - p_S = \frac{\gamma_G}{v}(e_H - e_S) \quad (4.2.32)$$

对于确定的比体积,能量差决定于温度差和定体比热容,其相互关系为

---

① 汤文辉,张若棋,胡金彪,等. 冲击温度的近似计算方法[J]. 力学进展,1998,27(4): 479-487.

$$e_H - e_S = \int_{T_S}^{T_H} C_v \mathrm{d}T \approx C_v(T_H - T_S) \qquad (4.2.33)$$

将式(4.2.33)代入式(4.2.32)得到冲击温度为

$$T_H = T_S + \frac{v_0}{\gamma_0 C_v}(p_H - p_S) \qquad (4.2.34)$$

式中,T_S 为等熵线上的温度,它可按如下方法计算.

利用热力学关系式

$$T\mathrm{d}s - p\mathrm{d}v = \left(\frac{\partial e}{\partial T}\right)_v \mathrm{d}T + \left(\frac{\partial e}{\partial v}\right)_T \mathrm{d}v \qquad (4.2.35)$$

$$\left(\frac{\partial e}{\partial v}\right)_T = T\left(\frac{\partial p}{\partial T}\right)_v - p$$

$$\gamma_G = v\left(\frac{\partial p}{\partial e}\right)_v = v\left(\frac{\partial p}{\partial T}\right)_v \left(\frac{\partial T}{\partial e}\right)_v = \frac{v}{C_v}\left(\frac{\partial p}{\partial T}\right)_v$$

把上面两式代入式(4.2.35),并令 $\mathrm{d}s = 0$,将相应的温度改写为 T_S,有

$$\mathrm{d}T_S + T_S \frac{\gamma_G}{v}\mathrm{d}v = 0 \qquad (4.2.36)$$

式(4.2.36)可进一步改写为

$$\gamma_G = -\left(\frac{\partial \ln T}{\partial \ln v}\right)_S \qquad (4.2.37)$$

式(4.2.37)也称为格林艾森系数的热力学定义式. 积分式(4.2.37)有

$$T_S = T_i \exp\left(-\int_{v_i}^{v} \frac{\gamma_G}{v}\mathrm{d}v\right) \qquad (4.2.38)$$

式中,T_i 和 v_i 为等熵线上某已知点的温度和比体积. 对于等熵压缩线,可取 $T_i = T_0$,$v_i = v_0$. 仍取近似关系 $\gamma_G/v = \gamma_0/v_0$,于是有

$$T_S = T_0 \exp\left[\gamma_0\left(1 - \frac{v}{v_0}\right)\right] \qquad (4.2.39)$$

由此可见,当利用等熵线计算冲击温度时,关键在于确定等熵压缩线 $p_s(v)$,而 $p_s(v)$ 的确定将在 4.4 节介绍.

(3) 利用三项式物态方程计算冲击温度

以金属为例,采用三项式物态方程,能量方程为

$$e(v,T) = e_c(v) + e_n(v,T) + e_e(v,T)$$

将能量零点取在 $T = 0\mathrm{K}$ 的平衡态,这时有 $v = v_{0K}$,冷能方程(4.1.4)应改写为

$$e_c = \frac{3Q}{\rho_{0K}}\left\{\frac{1}{q}\exp[q(1-\delta^{-1/3})] - \delta^{1/3} - \frac{1}{q} + 1\right\} \qquad (4.2.40)$$

点阵热能取高温近似,电子热能取式(4.1.93),于是能量方程为

第4章 固体中的冲击波

$$e = \frac{3Q}{\rho_{0K}}\left\{\frac{1}{q}\exp[q(1-\delta^{-1/3})] - \delta^{1/3} - \frac{1}{q} + 1\right\} + C_V T + \frac{1}{2}\beta_{0K}\left(\frac{\rho_{0K}}{\rho}\right)^{1/2} T^2$$

(4.2.41)

令 $e = e_H$,可直接求出冲击温度为

$$T_H = \frac{[C_V^2 - 2\beta_{0K}\delta^{-1/2}(e_c - e_0 - e_H)]^{1/2} - C_v}{\beta_{0K}\delta^{-1/2}}$$

(4.2.42)

式中,e_0 为常态比内能.

最后说明,如果材料发生了高压熔化,则在计算冲击温度时应考虑相变潜能的影响,而且还应考虑物质在液相区的比热容随温度的变化,具体方法可参阅其他著作,这里不作进一步阐述.

4.3 碰撞冲击波

利用两块平行的平板进行正碰撞是在固体中产生平面冲击波最简单、最常用的方法. 本节讨论碰撞冲击波的求解.

设平板①(飞片)以速度 W 与静止的平板②(靶板)正碰撞,则飞片和靶板中同时产生方向相反的冲击波,如图4.5所示. 设 $t = 0$ 表示碰撞时刻,则在 $t < 0$ 时(碰撞前),飞片运动速度为 W,飞片和靶板中的压强均为 0,密度为常态值. 当 $t > 0$ 时(碰撞后),靶板中产生一个与飞片运动速度同向的冲击波,速度为 D_2,从碰撞面到冲击波波阵面之间为靶板的变形区,变形区质点速度为 u_2,压强为 p_2. 与此同时,飞片中产生了一个与速度 W 相反方向的冲击波,速度值为 D_1,变形区的速度必然要减小(初速为 W),设其变化量为 $-u_1$,压强为 p_1. 对于速度方向,统一取向右为正,向左为负,因此在实验室坐标系中,飞片中冲击波速度为 $W - D_1$,波后质点速度为 $W - u_1$,在冲击波未到达的飞片区域,其质点速度仍为 W.

碰撞面为接触间断面,因此碰撞后飞片与靶板中压强相等,质点法向速度相等,即

$$p_1 = p_2 = p_H \quad (4.3.1)$$

$$W - u_1 = u_2 = u_H \quad (4.3.2)$$

利用冲击波关系式,对于靶板有

$$D_2 = c_{02} + \lambda_2 u_H \quad (4.3.3)$$

$$p_2 = \rho_{02} D_2 u_H = \rho_{02}(c_{02} + \lambda_2 u_H) u_H \quad (4.3.4)$$

对于飞片有

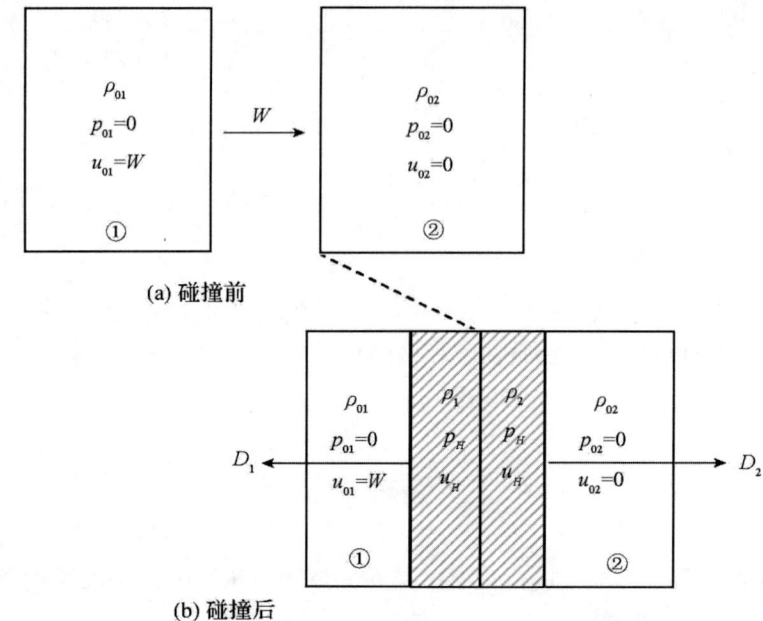

图 4.5 平板碰撞冲击波

$$D_1 = c_{01} + \lambda_1 u_1 = c_{01} + \lambda_1 (W - u_H) \quad (4.3.5)$$

$$p_1 = \rho_{01} D_1 u_1 = \rho_{01} [c_{01} + \lambda_1 (W - u_H)](W - u_H) \quad (4.3.6)$$

联立式(4.3.1)、式(4.3.4)和式(4.3.6)进行求解,得到关于 u_H 的二次方程如下

$$(\rho_{02}\lambda_2 - \rho_{01}\lambda_1) u_H^2 + (\rho_{02} c_{02} + \rho_{01} c_{01} + 2\rho_{01}\lambda_1 W) u_H - \rho_{01} W(c_{01} + \lambda_1 W) = 0$$

$$(4.3.7)$$

去掉不合理的根,得到波后质点速度为

$$u_H = \frac{-B + \sqrt{B^2 - 4AC}}{2A} \quad (4.3.8)$$

其中

$$\begin{cases} A = \rho_{02}\lambda_2 - \rho_{01}\lambda_1 \\ B = \rho_{02} c_{02} + \rho_{01} c_{01} + 2\rho_{01}\lambda_1 W \\ C = -\rho_{01} W(c_{01} + \lambda_1 W) \end{cases} \quad (4.3.9)$$

如果 $A = \rho_{02}\lambda_2 - \rho_{01}\lambda_1 = 0$,则可直接由式(4.3.7)求得 u_H 为

$$u_H = \frac{\rho_{01} W(c_{01} + \lambda_1 W)}{\rho_{02} c_{02} + \rho_{01} c_{01} + 2\rho_{01}\lambda_1 W} \quad (4.3.10)$$

若飞片与靶板为同种材料,这样的碰撞称为对称碰撞,这时有

第4章 固体中的冲击波

$$\begin{cases} \rho_{02} = \rho_{01} = \rho_0 \\ \lambda_1 = \lambda_2 = \lambda \\ c_{02} = c_{01} = c_0 \end{cases}$$

由式(4.3.10)可得

$$u_H = \frac{1}{2}W \qquad (4.3.11)$$

因此,在对称碰撞时,冲击波波后的质点速度为飞片速度的一半.

求出质点速度后,便可由式(4.3.4)或式(4.3.6)求出冲击波压强.

以上计算也可用图解法获得. 所谓的图解法就是在 $p-u$ 平面上将式(4.3.4)和式(4.3.6)所对应的曲线画出,则两条曲线的交点给出碰撞冲击波的压强和质点速度. 如图4.6所示,其中曲线1为飞片的 $p-u$ 雨果纽线,由关系式(4.3.6)给出, A 点表示飞片初始状态,曲线2为靶板的 $p-u$ 雨果纽线,由关系式(4.3.4)给出,二者的交点 H 表示冲击波状态. 这种采用 $p-u$ 线确定碰撞冲击波状态参量的方法通常称为阻抗匹配法.

所谓冲击阻抗是指材料的初态密度 ρ_0 与冲击波速度 D 的乘积,即 $\rho_0 D$. 在图4.6中,直线 OH 的斜率就是靶板在给定碰撞条件下的冲击阻抗,而直线 AH 的斜率的绝对值就是飞片的冲击阻抗. 靶板的冲击阻抗乘以波后质点速度 u_H 就得到冲击波压强 p_H.

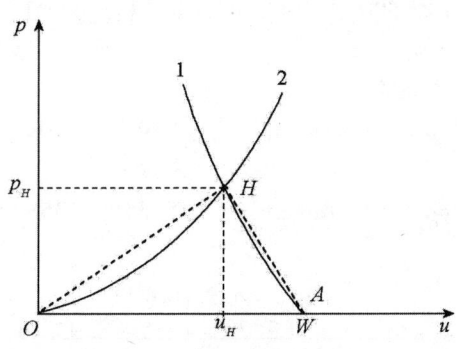

图4.6 飞片碰靶的 $p-u$ 曲线

例4.3 计算铜飞片以 600 m/s 的速度碰撞铜靶时飞片和靶中的冲击波速度、冲击波压强、波后密度.

解 由表4.2查得铜的参数为

$$\rho_0 = 8.93 \text{g/cm}^3$$
$$c_0 = 3.94 \text{km/s}$$
$$\lambda = 1.49$$

碰撞后靶中的质点速度由式(4.3.11)得到为
$$u_2 = u_H = 0.3 \text{km/s}$$
靶中冲击波速度为
$$D_2 = c_{02} + \lambda_2 u_2 = 3.94 + 1.49 \times 0.3$$
$$= 4.39 \text{km/s}$$
飞片中的冲击波速度为
$$W - D_1 = W - c_{01} - \lambda_1(W - u_H)$$
$$= 0.6 - 3.94 - 1.49 \times (0.6 - 0.3)$$
$$= -3.79 \text{km/s}$$
由式(4.3.4)得到碰撞后的冲击波压强为
$$p = \rho_{02}(c_{02} + \lambda_2 u_2) u_2$$
$$= 8.93 \times 4.39 \times 0.3$$
$$= 11.76 \text{GPa}$$
波后密度可求出为
$$\rho_2 = \rho_0 \frac{D_2}{D_2 - u_2}$$
$$= 8.93 \times \frac{4.39}{4.39 - 0.3} = 9.59 \text{ g/cm}^3$$

最后指出，在计算中需要注意各量的单位匹配.

例4.4 若铜飞片以600m/s的速度碰撞铝合金(Al-2024)靶，分别计算飞片和靶中的冲击波压强.

解 由表4.2查得铜的参数为
$$\rho_{01} = 8.93 \text{g/cm}^3, \ D = 3.94 + 1.49u$$
铝合金的参数为
$$\rho_{02} = 2.78 \text{g/cm}^3, \ D = 5.35 + 1.35u$$
由式(4.3.9)有
$$A = \rho_{02}\lambda_2 - \rho_{01}\lambda_1$$
$$= 2.78 \times 1.35 - 8.93 \times 1.49$$
$$= -9.55$$
$$B = \rho_{02}c_{02} + \rho_{01}c_{01} + 2\rho_{01}\lambda_1 W$$
$$= 2.78 \times 5.35 + 8.93 \times 3.94 + 2 \times 8.93 \times 1.49 \times 0.6$$
$$= 66.02$$
$$C = -\rho_{01} W (c_{01} + \lambda_1 W)$$
$$= -8.93 \times 0.6 \times (3.94 + 1.49 \times 0.6)$$
$$= -25.90$$
由式(4.3.8)求得碰撞后的质点速度为

第 4 章 固体中的冲击波

$$u_2 = u_H = \frac{-66.02 + \sqrt{66.02^2 - 4 \times (-9.55) \times (-25.9)}}{2 \times (-9.55)}$$
$$= 0.4175 \text{km/s}$$

由式(4.3.4)得到靶中的冲击波压强为

$$p_2 = \rho_{02}(c_{02} + \lambda_2 u_2) u_2$$
$$= 2.78 \times (5.35 + 1.35 \times 0.4175) \times 0.4175$$
$$= 6.86 \text{GPa}$$

利用式(4.3.6),飞片中的压强为

$$p_1 = \rho_{01}[c_{01} + \lambda_1(W - u_H)](W - u_H)$$
$$= 8.93 \times [3.94 + 1.49 \times (0.6 - 0.4175)] \times (0.6 - 0.4175)$$
$$= 6.86 \text{GPa}$$

可见,靶中冲击波压强与飞片中冲击波压强完全一致,为 6.86GPa.

4.4 冲击波卸载

冲击波传播到自由表面(固体与真空的交界面)时,与自由表面相互作用后,反射一个完全中心稀疏波.那么,这个中心稀疏波会给材料状态带来什么样的变化呢?简单地说,当冲击波传播到自由面后,被压缩的固体在完全稀疏波的作用下发生等熵膨胀,压强从冲击压强开始连续下降到零,自由面附近物质的密度、温度等热力学量均发生相应的变化,而自由面则在原来的运动方向上获得一个附加的速度.这就是冲击波卸载过程.

如果固体不是与真空交界,而是与空气交界,则冲击波到达交界面后会在空气中产生一个冲击波,同时在固体中产生一中心稀疏波.固体卸载后的压强不是等于零,而是等于空气中冲击波的压强.然而,由于空气的密度比固体的密度低得多(相差约 3 至 4 个数量级),这个压强比固体中的冲击压强要小得多,所以可近似当作零来看待,因此,固体与空气的交界面可以近似地当作自由面来处理.

下面对冲击波卸载过程中的几个问题进行讨论.

1. 等熵线的确定

如图 4.7 所示,在 $p-v$ 平面上,用 $p_H(v)$ 表示冲击压缩线,A 点表示初始状态,1 点表示冲击压缩状态.当冲击波到达自由表面后,反射一束中心稀疏波,自由面发生等熵卸载(膨胀),压强则从冲击压强沿等熵线 $p_s(v)$ 连续下降到 0,卸载后的状态表示为 R,其中 $p_s(v)$ 称为等熵卸载线.

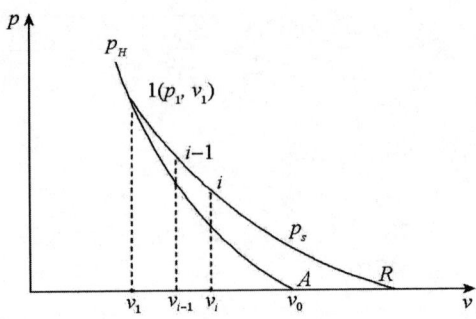

图 4.7　冲击压缩线与等熵卸载线

利用格林艾森方程,可直接写出等熵卸载线与冲击压缩线之间的关系为

$$p_s(v) - p_H(v) = \frac{\gamma_G(v)}{v}[e_s(v) - e_H(v)] \tag{4.4.1}$$

其中等熵线上的比内能可表示为

$$\mathrm{d}e_s = -p_s \mathrm{d}v \tag{4.4.2}$$

如果已知冲击压缩线,原则上可从式(4.4.1)求出等熵卸载线,可用两种方法进行求解.

方法一:采用差分法进行数值求解. 将比体积划分为若干小的区间,且每个区间有相同的比体积差,则可构造出计算 $p_s(v)$ 的差分方程如下

$$\Delta v = v_i - v_{i-1} \tag{4.4.3}$$

$$e_i = e_{i-1} - \frac{p_i + p_{i-1}}{2}\Delta v \tag{4.4.4}$$

$$p_i = \frac{p_H - \left(\dfrac{\gamma_G}{v}\right)_i \left(p_{i-1}\dfrac{\Delta v}{2} + e_H - e_{i-1}\right)}{1 + \left(\dfrac{\gamma_G}{v}\right)_i \cdot \dfrac{\Delta v}{2}} \tag{4.4.5}$$

式中,下标 i 表示沿 $p_s(v)$ 线上的点. 实际计算可将比体积划分为 N 个区间,起始点取为 $1(p_1, v_1)$ 点(即冲击压缩状态点),与该点相邻的点设为 2,依次编号,直到 N. 显然,1 点的值可利用冲击波关系求出,利用 1 点的值可从以上关系式算出第 2 点的值,再利用第 2 点的值算出第 3 点的值,如此继续,将逐步算出的各点(压强和比体积)连接起来,即可得到等熵卸载线 $p_s(v)$.

方法二:近似解析求解[①]. 将式(4.4.1)对 v 求导,并利用 $e_H = \dfrac{1}{2}p_H(v_0 - v) +$

---

① 汤文辉,张若棋,胡金彪,等. 冲击温度的近似计算方法[J]. 力学进展,1998,27(4):479-487.

e_0 有

$$\frac{dp_s}{dv} + p_s \frac{\gamma_G}{v}\left[1 - \left(\frac{v}{\gamma_G}\right)^2 \frac{d}{dv}\left(\frac{\gamma_G}{v}\right)\right] = p_H \frac{\gamma_G}{v}\left[\frac{1}{2} - \left(\frac{v}{\gamma_G}\right)^2 \frac{d}{dv}\left(\frac{\gamma_G}{v}\right)\right] + \frac{dp_H}{dv}\left[1 - \frac{1}{2}\frac{\gamma_G}{v}(v_0 - v)\right] \quad (4.4.6)$$

取经验关系

$$\frac{\gamma_G}{v} = \frac{\gamma_0}{v_0}$$

式(4.4.6)简化为

$$\frac{dp_s}{dv} + \frac{\gamma_0}{v_0}p_s = \frac{1}{2}\frac{\gamma_0}{v_0}p_H + \left[1 - \frac{1}{2}\frac{\gamma_0}{v_0}(v_0 - v)\right]\frac{dp_H}{dv} \quad (4.4.7)$$

这是一个一阶常微分方程,其解为

$$p_s = e^{\gamma_0(\eta - \eta_i)}\left[p_i + \rho_0 c_0^2 \int_{\eta_i}^{\eta} \frac{1 + \lambda x - \gamma_0 x}{(1 - \lambda x)^3} e^{\gamma_0(\eta_i - x)} dx\right] \quad (4.4.8)$$

式中,p_i 和 η_i 为等熵线上某已知点的压强和相对压缩度.

对于从点 1(冲击压缩态)开始的等熵卸载线有

$$p_i = p_1, \quad \eta_i = \eta_1 = 1 - \frac{v_1}{v_0}$$

于是得到等熵卸载线方程为

$$p_s(\eta) = e^{\gamma_0(\eta - \eta_1)}\left[p_1 + \rho_0 c_0^2 \int_{\eta_1}^{\eta} \frac{1 + \lambda x - \gamma_0 x}{(1 - \lambda x)^3} e^{\gamma_0(\eta_1 - x)} dx\right] \quad (4.4.9)$$

对于从常态点开始的等熵压缩线有 $p_i = p_0 \approx 0$,$\eta_i = \eta_0 = 0$,因此等熵压缩线方程可表示为

$$p_s(\eta) = \rho_0 c_0^2 e^{\gamma_0 \eta}\int_0^{\eta} \frac{1 + \lambda x - \gamma_0 x}{(1 - \lambda x)^3} e^{-\gamma_0 x} dx \quad (4.4.10)$$

应该指出,从严格意义上说,固体的等熵方程是很难得到的,常用经验方程往往只在较低压强下可用.已知格林艾森方程是以点阵动力学为基础获得的,冲击压缩线是以实验数据为基础获得的,所以等熵卸载线(4.4.9)和等熵压缩线(4.4.10)在热力学上是较严格的,比各种经验的等熵方程都要好.等熵线(4.4.8)可用于固体中起始于任意状态的等熵过程的描述,其适用范围则取决于格林艾森方程和冲击压缩线的适用范围.

2. 等熵线的应用——高压声速的计算

固体的高压声速也是一个非常重要的参量,然而,对于通过不同途径所达到的高压状态,其声速的计算方法是有差异的.

图 4.8 给出了一条冲击压缩线 p_H 和一条起始于同一初态 A 的等熵压缩线 p_s. 如果要计算等熵压缩态的声速,可将等熵压缩线式(4.4.10)直接代入声速的定义式,由此得到沿等熵压缩线的声速为

$$c_s^2 = \left(\frac{\partial p}{\partial \rho}\right)_s = \frac{\rho_0^2 c_0^2}{\rho^2} \frac{1+\lambda\eta-\gamma_0\eta}{(1-\lambda\eta)^3} + \frac{\gamma_0 \rho_0}{\rho^2} p_s \qquad (4.4.11)$$

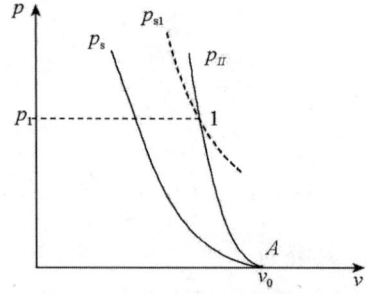

图 4.8　雨果纽声速与沿等熵压缩线的声速

作为一种近似,压强不高时,固体的等熵方程也可取为形式较简单的默纳汉方程

$$p_s = A\left[\left(\frac{\rho}{\rho_0}\right)^n - 1\right] \qquad (4.4.12)$$

式中,A 和 n 为材料常数. 利用等熵线与冲击压缩线在初态点二阶相切的性质,得到 A 和 n 与雨果纽参数之间有如下关系

$$n = 4\lambda - 1, \quad A = \frac{\rho_0 c_0^2}{4\lambda - 1} \qquad (4.4.13)$$

利用等熵方程(4.4.12),沿等熵线的声速可表示为

$$c_s^2 = \frac{1}{\rho}(np_s + \rho_0 c_0^2) \qquad (4.4.14)$$

下面介绍冲击压缩态声速的计算方法.

设冲击波压强为 p_1,对应冲击压缩线上的 1 点,如图 4.8 所示. 经过 1 点引出一条等熵线 p_{s1},它由式(4.4.9)给出,则这条等熵线在 1 点的斜率与 1 点处的比体积确定了该状态点的声速,即冲击压缩线上 1 点的声速.

将式(4.4.9)代入声速的定义式,并令 $p_s = p_H$,得到冲击波波后状态的声速 c_H 为

$$c_H^2 = -v^2\frac{\mathrm{d}p_H}{\mathrm{d}v}\left(1 - \frac{1}{2}\gamma_0\eta\right) + \frac{1}{2}\frac{\gamma_0}{v_0}v^2 p_H \qquad (4.4.15)$$

利用冲击压缩线有

$$\frac{dp_H}{dv} = -\rho_0^2 c_0^2 \frac{1+\lambda\eta}{(1-\lambda\eta)^3} \tag{4.4.16}$$

将式(4.4.16)及 p_H 的表达式代入式(4.4.15)，经过化简，最后得到冲击压缩态的声速为

$$c_H^2 = \frac{c_0^2 (1-\eta)^2}{(1-\lambda\eta)^3}(1+\lambda\eta-\lambda\gamma_0\eta^2) \tag{4.4.17}$$

3. 自由面卸载状态

自由面卸载状态是指当冲击波在自由面反射完全中心稀疏波后，自由面处物质从冲击压缩态沿等熵线下降到零压时的状态. 由于物质在冲击压缩过程中有熵增，所以等熵卸载到零压后，物质的比内能并不会回复到初态的比内能，而是存在一由于不可逆压缩所导致的增量(与初态相比)，这一增量必然使物质的卸载温度高于初态温度，相应地，卸载比体积也大于初态比体积，其中卸载温度与初态温度之差通常称为残余温度或剩余温度. 下面采用热力学方法来确定卸载状态的温度和比体积.

在 p-v 平面上画出冲击压缩线与等熵卸载线如图4.9所示. 设物质的初态为 A(其比体积为 v_0，温度为 T_0)，在冲击波压缩下，波后状态为 B(比体积为 v_B，温度为 T_B)，等熵卸载到零压后的状态为 R(比体积为 v_R，温度为 T_R).

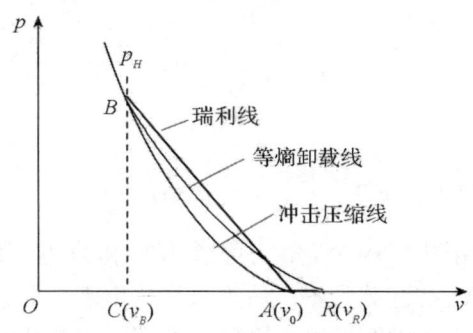

图4.9 冲击压缩线与等熵卸载线

已知卸载是等熵过程，所以卸载到零压时的温度(即自由面上的温度)由式(4.2.39)给出为

$$T_R = T_B e^{\frac{\gamma_0}{v_0}(v_B - v_R)} \tag{4.4.18}$$

虽然冲击波波后参量 T_B 和 v_B 可按前面介绍的有关方法求出，但 v_R 尚未得到，所以要计算 T_R，首先要确定 v_R.

保持零压不变，物质从比体积 v_0 膨胀到 v_R 与温度之间的关系为

$$v_R - v_0 = v_0 \alpha (T_R - T_0) \tag{4.4.19}$$

式中, α 为体膨胀系数. 因此, 卸载温度和比体积的求解可联立式(4.4.18)和式(4.4.19)作数值计算得到, 也可按下面方法进行近似计算.

由式(4.4.18)和式(4.4.19)消去 T_R 得

$$\frac{v_R - v_0}{\alpha v_0 T_B} + \frac{T_0}{T_B} = \exp\left\{\frac{\gamma_0}{v_0}[(v_B - v_0) - (v_R - v_0)]\right\}$$

$$\left(\frac{v_R - v_0}{\alpha v_0 T_B} + \frac{T_0}{T_B}\right)\exp\left[\frac{\gamma_0}{v_0}(v_R - v_0)\right] = \exp\left[\frac{\gamma_0}{v_0}(v_B - v_0)\right]$$

因 $v_R - v_0$ 是小量, 所以有如下近似

$$\exp\left[\frac{\gamma_0}{v_0}(v_R - v_0)\right] \approx 1$$

于是得到卸载比体积 v_R 为

$$v_R = v_0\left\{1 + \alpha\left[T_B e^{\frac{\gamma_0}{v_0}(v_B - v_0)} - T_0\right]\right\} \quad (4.4.20)$$

将式(4.4.20)代入式(4.4.18)或式(4.4.19)便可求出 T_R.

4. 冲击压缩下的不可逆能量

冲击压缩导致熵增, 因而产生不可逆能量. 已知冲击压缩引起物质内能的增量由雨果纽方程描述, 而物质从冲击压缩状态等熵卸载到零压后所释放的内能为(参考图 4.9)

$$e_{\text{out}} = \int_{v_B}^{v_R} p_s \mathrm{d}v \quad (4.4.21)$$

因此不可逆能量为

$$\Delta e_q = (e_B - e_0) - e_{\text{out}} = \frac{1}{2}p_B(v_0 - v_B) - \int_{v_B}^{v_R} p_s \mathrm{d}v \quad (4.4.22)$$

可见, 不可逆能量可由图 4.9 中直角三角形 ABC 和曲边三角形 RBC 的面积之差来表示. 由于能量 Δe_q 在卸载到零压后无法释放出来, 而这部分能量被转变为热效应, 因而卸载状态的温度 T_R 比初始温度 T_0 高. 在求得卸载温度 T_R 后, 若已知定压比热容 C_p, 则冲击压缩过程中的不可逆能量可通过下式简单求得

$$\Delta e_q = C_p(T_R - T_0) \quad (4.4.23)$$

如果冲击波压强不是很高, 等熵线可采用默纳汉方程(4.4.12)近似代替, 这时可由式(4.4.22)对不可逆能量进行解析计算.

在式(4.4.12)中, 设 $n = 4$, 若取 $\rho_B/\rho_0 = v_0/v_B = 1.1$, 则 $\Delta e_q/(e_B - e_0) = 4.5\%$. 1.1 倍的密度比所对应的冲击压强为 10GPa 量级(对于铝为 9GPa, 对于铁为 21GPa), 不可逆能量约占冲击压缩能量的 5%. 若取压缩比 $v_0/v_B = 1.2$, 则 $\Delta e_q/(e_B - e_0) = 17.5\%$. 也就是说, 随着冲击波强度的增大, 压缩程度增加,

第 4 章 固体中的冲击波

不可逆能量所占冲击压缩能量的份额迅速增大,与此同时,熵同步增大.

5. 自由面速度

考虑一右行冲击波与自由面相互作用的情况. 当右行冲击波 $\vec{S}$ 到达自由表面 J_f 后,将反射一束左行中心稀疏波 $\overleftarrow{R}$,其波系图如图 4.10 所示. 由于稀疏波卸载作用,自由面附近物质的压强从 p_H 减小到 0,与此同时,质点速度在 u_H 基础上叠加一由于反射稀疏波所导致的速度增量 u_r. 设自由面速度为 u_f,则 $u_f = u_H + u_r$.

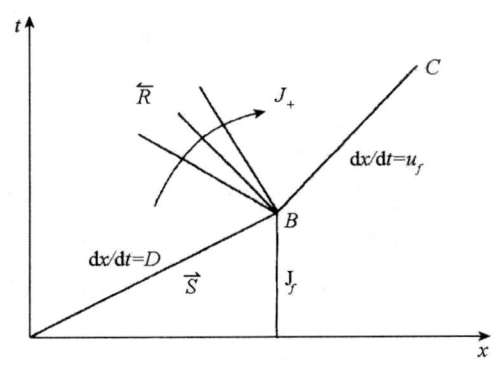

图 4.10 冲击波在自由面的卸载

对于左行稀疏波,所有黎曼不变量 J_+ 为同一常数,因此有

$$\mathrm{d}J_+ = \mathrm{d}u + \frac{\mathrm{d}p}{\rho c} = 0 \tag{4.4.24}$$

对式(4.4.24)积分,积分限分别取为冲击波波后状态和稀疏波波后状态,即

$$\int_{u_H}^{u_f} \mathrm{d}u = -\int_{p_H}^{0} \frac{\mathrm{d}p}{\rho c} \tag{4.4.25}$$

将声速的定义式代入有

$$u_f = u_H + \int_{v(p=p_H)}^{v(p=0)} \left[-\left(\frac{\partial p}{\partial v} \right)_S \right]^{1/2} \mathrm{d}v = u_H + u_r \tag{4.4.26}$$

其中

$$u_r = \int_{v(p=p_H)}^{v(p=0)} \left[-\left(\frac{\partial p}{\partial v} \right)_S \right]^{1/2} \mathrm{d}v \tag{4.4.27}$$

显然,由中心稀疏波引起的附加质点速度 u_r 决定于等熵卸载线.

由此可见,要确定 u_f,关键是要求出 u_r. 但是,u_r 的计算要分两种情况进行.

第一种情况:入射冲击波强度相对较弱. 在弱冲击波入射条件下,冲击压缩线与等熵卸载线的差别较小,卸载后的状态与初始状态比较接近,因此,可将 $p_s(v)$ 线用冲击压缩线 $p_H(v)$ 近似代替,进一步,再将冲击压缩线用瑞利直线

近似代替，于是有

$$u_r = \int_{v(p=p_H)}^{v(p=0)} \left[-\left(\frac{\partial p}{\partial v}\right)_S\right]^{1/2} dv \approx \int_{v_H}^{v_0} \left[-\left(\frac{\partial p}{\partial v}\right)_H\right]^{1/2} dv$$

$$\approx \int_{v_H}^{v_0} \left(\frac{p_H}{v_0-v_H}\right)^{1/2} dv \approx \left(\frac{p_H}{v_0-v_H}\right)^{1/2}(v_0-v_H) \tag{4.4.28}$$

与冲击波关系式(4.2.5)比较可知，$u_r \approx u_H$，因此

$$u_f = u_H + u_r \approx 2u_H \tag{4.4.29}$$

这就是说，当弱冲击波入射到静止的自由面时，由于反射中心稀疏波的作用，自由面速度 u_f 近似地等于冲击波波后质点速度 u_H 的两倍，这个结果称为弱冲击波的"自由面速度倍增定律". 大量文献报道表明，自由面速度倍增定律对于约100GPa 以下的冲击波具有足够好的精度.

第二种情况：入射冲击波强度很高. 由于冲击压强很高，冲击压缩线与等熵卸载线之间的差别较大，弱冲击波条件下所作的近似不再成立，所以自由面速度倍增定律也不再成立. 定性地看，这时的 u_r 要大于 u_H，这是由于入射冲击波引起的熵增使自由面在卸载后有较高的剩余温度，其热膨胀效应也将引起一个附加的质点速度. 从原则上说，将式(4.4.9)代入式(4.4.27)便可计算出 u_r，但一般得不到解析结果.

例 4.5 参考图 4.5，试确定飞片自由面在弱冲击波反射后的速度.

解 取与 4.3 节相同的变量：飞片速度为 W，飞片中冲击波导致的波后质点速度的变化为 $-u_1$，在实验室坐标系中的波后质点速度为 u_H，从而有 $W - u_1 = u_H$.

飞片中冲击波到达自由面后反射右行中心稀疏波，因此黎曼不变量 J_- 为同一常数，并满足下面关系式

$$dJ_- = du - \frac{dp}{\rho c} = 0 \tag{4.4.30}$$

所以有

$$\int_{u_H}^{u_f} du = \int_{p_H}^{0} \frac{dp}{\rho c} \tag{4.4.31}$$

将声速的定义式代入，得自由面速度 u_f 为

$$u_f = u_H - \int_{v(p=p_H)}^{v(p=0)} \left[-\left(\frac{\partial p}{\partial v}\right)_S\right]^{1/2} dv = u_H - u_r \tag{4.4.32}$$

其中

$$u_r = \int_{v(p=p_H)}^{v(p=0)} \left[-\left(\frac{\partial p}{\partial v}\right)_S\right]^{1/2} dv$$

如果入射冲击波强度较弱，则有

第4章 固体中的冲击波

$$u_r = \int_{v(p=p_H)}^{v(p=0)} \left[-\left(\frac{\partial p}{\partial v}\right)_S\right]^{1/2} dv \approx \left[-\left(\frac{\partial p}{\partial v}\right)_S\right]^{1/2} \int_{v_H}^{v_0} dv$$

$$\approx \left(\frac{p_H}{v_0 - v_H}\right)^{1/2} (v_0 - v_H) = u_1 \tag{4.4.33}$$

即 $u_r \approx u_1$,所以飞片自由面速度 u_f 为

$$u_f \approx u_H - u_1 = 2u_H - W \tag{4.4.34}$$

如果是对称碰撞,则有 $u_f \approx 0$.

4.5 冲击波的传播与反射

4.5.1 波系分析

波系分析是认识冲击波传播规律的基础,下面以飞片碰靶为例说明波系分析方法.

设铜飞片以速度 W 从左边碰撞静止的铝合金靶板,飞片厚度为 b,靶的厚度为 $L(L>b)$. 这是典型的非对称碰撞,由于铜的声阻抗大于铝的声阻抗,所以它们的碰撞界面为 $J_>$. 当碰撞发生后,飞片和靶中各产生一个冲击波. 当飞片中冲击波传播到其自由面 J_{f1} 时,反射中心稀疏波,该稀疏波传播到铜/铝界面时透射稀疏波,反射压缩波. 由于透射稀疏波与靶中冲击波为同一方向,只要靶足够厚,透射稀疏波将追赶上靶中冲击波,因此来自飞片自由面的稀疏波通常又称为追赶稀疏波. 现假设追赶稀疏波还没有赶上靶中冲击波时,靶中的冲击波已在其自由面 J_{f2} 发生反射,因此,靶背面的反射稀疏波将与追赶稀疏波发生迎面相遇. 假设飞片和靶板在 t_0 时刻发生碰撞,以上波传播过程的 $x-t$ 波系图如图 4.11 所示,其中 x 为欧拉坐标. 图中阴影部分为两稀疏波的相互作用区域,在此区域内,靶板将受到强烈拉伸作用. 如果拉伸应力超过靶板的抗拉强度,靶板将发生断裂破坏,这是一种动态破坏,称为层裂. 拉伸作用即使没有超过断裂强度,但超过了损伤强度,材料将发生内部损伤,从而导致强度下降.

如果将飞片和靶板的空间坐标取为拉格朗日坐标 r(初始时刻的空间坐标),则与图 4.11 对应的拉格朗日波系图($r-t$ 图)如图 4.12 所示,对于靶中质点 A,在 t_1 时刻受到冲击压缩,压强为 p_H,在 t_2 时刻受到稀疏波波头的影响,压强开始下降,在 t_3 时刻受到来自飞片自由面的稀疏波波尾的影响. 此后,质点 A 的压强将在某一时间间隔内保持不变. 再往后,质点 A 可能受到多个扰动的作用,情况将变得非常复杂. 根据以上分析,质点 A 的压强随时间的变化,即压强剖面(早期阶段)如图 4.13 所示.

251

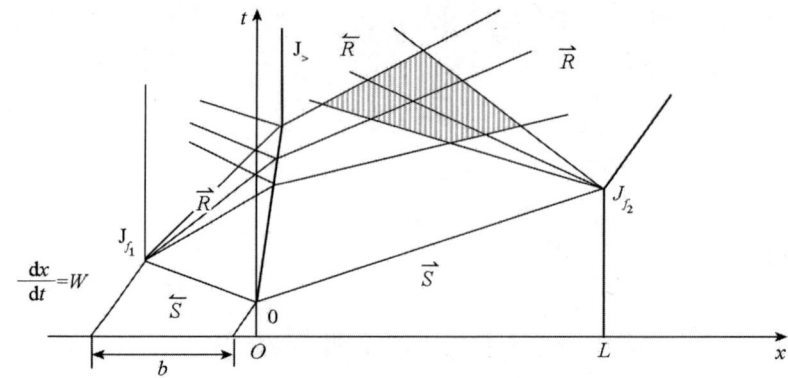

图 4.11 飞片碰靶 $x-t$ 波系图(欧拉坐标,追赶稀疏波与靶中反射稀疏波相互作用)

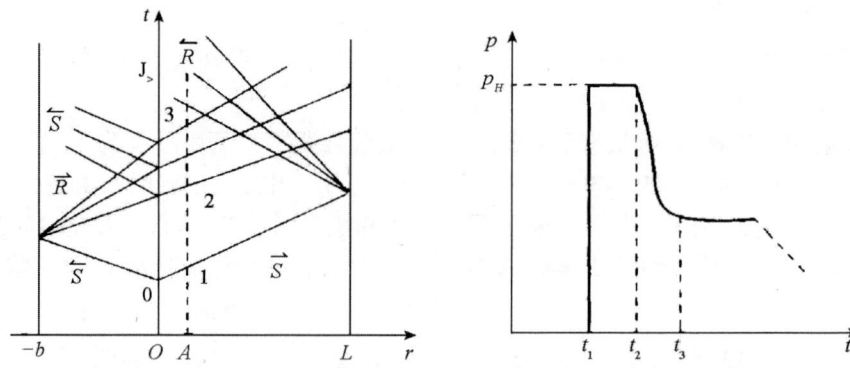

图 4.12 飞片碰靶 $r-t$ 波系图(拉格朗日坐标)   图 4.13 图 4.12 中质点 A 的压强剖面

若飞片与靶为同种材料,则追赶稀疏波到达飞片/靶板界面时不会有反射. 若进一步假设靶板足够厚,则靶中的冲击波还没有传播到其自由面时就会被来自飞片自由面的稀疏波追赶上. 设稀疏波波头赶上冲击波的位置为 X,则比值 $R_0 = X/b$ 称为追赶比,其 $x-t$ 波系图如图 4.14(a)所示,不同时刻的压强波形(即压强的空间分布)如图 4.14(b)所示. 在碰撞不久的 t_1 时刻,波形近似为矩形,峰值压强设为 p_1,峰值压强的宽度为 l_1,冲击波速度为 D_1;在 $t_2(t_2 > t_1)$ 时刻,峰值压强仍为 p_1,但由于稀疏波的追赶作用(稀疏波的速度为 $u+c>D_1$),峰值压强的宽度减小为 l_2,冲击波速度仍为 D_1;在 $t_3(t_3 > t_2)$ 时刻,假设稀疏波刚好赶上冲击波,则峰值压强仍为 p_1,但其宽度减小为 0,波形近似为三角形,冲击波速度仍为 D_1;在 t_3 时刻以后,稀疏波将使冲击波强度不断减弱,压强逐渐减小,冲击波速度也相应减小. 例如,在 $t_4(t_4 > t_3)$ 时刻和 $t_5(t_5 > t_4)$ 时刻,冲击波速度满足 $D_5 < D_4 < D_1$,图中虚线为峰值压

强的衰减曲线.

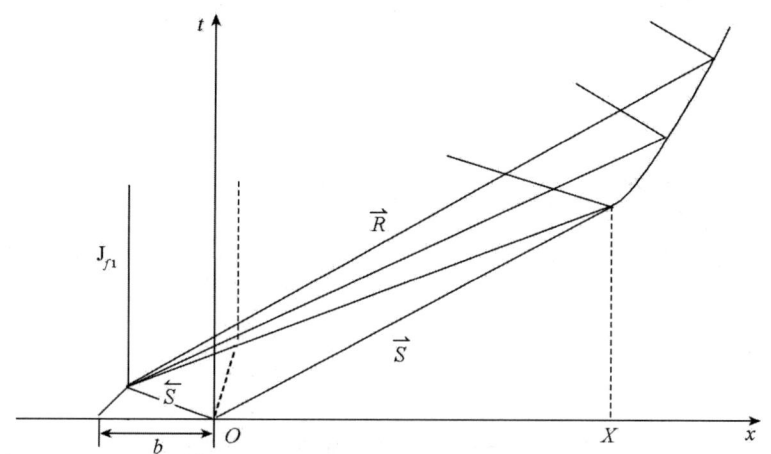

(a) 同种材料碰撞时波的追赶

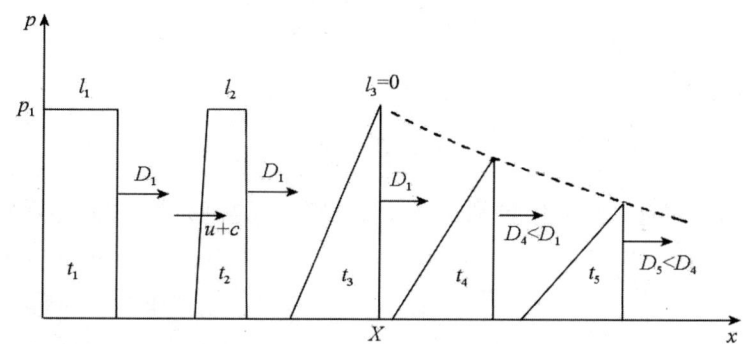

(b) 靶中不同时刻的冲击波波形

图 4.14 同种材料飞片碰靶 x-t 波系图与冲击波波形

4.5.2 冲击波剖面

1. 压强剖面的估算

为简单起见,考虑同种材料的飞片碰靶问题,稀疏扰动只考虑追赶稀疏波的影响. 为使计算过程清晰,采用欧拉坐标进行分析.

在欧拉坐标系中,对称碰撞的 x-t 图和靶中某断面上质点 A 的压强剖面如图 4.15 所示. 取飞片碰靶时刻为时间零点,飞片厚度为 b,靶中质点 A 距靶表面距离为 a;飞片速度为 W,冲击波速度为 D_1,稀疏波波头速度为 c_1;靶中冲击波速度为 D_2,稀疏波波头速度为 c_2,常态声速为 c_{02},常态密度为 ρ_{02},冲击压

缩态的质点速度为 u_t，压强为 p_t. 显然，D_1，D_2，u_t 可按冲击波关系求得，c_1 和 c_2 可按式(4.4.17)计算.

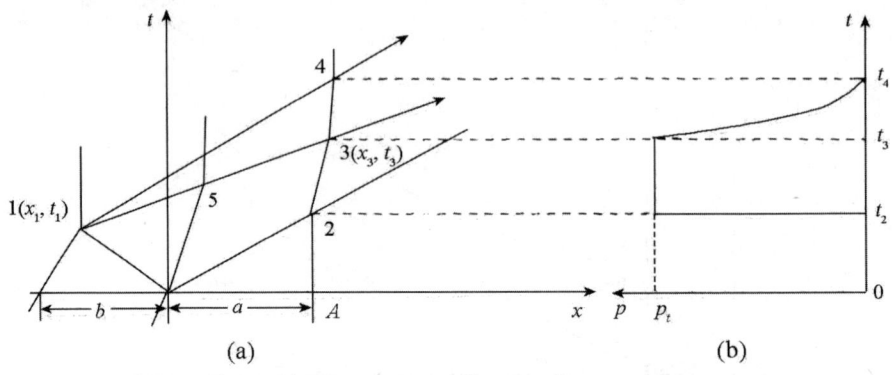

图 4.15　飞片碰靶波系图(a)和靶中质点 A 的压强剖面(b)

由波系图 4.15(a)，冲击波到达飞片自由表面的时刻为

$$t_1 = \frac{b}{W - D_1} \tag{4.5.1}$$

追赶稀疏波到达碰撞界面的时刻为

$$t_5 = t_1 + \frac{D_1 - u_t}{D_1 - W} \frac{b}{c_1} \tag{4.5.2}$$

对于断面 A 上的质点，在 t_2 时刻受到冲击压缩，在 t_3 时刻，受到追赶稀疏波波头的影响，压强开始下降. 由波的传播速度及相关几何参数，这两个时刻分别为

$$t_2 = \frac{a}{D_2} \tag{4.5.3}$$

$$t_3 = t_5 + a \frac{D_2 - u_t}{c_2 D_2} \tag{4.5.4}$$

接下来需要确定 t_4 以及从 t_3 到 t_4 之间压强的变化. 为此，需要首先给出靶板中质点在右行稀疏波作用下的迹线. 为了讨论的方便，将材料的等熵方程取为式(4.4.12).

对于右行稀疏波，所有黎曼不变量 J_- 为同一个常数，且发自于冲击压缩状态，从而有(参见习题 2.4)

$$J_- = u - \frac{2}{n-1}c = u_t - \frac{2}{n-1}c_2 = \text{const} \tag{4.5.5}$$

由式(4.5.5)有

$$c = \frac{n-1}{2}(u - u_t) + c_2 \tag{4.5.6}$$

已知 C_+ 族特征线方程为

$$\frac{\mathrm{d}x}{\mathrm{d}t} = u + c$$

根据图 4.15(a)，它可改写为

$$\frac{x - x_1}{t - t_1} = u + c = \frac{n+1}{2}u + c_2 - \frac{n-1}{2}u_t \tag{4.5.7}$$

某质点的迹线是由 $\frac{\mathrm{d}x}{\mathrm{d}t} = u$ 定义的，代入式(4.5.7)，整理后有

$$\frac{n+1}{2}\frac{\mathrm{d}x}{\mathrm{d}t} - \frac{x - x_1}{t - t_1} + c_2 - \frac{n-1}{2}u_t = 0 \tag{4.5.8}$$

为积分式 (4.5.8)，引入变量替换

$$\xi = x - x_1 + \left(\frac{2c_2}{n-1} - u_t\right)(t - t_1) \tag{4.5.9}$$

于是

$$\frac{\mathrm{d}\xi}{\mathrm{d}t} = \frac{\mathrm{d}x}{\mathrm{d}t} + \frac{2c_2}{n-1} - u_t$$

代入式(4.5.8)，整理后有

$$\frac{\mathrm{d}\xi}{\xi} = \frac{2}{n+1}\frac{\mathrm{d}t}{t - t_1}$$

积分上式得

$$\xi = C(t - t_1)^{\frac{2}{n+1}} \tag{4.5.10}$$

式中，C 为积分常数. 将式(4.5.9)代入式(4.5.10)，使 x 恢复为变量，得到质点迹线的一般形式为

$$x - x_1 = (t - t_1)\left[C(t - t_1)^{-\frac{n-1}{n+1}} - \frac{2c_2}{n-1} + u_t\right] \tag{4.5.11}$$

下面确定质点 A 的波剖面. 对于图 4.15(a)中所示的对称碰撞情况，当 $x = x_3$ 时，$t = t_3$，且

$$\frac{x_3 - x_1}{t_3 - t_1} = u_t + c_2$$

代入式(4.5.11)得到积分常数 C 为

$$C = \frac{n+1}{n-1}c_2(t_3 - t_1)^{\frac{n-1}{n+1}} \tag{4.5.12}$$

将式(4.5.12)代入式(4.5.11)，得到质点 A 的迹线方程(稀疏波区)为

$$x - x_1 = \frac{n+1}{n-1}c_2(t_3 - t_1)^{\frac{n-1}{n+1}}(t - t_1)^{\frac{2}{n+1}} - \left(\frac{2c_2}{n-1} - u_t\right)(t - t_1) \tag{4.5.13}$$

于是质点速度随时间的关系为

$$u = \frac{\mathrm{d}x}{\mathrm{d}t} = \frac{2}{n-1} c_2 (t_3 - t_1)^{\frac{n-1}{n+1}} (t - t_1)^{-\frac{n-1}{n+1}} - \frac{2c_2}{n-1} + u_t \quad (4.5.14)$$

因为在 $t = t_4$ 时,稀疏波波尾到达质点 A,此时质点速度为 0,由此得到 t_4 为

$$t_4 = t_1 + \left(1 - \frac{n-1}{2} \frac{u_t}{c_2}\right)^{\frac{n+1}{1-n}} (t_3 - t_1)^{-\left(\frac{n+1}{n-1}\right)^2} \quad (4.5.15)$$

基于上述分析,最后得到质点 A 的压强、质点速度和密度随时间的变化可分段表示如下:

(1) 当 $t < t_2$: $p = 0$, $u = 0$(质点 A 处于静止状态), $\rho = \rho_{02}$.

(2) 当 $t_2 \leqslant t < t_3$: $p = p_t$, $u = u_t$, $\rho = \rho_t$(质点 A 处于冲击压缩状态).

(3) 当 $t_3 \leqslant t < t_4$(质点 A 处于稀疏波作用状态):

$$u(t) = \frac{2}{n-1} c_2 (t_3 - t_1)^{\frac{n-1}{n+1}} (t - t_1)^{-\frac{n-1}{n+1}} - \frac{2c_2}{n-1} + u_t$$

由式(4.5.6)有

$$\frac{c}{c_2} = 1 + \frac{n-1}{2} \frac{u - u_t}{c_2} \quad (4.5.16)$$

所以

$$p = p_t \left(\frac{c}{c_t}\right)^{\frac{2n}{n-1}} = p_t \left(1 + \frac{n-1}{2} \frac{u - u_t}{c_2}\right)^{\frac{2n}{n-1}} \quad (4.5.17)$$

$$\rho = \rho_t \left(\frac{c}{c_2}\right)^{\frac{2}{n-1}} = \rho_t \left(1 + \frac{n-1}{2} \frac{u - u_t}{c_2}\right)^{\frac{2}{n-1}} \quad (4.5.18)$$

(4) 当 $t \geqslant t_4$: $p = 0$, $u = 0$, $\rho \approx \rho_0$(质点 A 处于完全卸载状态).

应该注意,如果飞片和靶不是同种材料,来自飞片自由面的稀疏波与飞片/靶板界面相互作用后,将产生波的透射和反射. 如果飞片厚度较小,反射波将迅速传播到飞片自由面,并再次发生反射. 因此,波的相互作用情况较复杂,而且靶在第一个稀疏波的作用下,压强并不会降到 0,质点速度也不会降到 0. 对于这种情况,需要采用数值方法进行计算才能得到波剖面.

2. 追赶比

从图 4.15 可知,若改变断面 A 的位置,使 $a = x_3$,这时冲击波和稀疏波同时到达该断面,于是追赶比为 $R_0 = \frac{a}{b}$. 另一方面,当 $a = x_3$ 时,意味着 $t_2 = t_3$,由式(4.5.3)和式(4.5.4)有

$$t_5 + a \frac{D_2 - u_t}{c_2 D_2} = \frac{a}{D_2} \quad (4.5.19)$$

利用式(4.5.1)和式(4.5.2)有

$$t_5 = t_1 + \frac{D_1 - u_t}{D_1 - W}\frac{b}{c_1} = \frac{b}{W - D_1} + \frac{D_1 - u_t}{D_1 - W}\frac{b}{c_1}$$

代入式(4.5.19)有

$$\frac{b}{W - D_1} + \frac{D_1 - u_t}{D_1 - W}\frac{b}{c_1} + a\frac{D_2 - u_t}{c_2 D_2} = \frac{a}{D_2}$$

由此得到在给定碰撞条件下的追赶比为

$$R_O = \frac{a}{b} = \frac{\dfrac{1}{W - D_1} + \dfrac{D_1 - u_t}{D_1 - W}\dfrac{1}{c_1}}{\dfrac{1}{D_2} - \dfrac{D_2 - u_t}{c_2 D_2}} \tag{4.5.20}$$

追赶比数据对于平板碰撞实验时的样品设计具有重要价值,因为所有关于冲击波的直接测量应该在追赶稀疏波到达前完成. 就一般来说,追赶比与碰撞速度或碰撞压强有密切关系,碰撞速度越高,追赶比越小;当碰撞速度较小时,追赶比对碰撞速度的变化较敏感. 此外,追赶比也与飞片和靶板材料的冲击阻抗有较密切关系. 应该指出,式(4.5.20)是在"流体模型"条件下获得的,因而在低压下具有较大误差. 当碰撞速度较低时,固体的弹性卸载效应将使追赶稀疏波更容易赶上靶中的冲击波[①].

3. "真实的"冲击波剖面

图 4.15(b)所示的冲击波剖面是理想化的,而实际的冲击波剖面要复杂得多. 根据典型金属材料特性,可以描绘出中低压强范围内"真实的"冲击波剖面如图 4.16 所示,其中 σ 表示应力. 所谓"真实的"只是表示一般金属类材料的典型性质的影响,而不表示在实验测量时一定得到这种波形. 通常情况下,固体中真实的冲击波剖面会受到多种因素的影响. 第一,材料具有强度特性,固体中的受力是各向异性的,因此要用应力而不是压强表示其力学状态. 第二,金属具有弹塑性性质,在碰撞载荷下,首先产生一弹性波,其最高值称为雨果纽弹性限,然后是塑性加载冲击波. 如果弹性前驱波和塑性冲击波同时存在,这种波形又称为双波结构. 有关应力状态的描述与弹塑性波的概念将在 4.7 节和 4.9 节进行具体介绍. 第三,如果在冲击加载下发生相变,则相变也要影响到冲击波剖面(参见 4.6 节). 第四,当稀疏波到达后,材料首先发生弹性卸载,然后进入反向塑性加载(有时也称为塑性卸载). 第五,如果材料受到强烈的稀疏波拉伸作用而发生层裂破坏,这也会反映到波剖面上,并且是从实验测量确定层

---

① 经福谦. 实验物态方程导引[M]. 第 2 版. 北京:科学出版社,1999:214-219.

裂强度的依据.需要说明的是,实验中所获得的实际波形与材料、加载条件以及测量方法等因素都是相关的,这里只是介绍了"真实的"冲击波剖面的基本特征,目的是对冲击波剖面形成较完整印象.

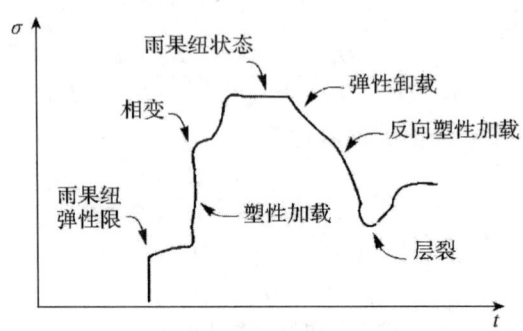

图 4.16 "真实的"冲击波应力剖面

4.5.3 冲击波与一个接触界面的相互作用

冲击波在传播过程中可能要遇到不同材料的交界面(即接触界面).当一个冲击波从材料①进入材料②时,冲击波将在两种材料的交界面发生反射和透射,透射波仍然是冲击波,但反射波的性质依赖于两种材料的冲击阻抗($\rho_0 D$)的相对大小.然而,在大多数情况下并不确切知道冲击波速度,也就是说不知道冲击阻抗的具体数值,这时,可利用波阻抗进行界面性质的判断.下面分两种情况进行讨论.

1. 冲击波从低阻抗材料①进入高阻抗材料②,界面属于 $J_<$

设材料①中右行冲击波压强为 p_1,质点速度为 u_1,冲击波速度为 D_1.由于材料②的冲击阻抗高于材料①的冲击阻抗,所以反射波为冲击波,压强 p_2 高于 p_1.冲击波压强波形的变化如图 4.17(a)所示.在时刻 t_0,一个压强为 p_1 的矩形压力脉冲在材料①中向右传播;在时刻 t_1,该压力脉冲恰好传播到材料界面 $J_<$;在时刻 t_2,在材料②中透射一个冲击波,同时在材料①中反射一个冲击波,界面压强相等,为 p_2;在时刻 t_3,恰好形成一个压强为 p_2 的矩形压力脉冲;在时刻 t_4,右行波维持压强 p_2 继续传播,反射波则以压强 $\Delta p = p_2 - p_1$ 继续向左传播.

采用阻抗匹配法可确定冲击波与界面相互作用后的状态.上述情况的 $p-u$ 曲线如图 4.17(b)所示,其中 1-H 为材料①的 $p-u$ 雨果纽线,2-H 为材料②的雨果纽线,点 1 表示入射冲击波状态,直线 $O1$ 的斜率就是材料①在给定冲击波强度下的冲击阻抗 $\rho_{01} D_1$.当冲击波在接触界面反射后,材料①受到二次冲击压缩,压强升高.为了便于进行解析计算,仍用一次冲击压缩线近似表示,即表示为 1-R 线. 1-R 线是以经过 1 点且与纵坐标平行的直线为对称轴,将材料①的雨果纽线 1-H 作镜像反演而得到的,显然, 1-R 线与横坐标交点的速度值为 $2u_1$. 2-H 线与 1-R 线的交点 2 表示冲击波在界面反射后的状态.

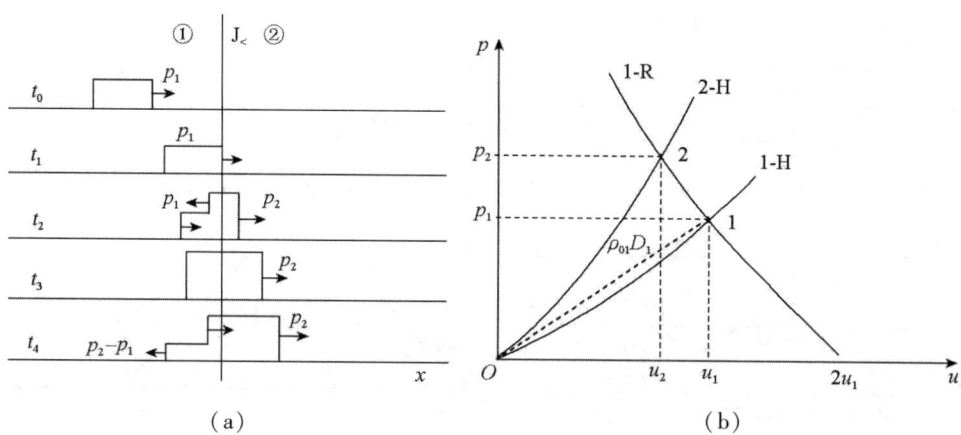

图 4.17 冲击波从低阻抗材料①进入高阻抗材料②的压强波形(a)和 $p-u$ 曲线(b)

根据上述分析,曲线 2-H 的方程为

$$p = \rho_{02}(c_{02} + \lambda_2 u)u \tag{4.5.21}$$

曲线 1-R 的方程为

$$p = \rho_{01}[c_{01} + \lambda_1(2u_1 - u)](2u_1 - u) \tag{4.5.22}$$

联立式(4.5.21)和式(4.5.22)求解即得到 2 点的压强和质点速度.

将式(4.5.22)与式(4.3.6)对比可知, 2 点状态相当于材料①以速度 $2u_1$ 与静止的材料②碰撞后的状态.

2. 冲击波从高阻抗材料②进入低阻抗材料①,界面属于 $J_>$

设材料②中冲击波压强为 p_2,质点速度为 u_2,冲击波速度为 D_2.压强波形的变化如图 4.18(a)所示.在时刻 t_0,一个压强为 p_2 的矩形压力脉冲在材料②中向右传播;在时刻 t_1,该压力脉冲恰好传播到材料界面 $J_>$;在时刻 t_2,在材料①中透射一个冲击波,同时在材料②中反射一个稀疏波,界面压强相等,为 p_1;在时刻 t_3,反射波到达入射波的尾部,形成一个负压三角脉冲;在时刻 t_4,右行波维持压强 p_1 继续传播,反射波则以峰值压强 $p_1 - p_2$ 继续向左传播.

这种情况的 $p-u$ 曲线如图 4.18(b)所示,其中点 2 表示入射冲击波状态,直线 $O2$ 的斜率就是材料②在给定冲击波强度下的冲击阻抗 $\rho_{02} D_2$.当冲击波在接触界面反射后,材料②受到稀疏波的作用,压强下降. 为了便于进行解析计算,用冲击压缩线近似代替等熵卸载线,即把起始于2点的等熵卸载线表示为 2 – R 线,它是以经过2点且与纵坐标平行的直线为对称轴,将材料②的雨果纽线 2 – H 作镜像反演而得到的,它与横坐标交点的速度值为$2u_2$. 2 – R 线与 1 – H 线的交点 1 表示冲击波在界面反射后的状态.

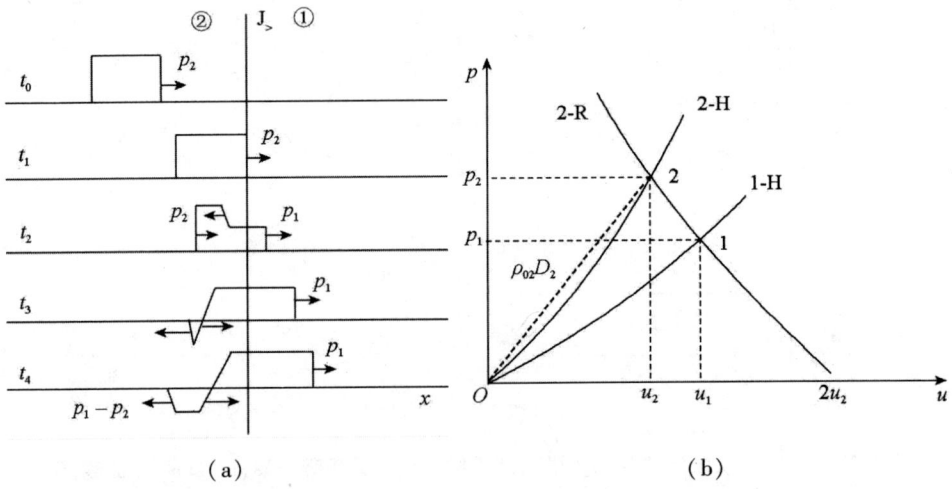

图4.18 冲击波从高阻抗材料②进入低阻抗材料①的压强波形(a)和 $p-u$ 曲线(b)

显然,曲线 1 – H 的方程为
$$p = \rho_{01}(c_{01} + \lambda_1 u)u$$
曲线 2 – R 的方程为
$$p = \rho_{02}[c_{02} + \lambda_2(2u_2 - u)](2u_2 - u)$$
联立这两个关系式求解即得到1点的压强和质点速度. 显然,1点状态相当于材料②以速度$2u_2$与静止的材料①碰撞后的状态.

例4.6 已知压强为30GPa 的冲击波从材料①入射到材料②中,试计算下面两种情况下的透射冲击波压强:(1)①为铜,②为2024铝合金;(2)①为2024铝合金,②为铜.

解 该问题可结合图解法进行具体计算.

(1) 入射冲击波在 Cu 中传播,所以压强满足关系式
$$p = \rho_{0Cu}(c_{0Cu} + \lambda_{Cu} u)u$$
该关系式对应图4.19中的曲线 1 – Cu. 已知入射冲击波压强为 $p_0 = 30\text{GPa}$,所以质点速度 u_0 为
$$u_0 = \frac{-\rho_{0Cu}c_{0Cu} + \sqrt{(\rho_{0Cu}c_{0Cu})^2 + 4p_0\rho_{0Cu}\lambda_{Cu}}}{2\rho_{0Cu}\lambda_{Cu}}$$

$$= \frac{-8.93 \times 3.94 + \sqrt{(8.93 \times 3.94)^2 + 4 \times 30 \times 8.93 \times 1.49}}{2 \times 8.93 \times 1.49}$$

$$= 0.679 \text{km/s}$$

以经过 0 点的竖直线为对称轴,将铜的 $p-u$ 线 1-Cu 作镜像反演,得到曲线 2-Cu. 由式(4.5.22),该曲线方程为

$$p = \rho_{0\text{Cu}} [c_{0\text{Cu}} + \lambda_{\text{Cu}}(2u_0 - u)](2u_0 - u)$$

而铝的 $p-u$ 线(即 1-Al)方程为

$$p = \rho_{0\text{Al}} (c_{0\text{Al}} + \lambda_{\text{Al}} u) u$$

以上两式的解(即曲线 1-Al 和 2-Cu 的交点 1)就是透射冲击波状态,由此得到

$$u_1 = 0.936 \text{km/s}, \quad p_1 = 17.2 \text{GPa}$$

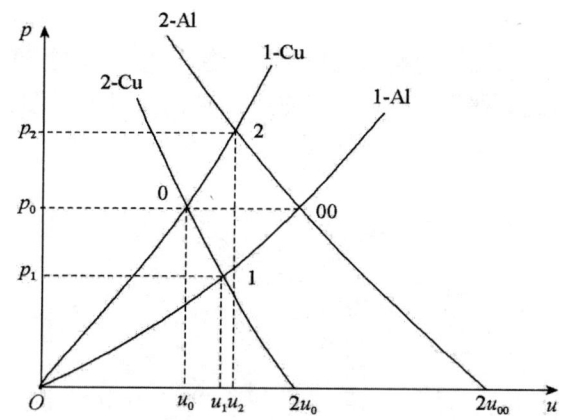

图 4.19 冲击波从 Cu 进入 Al 以及从 Al 进入 Cu 的 $p-u$ 曲线

(2) 采用同样的方法,令铝合金中冲击压强为 $p_{00} = 30 \text{GPa}$,因此波后质点速度 u_{00} 为

$$u_{00} = \frac{-\rho_{0\text{Al}} c_{0\text{Al}} + \sqrt{(\rho_{0\text{Al}} c_{0\text{Al}})^2 + 4 p_{00} \rho_{0\text{Al}} \lambda_{\text{Al}}}}{2 \rho_{0\text{Al}} \lambda_{\text{Al}}} = 1.47 \text{km/s}$$

曲线 1-Cu 的方程为

$$p = \rho_{0\text{Cu}} (c_{0\text{Cu}} + \lambda_{\text{Cu}} u) u$$

曲线 2-Al 的方程为

$$p = \rho_{0\text{Al}} [c_{0\text{Al}} + \lambda_{\text{Al}} (2 u_{00} - u)](2 u_{00} - u)$$

联立上面两个方程求得 2 点的质点速度和压强分别为

$$u_2 = 0.938 \text{km/s}, \quad p_2 = 44.7 \text{GPa}$$

4.5.4 冲击波与多个接触界面的相互作用

冲击波在多层介质中的传播是一个非常重要的问题,因为装甲、导弹壳体等通常都是多层结构.冲击波在多层介质中传播时将发生多次反射.为简明起见,假定波的传播仅涉及两个材料界面的反射.下面分三种情况进行具体讨论.

情况一:铁飞片以速度 W 碰撞铝合金/有机玻璃(PG)双层靶,并假定铝板特别薄.

波系分析:从表 4.2 可知,在这三种材料中,铁的波阻抗最大,PG 的波阻抗最小.当铁飞片与铝板碰撞后,铁飞片和铝板中各产生一个冲击波,因铝板很薄,铝板中的冲击波迅速传播到铝/PG 界面,并透射冲击波、反射稀疏波.反射稀疏波迅速到达铁/铝界面,再次反射稀疏波.该稀疏波又迅速到达铝/PG 界面并反射压缩波,压缩波到达铁/铝界面后反射压缩波.由于铝板特别薄,所以波在铝板的两个界面不断反射,直到压强平衡为止.计算表明,波在经历六到七次反射后可基本达到平衡.以上过程的 $r-t$ 拉格朗日波系图如图 4.20 所示.

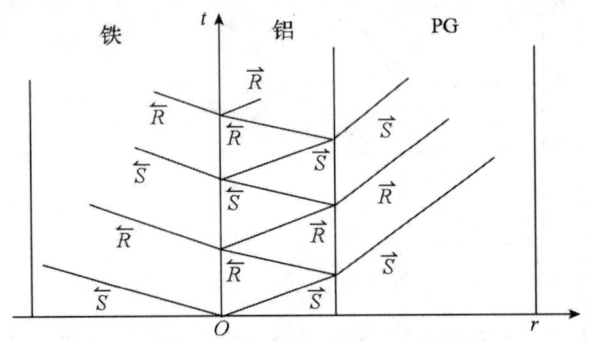

图 4.20 情况一的 $r-t$ 波系图

为了理解波的反射所引起的压强变化过程,最方便的是采用阻抗匹配法进行分析,其 $p-u$ 曲线如图 4.21 所示.①点表示铁飞片碰撞铝板后的状态,②点表示铝板中的冲击波传播到铝/PG 界面反射稀疏波后的状态.可见,②点的压强比①点的压强低.如果已知铝的等熵卸载线,②点压强和质点速度可确定;如果将铝的等熵卸载线用冲击压缩线近似,②点压强和质点速度可解析求出.③点为稀疏波到达铁/铝界面再次反射稀疏波后的状态,所以③点的压强比②点的压强低.④点为稀疏波到达铝/PG 界面并反射压缩波后的状态,所以④点的压强比③点的压强高.⑤点表示压缩波到达铁/铝界面反射压缩波后的状态,所以⑤点的压强又比④点的压强高.⑥点表示压缩波到达铝/PG 界面反射稀疏波后的状态,所以⑥点的压强比⑤点的压强低.由于波的不断反射,靶中的压

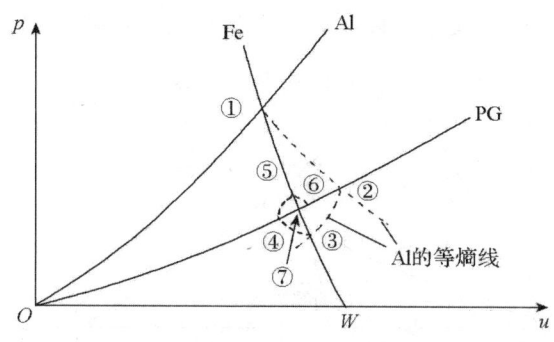

图 4.21　情况一的 p-u 曲线

强最终在状态点⑦达到平衡.

不难发现,经过波的多次反射后,平衡压强与铁飞片直接碰撞 PG 板的压强完全一样,因此,薄铝板的存在不影响靶中最终的平衡压强值. 正是由于这样的原因,人们常常采用薄片式压阻传感器来测量靶中的冲击波压强剖面. 虽然压阻传感器一般具有与靶材明显不同的波阻抗,但只要其厚度足够小,就不会对靶材中的冲击压缩状态产生明显影响.

情况二:铝合金飞片碰撞铁/PG 双层靶,并假定铁板特别薄.

p-u 曲线如图 4.22 所示. 当铝飞片碰撞铁板时,在铁板中产生冲击波,其压强如图中①点所示. 因铁板很薄,铁板中的冲击波迅速传播到铁/PG 界面,透射冲击波、反射稀疏波,使铁板中的压强下降到②点. 稀疏波到达铝/铁界面后反射压缩波,从而使压强上升到③点. 该压缩波到达铁/PG 界面后反射稀疏波,使压强下降到④点,稀疏波到达铝/铁界面后反射压缩波,使压强上升到⑤点. 压缩波到达铁/PG 界面后反射稀疏波,使压强下降到⑥点. 经过多次反射,最终在⑦点达到平衡,其压强等于铝飞片直接碰撞 PG 板的压强.

情况三:铝合金飞片碰撞 PG/铁双层靶,并假定 PG 板特别薄.

p-u 曲线如图 4.23 所示. 当铝飞片碰撞 PG 板时,在 PG 板中产生的压强如①点所示. 冲击波到达 PG/铁界面后反射冲击波,使 PG 板中的压强上升到②点. 冲击波到达铝/PG 界面后仍然反射冲击波,从而使压强上升到③点. 该冲击波到达 PG/铁界面后再次反射冲击波,使压强上升到④点. 可以看出,情况三相对简单,每次反射波都是冲击波,但反射冲击波的强度是不断减弱的. 经过多次反射,最终在⑦点达到平衡,其压强等于铝飞片直接碰撞铁板的压强.

例 4.7　对于上述情况一,假设铁飞片速度为 2km/s,试计算图 4.21 中各点的压强和质点速度.

解　材料参数从表 4.2 获得. 铁飞片速度设为 W,第①点的压强和速度即

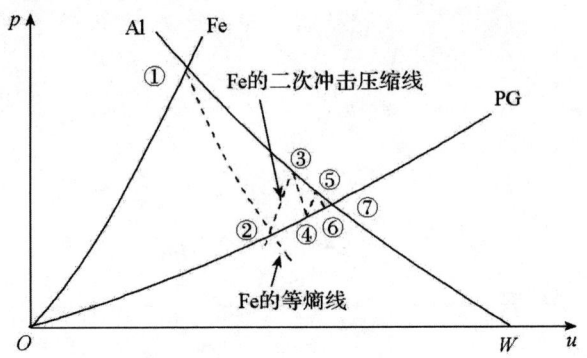

图 4.22　情况二的 $p-u$ 曲线

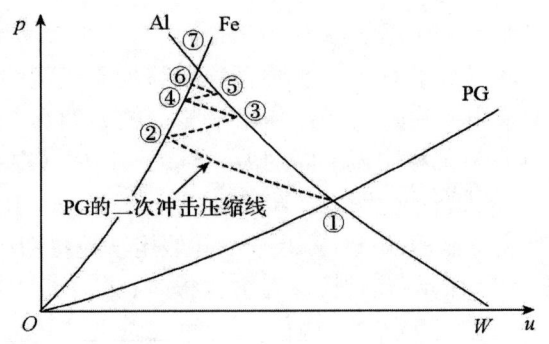

图 4.23　情况三的 $p-u$ 曲线

铁飞片以速度 W 碰撞 Al 板的结果，因此由下面两式确定：

$$p_1 = \rho_{0Al}(c_{0Al} + \lambda_{Al}u_1)u_1$$
$$p_1 = \rho_{0Fe}[c_{0Fe} + \lambda_{Fe}(W - u_1)](W - u_1)$$

结果为

$$p_1 = 26.12\text{GPa}, \quad u_1 = 1.318\text{km/s}$$

第②点的压强是 PG 的 $p-u$ 线与 Al 的卸载线的交点，相当于 Al 飞片以速度 $2u_1$ 碰撞静止 PG 板的波后状态，因此有

$$p_2 = \rho_{0PG}(c_{0PG} + \lambda_{PG}u_2)u_2$$
$$p_2 = \rho_{0Al}[c_{0Al} + \lambda_{Al}(2u_1 - u_2)](2u_1 - u_2)$$

结果为

$$p_2 = 12.44\text{GPa}, \quad u_2 = 1.926\text{km/s}$$

③点的压强是 Al 的冲击压缩线与 Fe 飞片 $p-u$ 线的交点，相当于 Fe 飞片以速度 W 与具有初始速度 u_A 的 Al 板碰撞后的状态. 为了确定速度 u_A，将图

4.21 重新画出如图 4.24 所示. 可以看出, $u_2 - u_A = 2u_1 - u_2$, 所以 $u_A = 2u_2 - 2u_1$. 因此, 确定③点状态的两条 p-u 线为

$$p_3 = \rho_{0\text{Al}}[c_{0\text{Al}} + \lambda_{\text{Al}}(u_3 - u_A)](u_3 - u_A)$$
$$p_3 = \rho_{0\text{Fe}}[c_{0\text{Fe}} + \lambda_{\text{Fe}}(W - u_3)](W - u_3)$$

结果为

$$p_3 = 8.635\text{GPa}, \quad u_3 = 1.731\text{km/s}$$

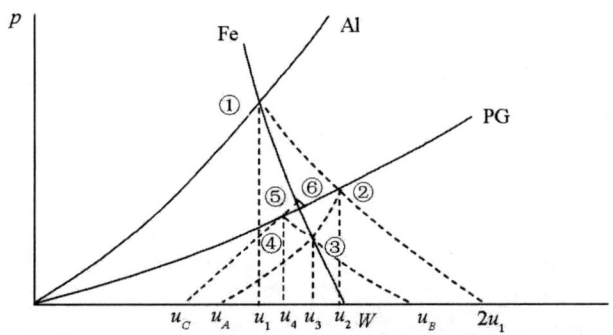

图 4.24　图 4.21 中各点的速度关系

第④点的压强和速度相当于 Al 飞片以 u_B 的速度与静止的 PG 板碰撞的结果. 从图 4.24 可知, $u_B - u_3 = u_3 - u_A$, 所以 $u_B = 2u_3 - 2u_2 + 2u_1$, 因此有

$$p_4 = \rho_{0\text{PG}}(c_{0\text{PG}} + \lambda_{\text{PG}}u_4)u_4$$
$$p_4 = \rho_{0\text{Al}}[c_{0\text{Al}} + \lambda_{\text{Al}}(u_B - u_4)](u_B - u_4)$$

结果为

$$p_4 = 9.924\text{GPa}, \quad u_4 = 1.663\text{km/s}$$

第⑤点的压强和速度相当于 Fe 飞片以 W 的速度与初始速度为 u_C 的 Al 板碰撞的结果. 由于 $u_4 - u_C = u_B - u_4$, 所以 $u_C = 2u_4 - 2u_3 + 2u_2 - 2u_1$, 因此有

$$p_5 = \rho_{0\text{Al}}[c_{0\text{Al}} + \lambda_{\text{Al}}(u_5 - u_C)](u_5 - u_C)$$
$$p_5 = \rho_{0\text{Fe}}[c_{0\text{Fe}} + \lambda_{\text{Fe}}(W - u_5)](W - u_5)$$

结果为

$$p_5 = 10.34\text{GPa}, \quad u_5 = 1.685\text{km/s}$$

其他各点的计算依此类推, 计算结果如下:

No.	p	u
①	26.12	1.318
②	12.44	1.926
③	8.635	1.731

④　9.924　1.663
⑤　10.34　1.685
⑥　10.19　1.692
……
　　10.16　1.689

经过计算，得到最终的平衡压强为10.16GPa，质点速度为1.689km/s. 不难看出，波在经历6至7次反射后基本达到了平衡.

建议读者编写一个程序进行循环计算，从而获得由于波的反射而引起的压强和质点速度的变化过程.

4.6　冲击相变

相是指系统中物理性质均匀的部分. 如果系统的性质是完全一样的，这样的系统称为均匀系统，也称为单相系. 如果一个系统不是均匀的，但可以分割为若干均匀的部分，则每一个均匀的部分都是一个相，这样的系统称为复相系. 例如由水和冰所组成的系统，水是一个相，冰是一个相，因此水和冰构成一个两相系. 系统中，相与相之间通过一定的分界面隔离开来. 相与环境之间同样具有界面.

相变是不同相之间的转变. 例如，在一定条件下，水变成了冰，这就是相变. 水变成水蒸气也是相变. 冲击相变是指物质在冲击波作用下所发生的不同相之间的转变. 固体的冲击相变包括固-固相变、固-液相变、固-气相变等多种类型，冲击相变一旦发生，不仅导致固体性质的变化，同时还要改变冲击波波形，因此冲击相变是冲击波物理和材料等多学科共同关心的问题. 冲击相变是一个基础性的前沿问题，同时难度极大，本节仅对冲击相变基本概念进行简要介绍.

4.6.1　相变热力学

相变是一个不连续的量变过程，在这个过程的前后，材料的某些性质将发生明显的变化. 但是，在两相转变的临界点，两个相处于平衡. 从热力学知，相平衡条件是在确定的热力学状态下，两相的化学势相等.

如果在发生相变时，比体积发生变化，并伴随热量的吸收或释放，这样的相变称为一级相变. 两相之间发生一级相变的热力学关系可表示为

$$\mu_1 = \mu_2 \qquad (4.6.1)$$

$$\begin{cases} v_1 \neq v_2, \text{即} \left(\dfrac{\partial \mu_1}{\partial p}\right)_T \neq \left(\dfrac{\partial \mu_2}{\partial p}\right)_T \\ s_1 \neq s_2, \text{即} \left(\dfrac{\partial \mu_1}{\partial T}\right)_p \neq \left(\dfrac{\partial \mu_2}{\partial T}\right)_p \end{cases} \quad (4.6.2)$$

式中,下标1,2分别表示相变前后的两个相,μ表示化学势,s表示熵.式(4.6.2)表明,相变前后存在比体积跃变和熵跃变.

设相平衡时的压强和温度分别为p,T,如果温度和压强都发生一微小变化,系统仍处于平衡态,则有

$$\mu_1(T+\mathrm{d}T, p+\mathrm{d}p) = \mu_2(T+\mathrm{d}T, p+\mathrm{d}p)$$

或表示为

$$\mu_1 + \mathrm{d}\mu_1 = \mu_2 + \mathrm{d}\mu_2$$

因此有

$$\mathrm{d}\mu_1 = \mathrm{d}\mu_2 \quad (4.6.3)$$

将热力学关系

$$\mathrm{d}\mu = -s\mathrm{d}T + v\mathrm{d}p$$

代入式(4.6.3),得到$p-T$相线的斜率为

$$\frac{\mathrm{d}p}{\mathrm{d}T} = \frac{s_2 - s_1}{v_2 - v_1} \quad (4.6.4)$$

因相变时温度不变,相变潜热L为

$$L = T(s_2 - s_1) \quad (4.6.5)$$

代入式(4.6.4)有

$$\frac{\mathrm{d}p}{\mathrm{d}T} = \frac{L}{T(v_2 - v_1)} \quad (4.6.6)$$

这就是著名的克拉贝龙方程.

如果相变时比体积不发生变化,也不伴随热量的吸收或释放,而只是比热容、热膨胀系数和等温压缩系数等物性参量发生变化,这类相变称为二级相变.归纳起来,两相之间发生二级相变时的热力学关系为

$$\mu_1 = \mu_2$$

$$\begin{cases} v_1 = v_2 \\ s_1 = s_2 \\ (C_p)_1 \neq (C_p)_2, \text{ 即 } \left(\frac{\partial^2 \mu_1}{\partial T^2}\right)_p \neq \left(\frac{\partial^2 \mu_2}{\partial T^2}\right)_p \\ \alpha_1 \neq \alpha_2, \text{ 即 } \frac{\partial^2 \mu_1}{\partial p \partial T} \neq \frac{\partial^2 \mu_2}{\partial p \partial T} \\ \kappa_1 \neq \kappa_2, \text{ 即 } \left(\frac{\partial^2 \mu_1}{\partial p^2}\right)_T \neq \left(\frac{\partial^2 \mu_2}{\partial p^2}\right)_T \end{cases} \quad (4.6.7)$$

式中，α 为体膨胀系数，C_p 为定压比热容，κ 为等温压缩系数.

当两相系统在压强 p 和温度 T 达到二级平衡相变时，$v_1 = v_2 = v$，而在 $p + \mathrm{d}p$ 和 $T + \mathrm{d}T$ 的状态下平衡时有，$v_1 + \mathrm{d}v_1 = v_2 + \mathrm{d}v_2$，即 $\mathrm{d}v_1 = \mathrm{d}v_2$. 由于

$$\mathrm{d}v_1 = \frac{\partial v_1}{\partial T}\mathrm{d}T + \frac{\partial v_1}{\partial p}\mathrm{d}p = \alpha_1 v_1 \mathrm{d}T - \kappa_1 v_1 \mathrm{d}p$$

$$\mathrm{d}v_2 = \frac{\partial v_2}{\partial T}\mathrm{d}T + \frac{\partial v_2}{\partial p}\mathrm{d}p = \alpha_2 v_2 \mathrm{d}T - \kappa_2 v_2 \mathrm{d}p$$

所以发生二级相变时 $p - T$ 相线的斜率为

$$\frac{\mathrm{d}p}{\mathrm{d}T} = \frac{\alpha_2 - \alpha_1}{\kappa_2 - \kappa_1} \quad (4.6.8)$$

若从熵函数出发有

$$\mathrm{d}s_1 = \mathrm{d}s_2$$

$$\mathrm{d}s_1 = \frac{\partial s_1}{\partial T}\mathrm{d}T + \frac{\partial s_1}{\partial p}\mathrm{d}p = \frac{(C_p)_1}{T}\mathrm{d}T - \alpha_1 v_1 \mathrm{d}p$$

$$\mathrm{d}s_2 = \frac{\partial s_2}{\partial T}\mathrm{d}T + \frac{\partial s_2}{\partial p}\mathrm{d}p = \frac{(C_p)_2}{T}\mathrm{d}T - \alpha_2 v_2 \mathrm{d}p$$

所以发生二级相变时 $p - T$ 相线的斜率也可表示为

$$\frac{\mathrm{d}p}{\mathrm{d}T} = \frac{(C_p)_2 - (C_p)_1}{Tv(\alpha_2 - \alpha_1)} \quad (4.6.9)$$

4.6.2 相变与冲击压缩线

晶体材料在冲击压缩下可能发生原子结构的重新排列，从而发生多晶相变. 相变一旦发生，材料的性质也将发生相应的变化. 特别地，如果冲击压缩线发生拐折，则在拐点附近一定压强范围内的冲击波将分裂为双波甚至多波结构.

为简单起见，考虑一稳定的双波结构，如图 4.25 所示. 第一个冲击波以速

度 D_1 向静止材料中传播,波后质点速度为 u_1,压强为 p_1.在此冲击波后跟随另一冲击波,压强为 p_2(高于 p_1),冲击波速度为 D_2,波后质点速度为 u_2.由冲击波关系有

$$D_1 = v_0 \sqrt{\frac{p_1 - p_0}{v_0 - v_1}} \tag{4.6.10}$$

$$u_1 = \sqrt{(p_1 - p_0)(v_0 - v_1)} \tag{4.6.11}$$

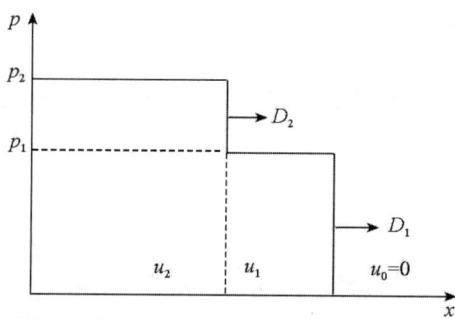

图 4.25 相变引起的双波结构

第二个冲击波的速度及波后质点速度分别为

$$D_2 = u_1 + v_1 \sqrt{\frac{p_2 - p_1}{v_1 - v_2}} \tag{4.6.12}$$

$$u_2 = u_1 + \sqrt{(p_2 - p_1)(v_1 - v_2)} \tag{4.6.13}$$

若 $D_2 > D_1$,第二个冲击波将赶上第一个冲击波,这是形成单一稳定冲击波的条件.反之,若 $D_2 \leqslant D_1$,则形成稳定的双波结构.

利用式(4.6.10)和式(4.6.12),得到形成稳定双波结构的条件为

$$\frac{p_2 - p_1}{v_1 - v_2} \leqslant \frac{p_1 - p_0}{v_0 - v_1} \tag{4.6.14}$$

不考虑材料的强度效应(假定材料的剪切模量为零),如果材料在冲击压缩下发生相变,其冲击压缩线将出现一拐点,如图 4.26 所示,其中 A 点为初态点,G 点为相变点,该点所对应的压强就是材料发生相变的压强.曲线 AG 表示材料处于低压相(I)的冲击压缩线,曲线 GW 表示材料处于高压相(II)的冲击压缩线.如果冲击波压强小于 p_G,材料处于低压相,冲击波为稳定的单波结构.将 G 点的瑞利线 AG 延长,与冲击压缩线 GW 交于 B 点.如果冲击波压强介于 p_G 与 p_B 之间,如 p_C,则材料在波后转变为高压相,而冲击波分裂为稳定的双波结构,其中第一个冲击波的压强为 p_G,第二个冲击波压强为 p_C,它们之间显然满足不等式(4.6.14);即

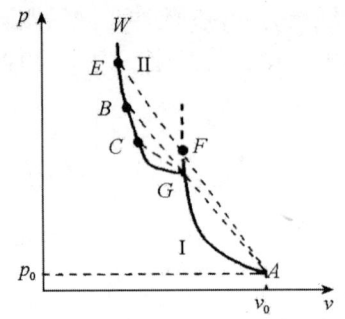 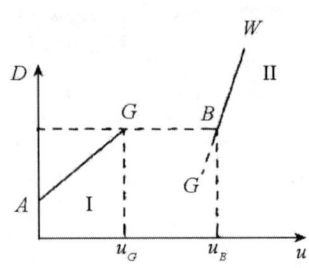

图 4.26　具有双波结构的冲击压缩线　　图 4.27　与图 4.26 中冲击压缩线对应的 $D-u$ 关系

$$\frac{p_C - p_G}{v_G - v_C} < \frac{p_G - p_0}{v_0 - v_G}$$

如果冲击波压强高于 p_B，设为 p_E，则冲击波为稳定的单波结构，但材料处于高压相。在这种情况下，材料的相变点为瑞利线 AE 与冲击压缩线 AG 的延长线的交点 F。

对于能形成双波结构的材料，其 $D-u$ 关系是不连续的，如图 4.27 所示，其中直线 AG 为低压相（Ⅰ）的 $D-u$ 关系，直线 BW 为高压相（Ⅱ）的 $D-u$ 关系，虽然 G,B 两点的冲击波速度相等，但波后质点速度和冲击波压强都不相等。

应该注意，相变可以引起双波结构，但双波结构并不都是相变引起的。例如，材料的弹塑性行为同样可以引起双波结构（这个问题在 4.9.4 节中有简要介绍）。因此，如果在实验测量中发现双波结构，首先要判断清楚它属于哪一种情况。如果属于冲击相变事件，则应分别确定高压相和低压相的 $D-u$ 关系和物态方程，从而为相关研究打下基础。

相变通常利用 $p-T$ 相图进行分析。下面分两种情况简要说明发生冲击相变时 $p-T$ 曲线的特点。

1. 沿相平衡线 $\dfrac{dp}{dT} > 0$

在这种情况下有两种可能的 $p-T$ 曲线，如图 4.28 所示。对于图 4.28(a) 所示情况，沿冲击压缩线的温升比沿相线的温升快得多，表示在冲击波作用下从高密度相进入低密度相，例如熔化和汽化相变。对于图 4.28(b) 所示情况，沿冲击压缩线的温升比沿相线的温升慢得多，表示在冲击波作用下从低密度相进入高密度相，例如固－固相变，在相变区域一定范围内，冲击波具有双波结构。

应该注意的是，在这种情况下，冲击压缩线可以与相平衡线相交，也可以不相交.

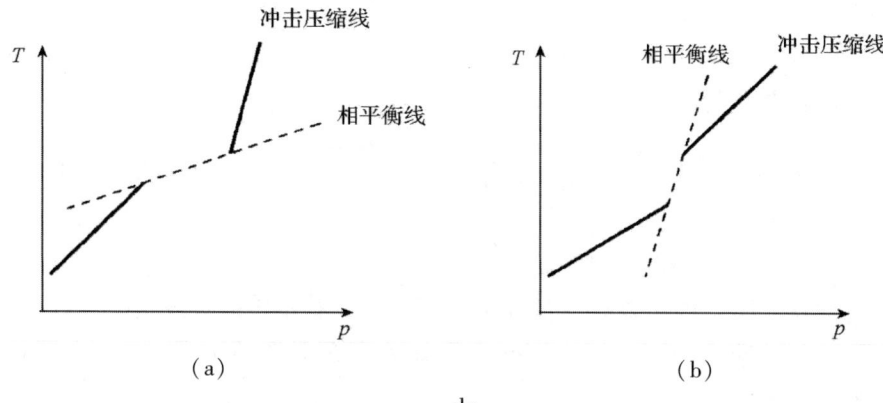

图 4.28 沿相平衡线 $\dfrac{\mathrm{d}p}{\mathrm{d}T}>0$ 时的 $p-T$ 曲线

2. 沿相平衡线 $\dfrac{\mathrm{d}p}{\mathrm{d}T}<0$

这种情况对应于反常熔化或反常晶型相变,其 $p-T$ 曲线如图 4.29 所示. 如果材料的初始状态为低温相,而这种相变存在,则冲击压缩线一定会跨越相平衡线.

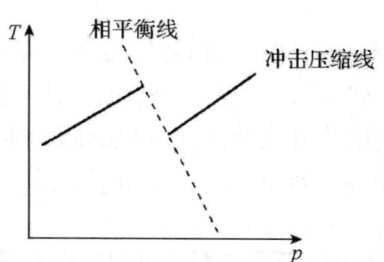

图 4.29 沿相平衡线 $\dfrac{\mathrm{d}p}{\mathrm{d}T}<0$ 时的 $p-T$ 曲线

例 4.8 已知铁($\rho_0 = 7.85 \mathrm{g/cm^3}$)在 $p_1 = 13 \mathrm{GPa}$ 时发生冲击相变,此时的比体积比为 $v_1/v_0 = 0.935$. 分别求冲击波压强为 20GPa,40GPa 时的冲击波速度,已知相应的比体积比分别为 $v_2/v_0 = 0.87$,0.822.

解 (1)已知冲击波压强为 $p_2 = 20\mathrm{GPa}$,偏离相变压强不远,可能有双波结构. 第一个冲击波的压强即相变压强,冲击波速度满足

$$(\rho_0 D_1)^2 = \frac{p_1 - p_0}{1 - v_1/v_0}\rho_0 = \frac{13 - 0}{1 - 0.935} \times 7.85 = 1570$$

所以

$$D_1 = 5.05 \text{km/s}$$

相应的波后质点速度为

$$u_1 = \sqrt{p_1 v_0 (1 - v_1/v_0)} = 0.33 \text{km/s}$$

第二个冲击波速度满足

$$\rho_1^2 (D_2 - u_1)^2 = \frac{p_2 - p_1}{v_1/v_0 - v_2/v_0} \rho_0 = \frac{20 - 13}{0.935 - 0.87} \times 7.85 = 845$$

所以

$$D_2 = u_1 + 3.46 = 3.79 \text{km/s}$$

由于 $D_2 < D_1$，所以铁在20GPa的冲击波压强下具有稳定的双波结构.

(2) 当冲击波压强为 $p_2 = 40\text{GPa}$ 时，如果存在双波结构，则第二个冲击波速度满足

$$\rho_1^2 (D_2 - u_1)^2 = \frac{p_2 - p_1}{v_1/v_0 - v_2/v_0} \rho_0 = \frac{40 - 13}{0.935 - 0.822} \times 7.85 = 1876$$

所以有

$$D_2 = u_1 + 5.16 = 5.49 \text{km/s}$$

由于 $D_2 > D_1$，所以铁在40GPa的冲击波压强下表现为单波结构.

4.6.3 熔化方程

如果固体在温度升高到某确定的临界值后熔化为液体，这个确定的临界温度就是熔化温度. 然而，如果固体处于压缩状态，其熔化温度将随压强（或比体积）的变化而变化，描述熔化温度随压强（或比体积）而变化的关系式称为熔化方程. 由于熔化是冲击压缩中较常见的一种相变，所以掌握熔化方程具有实际意义.

从4.1节可知，固体中原子的热振动可视为谐振子的振动. 根据经典力学，一个谐振子的能量可表示为

$$\varepsilon = \frac{1}{2} m A^2 \omega^2 \tag{4.6.15}$$

式中，A 为振幅，m 为振子质量，ω 为振子的角频率. 因为熔点温度一般较高，所以振子的能量可取经典极限值，即 $\varepsilon = \frac{1}{2} kT$.

不难理解，温度越高，振子的振动越剧烈，其振幅也大. 通常情况下的固体，原子的振动局限于平衡位置附近，因此必有 $A < a/2$，其中 a 为晶格常数. 当温度升高时，A 增大，当 $A \geq a/2$ 时，振子将彻底离开平衡位置，晶体点阵瓦解，呈熔化状态. 因此，在从固态转变为液态的临界状态（即熔化态）有近似

关系

$$\frac{1}{2}kT_m = \frac{1}{2}m\left(\frac{a}{2}\right)^2 \omega^2 \tag{4.6.16}$$

式中，T_m 为熔化温度. 由于 $a \propto v^{1/3}$，所以有

$$T_m = C\omega^2 v^{2/3} \tag{4.6.17}$$

式中，C 为常数. 对式(4.6.17)取自然对数，并对 $\ln v$ 求导得

$$\frac{\mathrm{d}\ln T_m}{\mathrm{d}\ln v} = \frac{2}{3} + 2\frac{\mathrm{d}\ln \omega}{\mathrm{d}\ln v}$$

即

$$-\frac{\mathrm{d}\ln T_m}{\mathrm{d}\ln v} = -\frac{2}{3} + 2\gamma_G(v) \tag{4.6.18}$$

式中，γ_G 为格林艾森系数

$$\gamma_G(v) = -\frac{\mathrm{d}\ln \omega}{\mathrm{d}\ln v} \tag{4.6.19}$$

式(4.6.18)描述了熔化温度 T_m 随比体积的变化规律，称为林德曼熔化方程. 由林德曼熔化方程可以看出，熔化温度是比体积的函数，而比体积又是随压强而变化的，因此熔化温度也是压强的函数. 对于大多数固体材料，其熔化线大致如图4.28(a)中虚线所示，也就是说，熔化温度随压强的增大而升高.

熔化态也是一种平衡态，所以其压强 p_m 和能量 e_m 之间满足格林艾森方程，即

$$p_m - p_c = \frac{\gamma_G}{v}(e_m - e_c) = \frac{\gamma_G}{v}e_{mT} \tag{4.6.20}$$

式中，$e_{mT}(=e_m - e_c)$ 为熔化时的热能，可取为 $e_{mT} = \frac{3R}{M}T_m$，于是式(4.6.20)可改写为

$$p_m + \beta = \frac{\gamma_G}{v}\frac{3R}{M}T_m \tag{4.6.21}$$

其中

$$\beta = -p_c$$

设 γ_G 近似为常数，对式(4.6.19)进行积分有

$$\omega = \mathrm{const} \times v^{-\gamma_G} \tag{4.6.22}$$

代入式(4.6.17)，消去 ω 得

$$v^{(\gamma_G - 1/3)}T_m^{1/2} = \mathrm{const} \tag{4.6.23}$$

联立式(4.6.21)和式(4.6.23)，消去 v 得

$$p_m + \beta = \text{const} \cdot T_m^C \qquad (4.6.24)$$

或者改写为

$$p_m = A_m \left[\left(\frac{T_m}{T_{m0}} \right)^C - 1 \right] \qquad (4.6.25)$$

其中

$$C = \frac{6\gamma_G + 1}{6\gamma_G - 2} \qquad (4.6.26)$$

A_m 为材料常数，T_{m0} 为零压下的熔化温度.

式(4.6.24)和式(4.6.25)均称为西蒙熔化方程. 从其推导过程可以看出，西蒙熔化方程是在林德曼熔化方程基础上假定格林艾森系数为常数而得到的，因此是一种比较粗糙的近似. 另一方面，材料常数 A_m 也不易得到，所以该方程并不常用.

4.7 固体的弹塑性性质

前面在讨论固体中的冲击波时，是在假定固体的剪切模量为零的前提下进行的，也就是忽略了固体的强度效应，从而把固体看成是各向同性的理想流体. 实际上，固体的强度是客观存在的，固体在外力的作用下将发生变形，其内部的应力和形变往往是各向异性的. 随着外力的增加，变形将越来越剧烈，并最终发生破坏. 固体从变形开始到破坏一般会经历两个主要阶段，即弹性变形阶段和塑性变形阶段[①]. 当外力小于某一临界值时，变形固体在撤除外力后可以恢复原来的形状，这样的变形称为弹性变形，只产生弹性变形的阶段称为弹性阶段. 如果在外力超过某一临界值后再撤除外力，而固体不能完全恢复原状，这样的变形称为塑性变形，这一阶段称为塑性阶段. 固体所能承受的最大弹性载荷称为弹性极限或屈服强度. 人们把固体的这种性质称为弹塑性性质. 显然，固体的弹塑性性质必然对其在冲击载荷作用下的响应带来十分重要的影响，因此，要研究固体中的冲击波，就要认识固体的这一特性.

本节主要介绍固体中应力与应变的描述以及静力学压缩与形变规律.

4.7.1 应力状态的描述

1. 应力状态

1.2.2 节介绍了表面力的表示，已知面元上的应力矢量为面元所受的力与

---

① 这里所说的固体仅限于金属类材料.

面元面积之比的极限. 对于物体内部任意一点, 可作出任意不同方向的面元, 所以会有无穷多个应力矢量. 但分析表明, 对于同一点, 各种面元的应力矢量之间是有关联的. 这一事实表明, 可采用一个简单的立方体单元来描写任意一点的应力状态.

在三维正交坐标系中, 以考察点为中心作一小立方体, 作用在每一个面上的应力矢量可分解为三个沿坐标轴的应力分量. 立方体单元有六个表面, 其中三个表面定义为"正面", 另外三个表面称为"负面", 必须把应力理解为正面部分对负面部分的作用. 作用在负面上的应力, 与正面上应力的大小相等, 但方向相反. 因此, 一共需要九个应力分量来描写空间一点的应力状态, 如图4.30所示.

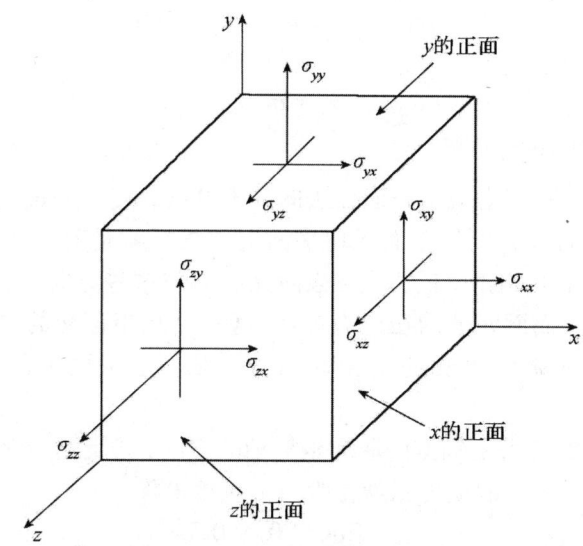

图 4.30 空间一点的应力

描述一点的九个应力分量可以排成一个矩阵, 它们构成一个二阶应力张量, 表示为

$$\widetilde{\sigma} = \begin{bmatrix} \sigma_{xx} & \sigma_{xy} & \sigma_{xz} \\ \sigma_{yx} & \sigma_{yy} & \sigma_{yz} \\ \sigma_{zx} & \sigma_{zy} & \sigma_{zz} \end{bmatrix} \qquad (4.7.1)$$

每一个应力分量有两个下标, 第一个下标表示应力作用的面元的法线方向, 第二个下标表示作用在面元上的应力的方向.

在应力张量中, 下标相同的三个分量 σ_{xx}, σ_{yy}, σ_{zz} 称为法向应力, 下标不同的六个分量 σ_{xy}, σ_{xz}, σ_{yx}, σ_{yz}, σ_{zx}, σ_{zy} 称为剪应力. 应力张量一定是对称的,

即下标顺序不同的各对应力分量大小相等

$$\begin{cases} \sigma_{xy} = \sigma_{yx} \\ \sigma_{yz} = \sigma_{zy} \\ \sigma_{zx} = \sigma_{xz} \end{cases} \tag{4.7.2}$$

否则,当体积元收缩为无穷小的一点时,必将以无穷大的角速度旋转.因此,应力张量只有六个独立分量.

在一般正交坐标系中,为了表示的方便,通常采用指标符号将应力张量简写为

$$\tilde{\sigma} = \sigma_{ij} \boldsymbol{e}_i \boldsymbol{e}_j \tag{4.7.3}$$

式中,$i, j = x, y, z$,$\boldsymbol{e}_i$ 和 $\boldsymbol{e}_j$ 为沿相应坐标轴的单位矢量,σ_{ij} 的第一个下标与面元法向对应,第二个下标表示作用在该面元上的力在 $\boldsymbol{e}_j$ 方向的投影.由于对称性,所以有

$$\sigma_{ij} = \sigma_{ji} \tag{4.7.4}$$

2. 应力主轴和主应力

在一般情况下,应力矢量与面元法向并不共线,应力矢量在面元法向的投影就是法应力,而应力矢量在面元切平面上的投影就是剪应力.可以证明,在每一点都存在三个互相正交的方向,当面元法向与这些方向重合时,应力矢量与面元法向共线,而面元上的切应力为零.这三个互相正交的方向称为该点的应力主轴,与应力主轴正交的平面称为主平面,主平面上的法应力称为主应力.

如果把某点的应力主轴方向取为坐标轴的方向,由此建立的几何空间称为主应力空间,此时该点的应力张量化为一个对角矩阵

$$\tilde{\sigma} = \begin{bmatrix} \sigma_x & 0 & 0 \\ 0 & \sigma_y & 0 \\ 0 & 0 & \sigma_z \end{bmatrix} \tag{4.7.5}$$

式中,σ_x,σ_y,σ_z 称为主应力.

对于确定的应力状态,并不会因为坐标系的变换而改变,由此可得到应力张量的三个不变量分别为

$$I_1 = \sigma_{xx} + \sigma_{yy} + \sigma_{zz} = \sigma_x + \sigma_y + \sigma_z \tag{4.7.6}$$

$$\begin{aligned} I_2 &= - \begin{vmatrix} \sigma_{xx} & \sigma_{xy} \\ \sigma_{yx} & \sigma_{yy} \end{vmatrix} - \begin{vmatrix} \sigma_{yy} & \sigma_{yz} \\ \sigma_{zy} & \sigma_{zz} \end{vmatrix} - \begin{vmatrix} \sigma_{zz} & \sigma_{zx} \\ \sigma_{xz} & \sigma_{xx} \end{vmatrix} \\ &= -(\sigma_{xx}\sigma_{yy} + \sigma_{yy}\sigma_{zz} + \sigma_{zz}\sigma_{xx}) + (\sigma_{xy}^2 + \sigma_{yz}^2 + \sigma_{zx}^2) \\ &= -(\sigma_x\sigma_y + \sigma_y\sigma_z + \sigma_z\sigma_x) \end{aligned} \tag{4.7.7}$$

第 4 章　固体中的冲击波

$$I_3 = \begin{vmatrix} \sigma_{xx} & \sigma_{xy} & \sigma_{xz} \\ \sigma_{yx} & \sigma_{yy} & \sigma_{yz} \\ \sigma_{zx} & \sigma_{zy} & \sigma_{zz} \end{vmatrix} = \sigma_{xx}\sigma_{yy}\sigma_{zz} + 2\sigma_{xy}\sigma_{yz}\sigma_{zx} - (\sigma_{xx}\sigma_{yz}^2 + \sigma_{yy}\sigma_{zx}^2 + \sigma_{zz}\sigma_{xy}^2)$$

$$= \sigma_x \sigma_y \sigma_z \tag{4.7.8}$$

式中，I_1，I_2，I_3 分别称为第一、第二、第三不变量．

平均主应力 σ_m 称为流体静力学压强或静水压强，因此

$$p = \sigma_m = \frac{1}{3}(\sigma_{xx} + \sigma_{yy} + \sigma_{zz}) = \frac{1}{3}(\sigma_x + \sigma_y + \sigma_z) \tag{4.7.9}$$

3. 应力张量的分解

在主应力空间，如果某一点的三个主应力均相等，即 $\sigma_x = \sigma_y = \sigma_z = p$，则该点的应力张量称为球形应力张量或应力球张量，记为

$$\tilde{p} = \begin{bmatrix} p & 0 & 0 \\ 0 & p & 0 \\ 0 & 0 & p \end{bmatrix} \tag{4.7.10}$$

如果某一点处于球形应力状态，则该点在各个方向具有相等的法向应力，这样的状态称为均匀应力状态，这时只会产生体积变化，而不会产生形变．

一般情况下，固体内的任意一点并不会处于均匀应力状态，即三个主应力并不相等，但应力张量可以分解为球形应力张量 $\tilde{p}$ 和偏应力张量 $\tilde{s}$ 两部分，即

$$\tilde{\sigma} = \tilde{p} + \tilde{s} \tag{4.7.11}$$

其中

$$\tilde{s} = \begin{bmatrix} \sigma_{xx}-p & \sigma_{xy} & \sigma_{xz} \\ \sigma_{yx} & \sigma_{yy}-p & \sigma_{yz} \\ \sigma_{zx} & \sigma_{zy} & \sigma_{zz}-p \end{bmatrix} = \begin{bmatrix} s_{xx} & s_{xy} & s_{xz} \\ s_{yx} & s_{yy} & s_{yz} \\ s_{zx} & s_{zy} & s_{zz} \end{bmatrix} \tag{4.7.12}$$

可见，偏应力张量是从原来的应力张量扣除球形应力张量后的剩余部分，反映了一个实际的应力状态偏离均匀应力状态的程度．采用指标符号，应力张量可简写为

$$\sigma_{ij} = p\delta_{ij} + s_{ij} \tag{4.7.13}$$

式中，δ_{ij} 为克罗克记号，$i,j = x, y, z$．当 $i=j$ 时，$\delta_{ij}=1$，当 $i \neq j$ 时，$\delta_{ij}=0$．

与应力张量一样，偏应力具有与应力相同的主应力空间，而且也有下面三个不变量

$$J_1 = s_{xx} + s_{yy} + s_{zz} = s_x + s_y + s_z = 0 \tag{4.7.14}$$

$$J_2 = -(s_{xx}s_{yy} + s_{yy}s_{zz} + s_{zz}s_{xx}) + (s_{xy}^2 + s_{yz}^2 + s_{zx}^2)$$

$$= \frac{1}{2}(s_{xx}^2 + s_{yy}^2 + s_{zz}^2 + 2s_{xy}^2 + 2s_{yz}^2 + 2s_{zx}^2)$$

$$= \frac{1}{2}(s_x^2 + s_y^2 + s_z^2) \tag{4.7.15}$$

$$J_3 = \begin{vmatrix} s_{xx} & s_{xy} & s_{xz} \\ s_{yx} & s_{yy} & s_{yz} \\ s_{zx} & s_{zy} & s_{zz} \end{vmatrix} = s_{xx}s_{yy}s_{zz} + 2s_{xy}s_{yz}s_{zx} - (s_{xx}s_{yz}^2 + s_{yy}s_{zx}^2 + s_{zz}s_{xy}^2)$$

$$= s_x s_y s_z \tag{4.7.16}$$

式中，s_x，s_y，s_z 为应力偏量的三个主值.

在应力偏量的三个不变量中，第二不变量使用最多，它还可通过一般应力分量或主应力表示为

$$J_2 = \frac{1}{6}[(\sigma_{xx}-\sigma_{yy})^2 + (\sigma_{yy}-\sigma_{zz})^2 + (\sigma_{zz}-\sigma_{xx})^2] + (\sigma_{xy}^2 + \sigma_{yz}^2 + \sigma_{zx}^2)$$

$$= \frac{1}{6}[(\sigma_x-\sigma_y)^2 + (\sigma_y-\sigma_z)^2 + (\sigma_z-\sigma_x)^2] \tag{4.7.17}$$

对应力张量进行分解的目的是为了便于描述塑性变形. 对于金属类材料，球形应力张量即静水压不会引起塑性变形，或者说与塑性变形无关，也就是说，塑性变形仅由偏应力引起.

4.7.2 应变状态的描述

固体在外力的作用下要发生变形，变形的大小用应变描述. 形状的要素是长度和角度，因此应变与长度变化率和角度变化率相关. 为直观与简明起见，我们利用二维变形分析给出固体中一点的应变表达式.

如图 4.31 所示，在 $x-y$ 平面上任取一点 $P(x,y)$. 为了考察点 P 在外应力作用下的变形，在其附近再取两个点 $A(x+\mathrm{d}x, y)$ 和 $B(x, y+\mathrm{d}y)$，线段 PA 和 PB 为微元线段，它们是相互垂直的. 假设在外应力的作用下，由于形变，点 $P(x,y)$ 发生了微小位移，其位移量设为 $\Delta x = u$，$\Delta y = v$，对于连续体的运动，其微小位移 u 和 v 必然都是坐标 x 和 y 的函数. 与此同时，点 A 和 B 也会发生相应的位移. 不难理解，在发生位移后，它们的相对位置发生了变化，这种变化就反映了原几何构形的变化. 在变形后的新构形中，将原来三点记为点 P'，A'，B'，其坐标变化表示为

$$\begin{cases} P(x,y) \to P'(x+u, y+v) \\ A(x+\mathrm{d}x, y) \to A'(x+\mathrm{d}x+u+\frac{\partial u}{\partial x}\mathrm{d}x, y+v+\frac{\partial v}{\partial x}\mathrm{d}x) \\ B(x, y+\mathrm{d}y) \to B'(x+u+\frac{\partial u}{\partial y}\mathrm{d}y, y+\mathrm{d}y+v+\frac{\partial v}{\partial y}\mathrm{d}y) \end{cases} \tag{4.7.18}$$

显然，x 方向的微元线段 PA 的长度的相对变化为

第 4 章 固体中的冲击波

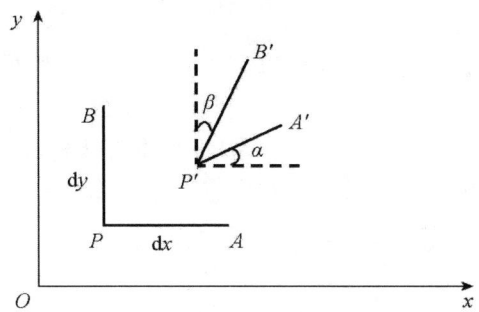

图 4.31 $x-y$ 平面内线元与角度的变化

$$\frac{P'A'-PA}{PA}=\frac{\sqrt{\left(dx+\frac{\partial u}{\partial x}dx\right)^2+\left(\frac{\partial v}{\partial x}dx\right)^2}-dx}{dx}$$

$$=\sqrt{\left(1+\frac{\partial u}{\partial x}\right)^2+\left(\frac{\partial v}{\partial x}\right)^2}-1\approx\frac{\partial u}{\partial x} \quad (4.7.19)$$

式(4.7.19)略去了 $\frac{\partial u}{\partial x}$ 和 $\frac{\partial v}{\partial x}$ 的高阶小量. 显然, $\frac{\partial u}{\partial x}$ 就是 x 方向的微元线段长度在 x 方向的相对变化, 称为 x 方向的法应变, 记为 $\varepsilon_{xx}=\frac{\partial u}{\partial x}$.

同理有 $\varepsilon_{yy}=\frac{\partial v}{\partial y}$, 表示 y 方向微元线段长度在 y 方向的相对变化, 称为 y 方向的法应变.

下面再看角度的变化. 在图 4.31 中, 线段 PA 在变形为 $P'A'$ 后与 x 轴之间的夹角为 α; 线段 PB 变形为 $P'B'$ 后与 y 轴之间的夹角为 β. 在小变形下, α 和 β 都很小, 而且法应变也很小, 所以有

$$\begin{cases}\alpha\approx\tan\alpha=\dfrac{\dfrac{\partial v}{\partial x}dx}{dx+\dfrac{\partial u}{\partial x}dx}\approx\dfrac{\partial v}{\partial x}\\ \beta\approx\tan\beta=\dfrac{\dfrac{\partial u}{\partial y}dy}{dy+\dfrac{\partial v}{\partial y}dy}\approx\dfrac{\partial u}{\partial y}\end{cases} \quad (4.7.20)$$

剪应变(也称切应变)定义为原来正交的两条边在变形后夹角的变化的一半. 由于 $\angle A'P'B'$ 相对于 x 轴的角度变化为 $\alpha+\beta$, 相对于 y 轴的角度变化同样为 $\alpha+\beta$, 因此 $x-y$ 平面上的剪应变为

$$\varepsilon_{xy}=\frac{1}{2}(\alpha+\beta)\approx\frac{1}{2}\left(\frac{\partial v}{\partial x}+\frac{\partial u}{\partial y}\right)=\varepsilon_{yx}=\frac{1}{2}\gamma_{xy}=\frac{1}{2}\gamma_{yx} \quad (4.7.21)$$

式中，γ_{xy} 称为工程剪应变.

综上所述，平面上一点的应变可以利用两个法应变和两个剪应变来描述.

在三维空间，设点 $P(x,y,z)$ 在小变形后发生微小位移，变为点 $P'(x+u, y+v, z+w)$，其中 u,v,w 为位移分量. 按照上述二维分析方法，点 P 的应变可用三个法应变和六个剪应变来描述，其中三个法应变分别为

$$\begin{cases} \varepsilon_{xx} = \dfrac{\partial u}{\partial x} \\ \varepsilon_{yy} = \dfrac{\partial v}{\partial y} \\ \varepsilon_{zz} = \dfrac{\partial w}{\partial z} \end{cases} \quad (4.7.22)$$

六个剪应变分别为

$$\begin{cases} \varepsilon_{xy} = \varepsilon_{yx} = \dfrac{1}{2}\left(\dfrac{\partial u}{\partial y} + \dfrac{\partial v}{\partial x}\right) \\ \varepsilon_{yz} = \varepsilon_{zy} = \dfrac{1}{2}\left(\dfrac{\partial v}{\partial z} + \dfrac{\partial w}{\partial y}\right) \\ \varepsilon_{zx} = \varepsilon_{xz} = \dfrac{1}{2}\left(\dfrac{\partial w}{\partial x} + \dfrac{\partial u}{\partial z}\right) \end{cases} \quad (4.7.23)$$

方程组 (4.7.22) 和 (4.7.23) 称为几何方程，也称为柯西 (Cauchy) 方程，它们给出了九个应变分量与三个位移分量之间的关系.

描述固体中一点的应变的九个分量构成一个二阶对称张量，表示为

$$\tilde{\varepsilon} = \begin{bmatrix} \varepsilon_{xx} & \varepsilon_{xy} & \varepsilon_{xz} \\ \varepsilon_{yx} & \varepsilon_{yy} & \varepsilon_{yz} \\ \varepsilon_{zx} & \varepsilon_{zy} & \varepsilon_{zz} \end{bmatrix} \quad (4.7.24)$$

或采用指标符号表示为

$$\tilde{\varepsilon} = \varepsilon_{ij}\boldsymbol{e}_i\boldsymbol{e}_j \quad (4.7.25)$$

且

$$\varepsilon_{ij} = \varepsilon_{ji}$$

式中，$i,j = x,y,z$，$\boldsymbol{e}_i$ 和 $\boldsymbol{e}_j$ 为沿相应坐标轴的单位矢量.

应变与应力有类似的特点：通过坐标变换可以得到一个特殊的坐标系，在此坐标系中，只在三个相互垂直的方向存在法向应变，而所有的剪应变分量为零，这个特殊的几何空间称为主应变空间，坐标轴的方向称为主应变方向，沿主应变方向的法向应变称为主应变，因此在主应变空间的应变张量为

$$\tilde{\varepsilon} = \begin{bmatrix} \varepsilon_x & 0 & 0 \\ 0 & \varepsilon_y & 0 \\ 0 & 0 & \varepsilon_z \end{bmatrix} \tag{4.7.26}$$

式中，ε_x，ε_y，ε_z 为主应变.

应变张量也存在三个不变量，分别为

$$I_1' = \varepsilon_{xx} + \varepsilon_{yy} + \varepsilon_{zz} = \varepsilon_x + \varepsilon_y + \varepsilon_z \tag{4.7.27}$$

$$\begin{aligned} I_2' &= -\begin{vmatrix} \varepsilon_{xx} & \varepsilon_{xy} \\ \varepsilon_{yx} & \varepsilon_{yy} \end{vmatrix} - \begin{vmatrix} \varepsilon_{yy} & \varepsilon_{yz} \\ \varepsilon_{zy} & \varepsilon_{zz} \end{vmatrix} - \begin{vmatrix} \varepsilon_{zz} & \varepsilon_{zx} \\ \varepsilon_{xz} & \varepsilon_{xx} \end{vmatrix} \\ &= -(\varepsilon_{xx}\varepsilon_{yy} + \varepsilon_{yy}\varepsilon_{zz} + \varepsilon_{zz}\varepsilon_{xx}) + (\varepsilon_{xy}^2 + \varepsilon_{yz}^2 + \varepsilon_{zx}^2) \\ &= -(\varepsilon_x\varepsilon_y + \varepsilon_y\varepsilon_z + \varepsilon_z\varepsilon_x) \end{aligned} \tag{4.7.28}$$

$$\begin{aligned} I_3' &= \begin{vmatrix} \varepsilon_{xx} & \varepsilon_{xy} & \varepsilon_{xz} \\ \varepsilon_{yx} & \varepsilon_{yy} & \varepsilon_{yz} \\ \varepsilon_{zx} & \varepsilon_{zy} & \varepsilon_{zz} \end{vmatrix} = \varepsilon_{xx}\varepsilon_{yy}\varepsilon_{zz} + 2\varepsilon_{xy}\varepsilon_{yz}\varepsilon_{zx} - (\varepsilon_{xx}\varepsilon_{yz}^2 + \varepsilon_{yy}\varepsilon_{zx}^2 + \varepsilon_{zz}\varepsilon_{xy}^2) \\ &= \varepsilon_x\varepsilon_y\varepsilon_z \end{aligned} \tag{4.7.29}$$

应变张量同样可以分解为球形应变张量和偏应变张量，表示为

$$\tilde{\varepsilon} = \tilde{\varepsilon}_m + \tilde{w} \tag{4.7.30}$$

即

$$\begin{bmatrix} \varepsilon_{xx} & \varepsilon_{xy} & \varepsilon_{xz} \\ \varepsilon_{yx} & \varepsilon_{yy} & \varepsilon_{yz} \\ \varepsilon_{zx} & \varepsilon_{zy} & \varepsilon_{zz} \end{bmatrix} = \begin{bmatrix} \varepsilon_m & 0 & 0 \\ 0 & \varepsilon_m & 0 \\ 0 & 0 & \varepsilon_m \end{bmatrix} + \begin{bmatrix} \varepsilon_{xx} - \varepsilon_m & \varepsilon_{xy} & \varepsilon_{xz} \\ \varepsilon_{yx} & \varepsilon_{yy} - \varepsilon_m & \varepsilon_{yz} \\ \varepsilon_{zx} & \varepsilon_{zy} & \varepsilon_{zz} - \varepsilon_m \end{bmatrix} \tag{4.7.31}$$

式中

$$\tilde{\varepsilon}_m = \begin{bmatrix} \varepsilon_m & 0 & 0 \\ 0 & \varepsilon_m & 0 \\ 0 & 0 & \varepsilon_m \end{bmatrix} \tag{4.7.32}$$

$$\tilde{w} = \begin{bmatrix} w_{xx} & w_{xy} & w_{xz} \\ w_{yx} & w_{yy} & w_{yz} \\ w_{zx} & w_{zy} & w_{zz} \end{bmatrix} = \begin{bmatrix} \varepsilon_{xx} - \varepsilon_m & \varepsilon_{xy} & \varepsilon_{xz} \\ \varepsilon_{yx} & \varepsilon_{yy} - \varepsilon_m & \varepsilon_{yz} \\ \varepsilon_{zx} & \varepsilon_{zy} & \varepsilon_{zz} - \varepsilon_m \end{bmatrix} \tag{4.7.33}$$

$$\varepsilon_m = \frac{1}{3}(\varepsilon_{xx} + \varepsilon_{yy} + \varepsilon_{zz}) = \frac{1}{3}(\varepsilon_x + \varepsilon_y + \varepsilon_z) \tag{4.7.34}$$

ε_m 称为平均法向应变，$\tilde{\varepsilon}_m$ 称为球形应变张量，$\tilde{w}$ 称为偏应变张量.

采用指标符号，式(4.7.30)可以简写为

$$\varepsilon_{ij} = \varepsilon_m \delta_{ij} + w_{ij} \qquad (4.7.35)$$

偏应变张量的三个不变量分别为

$$J_1' = w_{xx} + w_{yy} + w_{zz} = 0 \qquad (4.7.36)$$

$$J_2' = \frac{1}{6}\left[(\varepsilon_{xx} - \varepsilon_{yy})^2 + (\varepsilon_{yy} - \varepsilon_{zz})^2 + (\varepsilon_{zz} - \varepsilon_{xx})^2\right] + (\varepsilon_{xy}^2 + \varepsilon_{yz}^2 + \varepsilon_{zx}^2)$$

$$= \frac{1}{6}\left[(\varepsilon_x - \varepsilon_y)^2 + (\varepsilon_y - \varepsilon_z)^2 + (\varepsilon_z - \varepsilon_x)^2\right] \qquad (4.7.37)$$

$$J_3' = \begin{vmatrix} w_{xx} & w_{xy} & w_{xz} \\ w_{yx} & w_{yy} & w_{yz} \\ w_{zx} & w_{zy} & w_{zz} \end{vmatrix} = w_{xx}w_{yy}w_{zz} + 2w_{xy}w_{yz}w_{zx} - (w_{xx}w_{yz}^2 + w_{yy}w_{zx}^2 + w_{zz}w_{xy}^2)$$

$$= (\varepsilon_x - \varepsilon_m)(\varepsilon_y - \varepsilon_m)(\varepsilon_z - \varepsilon_m) \qquad (4.7.38)$$

三个法向应变之和为体应变,记为 θ,因此有

$$\theta = \frac{\Delta V}{V_0} = \varepsilon_{xx} + \varepsilon_{yy} + \varepsilon_{zz} = \varepsilon_x + \varepsilon_y + \varepsilon_z = 3\varepsilon_m \qquad (4.7.39)$$

4.7.3 广义胡克定律——弹性本构关系

固体在外载荷作用下发生变形,因此,固体内部的应力和应变之间必然存在一定的内在联系,这就是本构关系. 如果固体的变形很小,且处于弹性阶段,则应力与应变之间的关系由广义胡克定律描述

$$\sigma_{xx} = \lambda\theta + 2\mu\varepsilon_{xx} \qquad (4.7.40)$$

$$\sigma_{yy} = \lambda\theta + 2\mu\varepsilon_{yy} \qquad (4.7.41)$$

$$\sigma_{zz} = \lambda\theta + 2\mu\varepsilon_{zz} \qquad (4.7.42)$$

$$\sigma_{yx} = \sigma_{xy} = 2\mu\varepsilon_{xy} \qquad (4.7.43)$$

$$\sigma_{zy} = \sigma_{yz} = 2\mu\varepsilon_{yz} \qquad (4.7.44)$$

$$\sigma_{xz} = \sigma_{zx} = 2\mu\varepsilon_{zx} \qquad (4.7.45)$$

利用式(4.7.40)~式(4.7.42)及式(4.7.9)有

$$p = \left(\lambda + \frac{2}{3}\mu\right)\theta \qquad (4.7.46)$$

式中,λ 和 μ 称为拉梅常数,它们与其他常用材料常数之间的关系为

$$G = \mu \qquad (4.7.47)$$

$$B = \lambda + \frac{2}{3}\mu \qquad (4.7.48)$$

$$E = \frac{3\lambda + 2\mu}{\lambda + \mu}\mu \qquad (4.7.49)$$

$$\nu = \frac{\lambda}{2(\lambda + \mu)} \tag{4.7.50}$$

或者写成

$$\lambda = \frac{E\nu}{(1+\nu)(1-2\nu)} \tag{4.7.51}$$

$$\mu = \frac{E}{2(1+\nu)} \tag{4.7.52}$$

其中，G 为剪切模量，B 为体积模量，E 为杨氏模量，ν 为泊松比.

G, B, E, ν 是常用的四个材料常数，但它们只有两个是独立的，相互之间存在以下关系

$$E = \frac{9BG}{3B+G} \tag{4.7.53}$$

$$\nu = \frac{1}{2}\frac{3B-2G}{3B+G} \tag{4.7.54}$$

$$G = \frac{E}{2(1+\nu)} \tag{4.7.55}$$

$$B = \frac{E}{3(1-2\nu)} \tag{4.7.56}$$

4.7.4 固体的静力学压缩与形变

1. 单向压缩

假设有一个长度为 L_0、直径为 ϕ_0 的圆柱形棒材，其一端与刚性壁接触，在另一端施加均匀外力 p（$-z$ 方向），如图 4.32 所示. 进一步假定圆柱体的侧面是自由的，在外载荷的作用下，圆柱体的长度减小 $\Delta L = L - L_0$，同时直径增大 $\Delta \phi = \phi - \phi_0$.

在这种情况下，圆柱体只在轴线（z 方向）上的应力 σ_{zz} 不为 0（σ_{zz} 在这里取负值，表示压应力，拉应力则定义为正[①]），且等于外载荷 p，即：

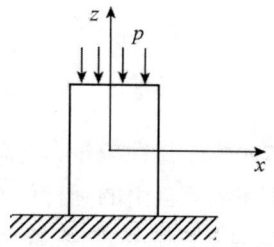

图 4.32　圆柱体的压缩

$$\sigma_{zz} = p, \quad \sigma_{xx} = \sigma_{yy} = 0$$

在小变形情况下（弹性阶段），按照胡克定律，应力与相应形变成正比，因此有

---

① 在一般力学分析中通常定义压应力为负，拉应力为正，而在冲击压缩分析中通常定义压应力为正，拉应力为负.

$$\sigma_{zz} = E \frac{\Delta L}{L_0} \qquad (4.7.57)$$

式中 E 为杨氏模量.

由于圆柱体的侧面是自由的,所以必然发生径向膨胀,且直径的相对变化与长度的相对变化成正比,二者之间满足关系

$$\frac{\Delta \phi}{\phi_0} = -\nu \frac{\Delta L}{L} \qquad (4.7.58)$$

式中比例系数 ν 为泊松比. 泊松比总是大于 0 的,且不超过 1/2. 泊松比的最大值可以这样来理解:对于圆柱体的压缩,其体积只能减小,不能增加,其极限是体积维持不变,即

$$\phi^2 L = 常数$$

令其形状发生微小变形,则有

$$\frac{\Delta \phi}{\phi} = -\frac{1}{2} \frac{\Delta L}{L}$$

由此得到泊松比的最大值为 1/2.

现在假定圆柱体的侧面受到刚性壁的约束,即不可能产生横向变形,这时在轴向外加载荷 σ_{zz} 的作用下必然出现横向应力,且 $\sigma_{xx} = \sigma_{yy}$. 在这种情况下,轴向应力与单一轴向变形的关系为

$$\sigma_{zz} = E_L \frac{\Delta L}{L_0} = \frac{E(1-\nu)}{(1+\nu)(1-2\nu)} \frac{\Delta L}{L_0} \qquad (4.7.59)$$

其中

$$E_L = \frac{(1-\nu)}{(1+\nu)(1-2\nu)} E \qquad (4.7.60)$$

E_L 称为侧限弹性模量,它总是大于杨氏模量 E,这说明为了使侧面被约束的圆柱体和侧面自由的圆柱体在轴向产生相同的形变,需要施加更大的外载荷. 利用式(4.7.53)~式(4.7.56)有

$$E_L = B + \frac{4}{3} G \qquad (4.7.61)$$

利用式(4.7.40)~式(4.7.42)及横向与轴向应变关系式(4.7.58),得到横向法应力与轴向应力之间的关系为

$$\sigma_{xx} = \sigma_{yy} = \frac{\nu}{1-\nu} \sigma_{zz} \qquad (4.7.62)$$

应该说明,对于上述压缩实例,在所选择的坐标系中,切向应力是不存在的,而且各关系式对于拉伸时的情况同样成立.

第4章 固体中的冲击波

2. 球形均匀压缩

所谓球形均匀压缩(或拉伸),是指对固体的表面施加不变的应力,这时在任意坐标系中都有:应力张量是对角的($\sigma_{xy}=\sigma_{xz}=\sigma_{yz}=0$),三个法向分量相等($\sigma_{xx}=\sigma_{yy}=\sigma_{zz}=p$). 在这种情况下,固体中的应力是各向同性的,具有流体静力学特点. 如果对固体进行均匀的球形压缩(或拉伸),固体虽然会改变体积,但形状不会变化. 体积的相对变化 θ(即体应变)与压强成正比

$$\theta = \frac{\Delta V}{V_0} = -\frac{p}{B} \tag{4.7.63}$$

式中,B 为体积模量.

3. 纯剪切变形

考察如图 4.33 所示的单向纯剪切变形,这时只有一个切向应力不等于 0,应力张量的其余分量都为 0,因此只有形状变化,而没有体积变化. 在小变形情况下,按照胡克定律,表征其形状变化的切变角 β 与剪应力 τ 之间的关系为

$$\gamma = \tan\beta(\approx\beta) = \frac{\tau}{G} = \frac{\sigma_{xz}}{G} \tag{4.7.64}$$

式中,γ 为剪应变,G 为材料的剪切模量.

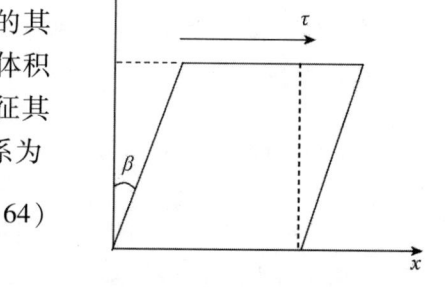

图 4.33 纯剪切变形

4. 最大剪应力

固体在球形压缩或拉伸时,其应力张量在任何坐标系中都是对角的,且三个分量相等. 但对于其他形变,只有在主轴坐标系中,应力张量才是对角的,即剪应力为零,且这时的三个分量并不会都相等. 应力张量的对角元素不相等与非球形压缩相关,非球形压缩导致非均匀变形,因而内部存在剪应力和剪应变.

仍以侧面被约束的圆柱体为例(仅有单向变形),在如图 4.32 所示的坐标系中,应力张量是对角的,且 $\sigma_{xx}=\sigma_{yy}\neq\sigma_{zz}$. 如果将坐标系进行变换,应力张量中就会出现剪应力. 或者说,如果考察一个与 z 轴不相垂直的平面,这个平面上必然存在剪应力.

现在将坐标系 xyz 变换为 $x'y'z'$,原点保持不变,其中 x 轴与 x' 轴的夹角和 z 轴与 z' 轴的夹

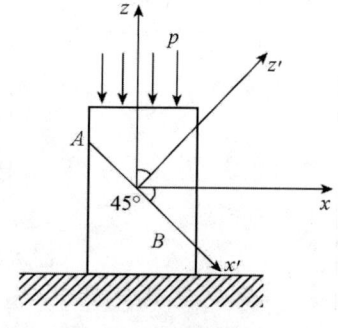

图 4.34 最大剪应力

角均为45°，而 y 轴与 y' 轴重合，如图4.34所示. 根据坐标系旋转时张量的变换法则，可以求出 $\sigma_{x'z'}$ 为[①]

$$\sigma_{x'z'} = \sigma_{zz}\cos^2 45° - \sigma_{xx}\cos^2 45° = \frac{1}{2}(\sigma_{zz} - \sigma_{xx}) \qquad (4.7.65)$$

这就是沿 x' 轴方向作用于平面 AB 上的剪应力. 可以证明，在45°角平面上的剪应力就是固体内部的最大剪应力.

4.7.5 固体向流动性状态转变的物理解释

液体没有抵抗剪切变形的能力，因而很容易改变形状. 在静止状态下，液体中不存在剪应力，这是因为液体的剪切模量为零，即 $G = 0$，且 $\nu = 1/2$. 固体不同于液体的主要特征之一是 $G \neq 0$，因而固体具有保持自身形状和抵抗剪切变形的能力. 下面讨论固体形变与剪应力和剪应变之间的关系.

已知在小变形条件下，剪应力 τ 和剪应变 γ（或剪切角 β）之间有线性关系(式(4.7.64))，即

$$\tau = G\gamma \approx G\beta$$

显然，应力的增量和剪切角的增量同样具有线性关系

$$d\tau = G d\gamma \approx G d\beta \qquad (4.7.66)$$

因此，在小变形条件下，剪切模量既可看成是剪应力与剪应变之比，也可看成是剪应力增量与剪应变增量之比.

然而，在固体的剪切变形过程中，当剪切角 β 大于其临界值 β_S 以后，其剪应力保持临界值 τ_S 不变，而剪切角 β 却不断增大，如图4.35所示，即剪应力不再随剪应变的增大而增大，从而固体处于流动性状态. 显然，对于固体的这种流动性状态，剪应力与剪应变之比并不为0. 然而，由于剪应力不再增加，即

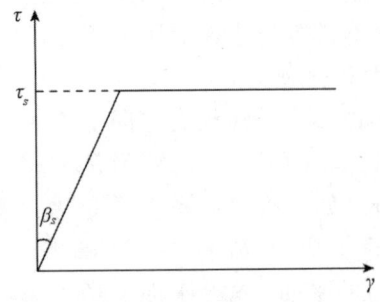

图4.35 剪应力与剪切角之间的关系

[①] 周益春. 材料固体力学：上册[M]. 北京：科学出版社，2005：40 – 45.

剪应力增量 $d\tau$ 为 0，所以剪应力增量与剪应变增量 $d\gamma$ 之比为 0. 因此可以认为，剪切模量 G 是剪应力增量与剪应变增量之间的比例系数，而不是量 τ 和 γ 本身之间的比例系数，所以有 $G=0$.

由此可见，虽然固体在高压下通常被当作流体来处理，但固体流动性状态的特点并不同于液体完全没有剪应力，而是当剪切变形增大时不再有剪应力的增加，即从某一临界的剪切形变或某一临界剪应力开始，固体不再抵抗剪切变形.

在轴向压缩固体（单向形变）时，将式(4.7.62)代入式(4.7.65)，得到最大剪应力 τ_{max} 为

$$\tau_{max} = \sigma_{x'z'} = \frac{1}{2}(\sigma_{zz} - \sigma_{xx}) = \frac{1}{2}\frac{1-2\nu}{1-\nu}\sigma_{zz} \qquad (4.7.67)$$

由于当 τ_{max} 增大到临界值 τ_s 后，固体转变为流动性状态，所以固体能承受的最大临界压缩载荷 σ_s 为

$$\sigma_s = \frac{1-\nu}{1-2\nu}2\tau_s \qquad (4.7.68)$$

根据以上分析，当外载荷小于临界值（即 $\sigma = \sigma_{zz} < \sigma_s$）时有

$$\sigma_{zz} = \left(B + \frac{4}{3}G\right)\frac{\Delta L}{L_0}$$

$$\frac{d\sigma_{zz}}{d(\Delta L/L_0)} = B + \frac{4}{3}G$$

$$\sigma_{xx} = \sigma_{yy} = \left(B - \frac{2}{3}G\right)\frac{\Delta L}{L_0}$$

$$\frac{d\sigma_{xx}}{d(\Delta L/L_0)} = \frac{d\sigma_{yy}}{d(\Delta L/L_0)} = B - \frac{2}{3}G$$

$$\tau_{max} = \frac{1}{2}(\sigma_{zz} - \sigma_{xx}) = G\frac{\Delta L}{L_0}$$

$$\frac{d\tau_{max}}{d(\Delta L/L_0)} = G$$

可以看出，法向应力 σ_{zz} 随变形的变化与 σ_{xx} 和 σ_{yy} 随变形的变化是明显不同的.

当外载荷达到临界值之后，因为 $G=0$（是指增量公式中的 G），所以有

$$\frac{d\sigma_{zz}}{d(\Delta L/L_0)} = \frac{d\sigma_{xx}}{d(\Delta L/L_0)} = \frac{d\sigma_{yy}}{d(\Delta L/L_0)} = B$$

$$\frac{d\tau_{max}}{d(\Delta L/L_0)} = 0$$

可以看出，在固体的流动状态，三个法向应力 σ_{xx}，σ_{yy}，σ_{zz} 随变形的变化是完

全相同的，而作用在斜面上的剪应力却保持不变，即

$$\tau_{\max} = \sigma_{x'z'} = \frac{1}{2}(\sigma_{zz} - \sigma_{xx}) = \tau_s \qquad (4.7.69)$$

因此，固体转变为流动性状态的临界形变为

$$\left(\frac{\Delta L}{L_0}\right)_s = \frac{\tau_s}{G} \qquad (4.7.70)$$

根据以上分析，得到应力与形变的关系如图 4.36 所示. 当载荷小于或接近临界值时，固体的压缩与流体的压缩明显不同. 如果载荷非常大，即 $\sigma \gg \sigma_s$，则有

$$\frac{\sigma_{zz} - \sigma_{xx}}{\sigma_{zz}} = \frac{2\tau_s}{\sigma_{zz}} \to 0$$

这时三个法向应力的值趋于相等，而剪应力与法向应力相比为小量，从而可以忽略.

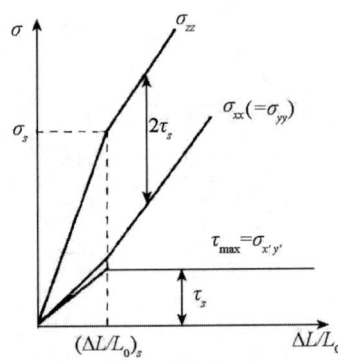

图 4.36　固体在单向形变条件下的轴向应力与形变之间的关系

由此得出结论：当外载荷较小时，固体要发生弹性变形，呈现出抵抗剪切变形的能力；当球形压缩载荷足够大时，固体要改变原有的弹性性质，转变成可塑的、流动的、在某些方面与液体相似的状态，并呈现出流体静力学特点.

4.7.6　屈服条件

1. 基本概念

如果对一个等截面的圆柱体金属试件沿长度方向进行均匀拉伸（单向应力问题），则可得到如图 4.37 所示的典型应力应变曲线. 从这条典型的应力应变曲线可以得到以下现象和认识：

（1）在变形的初始阶段（即直线 OA），其应力应变关系为直线，由胡克定律

第 4 章 固体中的冲击波

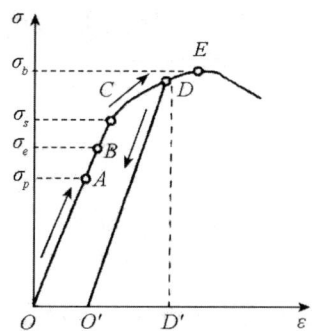

图 4.37 单轴拉伸下的典型应力-应变关系

描述,即

$$\sigma = E\varepsilon \tag{4.7.71}$$

其中

$$\varepsilon = \frac{l - l_0}{l_0} \tag{4.7.72}$$

式中,ε 为工程应变,l_0 和 l 分别为试件的初始长度和变形后的长度.

随着载荷的增加,当变形超过 A 点以后,应力与应变不再是线性关系,与 A 点对应的应力 σ_p 称为比例极限.

(2)过 A 点以后,当载荷继续增加,变形的增加比 A 点之前稍大,但在没有超过 B 点之前,如果撤除载荷,变形是可以完全恢复的,因此 OB 段为弹性阶段.与 B 点对应的应力 σ_e 称为弹性极限.

(3)如果继续加载,到达 C 点以后,变形的增加开始变快.对于软金属,甚至会出现应力不变,而应变可以持续增加的现象,这就是 4.7.5 节所述的固体向流动性状态的转变,这种现象称为屈服,相应的临界应力 σ_s 称为屈服极限或屈服强度.

对于很多实际的固体材料,其比例极限、弹性极限和屈服极限相差不大,在实验测量过程中甚至难以分辨,因而在工程上一般不加区分,而是将这三个特征点简化为一个点,统称为屈服强度.

(4)随着载荷的不断增加,应力应变曲线中将存在一与最大应力相对应的 E 点,该点的应力 σ_b 称为强度极限.在 E 点以后,试件中的应力载荷下降,直到试件发生断裂破坏.这种现象称为应变软化.

(5)在应力超过屈服强度 σ_s 后,如果在曲线上任意一点 D 处卸载,应力应变之间将不会按原来加载时的路径变化,而是沿一条近似平行于 OA 的直线 DO' 变化,直到应力下降为零,但这时的应变并不为零,这个不可恢复的应变值就是加载超过屈服强度后所产生的塑性变形. 如果用线段 OD' 表示加载时产生的总应变 ε, $O'D$ 表示可以恢复的弹性应变 ε^e, 则 OO' 表示不能恢复的塑性应变 ε^p, 因此有

$$\varepsilon = \varepsilon^e + \varepsilon^p \tag{4.7.73}$$

即总应变等于弹性应变与塑性应变之和.

从卸载路径可以看出, 应力应变之间呈线性关系, 因而仍然服从胡克定律.

(6) 如果在 D 点卸载后再进行加载, 则应力应变曲线基本上仍沿直线 $O'D$ 变化, 但应力要在超过 D 点的应力值后才会出现屈服和塑性变形. 也就是说, 经过前次塑性变形后, 屈服强度将有所提高, 这种现象称为应变硬化或应变强化. 在卸载后再加载所产生的屈服点称为后继屈服点.

从图 4.37 所示的典型应力应变曲线可知, 塑性变形规律呈现出非线性、与变形历史或加载历史相关的特点, 因而比弹性变形规律要复杂得多.

2. 屈服准则

固体在加载条件下, 最初总是处于弹性状态, 但随着载荷的不断增加, 固体可能出现屈服从而发生塑性变形. 由于固体在弹性阶段与塑性阶段具有完全不同的力学特点, 因此需要有一个判据来确定固体中某一点的应力在发展到什么程度的时候开始屈服, 这个判据就称为屈服准则, 或称为屈服条件.

对于简单应力状态, 屈服准则很容易确定. 例如, 对于单向拉伸(或压缩), 屈服准则就是

$$|\sigma| = \sigma_s \tag{4.7.74}$$

即单向拉伸(或压缩)的应力达到屈服强度 σ_s 时, 材料开始屈服.

对于纯剪切情况, 屈服准则为

$$\tau = \tau_s \tag{4.7.75}$$

即固体在纯剪切作用下, 若剪切载荷达到剪切屈服强度 τ_s 时, 材料便开始屈服, 这就是图 4.35 所示情况.

然而, 在复杂应力状态下, 屈服准则要复杂得多. 对于一般情况, 屈服准则可表示为应力分量、应变分量、温度 T 和时间 t 的函数, 即

$$f(\sigma_{ij}, \varepsilon_{ij}, T, t) = 0 \tag{4.7.76}$$

在很多情况下, 可不考虑温度效应和时间效应. 此外, 在屈服之前, 应力和应变之间具有服从胡克定律的一一对应关系, 所以屈服准则可以表示为应力分量的函数, 即

$$f(\sigma_{xx}, \sigma_{yy}, \sigma_{zz}, \sigma_{xy}, \sigma_{yz}, \sigma_{zx}) = 0 \tag{4.7.77}$$

这个关系也称为屈服函数.

如果以应力张量的六个分量为坐标轴,则可获得一个六维应力空间,屈服函数 $f(\sigma_{ij})=0$ 就是该应力空间中的一个曲面,称为屈服面. 如果某点的应力状态 σ_{ij} 位于该屈服面之内,即 $f(\sigma_{ij})<0$,则材料处于弹性状态;如果应力状态位于该曲面上,即 $f(\sigma_{ij})=0$,则材料处于屈服状态;若应力继续增加,则材料进入塑性状态.

最后说明,如果材料受到冲击载荷作用,屈服函数往往还与应变率相关.

3. 常用屈服准则

(1) 特雷斯卡(Tresca)屈服准则

1864 年,法国人特雷斯卡根据大量金属的挤压实验结果提出如下假设:当最大剪应力达到某一极限时,材料发生屈服. 这就是特雷斯卡屈服准则,也称为最大剪应力条件. 该准则可以表示为

$$\tau_{\max}=\tau_s \tag{4.7.78}$$

式中,τ_s 就是在纯剪切加载条件下的屈服强度,是一个和材料性质相关的常数. 如果已知主应力的大小,并规定 $\sigma_x \geqslant \sigma_y \geqslant \sigma_z$,则式(4.7.78)可写为

$$\frac{\sigma_x-\sigma_z}{2}=\tau_s \tag{4.7.79}$$

在一般情况下,往往无法事先确定固体内各点的三个主应力的大小,因此特雷斯卡准则也可写成

$$\max(|\sigma_x-\sigma_y|,|\sigma_y-\sigma_z|,|\sigma_z-\sigma_x|)=2\tau_s \tag{4.7.80}$$

对于单向拉伸实验,材料屈服时有

$$\sigma_x=\sigma_s, \quad \sigma_y=\sigma_z=0, \quad \sigma_s=2\tau_s$$

于是

$$\tau_s=\frac{\sigma_s}{2} \tag{4.7.81}$$

可见,拉伸屈服强度是剪切屈服强度的 2 倍. 这个结果表明,利用单向拉伸实验可以确定常数 τ_s. 需要注意的是,这个关系对大多数材料只是近似成立.

(2) 米泽斯(Mises)屈服准则

米泽斯屈服准则于 1913 年提出,又称为能量屈服准则,有多种表达形式. 简单地说,米泽斯屈服准则可表达为:在塑性状态下的等效应力等于单轴拉伸屈服强度,即

$$\sigma_i=\frac{1}{\sqrt{2}}\sqrt{(\sigma_x-\sigma_y)^2+(\sigma_y-\sigma_z)^2+(\sigma_z-\sigma_x)^2}=\sigma_s \tag{4.7.82}$$

或者写为

$$(\sigma_x-\sigma_y)^2+(\sigma_y-\sigma_z)^2+(\sigma_z-\sigma_x)^2=2\sigma_s^2 \tag{4.7.83}$$

式(4.7.83)表明,塑性变形时主应力差的平方和等于单轴屈服强度的平方的2倍.

如果利用偏应力张量的第二不变量式(4.7.17),米泽斯屈服准则可以表示为

$$J_2 = \frac{1}{3}\sigma_s^2 \tag{4.7.84}$$

即偏应力张量的第二不变量等于屈服强度的平方的1/3.

如果进行单向纯剪切加载,仍利用偏应力张量的第二不变量式(4.7.17),则有

$$J_2 = \tau_s^2 \tag{4.7.85}$$

因此

$$\sigma_s = \sqrt{3}\tau_s \tag{4.7.86}$$

即拉伸屈服强度是剪切屈服强度的$\sqrt{3}$倍.

对于大多数材料,实验结果表明,式(4.7.86)比式(4.7.81)更好一些.

4.7.7 固体发生塑性变形的微观机制

从微观角度看,固体是由原子组成的.常态下的固体物质之所以具有确定的形状,是因为组成固体的原子之间存在强烈的相互作用,从而使原子按照一定的规律(周期性、对称性等)进行排列,这就形成了稳定的晶格结构,原子之间具有确定的平衡间距,如图4.38(a)所示.

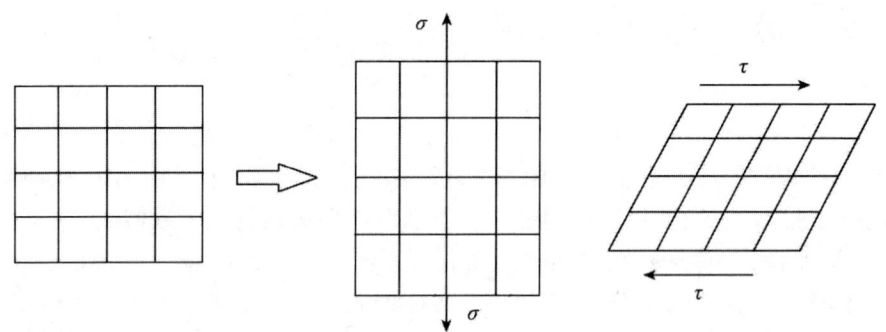

(a) 常态下的晶格结构　　　　(b) 晶格的弹性变形

图 4.38　弹性变形的微观机制

当固体受到外力的作用时,原子间距将发生变化.例如,固体在压缩时,原子间的平衡间距减小,在宏观上表现为压缩变形,体积减小;在拉伸时,原子间的平衡间距增大,在宏观上表现为膨胀变形,体积增大;如果固体受

到剪应力的作用,则表现为晶格结构发生偏斜,宏观上表现为形状变化.如果外力较小,晶格的变形也较小,因而属于弹性变形,如图 4.38(b)所示.在外力撤除后,原子排列将恢复到原来的状态,在宏观上则表现为恢复原形.因此,弹性变形的微观机制是原子间距的微小变化或原子排列结构的微小偏斜.

晶体的主要特征是原子作有规则的排列,但实际晶体中原子的排列不可能是完全规则的,这就导致了晶体的缺陷.晶体的缺陷有多种类型.如果晶格周期性的破坏发生在晶体内部一条线的附近,这就是位错,也称为线缺陷.位错有两种典型形态,一种称为刃型位错,其位错线垂直于滑移方向,另一种称为螺旋位错,位错线平行于滑移方向.位错是一种具有普遍意义的晶体缺陷,大量存在于晶体内部,对晶体的力学性质具有重要影响.位错的增生及其运动是晶体产生塑性变形的最重要的内在机制.

位错常用符号"⊥"表示,其滑移矢量用 b 表示,称为伯格斯矢量,滑移矢量的大小就是一个原子间距 b.图 4.39 定性给出了刃型位错在剪应力作用下的运动与形变的关系.假设晶体中只有一个位错,它在足够大的剪应力作用下将发生滑移,其位移的大小就是 b,如图 4.39(a)所示.可以看出,滑移是一种不均匀形变,滑移一旦发生,即使撤除外力,形状的变化也不能恢复,但这种形变并不会引起体积的变化,这就是塑性变形的内在机制.如果晶体中有一列位错,则在剪应力作用下将产生剪应变 $\gamma = \tan\beta$,如图 4.39(b)所示.更深入的分析表明,剪应变与位错密度成正比,而应变率与位错密度和位错速度的乘积成正比[1].

晶体内部的滑移是客观存在的事实,但滑移只能沿某些特定的晶面及方向进行,分别称为滑移面和滑移方向.实验表明,如果剪应力达到一定的临界值,晶体内部就会发生滑移.对于金属晶体,剪应力的这个临界值通常是剪切模量 G 的 $10^{-5} \sim 10^{-4}$ 倍,但从理论上获得的临界剪应力约为剪切模量的 $1/30$,理论值与实验值之所以存在显著的差别,主要原因就是位错及其运动.材料的"力学参量"之所以难以通过理论进行计算,其根本原因就在于材料内部存在大量的位错等缺陷,而这些缺陷对材料的力学性质产生了重要而又难以预测的影响.

---

[1] Meyers M A. Dynamic Behavior of Materials[M]. New York: John Wiley & Sons Press, 1994: 331.

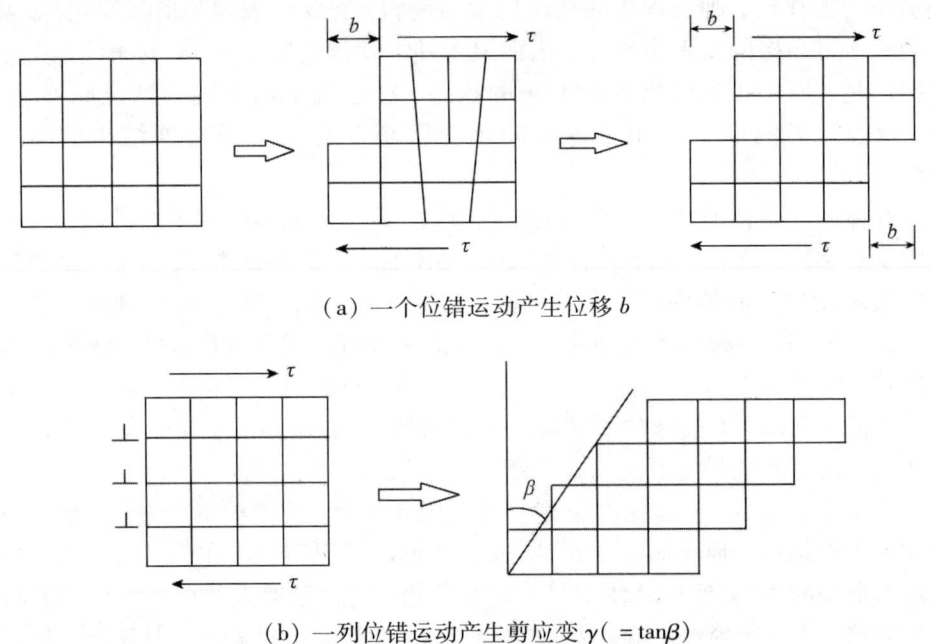

(a) 一个位错运动产生位移 b

(b) 一列位错运动产生剪应变 $\gamma(=\tan\beta)$

图 4.39 塑性变形的微观机制

4.7.8 应力波

当处于静力学平衡的固体材料受到冲击载荷作用时，材料表面质点将产生变形，并产生相应的应力. 由于材料质点的惯性效应，表面的变形和应力扰动必然向内部传播，这就是应力波. 因此，应力波是指应力或应变扰动的传播，扰动区与未扰动区之间的界面称为波阵面.

应力波和冲击波都是冲击载荷作用下的产物. 冲击波的本质特征是各种状态参量以及质点速度等量在波阵面处是间断的，而对于应力波，其波阵面既可以是连续的，也可以是间断的. 根据连续介质模型，波阵面上质点的位移必然是连续的，但其导数（例如速度、应变等量）可能出现间断. 如果波阵面上位移的一阶导数发生间断，这样的应力波称为强间断波或冲击波，其波形是间断的；如果波阵面上位移的一阶导数连续，而二阶（或二阶以上）导数发生间断，这样的应力波称为弱间断波或连续波，其波形是连续的.

应力波是以强间断还是弱间断形式传播，主要取决于材料的本构关系以及初始条件和边界条件，而本构关系又与材料应力应变状态、屈服条件、应变率甚至温度等诸多因素相关. 这显然是一个非常复杂的问题，已超出本书范围，因此不作进一步阐述.

根据理论和工程应用的需要,应力波可按以下几方面进行分类.

1. 按应力性质分类

应力可以分为法应力和剪应力,与此相应,应力波可以分为纵波和横波. 对于纵波,波的传播方向与质点运动方向一致. 由于法应力又分为压应力和拉应力,所以纵波又分为压缩波和稀疏波(也称为拉伸波或膨胀波). 纵波也称为 P 波,而拉伸波又称为 N 波. 纵波可在固、液、气等各种介质中传播,并引起介质的体积发生变化. 对于横波(也称为 S 波),其传播方向与质点运动方向垂直. 横波引起介质的形状发生变化,但不能在理想流体中传播.

2. 按应力大小分类

如果应力波的应力处于介质的弹性范围,称为弹性波;如果应力波使介质处于弹塑性状态或塑性状态,称为弹塑性波或塑性波. 弹性波在传播过程中不会发生衰减,既不改变波形,也不改变强度. 塑性波在传播过程中,其波形和强度都会发生变化.

弹性波与塑性波往往根据应力波的应力与材料屈服强度的相对大小进行区分. 当应力低于屈服强度时,传播的是弹性波;当应力高于屈服强度并与屈服强度同量级时,传播的是弹塑性波;如果应力远高于屈服强度,则可以忽略固体的强度效应,而把固体介质当作流体处理,这时传播的就是冲击波.

3. 按波阵面形状分类

根据波阵面的形状,应力波可分为平面波、柱面波和球面波.

就一般而言,应力波的传播与材料动态本构关系是密切相关的,而材料动态本构关系又是一个十分宽广的领域,如果再加上几何维度效应,应力波的传播将变得十分复杂. 然而,作为初学者,总是应该从最简单的情况着手,逐渐深入. 因此,下面只简要介绍两种典型的应力波,即一维应力弹性波和一维应变波.

4.8 一维应力弹性波

4.8.1 一维应力问题

考虑一等截面的均匀细长杆,如果其横截面仅受纵向应力作用(杆的侧面处于自由状态),且纵向应力在横截面上是均匀分布的,这就是一维应力问题. 假设力的方向为 x 轴方向(即杆的长度方向),则其应力应变状态如下

$$\sigma_x \neq 0 \tag{4.8.1}$$

$$\sigma_y = \sigma_z = 0 \tag{4.8.2}$$

$$\varepsilon_x \neq \varepsilon_y = \varepsilon_z \tag{4.8.3}$$

可见，唯一不为零的应力为 σ_x，但应变是三维的. 利用前面的相关公式，得到弹性区关系如下

$$\sigma_x = E\varepsilon_x \tag{4.8.4}$$

$$p = \frac{1}{3}\sigma_x \tag{4.8.5}$$

$$s_x = \sigma_x - p = \frac{2}{3}\sigma_x \tag{4.8.6}$$

$$\varepsilon_y = \varepsilon_z = -\nu\varepsilon_x \tag{4.8.7}$$

如果应力达到屈服强度，材料发生塑性流动. 利用米泽斯屈服准则，屈服时有

$$J_2 = \frac{1}{3}\sigma_x^2 = \frac{1}{3}\sigma_s^2$$

由此得到屈服条件为

$$\begin{cases} |\sigma_x| = \sigma_s \\ |s_x| = \dfrac{2}{3}\sigma_s \end{cases} \tag{4.8.8}$$

也可采用特雷斯卡准则，所得到的屈服条件完全相同. 同时还可看出，由于屈服条件的限制，杆中一维应力的应力值往往是有限的，难以达到高应力状态.

4.8.2 一维应力弹性波的波动方程

如图 4.40 所示，假设一根等截面的均匀长杆在一端受到冲击载荷的作用，如果杆中的应力符合一维应力条件，则杆中产生一维应力波. 如果杆中的应力处于弹性范围，杆中的波就是一维应力弹性波.

设载荷和杆长为 x 方向，杆的常态密度为 ρ_0，截面积为 A，在 0 时刻施加冲击载荷，波头在 t 时刻到达位置 x_f，受冲击的端面运动到位置 x_0. 在长杆中距 0 时刻加载面 x 处 $(x < x_f)$ 取一 $\mathrm{d}x$ 长的微小单元，在外载荷作用下，其一端的应力为 σ，另一端的应力为 $\left(\sigma + \dfrac{\partial \sigma}{\partial x}\mathrm{d}x\right)$，设微元的位移为 h，速度为 $u = \partial h/\partial t$，加速度为 $a = \partial^2 h/\partial t^2$. 根据牛顿第二定律有

$$-\left[A\sigma - A\left(\sigma + \frac{\partial \sigma}{\partial x}\mathrm{d}x\right)\right] = A\rho_0 \mathrm{d}x \frac{\partial^2 h}{\partial t^2}$$

即

第4章 固体中的冲击波

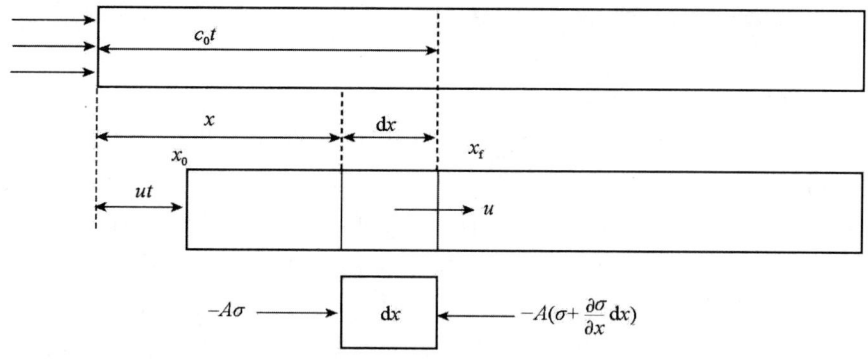

图 4.40 杆中的一维应力波

$$\frac{\partial \sigma}{\partial x} = \rho_0 \frac{\partial^2 h}{\partial t^2} \quad (4.8.9)$$

假设杆为弹性材料(或杆的形变很小,处于弹性范围),则有

$$\sigma = E\varepsilon \quad (4.8.10)$$

其中

$$\varepsilon = \frac{\partial h}{\partial x} \quad (4.8.11)$$

ε 为 x 方向法应变. 将式(4.8.10)和式(4.8.11)代入式(4.8.9)得

$$\frac{\partial^2 h}{\partial t^2} = \frac{E}{\rho_0} \frac{\partial^2 h}{\partial x^2} \quad (4.8.12)$$

这就是一维杆中的弹性波方程,弹性波速度为

$$c_0 = \sqrt{\frac{E}{\rho_0}} \quad (4.8.13)$$

从另一方面看,若用 u 表示弹性波后物质的速度,则波后物质单位截面积的质量为 $\rho_0 c_0 t$,动量为 $\rho_0 c_0 t u$,根据牛顿第二定律,这个动量等于 $-\sigma t$,所以有

$$\sigma = -\rho_0 c_0 u \quad (4.8.14)$$

这就是弹性波的应力值,若其值为负值,表示拉应力,反之为压应力. 可以看出,应力值与质点速度成正比,其比例系数就是杆材的波阻抗.

从实验的角度看,杆和棒中的一维应力波传播比较容易实现. 但是,杆中的一维应力状态只有在既不存在横向约束,又可忽略横向运动时才是近似满足的,所以一维应力条件并不能严格实现. 霍普金森杆是一种近似实现一维应力波传播的常用实验装置,主要用于研究材料在中高应变率($10^2 \sim 10^4 \, \text{s}^{-1}$)范围内的动力学性能.

4.8.3 一维应力弹性波的相互作用

1. 两弹性杆的共轴撞击

如图 4.41(a)所示,设有两截面尺寸相同的弹性杆①和②,波阻抗分别为 $(\rho_0 c_0)_1$ 和 $(\rho_0 c_0)_2$,两杆在撞击前的初始应力为零,初始速度分别为 u_1 和 u_2,并假定 $u_1 < u_2$. 设撞击时刻为零时刻,撞击后,必在①杆中产生一右行弹性应力波,在②杆中产生一左行弹性应力波,波的传播与杆的变形关系如图 4.41(b)所示, $x-t$ 波系图如图 4.41(c)所示,其中 1 区和 2 区分别表示杆①和杆②的初始状态,3 区表示撞击后的状态. 撞击面为接触面,速度相等,设为 u_3,应力相等,设为 σ_3,因此有

$$\sigma_3 = -(\rho_0 c_0)_1 (u_3 - u_1) = (\rho_0 c_0)_2 (u_3 - u_2)$$

由此得到撞击后的质点速度 u_3 和应力 σ_3 分别为

$$u_3 = \frac{(\rho_0 c_0)_1 u_1 + (\rho_0 c_0)_2 u_2}{(\rho_0 c_0)_1 + (\rho_0 c_0)_2} \tag{4.8.15}$$

$$\sigma_3 = -\frac{u_2 - u_1}{\dfrac{1}{(\rho_0 c_0)_1} + \dfrac{1}{(\rho_0 c_0)_2}} \tag{4.8.16}$$

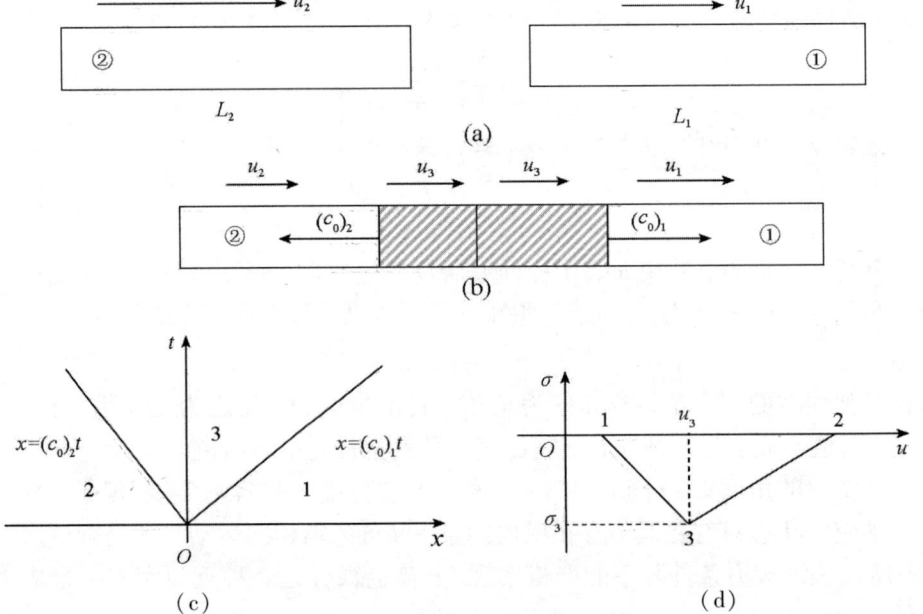

图 4.41 两弹性杆的共轴撞击

第4章 固体中的冲击波

撞击前和撞击后的状态可在 $\sigma - u$ 平面上表示,如图 4.41(d)所示,其中 1 点和 2 点分别表示杆①和杆②的初始状态,3 点表示撞击后的状态,直线 13 决定于关系式

$$\sigma = -(\rho_0 c_0)_1 (u - u_1)$$

其斜率为 $-(\rho_0 c_0)_1$. 直线 23 决定于关系式

$$\sigma = (\rho_0 c_0)_2 (u - u_2)$$

其斜率为 $(\rho_0 c_0)_2$.

如果两杆材料相同,或波阻抗相同,即 $(\rho_0 c_0)_1 = (\rho_0 c_0)_2 = \rho_0 c_0$,则有

$$u_3 = \frac{u_1 + u_2}{2} \tag{4.8.17}$$

$$\sigma_3 = -\frac{1}{2} \rho_0 c_0 (u_2 - u_1) \tag{4.8.18}$$

如果进一步假定 $u_1 = -u_2$,则有

$$u_3 = 0 \tag{4.8.19}$$

$$\sigma_3 = -\rho_0 c_0 u_2 \tag{4.8.20}$$

这一结果与 $(\rho_0 c_0)_1 \to \infty$,$u_1 = 0$ 时的结果相同,相当于杆②撞击刚性壁的情况.

2. 两弹性波的相互作用

设有一弹性杆处于静止的自然状态,在 $t=0$ 时刻,在其左端 $(x=0)$ 和右端 $(x=L)$ 分别突然施加一恒速冲击载荷 u_2 和 u_1,并假定 $|u_2| > |u_1|$,如图 4.42(a)所示,于是在杆的左端产生一右行拉伸弹性波,如图 4.42(b),应力为

$$\sigma_2 = -\rho_0 c_0 u_2$$

在杆的右端产生一左行拉伸弹性波,应力为

$$\sigma_1 = \rho_0 c_0 u_1$$

两个弹性波在 $t = \frac{L}{2c_0}$ 时相遇,从而发生两个弹性波的相互作用. 在两波相遇的瞬间,由于杆的左边具有质点速度 u_2,右边具有质点速度 u_1,因而相当于两弹性杆的共轴撞击,但两个弹性波的迎面相遇实际发生在一根杆内,所以有时称为内撞击. 两波相互作用的 $x-t$ 波系图如图 4.42(c)所示,其中 0 区为杆的初始状态,1 区和 2 区分别为两个弹性波的波后状态,3 区为两波相互作用后的状态. 各区域的应力和速度之间的关系如图 4.42(d)所示. 利用弹性波的应力-速度关系有

$$\begin{cases} \sigma_3 - \sigma_1 = -\rho_0 c_0 (u_3 - u_1) \\ \sigma_3 - \sigma_2 = \rho_0 c_0 (u_3 - u_2) \end{cases} \tag{4.8.21}$$

由此得到

$$\begin{cases} u_3 = u_1 + u_2 \\ \sigma_3 = \sigma_1 + \sigma_2 \end{cases} \quad (4.8.22)$$

这一结果表明，两弹性波相互作用的结果相当于两弹性波分别单独传播时结果的叠加. 由于弹性波的波动方程是线性的，所以弹性波的相互作用必然服从叠加原理.

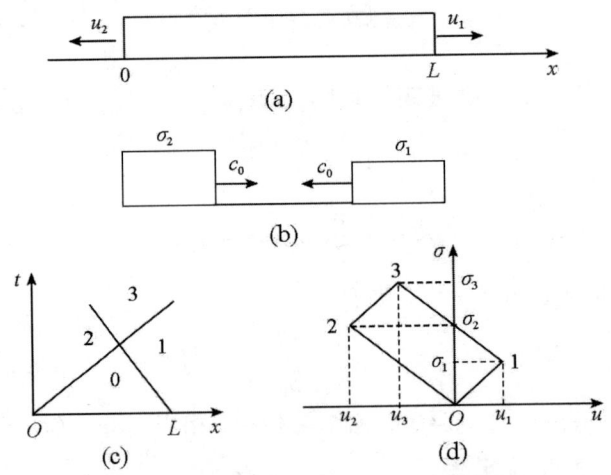

图 4.42　迎面传播的两弹性波的相互作用

3. 弹性波在固定端和自由端的反射

当杆中的弹性波传播到另一端时将发生波的反射，且反射波要叠加在入射波上. 设杆的右端固定，在左端施加一恒速冲击载荷，速度为 u_2（取负值），则弹性波在固定端入射和反射的 $x-t$ 图如图 4.43(a) 中实线所示，其中 0 区为初始状态，2 区为入射波波后状态，3 区为反射波波后状态. 入射弹性波后的应力为

$$\sigma_2 = -\rho_0 c_0 u_2$$

当弹性波在固定端反射后，反射波后的应力 σ_3 满足

$$\sigma_3 - \sigma_2 = \rho_0 c_0 (u_3 - u_2)$$

式中，u_3 是固定端处的速度，因而为 0，所以有

$$\sigma_3 = 2\sigma_2 \quad (4.8.23)$$

这说明，弹性波在固定端反射后，应力增加一倍，其 $\sigma-u$ 图如图 4.43(b) 中实线所示.

弹性波在固定端的反射也可直接利用图 4.42 的结果获得. 令杆长为 $2L$，$u_1 = -u_2$，则得到两个应力相等的迎面弹性波，它们在杆的正中间相遇. 由式

(4.8.22),$u_3 = 0$,$\sigma_1 = \sigma_2$,$\sigma_3 = 2\sigma_2$,即两波相互作用后的速度为 0,应力加倍. 在这种情况下,两波相遇的位置相当于固壁,两波相互作用的结果相当于入射波在固定端反射后的情况,相应的 $x-t$ 图和 $\sigma-u$ 图如图 4.43 所示(包括实线和虚线).

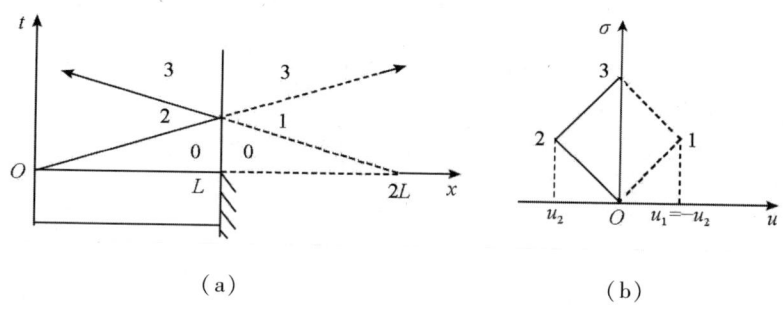

图 4.43 弹性波在固定端的反射

若将图 4.43(a) 中的固定端改成自由端,则有

$$\begin{cases} \sigma_3 = 0 \\ \sigma_3 - \sigma_2 = \rho_0 c_0 (u_3 - u_2) \end{cases} \quad (4.8.24)$$

已知 $\sigma_2 = -\rho_0 c_0 u_2$,于是有

$$u_3 = 2u_2 \quad (4.8.25)$$

即入射波在自由端反射后,质点速度增加一倍. 弹性波在自由端反射的 $\sigma-u$ 图如图 4.44 所示,其中原点表示杆的初始状态,2 点表示入射弹性波后状态,3 点表示弹性波在自由端反射后的状态.

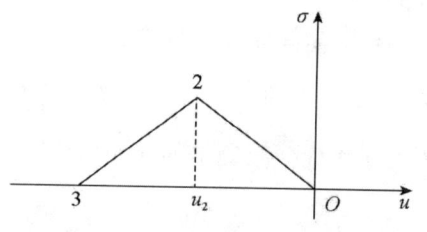

图 4.44 弹性波在自由端的反射

4.9 一维应变波

4.9.1 一维应变问题

如果一块厚度较小的平板受到一个均匀平面载荷的作用,由于横向尺度的约束阻止了横向变形,因而形变只发生在平板厚度方向,所以称为平面一维应变.

现在假定应变只发生在 x 方向(即平板厚度方向),于是有(这里定义压缩应力和压缩应变均为正)

$$\theta = \varepsilon_x = 1 - \frac{v}{v_0} \tag{4.9.1}$$

这时，材料中弹性区的应力应变关系为

$$p = B\theta = \frac{1}{3}(\sigma_x + \sigma_y + \sigma_z) \tag{4.9.2}$$

$$\sigma_x = (\lambda + 2\mu)\varepsilon_x = \left(B + \frac{4}{3}G\right)\varepsilon_x \tag{4.9.3}$$

$$\sigma_y = \sigma_z = \left(B - \frac{2}{3}G\right)\varepsilon_x \tag{4.9.4}$$

$$s_x = \frac{4}{3}G\varepsilon_x \tag{4.9.5}$$

$$s_y = -\frac{2}{3}G\varepsilon_x = s_z \tag{4.9.6}$$

$$\tau = \frac{1}{2}(\sigma_x - \sigma_y) = G\varepsilon_x \tag{4.9.7}$$

利用材料常数相互关系可得到三个法向应力之间的关系为

$$\sigma_y = \sigma_z = \frac{\nu}{1-\nu}\sigma_x \tag{4.9.8}$$

从关系式(4.9.2)~式(4.9.4)可以看出，在一维应变条件下，应力是三维的.

根据米泽斯屈服准则，屈服时有

$$J_2 = \frac{1}{3}(\sigma_x - \sigma_y)^2 = \frac{1}{3}\sigma_s^2 \tag{4.9.9}$$

因此一维应变问题中的屈服条件为

$$|\sigma_x - \sigma_y| = \sigma_s \tag{4.9.10}$$

或表示为

$$|s_x| = \frac{2}{3}\sigma_s \tag{4.9.11}$$

如果采用特雷斯卡准则，屈服条件具有相同形式.

在塑性变形区，应力偏量 $s_x = \sigma_x - \sigma_y$ 保持为常数(理想塑性). 把这个条件代入式(4.9.2)~式(4.9.6)，得到塑性区的主要关系式为

$$\sigma_x = p \pm \frac{2}{3}\sigma_s \tag{4.9.12}$$

$$\sigma_y = \sigma_z = p \mp \frac{1}{3}\sigma_s \tag{4.9.13}$$

$$|s_x| = \frac{2}{3}\sigma_s \tag{4.9.14}$$

第4章 固体中的冲击波

$$|s_y| = |s_z| = \frac{1}{3}\sigma_s \tag{4.9.15}$$

在式(4.9.12)和式(4.9.13)中,上面的符号对应加载状态,下面的符号对应卸载状态.

固体平板虽然在一维应变下也会发生屈服,但从式(4.9.12)和式(4.9.13)可以看出,其中的应力可以达到很高的状态,这一点与杆中一维应力是完全不同的.

将屈服条件式(4.9.10)代入式(4.9.8),得到屈服时 x 方向的法向应力(记为 σ_H)为

$$\sigma_H = \frac{1-\nu}{1-2\nu}\sigma_s \tag{4.9.16}$$

这个值通常称为侧限屈服强度或雨果纽弹性极限. 显然,$\sigma_H > \sigma_s$.

雨果纽弹性极限是一维应变弹塑性问题中非常重要的材料参数之一,为了方便,表4.4列出了几种材料的雨果纽弹性极限值.

表4.4 几种材料的雨果纽弹性极限[a]

材料	σ_H/GPa
Cu	0.6
Fe	1～1.5
Ni	1.0
Ti	1.9
Al-2024	0.6
WC	4.5
Al_2O_3(刚玉)	12～21
Al_2O_3(多晶)	9
熔融石英	9.8

a) Meyers M A. Dynamic Behavior of Materials [M]. New York:John Wiley & Sons Press,1994.

4.9.2 一维应变弹性波

一维应变波可对径向尺寸较大而厚度较小的平板施加平面冲击载荷获得,实际上,通常采用一块平板与另一块平板的高速碰撞获得. 如果速度不是足够高,板中应力处于弹性范围,板中的波就是一维应变弹性波.

如果平板材料中的变形比较小,或者说平板中的应力小于其屈服强度,采用4.8.2节所用方法,并利用式(4.7.59),得到一维应变波动方程为

$$\frac{\partial^2 h}{\partial t^2} = \frac{E_L}{\rho_0} \frac{\partial^2 h}{\partial x^2} = \frac{E(1-\nu)}{\rho_0(1+\nu)(1-2\nu)} \frac{\partial^2 h}{\partial x^2} \qquad (4.9.17)$$

相应的弹性波(即纵波)速度为

$$c_L = \sqrt{\frac{E_L}{\rho_0}} = \sqrt{\frac{E(1-\nu)}{\rho_0(1+\nu)(1-2\nu)}} = \sqrt{\frac{1}{\rho_0}\left(B + \frac{4}{3}G\right)} \qquad (4.9.18)$$

从波动方程看,板中一维应变弹性波与杆中一维应力弹性波在形式上是完全相同的,因此,杆中一维应力弹性波的处理方法甚至结果原则上都可以直接套用过来. 当然,这两者之间还是存在很多差别的,对于初学者特别要注意以下几点:

(1) 材料中的应力状态不同. 对于一维应力弹性波,材料在主应力空间的应力张量只有一个法应力分量,而一维应变弹性波有三个法应力分量.

(2) 弹性本构关系不同. 虽然弹性阶段的应力和应变之间都服从胡克定律,但对于一维应力和一维应变条件,应力与应变之间的具体关系式是不同的, 4.8.1 节和 4.9.1 节的有关公式很清楚地反映了这一点.

(3) 弹性波速度不同. 从式(4.8.13)和式(4.9.18)可以看出,一维应变弹性波的速度大于一维应力弹性波的速度.

(4) 屈服时的应力值不同. 在一维应力问题中,如果应力值达到屈服强度 σ_s 即发生屈服. 在一维应变问题中,屈服时的应力值为 σ_H.

4.9.3 一维应变下的弹塑性本构关系

利用 4.9.1 节的结果,x 方向的应力可一般地表示为

$$\sigma_x = p + s_x = \begin{cases} \left(B + \dfrac{4}{3}G\right)\varepsilon_x, & \sigma_x \leqslant \sigma_H \\ B\varepsilon_x + \dfrac{2}{3}\sigma_s, & \sigma_x \geqslant \sigma_H \end{cases} \qquad (4.9.19)$$

如果材料为理想塑性材料,即 σ_s 为常数,则 σ_x 和 ε_x 之间的关系可用图 4.45 中的实线表示,无论是弹性加载段还是塑性加载段,σ_x 和 ε_x 之间的关系均为直线,图 4.45 中虚线 OE 表示静水压强,即 $p = B\varepsilon_x$(B 和 G 均假定为常数).

如果考虑固体的应变硬化效应,则屈服强度是应变的函数,即

$$\sigma_s = \sigma_s(\varepsilon_x) \qquad (4.9.20)$$

这时的塑性应力与应变之间的关系非常复杂,一般需要采用简化模型.

作为一种简化处理,引入塑性剪切模量 G_p 描述塑性应力与应变之间的关系,并假定

$$\frac{\mathrm{d}\sigma_s}{\mathrm{d}\varepsilon_x} = 2G_p \qquad (4.9.21)$$

则式(4.9.19)可表示为

$$\frac{d\sigma_x}{d\varepsilon_x} = \begin{cases} B + \dfrac{4}{3}G, & \sigma_x \leqslant \sigma_H \\ B + \dfrac{4}{3}G_p, & \sigma_x \geqslant \sigma_H \end{cases} \quad (4.9.22)$$

对于线性硬化材料，$G_p = G_{p0} =$ 常数，则轴向应力应变曲线的塑性段为直线，如图 4.45 中虚线 AC' 或 $F'M'$ 所示.

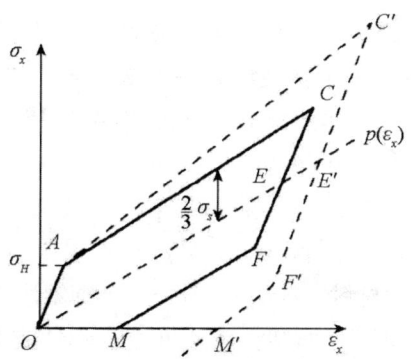

图 4.45　一维应变条件下的轴向应力应变关系

如果对某种材料从初始自然状态 $(\sigma_x = \varepsilon_x = 0)$ 开始进行一维应变加载，则材料首先发生弹性变形，应力应变关系由直线 OA 表示，其斜率为 $(B + 4G/3)$. 经过 A 点以后，材料发生屈服. 如果材料为理想塑性 $(G_p = 0)$，则沿直线 AC 进入塑性加载段，直线 AC 的斜率为 B，与静水压直线 OE 的斜率相同. 现在假设塑性加载到 C 点开始卸载，通常认为一开始为弹性卸载，卸载路径 CE 与直线 OA 平行. 当卸载到 E 点时，介质只受静水压强作用，即 $\sigma_{xE} = \sigma_x(\varepsilon_x = \varepsilon_E) = p_E$. 随着卸载的继续进行，$\sigma_x$ 继续减小，直到 F 点时满足下面条件，材料发生反向屈服

$$\sigma_x - \sigma_y = -\sigma_s \quad (4.9.23)$$

沿直线 CF 的应力应变关系为

$$\sigma_x(\varepsilon_x) = \sigma_{xC} + \left(B + \frac{4}{3}G\right)(\varepsilon_x - \varepsilon_{xC}) \quad (4.9.24)$$

材料卸载达到反向屈服点 F 后，进入反向塑性变形阶段，σ_x 沿与直线 AC 平行的路径 FM 卸载. 在反向塑性变形阶段，对于同样的应变，其应力比加载时的应力小，即

$$\sigma_x^{卸载}(\varepsilon_x) = \sigma_x^{加载}(\varepsilon_x) - \frac{4}{3}\sigma_s, \quad \varepsilon_x \leqslant \varepsilon_{xF} \quad (4.9.25)$$

这里需要注意一点,反向塑性变形阶段通常称为反向塑性加载,而不称为"塑性卸载"[①].

如果材料为线性硬化材料,则加载和卸载路径可用图 4.45 中的 $OA-AC'-C'E'F'-F'M'$ 直线示意表示,其中 OA 为弹性加载段,AC' 为塑性加载段,$C'E'F'$ 为弹性卸载段,$F'M'$ 为反向塑性加载段.

4.9.4 一维应变弹塑性波

如果一维应变波在材料中传播时所产生的应力值超过了材料的弹性极限,那么这个应力波将分解为一个弹性波和一个塑性波.

在加载阶段,一维应变弹性波的速度由式(4.9.18)给出,这里用符号 c_L^e 表示,而塑性波速度则可利用式(4.9.22)表示为

$$c_L^p = \sqrt{\frac{1}{\rho_0}\frac{\mathrm{d}\sigma_x}{\mathrm{d}\varepsilon_x}} = \sqrt{\frac{1}{\rho_0}\left(B+\frac{4}{3}G_p\right)} \qquad (4.9.26)$$

如果材料为理想塑性材料,则 $G_p = 0$,$c_L^p = c_0$,即塑性波速度等于体波速度 c_0. 通常情况下有 $G_p < G$,从而塑性波速度小于弹性波速度

$$c_L^p < c_L^e \qquad (4.9.27)$$

这说明在一维应变弹塑性加载波的传播过程中,前方为速度较快的弹性波,称为弹性前驱波,对应的应力为雨果纽弹性限 σ_H,后面跟随一速度相对较慢的塑性波. 弹性波与塑性波之间的距离将随时间的增大而越来越远.

如果发生卸载,根据 4.9.3 节所介绍的本构关系,首先进行弹性卸载,弹性卸载波的速度仍然为 c_L^e,然后是反向塑性加载波,其速度为 c_L^p. 图 4.46 示意给出了一维应变弹塑性波波形及其在传播过程中的变化,其中 O,A,C,F,M 各点的应力与图 4.45 中相应各点应力值相对应.

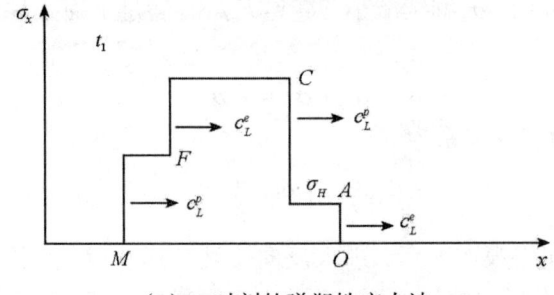

(a)t_1 时刻的弹塑性应力波

---

① 王礼立. 应力波基础[M]. 第 2 版. 北京:国防工业出版社,2005:186.

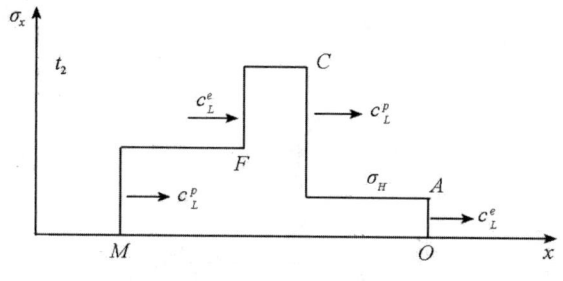

(b) $t_2(>t_1)$ 时刻的弹塑性应力波

图 4.46 一维应变弹塑性波的波形与传播

4.9.5 一维应变流体弹塑性冲击波

在前面关于弹性波以及弹塑性波的讨论中,实际上是在材料的弹性变形服从胡克定律的基本假设下进行的. 然而, 这一假设只在小变形的条件下才成立. 事实上, 在较大变形和较高压强下, 材料的弹性模量(例如 B 和 G)都不再保持为常数, 也就是说, 弹性本构关系不再是线性的. 在这种情况下, 通常采用流体弹塑性模型描述材料的性质, 这样的材料就称为流体弹塑性材料.

对于流体弹塑性材料, 虽然线弹性关系不再适用, 但前面关于应力张量的分解和屈服准则仍然是适用的, 所以轴向应力可以表示为

$$\sigma_x(\varepsilon_x) = p(\varepsilon_x) + s_x(\varepsilon_x)$$

利用式(4.9.1)将应变 ε_x 用比体积 v 表示, 从而有

$$\sigma_x(v) = p(v) + s_x(v) \qquad (4.9.28)$$

其中, 应力偏量为

$$s_x = \begin{cases} \dfrac{4}{3}G\left(1 - \dfrac{v}{v_0}\right), & \sigma_x \leqslant \sigma_H \\ \dfrac{2}{3}\sigma_s, & \sigma_x \geqslant \sigma_H \end{cases} \qquad (4.9.29)$$

由于体积模量是非线性的(通常可看成是压强的函数), 静水压强 p 需要采用物态方程来描述. 常用物态方程就是以冲击压缩线为参考线的格林艾森方程, 即

$$p(v) = p_H(v) + \frac{\gamma_G}{v}[e(v) - e_H(v)] \qquad (4.9.30)$$

式(4.9.29)中的剪切模量 G 原则上也是压强的函数, 但它只用于较低压强下的弹性阶段, 所以通常可取为常数.

对于流体弹塑性模型, 如果再考虑卸载效应, 其轴向应力和比体积之间的关系如图 4.47 所示, 其中 A 为初态点, AB 为非线性弹性加载段, BC 为塑性加载段, CF 为非线性弹性卸载段, 而 FM 为反向塑性加载段.

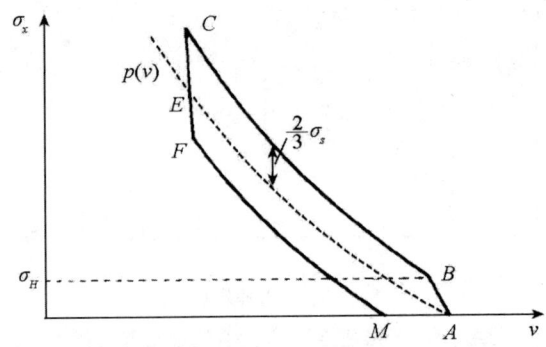

图 4.47　一维应变条件下的流体弹塑性模型

在理想塑性假设下($G_p=0$)，BC 和 FM 路径上的轴向应力与静水压的差为常数. 由于材料的非线性弹性性质，AB 和 CF 都不是直线.

如果有一平面应力波在流体弹塑性材料中传播，则其弹性波(非线性的)速度和塑性波速度分别为

$$c_L^e = \sqrt{\frac{1}{\rho_0}\left[B(p)+\frac{4}{3}G\right]} \quad (4.9.31)$$

$$c_L^p = \sqrt{\frac{1}{\rho_0}\left[B(p)+\frac{4}{3}G_p\right]} \quad (4.9.32)$$

如果流体弹塑性材料受到平面冲击载荷作用，则相应地形成弹性冲击波和塑性冲击波，弹性冲击波速度 D^e 和塑性冲击波速度 D^p 分别由瑞利直线 AB 和 BC 确定，即

$$D^e = v_0\sqrt{\frac{\sigma_H}{v_0-v_B}} \quad (4.9.33)$$

$$D^p = v_0\sqrt{\frac{\sigma_C-\sigma_B}{v_B-v_C}} \quad (4.9.34)$$

当 C 点的轴向应力不是很高时，塑性冲击波速度小于弹性冲击波速度，因而呈现双波结构，其波形大致如图 4.46 所示. 如果 C 点的轴向应力很高，则塑性冲击波速度将超过弹性冲击波速度，这时材料中只有单一的塑性冲击波.

应该注意的是，在冲击压缩下，图 4.47 中的 AB 和 BC 都是冲击压缩线，因而伴随熵的增大，而 CF 和 FM 为等熵卸载线，所以 AB 与 CF 之间、BC 与 FM 之间并不严格平行.

塑性变形在本质上是不可逆的，因而具有不可逆能量. 在塑性冲击波中，其不可逆能量实际上包括了由于黏性和热传导引起的不可逆能量 Δe_q 和不可逆塑性变形功 ΔW_p(通常称为塑性畸变功)两部分

$$\Delta e = \Delta e_q + \Delta W_p \tag{4.9.35}$$

由黏性和热传导引起的不可逆能量 Δe_q 实际上已在 4.4 节进行了讨论,并可利用式(4.4.22)进行计算. 不可逆塑性畸变功 ΔW_p 可用图 4.48 中线条 AB - BNC - CF - FM - MA 所围成的面积表示,下面进行具体分析.

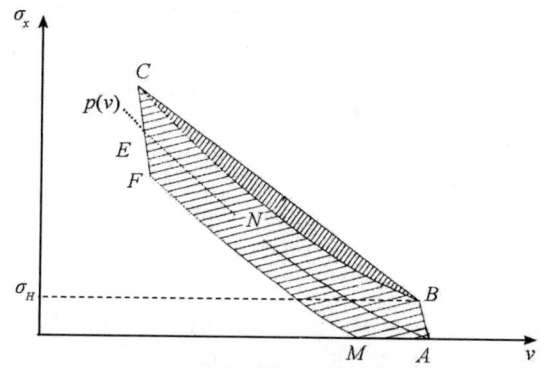

图 4.48 流体弹塑性冲击波的熵增与不可逆塑性变形

在一维应变条件下,总的畸变功为

$$\Delta W = \int v_0 s_x \mathrm{d}\varepsilon_x = \frac{4}{3} v_0 \int \tau \mathrm{d}\varepsilon_x \tag{4.9.36}$$

式中,τ 为剪应力. 弹性部分的变形功为

$$\Delta W_e = \int v_0 s_x \mathrm{d}\varepsilon_x^e \tag{4.9.37}$$

式中,ε_x^e 为弹性应变,且应力仅由弹性应变支持,所以

$$s_x = \frac{4}{3} G \varepsilon_x^e = \frac{4}{3} \tau$$

$$\mathrm{d}\tau = G \mathrm{d}\varepsilon_x^e$$

因而有

$$\Delta W_e = v_0 \int s_x \mathrm{d}\varepsilon_x^e = \frac{4}{3} v_0 \int \frac{\tau}{G} \mathrm{d}\tau \tag{4.9.38}$$

由此得到不可逆塑性变形功为

$$\Delta W_p = \Delta W - \Delta W_e = \frac{4}{3} v_0 \int \tau \left(\mathrm{d}\varepsilon_x - \frac{\mathrm{d}\tau}{G} \right) \tag{4.9.39}$$

计算表明,塑性变形功所占总不可逆能量的比例并不大,而且随压强的增高迅速下降. 从这个角度看,对于高压下的固体,采用流体动力学模型代替流体弹塑性模型是完全可行的.

另一方面,屈服强度 σ_s 总是一个有限的常数:一方面,即使考虑强化效应，其值的增加也是有限的；另一方面，如果冲击压强很高，冲击温度也很高，温度的升高又导致软化效应，从而使 σ_s 的值减小. 实际上，对于大多数金属材料，σ_s 在约 1GPa 量级以下. 于是，从流体弹塑性模型式(4.9.28)可知，当 p 很大时，σ_x 与静水压强 p 之间的差异可以忽略不计，这时的变形固体可当作流体看待，也就是说，可用压强 p 代替应力 σ_x. 这就是流体动力学近似.

与流体动力学分析相比较，流体弹塑性分析主要有两个重要不同点，其一是考虑了不可逆塑性变形，其二是考虑了卸载与加载的差别.

习 题 4

4.1 采用米势，一个离子和其他离子间的平均相互作用能可表示为

$$u = -\frac{a}{R^m} + \frac{b}{R^n}$$

式中，a，b，m，n 均为常数，R 为离子间距，试求相应的冷能和冷压.

4.2 已知某固体原子之间的平均相互作用势能为

$$u(R) = -\frac{\alpha e^2}{R} + \frac{C}{R^n}$$

式中，α，C 为常数，e 为元电荷，R 为原子间距. 求：①结合能；②体积模量；③零温下的理论拉伸断裂强度；④当电荷从 e 变为 $2e$ 时重复①②③.

4.3 对于 4.1 题中的相互作用势，求：①结合能；②常态体积模量；③零温下的理论拉伸断裂强度；④常态下的格林艾森系数 $\gamma_{DM}(v_0)$.

4.4 某固体自由能可表示为 $F = U(v) + F_n(v, T)$，其中 $U(v)$ 是零温下原子的内能，$F_n(v, T)$ 是原子简正振动对自由能的贡献. 设原子的简正振动角频率为 ω_j，它与比体积 v 的关系为：

$$-\frac{\mathrm{d}\ln\omega_j}{\mathrm{d}\ln v} = \gamma_G = \mathrm{const}(\neq 0)$$

求压强的表达式，并解释各项的物理意义.

4.5 用杜隆－珀蒂定律计算 300K 下 1 摩尔固体材料的热能. 已知铝的德拜温度为 430K，用德拜模型计算 300K 时铝的摩尔热能，并解释两种结果为什么不同？

4.6 已知铜的密度为 $8.93\mathrm{g/cm^3}$，原子量为 63.5，纵波速度为 5010m/s，横波速度为 2270m/s. 试求铜的德拜温度.

4.7 设某系统的冷能为 $e_c \propto v^{-2/3}$，试计算其格林艾森系数 γ_s，γ_{DM} 及 γ_f.

第 4 章　固体中的冲击波

4.8　如果把金属铁加热到 1000K,同时保持常态比体积不变,求热压和总压强.

4.9　如果把金属铜在标准大气压下加热到 500K,求冷压.

4.10　证明: $\dfrac{C_p}{C_v} = 1 + \gamma_G \alpha T$.

4.11　设固体的等熵方程为

$$p = A\left(\dfrac{\rho}{\rho_0}\right)^n + B$$

证明: $n = 4\lambda - 1$, $A = \dfrac{\rho_0 c_0^2}{4\lambda - 1}$.

4.12　推导公式(4.2.9)和(4.2.18).

4.13　推导表 4.3 中的公式(3)~(20).

4.14　当铝合金飞片速度分别为 500m/s,1000m/s,2000m/s 时,计算铝合金飞片碰撞铝合金靶的冲击压强、质点速度和波后密度.

4.15　当铁飞片速度分别为 500m/s,1000m/s,2000m/s 时,计算铁飞片碰撞铝合金靶的冲击压强、质点速度和波后密度.

4.16　设有一钨弹以 1500m/s 的速度打在一钢板上,试估算碰撞压强.

4.17　设有一钢弹以 1500m/s 的速度打在一有机玻璃板上,试估算碰撞压强.

4.18　对于平板碰撞(参考图 4.5),假设靶板具有初始速度 u_0,试导出碰撞后波后速度 u_H 的表达式.

4.19　推导公式(4.4.5).

4.20　当冲击波压强分别取 50GPa、100GPa 时,计算铝合金的雨果纽声速,并与相同压强下沿等熵线的声速相比较.

4.21　通过计算画出铁的雨果纽声速和沿等熵线的声速随压强的变化曲线.

4.22　若钨飞片以 1000m/s 的速度碰撞铁靶,试画出 $p-u$ 曲线.

4.23　在拉格朗日坐标下画出铝飞片碰撞铁-锂靶板的 $r-t$ 波系图.

4.24　设有机玻璃(PMMA)飞片以速度 W 碰撞铁/铝双层靶,并假定铁板特别薄,试画出 $r-t$ 波系图和 $p-u$ 曲线图.

4.25　设铜飞片以速度 W 碰撞铝/铜双层靶,并假定铝板特别薄,试画出 $r-t$ 波系图和 $p-u$ 曲线图.

4.26　自行编写一个程序计算飞片碰靶的冲击波参量,并画出飞片和靶板的 $p-u$ 曲线.

4.27 根据4.5.2节内容,自行编写一个程序以分析飞片碰靶的冲击波剖面.

4.28 对于4.5.4节情况二(参见图4.22),假设铝合金飞片速度为1000m/s,试编程计算①②③④⑤⑥等各点的压强和质点速度.

4.29 对于4.5.4节情况三(参见图4.23),假设铝合金飞片速度为1000m/s,试编程计算①②③④⑤⑥等各点的压强和质点速度.

4.30 设飞片为铁,速度从500m/s至3000m/s范围取值,自行编写一个程序计算追赶比,并分析追赶比与飞片速度之间的关系.

4.31 当泊松比的值分别取为1/2,1/3,1/4时,给出各弹性常数之间的关系.

人名译名对照表

三画

马德隆 Madelung
马赫 Mach

四画

开尔文 Kelvin
牛顿 Newton

五画

布拉维 Bravais

六画

达格代尔 Dugdale
吉布斯 Gibbs
迈耶 Mayer
米 Mie
米泽斯 Mises
汤普森 Thompson
托马斯 Thomas
西蒙 Simon

七画

阿伏加德罗 Avogadro
伯努利 Bernoulli
伯格斯 Burgers
狄拉克 Dirac
杜隆 Dulong
库仑 Coulomb
克拉贝龙 Clapeyron
克劳修斯 Clausius
克罗克 Kroneker
麦当劳 MacDonald
麦克斯韦 Maxwel

八画

范德瓦尔斯 van der Waals
拉格朗日 Lagrange
拉梅 Lame
林德曼 Lindemann
欧拉 Euler
帕斯卡 Pascal
泡利 Pauli
泊松 Poisson
雨果纽 Hugoniot

九画

玻尔兹曼 Boltzmann
玻恩 Born
费米 Fermi
哈密顿 Hamilton
胡克 Hook
科里奥利 Coriolis
柯米尔 Кормер

柯西 Cauchy
珀蒂 Petit

十画

爱因斯坦 Einstein
格林艾森 Grüneisen
泰勒 Taylor
泰特 Tait
特雷斯卡 Tresca

十一画

盖-吕萨克 Gay Lussac
维也里 Vieille

十二画

奥本海默 Oppenheimer

普朗克 Planck
普朗特 Prandtl
斯莱特 Slater

十三画

雷诺 Reynolds
瑞利 Rayleigh

十五画

德拜 Debye
黎曼 Remann

十六画

霍普金森 Hopkinson
默纳汉 Murnaghan
薛定谔 Schrödinger